# 渔业生态系统动力学

## Fishery Ecosystem Dynamics

[美] 迈克尔·J. 福加迪　[美] 杰瑞米·S. 康利　著

张崇良　关丽莎　张　魁　译

中国农业出版社

北京

# 译者序 ───────────────────────

　　21世纪以来，受过度捕捞、气候变化、环境污染和生境破坏等因素的影响，全球海洋渔业资源呈现明显衰退趋势。与此同时，伴随着世界人口的持续增长，人类对水产品与海洋动物蛋白的需求日益增加，对渔业资源的可持续利用造成了巨大压力。世界各国都在积极探索有效的资源管理与养护措施。近年来，基于生态系统的渔业管理（Ecosystem - based Fisheries Management，EBFM）的理念得到了广泛认同，并逐渐转化为管理实践。这一理念将生态系统的概念和原理应用于渔业管理，通过保护和维持海洋生态系统的健康，实现资源开发和养护的平衡，以保障渔业的可持续发展。然而，由于生态-社会耦合系统的复杂性，在实施EBFM的过程中也不可避免地面临许多理论、技术和应用方面的困难。应当认识到，要实现EBFM的管理目标，需要对生态系统结构、功能与作用机制有深入的理解，更需要科学的技术和方法，以评估和预测生物资源和生态系统的变化趋势。渔业生态系统动力学就是在这一背景下衍生而来的，并且在近20年有迅速的发展，为EBFM在全球的实践提供了强大的推动力。

　　作为渔业科学领域的工作者，译者在基于生态系统的渔业资源评估与管理方面进行了长期的探索，并在工作时接触到了Fogarty教授和Collie教授合著的 *Fishery Ecosystem Dynamics* 一书。仅是浅尝了前面的几个章节，就被该作丰富而深刻的内容所震撼。该书系统阐述了渔业生态系统不同层次的相关概念与原理，并循序渐进地介绍了从单物种到多物种、群落和生态系统的各类模型。作者在这一过程中有意地先以简单模型作为引入，而后逐渐增加复杂度，最后拓展到复杂模型及其实际应用。这对于不熟悉生态模型的读者来说非常友好。因此，该书非常适合作为渔业科学、海洋生态学专业本科生、研究生的教材，特别是在目前国内尚缺乏类似学习资

1

料的情况下，这也是我们考虑翻译和出版该著作的初衷。本书的出版获得了国家重点研发计划项目（2022YFD2401301、2018YFD0900906）与国家自然科学基金项目（31902375）的资助，得到了原作者的鼓励以及中国农业出版社的大力协助，在此一并致谢。

希望本书能够为渔业与生态科学领域的研究者、管理者，以及对海洋渔业感兴趣的读者提供思路、方法和应用的参考，更希望本书能够对我国渔业资源的可持续利用以及海洋生态文明建设有一定的贡献。本书涵盖的内容非常广泛，探讨的问题贴近前沿，而译者水平有限，难免有疏漏和谬误之处，敬请广大读者批评指正。

张崇良

2023 年冬于青岛

# 原著序

　　长期以来，人们一直呼吁应在渔业管理中纳入广泛的生态系统原则，并采取更具综合性的管理方法。现在这一呼声正转化为全球范围的行动。要实现从概念到实践的转变，需要进一步建立和评估基于生态系统的渔业管理的概念与分析框架，因此培养下一代科学家来承担这一重要挑战成为一项迫切需求。本书的目标就是为即将进行这方面研究的学生提供相关主题的导读，阐述基础生态学和渔业科学之间深刻但往往被低估的整体联系，并探讨这些联系对制定 21 世纪渔业管理战略的意义。

　　这里需要对本书探讨的范围和动因达成一些共识。在本书中，我们将渔业生态系统定义为一类特定的系统，从其中获取生物量作为渔获产量等人类干预行为的作用很明显，其直接和间接影响在塑造水生生态系统的整体动态方面发挥着重要作用。我们通过多个视角来观察生态系统，包括被开发的物种以及它们与其他物种的相互作用、环境驱动力和生态系统动态的相互作用。渔业生态系统也是社会-生态耦合系统的一种重要类型。渔业提供了宝贵的生态系统服务，为全球粮食安全做出了重大贡献。当前我们面临的挑战是制定能够维持生态系统结构和功能的渔获策略，以保护生态系统的内在价值以及关键生态系统服务的持续产出。

　　本书旨在揭示渔业如何通过各种直接和间接途径影响生态系统结构，进而呈现渔获效应。人类对渔业生态系统的干预不仅限于资源开发这一直接影响，在许多时候人们更是会积极地进行生态系统改造，尝试提高渔业产量。例如，在鲑和其他物种的大规模繁育作业中，通常需要在水生生态系统中大量放流幼鱼，这可能会影响整个生态系统的结构与功能。实践中也经常会有意引入非本地物种，如通过引入饵料物种来提高有重要经济价值的捕食者物种的产量，而这些活动往往伴随着意想不到的后果。因此，本书没有将注意力局限于捕捞开发，而是根据我们对水生社会-生态耦合系统的定义，通过更广阔的视野，探讨一系列人类干预活动（以及人类和自然群落之间的相互作用）对渔业生态系统的影响。

我们将基于生态系统的渔业管理（Ecosystem－based Fisheries Management，EBFM）定义为一种针对渔业生态系统的综合性管理策略，其中明确考虑系统各组分（包括人类）之间的相互关系，并包括其他环境因素（包括气候变化）及其对生态系统的影响。这是一种需要根据具体情况变化和科学理解的深入而不断调整的方法，同时考虑不确定性以及对不同（可能矛盾的）社会目标和目的进行协调。资源管理本质上是一个以科学为基础的社会和政治过程。这本书所探讨的并非"基于生态系统的渔业管理"本身及其与社会-政治科学和生态科学之间深刻交织的联系，而是支持 EBFM 的分析框架及其生态基础。大部分估算问题和模型拟合等内容被放在一个配套的网站上（见下文），与正文中提供的例子相对应。最后，我们要指出的是，虽然普遍认为渔业的影响可能是人类对许多水生生态系统的主要作用形式，但同样也要认识到，EBFM 最终需要建立在"基于生态系统管理"（EBM）的更广阔背景之下，其中涉及作用于海洋和淡水生态系统的各种人类活动的累积影响。

## 关于本书

我们编写本书有几个方面的目标。首先，对于学生，我们希望阐明为了管理目的而开发和应用数学模型的过程。根据我们的经验，进入这个领域的学生有着非常多样化的研究背景和数学基础。因此，我们采用了逐步推进的方法，即先引入简单模型，作为后续模型完善的基础，再逐渐增加复杂性。特别是在本书前面的章节中，我们展示了可能比常见资料更详细的推导过程。大多数情况下，我们将这些详细的推导放在注释框中，有经验的学生可以跳过这些部分。我们介绍了一系列模型，其复杂度逐渐提高。我们的目标不是简单地列举一系列模型，而是展示如何通过依次添加因子来改变简单基础模型的维度，以解决具体问题。我们将模型视为对特定假设的表述方式，体现了水生生态系统的控制因素。模型必然是对现实的抽象，而现实世界往往比我们构建的分析性描述要混乱得多，这一点必须牢记。如果我们能成功实现抽象化，就可以通过构建模型将问题简化，体现其核心。如果学生最后能自信地修改模型，通过添加或更改模型元素来满足具体的需求或解决感兴趣的问题，那么我们就实现了一个重要的目标。根据学生在数学和生态学方面的课程水平和背景，教师可以考虑跳过前面的部分，专注于后面的章节。

我们特别鼓励读者尝试改变和控制模型参数及其基本结构，来探索本书中描述的模型——实际上就是"玩耍"模型，看它们能做什么。为此，我们在本书的配套网站中提供了 R 语言代码（http://www.oxford.com/companion/Fogarty&Collie/）[①]，其中的数据、模型和代码使学生可以重现整本书中介绍的许多示例。R 语言是一种非常强大的编程语言，现在广泛应用于生态学和渔业科学等许多科学领域。与其他编程语言一样，R 语言有一个陡峭的学习曲线，但现在有许多优秀的资料，阐述了 R 语言环境在数据结构与数据处理、编程与分析，以及可视化等方面的要点。我们强烈推荐 *Ecological Models and Data in R*（Bolker，2008）、*A Practical Guide to Ecological Modelling：Using R as a Simulation Platform*（Soetaert 和 Herman，2009），以及 *A Primer of Ecology with R*（Stevens，2009），它们为 R 语言下的基本生态模型分析做了极好的引导。Ogle（2016）在其 *Introductory Fisheries Analyses with R* 一书中，为 R 在渔业方面的应用提供了非常丰富的基础入门资料。此外，现在有许多 R 软件包可用于生态和渔业研究，我们也将借鉴其中的内容。

我们将本书分为三大部分。我们首先概述了经典生态模型及其特性，旨在阐述这些模型背后的生态过程和机制。我们希望为学生提供广泛适用的生态学知识基础，也作为与渔业生态系统相关更专业问题的出发点。

---

① 原链接失效，新网址为 https：//global.oup.com/booksites/content/9780198768937。——译者注

在第一部分中，我们从最简单的种群动力学模型开始，逐渐增加模型的复杂性，以探索增加维度对模型行为的衍生影响。这些增加的维度包括种群结构、空间过程、多物种相互作用以及水生生态系统中能量流动和利用等因素。我们展示了即使在相对简单的确定性系统中也可能出现极端复杂的行为。在绪论章节中列出了本书要探讨的关键问题和一些重要的发展历程后，在第2章中我们介绍了单物种模型，并假设种群丰度本身并不影响其增长率。我们探索了这些模型的性质，并阐述了加入年龄结构等因素的影响。

在第3章中，我们考虑了种群丰度对其自身增长率的影响。这一简单的修改从根本上改变了我们对外部驱动因素（包括渔获）下种群恢复力的认识。在接下来的第4章（捕食和寄生）和第5章（竞争和互利共生）中，我们明确考虑了物种之间的相互作用，并展示了如何对捕食者-被捕食者相互作用、物种对之间的竞争以及寄生和疾病进行建模。在第6章中，我们将问题扩展到了多物种系统，研究群落的动态。第7章我们探讨了种群空间属性的描述方法，以及在模型中引入空间因素如何改变其动力学特性和对外部扰动的响应。

第二部分探讨了个体、种群、群落和生态系统层次的生产过程。所有生态系统的生产力最终都取决于食物网底层固定的能量。在第一部分中，我们遵循了生态学文献中单物种和多物种系统的既定传统，以数量丰度或密度作为模型状态变量。但在渔业背景下，我们最常关心的是生物量和产量而非数量，因为捕捞和生产的重量通常比捕捞数量更有意义。更重要的是，我们希望将其与基本能量原理联系起来。在第二部分中，我们展示了如何从生物量和产量的角度构建模型，使我们能够进行上述转换。相对于本书开篇章节中基于数量或密度的模型，这些模型及其参数的解释相应地需要考虑额外的维度。

在第8章中，我们介绍了个体层次生产的基本过程。虽然传统定量渔业研究中构建的描述性模型已经对这些过程（生长和繁殖）进行了详细的分析，但我们从生物能量学的角度重新阐述这些问题，从而与本书后半部分主要探讨的更广泛的生态系统原理相联系。第 9 章将进一步探究种群层次的生产，重点关注补充、生长和死亡。补充通常是种群层次生产中变化性最大的组分。我们在对死亡率的分析中将强调自然死亡率的不同组分（特别是捕食和疾病），从而与更广泛的生态系统因素相联系。接下来我们将在第 10 章中讨论生态系统层次的生产过程，能量流动和利用模式是本章探讨的核心主题。

在本书的第一部分和第二部分中，我们重点关注了渔业生态系统中非人类因素的生态学。在第三部分中，我们将注意力转移到人类对水生生态系统的干预与这些系统动态之间的相互作用上。究其根本，我们不是管理水生生态系统本身，而是要去管理人类行为及其对这些系统的影响。如果我们将渔业生态系统视为耦合的社会-生态系统，管理就更有可能取得成效。从这个角度来看，系统中社会和"自然"组分的双向互动是至关重要的。

在本部分中，我们还将遵循既定模式，首先介绍低维系统中出现的一系列简单要素，以引入基本概念。然后我们进入高维系统，其中多物种和生态系统因素变得特别重要。我们将探讨多物种模型，研究其如何在单物种模型和完整生态系统方法之间架起桥梁。特别是，我们尝试与当前的管理实践联系起来，扩展研究范围以涵盖更广泛的生态因素，同时保留管理参考点等熟悉的概念，但这需要在多物种环境下进行转换。

在第 11 章中，我们首先考虑以单物种模型为重点的传统渔业分析和管理研究，为后续内容奠定基础。相关著作以整本书探究了这个主题，我们当然不能在一章中涵盖这一重要领域的所有内容。我们尝试探索一些较少受到关注的主题领域，对现有的渔业模型研究进行补充，包括被开发种群中可能存在的稳定状态转换和复杂的动态行为。在评估和管理中应更广泛地纳入生态学原理，我们的目标就是为迈向这一目标提供背景介绍。第 12 章介绍了群落层次渔获的概念。我们描述了一系列不同复杂度的模型，同样从较低维度模型逐渐过渡到高维度模型。在第 13 章中，我们进一步从物种集群拓展到整个生态系统，将能量流动作为基本因素进行了重点关注，并同样按照模型的复杂度依次阐述。我们追踪这些系统从初级生产者到受开发食物网的动态过程，并探讨基本能量限制如何在这些系统的动态行为中发挥核心作用。为了支持渔业管理，开展预测是一个至关重要的目标，前面章节中描述的许多模型在这一过程中发挥着重要作用。在第 14 章中，我们探讨了经验动态模型这一主题，以补充渔业分析中普遍的预测方法。在该章节中，我们通过"让数据说话"来构建非线性、非参数模型，这类模型最近在渔业研究的预测中表现出相当好的前景。第 15 章是本书的最后一个章节，总结了实施 EBFM 需要考虑的一些关键问题。

## 致谢

我们非常感谢 Richard Bell、Tim Essington、Henrik Gislason、Simon Jennings、Julie Kellner、Joseph Langan、Scott Large、Jason Link、Alec MacCall、Steve Munch、Paul Rago、Marie - Joëlle Rochet、Paul Spencer 和 Mark Wuenschel 对本书各章节草稿的有益评论。许多同事友善地分享了数据、分析和/或软件：Andy Beet、Richard Bell、Don Bowen、David Chevrier、Karyl Brewster - Giesz、Erin Bohaboy、Steve Cadrin、Steve Campana、Kiersten Curti、Ethan Deyle、Sarah Gaichas、Rob Gamble、Jon Hare、Kimberly Hyde、Jim Ianelli、Raouf Kilada、Gordon Kruse、Joe Langan、Michael LaPointe、Sean Lucey、Marissa Litz、Alec MacCall、Ryan Morse、Stefan Neuenfeldt、Jan Ohlberger、Charles Perretti、Anna Rindorf、Charles Stock、Tadayasu Uchiyama、Morten Vinther、Ian Winfield 和 Hao Ye。Andy Beet 为配套电子补充材料的准备提供了不可或缺的建议。在本书的编写过程中，我们课上的学生提供了非常有价值的反馈和改进建议。

本作中表达的观点仅属于作者个人，并不代表美国国家海洋渔业局的观点。

感谢我们的妻子 Anne 和 Elizabeth 以及孩子们，没有他们的支持，本书将无法顺利完成。对于他们在本书编写时的耐心，我们深表感谢。

我们将这本书献给 Terry Quinn、Saul Saila、J. Stanley Cobb 和 John Steele，我们的同事、朋友和导师。

## 关于作者

Michael J. Fogarty 是美国东北渔业科学中心（NOAA Fisheries）的资深科学家和伍兹霍尔海洋研究所的客座科学家。他在美国罗德岛大学海洋学研究生院和马萨诸塞大学海洋科学与技术学院担任兼职教授。

Jeremy S. Collie 是美国罗德岛大学海洋学研究生院海洋学教授。

# 目　录 ————————————————

译者序

原著序

1 绪论 ···················································· 1

　　1.1　概述 ··········································· 1

　　　　1.1.1　历史回顾 ······························· 2

　　　　1.1.2　科学发展 ······························· 3

　　1.2　渔业生态系统的过程和模式 ················· 6

　　1.3　应对复杂性 ·································· 12

　　1.4　小结 ········································ 13

　　　　扩展阅读 ······································ 13

## 第一部分　生态模型概述

2 非密度制约的种群增长 ····························· 17

　　2.1　引言 ········································ 17

　　2.2　简单种群模型 ································ 18

　　　　2.2.1　连续时间模型 ························· 18

　　　　2.2.2　离散时间模型 ························· 20

　　2.3　年龄结构和生活史阶段结构模型 ············· 23

　　　　2.3.1　年龄结构模型 ························· 24

　　2.4　小结 ········································ 35

　　　　扩展阅读 ······································ 35

3 密度制约的种群增长 ······························· 36

　　3.1　引言 ········································ 36

　　3.2　简单种群模型中的补偿 ····················· 36

　　　　3.2.1　连续时间模型 ························· 36

　　　3.2.2　多重平衡 ················································· 44

　　　3.2.3　离散时间模型 ········································· 49

　3.3　时滞模型 ····················································· 53

　　　3.3.1　连续时间模型 ········································· 54

　　　3.3.2　离散时间模型 ········································· 55

　3.4　矩阵模型 ····················································· 56

　　　3.4.1　年龄结构模型 ········································· 56

　　　3.4.2　阶段结构模型 ········································· 58

　3.5　小结 ··························································· 59

　　　扩展阅读 ······················································· 60

4　种间关系Ⅰ:捕食与寄生 ········································· 61

　4.1　引言 ··························································· 61

　4.2　捕食 ··························································· 62

　　　4.2.1　连续时间的非密度依赖模型 ··························· 64

　　　4.2.2　连续时间的密度依赖模型 ····························· 66

　　　4.2.3　庇护所 ················································· 66

　　　4.2.4　功能性摄食响应 ······································· 67

　　　4.2.5　捕食者依赖性 ········································· 75

　　　4.2.6　离散时间模型 ········································· 77

　4.3　寄生与疾病 ··················································· 79

　　　4.3.1　微寄生物模型 ········································· 80

　　　4.3.2　大型寄生物模型 ······································· 81

　　　4.3.3　流行病学模型 ········································· 83

　4.4　小结 ··························································· 85

　　　扩展阅读 ······················································· 86

5　种间相互作用Ⅱ：竞争与互利共生 ······························· 87

　5.1　引言 ··························································· 87

　5.2　竞争 ··························································· 88

　　　5.2.1　竞争与生态位 ········································· 89

　　　5.2.2　竞争的实验证据 ······································· 91

　　　5.2.3　连续时间的竞争模型 ··································· 94

　　　5.2.4　离散时间的竞争模型 ··································· 97

5.2.5　基于模型的竞争系数估算 ……………………………… 100

5.2.6　改变竞争结果 …………………………………………… 101

5.2.7　竞争性生产原理 ………………………………………… 103

5.3　互利共生 ………………………………………………………… 103

5.3.1　连续时间模型 …………………………………………… 105

5.3.2　离散时间模型 …………………………………………… 105

5.4　小结 ……………………………………………………………… 106

扩展阅读 …………………………………………………………… 107

6　群落动态 ………………………………………………………………… 108

6.1　引言 ……………………………………………………………… 108

6.2　群落的主要属性 ………………………………………………… 109

6.2.1　物种多样性 ……………………………………………… 109

6.2.2　关键种和营养级联 ……………………………………… 112

6.2.3　功能群 …………………………………………………… 114

6.2.4　群落补偿效应 …………………………………………… 114

6.2.5　稳定性与复杂性 ………………………………………… 116

6.3　群落动态模型 …………………………………………………… 117

6.3.1　连续时间模型 …………………………………………… 117

6.3.2　离散时间模型 …………………………………………… 123

6.4　复杂动态 ………………………………………………………… 126

6.5　粒径谱模型 ……………………………………………………… 127

6.6　定性模型方法 …………………………………………………… 129

6.7　小结 ……………………………………………………………… 133

扩展阅读 …………………………………………………………… 133

7　空间过程 ………………………………………………………………… 134

7.1　引言 ……………………………………………………………… 134

7.1.1　分布和丰度模式 ………………………………………… 134

7.2　单一种群的空间分布 …………………………………………… 135

7.2.1　分布和散布的量度 ……………………………………… 136

7.2.2　气候和分布 ……………………………………………… 141

7.3　移动和散布模型 ………………………………………………… 142

7.4　空间种群模型 …………………………………………………… 145

7.4.1　连续时空模型 ･･････････････････････････････････････ 145

7.4.2　连续时间和离散空间模型 ･･････････････････････ 149

7.4.3　离散时空模型 ･･･････････････････････････････････････ 154

7.5　小结 ･･････････････････････････････････････････････････････ 157

扩展阅读 ･･･････････････････････････････････････････････････ 157

# 第二部分　生态学生产过程

## 8　个体层次的生产 ･･･････････････････････････････････････ 161

8.1　引言 ･･････････････････････････････････････････････････････ 161

8.2　个体能量收支 ･････････････････････････････････････････ 162

8.3　生长 ･･････････････････････････････････････････････････････ 163

8.3.1　体长生长 ･･････････････････････････････････････････ 166

8.3.2　季节性生长 ･･････････････････････････････････････ 170

8.3.3　离散时间生长模型 ･･････････････････････････ 171

8.4　生殖过程 ･････････････････････････････････････････････････ 174

8.4.1　区分身体生长和生殖生长 ･･････････････ 176

8.5　温度依赖性生长 ･････････････････････････････････････ 177

8.5.1　生理时间单元 ･･･････････････････････････････ 179

8.6　完整生物能量模型 ･････････････････････････････････ 180

8.6.1　摄食 ･･････････････････････････････････････････････ 181

8.6.2　呼吸 ･･････････････････････････････････････････････ 183

8.6.3　排遗和排泄 ･･････････････････････････････････ 184

8.6.4　捕食者和被捕食者的能量密度 ･･････ 184

8.6.5　伊利湖鲈模型 ･･････････････････････････････ 185

8.7　代谢生态学 ･････････････････････････････････････････････ 185

8.8　小结 ･･････････････････････････････････････････････････････ 186

扩展阅读 ･･･････････････････････････････････････････････････ 187

## 9　世代和种群层次的生产 ･････････････････････････････ 188

9.1　引言 ･･････････････････････････････････････････････････････ 188

9.1.1　水生种群的补偿和调控 ･･････････････････ 188

9.2　世代生产 ･････････････････････････････････････････････････ 189

9.2.1　生长 ･･････････････････････････････････････････････ 189

9.2.2　死亡 ································································· 191

9.2.3　估算世代产量 ············································· 195

9.3　种群生产 ·························································· 197

9.3.1　确定性补充模型 ········································· 199

9.3.2　补充量的变异性 ········································· 207

9.4　小结 ·································································· 212

扩展阅读 ································································· 213

**10　生态系统层次的生产** ········································· 214

10.1　引言 ································································ 214

10.2　食物网 ···························································· 215

10.3　能量的流动与利用 ········································· 217

10.4　线性网络模型 ················································ 220

10.4.1　上行计算 ··················································· 220

10.4.2　下行计算 ··················································· 222

10.5　生物地球化学模型 ········································· 224

10.5.1　低营养级模型 ············································ 224

10.5.2　端到端模型 ··············································· 225

10.6　生物量谱 ························································ 227

10.7　动态生态系统模型 ········································· 229

10.8　小结 ································································ 230

扩展阅读 ································································· 230

## 第三部分　渔获模型与渔获策略

**11　世代和种群层次的渔获效应** ······························· 233

11.1　引言 ································································ 233

11.1.1　人类作为一种捕食者 ·································· 234

11.2　世代层次的渔获效应 ····································· 236

11.2.1　单位补充量的渔获量 ·································· 236

11.2.2　单位补充量的产卵量和产卵群体生物量 ····· 242

11.3　生物量动态模型 ············································· 243

11.3.1　连续时间模型 ············································ 243

11.3.2　离散时间模型 ············································ 249

11.4　时滞差分模型 ·················································· 251

11.4.1　复杂动态 ·················································· 252

11.5　完整年龄结构模型 ·········································· 253

11.6　随机环境变化下的捕捞 ···································· 255

11.6.1　离散时间模型 ·········································· 255

11.6.2　低频变动和气候变化 ································ 255

11.7　小结 ···························································· 257

扩展阅读 ···························································· 258

**12　群落层次的渔获效应** ·········································· 259

12.1　引言 ···························································· 259

12.2　混合渔业中的技术相互作用 ······························ 259

12.2.1　混合物种世代模型 ···································· 260

12.2.2　混合物种生物量动态模型 ························· 261

12.2.3　识别易危物种 ·········································· 263

12.3　简并生物量动态模型 ········································ 265

12.4　多物种生物量动态模型 ···································· 266

12.4.1　连续时间模型 ·········································· 266

12.4.2　离散时间模型 ·········································· 269

12.5　复杂动态 ······················································ 273

12.6　随机环境变动下的渔获 ···································· 275

12.7　基于个体大小和年龄结构的多物种模型 ·············· 276

12.7.1　捕食模块 ················································ 277

12.8　多物种评估模型 ·············································· 278

12.8.1　多物种实际种群分析 ································· 279

12.8.2　多物种统计性年龄-产量分析 ····················· 279

12.9　多物种过程模型 ·············································· 282

12.10　多物种生物学参考点 ······································ 283

12.11　小结 ···························································· 285

扩展阅读 ···························································· 286

**13　生态系统层次的渔获效应** ···································· 287

13.1　引言 ···························································· 287

13.2　渔业生态系统的生产力 ···································· 288

13.2.1　简单食物链模型 ················································· 289

13.3　生态系统网络模型 ··················································· 292

13.3.1　质量平衡模型 ····················································· 292

13.3.2　Ecosim ······························································· 294

13.4　粒径谱 ································································· 296

13.5　对生境的影响与承载力 ············································· 301

13.5.1　对生产力和渔获量的影响 ······································ 302

13.5.2　兼捕及其对保护物种的影响 ·································· 306

13.6　生态系统的替代状态 ················································ 308

13.7　概念模型与定性模型 ················································ 311

13.8　小结 ····································································· 312

扩展阅读 ·································································· 313

**14　经验动态模型** ·························································· 314

14.1　引言 ····································································· 314

14.2　EDM 方法的核心要点 ··············································· 317

14.2.1　状态空间重构 ····················································· 317

14.2.2　状态依赖 ·························································· 322

14.3　多变量分析 ··························································· 324

14.3.1　因果关系和收敛交叉映射 ······································ 325

14.4　评估物种间相互作用强度 ·········································· 328

14.5　预测 ····································································· 330

14.6　社会-生态数据中的复杂性 ········································· 331

14.7　小结 ····································································· 332

扩展阅读 ·································································· 333

**15　迈向基于生态系统的渔业管理** ···································· 334

15.1　引言 ····································································· 334

15.2　基于地域的管理 ····················································· 335

15.2.1　界定生态系统 ····················································· 335

15.2.2　空间管理策略 ····················································· 337

15.3　维持生态系统的结构与功能 ······································· 343

15.3.1　渔业生态系统的平衡概念 ······································ 344

15.4　在生态系统背景下定义过度捕捞 ································· 347

15.4.1　群落层次的参考点 ⋯⋯⋯⋯⋯⋯⋯⋯⋯⋯⋯⋯⋯⋯ 348

15.4.2　生态系统层次参考点 ⋯⋯⋯⋯⋯⋯⋯⋯⋯⋯⋯⋯⋯ 349

15.4.3　生态系统层次的产量 ⋯⋯⋯⋯⋯⋯⋯⋯⋯⋯⋯⋯⋯ 351

15.5　管理策略评估 ⋯⋯⋯⋯⋯⋯⋯⋯⋯⋯⋯⋯⋯⋯⋯⋯⋯⋯ 351

15.6　小结 ⋯⋯⋯⋯⋯⋯⋯⋯⋯⋯⋯⋯⋯⋯⋯⋯⋯⋯⋯⋯⋯⋯ 354

扩展阅读 ⋯⋯⋯⋯⋯⋯⋯⋯⋯⋯⋯⋯⋯⋯⋯⋯⋯⋯⋯⋯⋯⋯ 354

参考文献 ⋯⋯⋯⋯⋯⋯⋯⋯⋯⋯⋯⋯⋯⋯⋯⋯⋯⋯⋯⋯⋯⋯⋯⋯⋯⋯ 355

# 1 绪 论

## 1.1 概述

渔业提供了一项至关重要的生态系统服务，为迅速增长的人口提供了优质食物资源。渔业产品是全球市场上交易最广泛的商品之一。就年消费量而言，鱼类和贝类等为 31 亿人提供了近 20% 的动物蛋白（FAO，2018）。更重要的是，水生食物中富含微量和常量营养素，在发展中国家这些营养可能难以从其他来源获得。2016 年，全球渔业产品消费量达到了人均每年 20.3kg，创历史新高（FAO，2018）。水生食物无疑是世界许多地区粮食安全的一个关键因素。2016年，全球内陆和海洋水产品（捕捞渔业和水产养殖）总产量达 1.71 亿 t（FAO，2018；图 1.1），其中淡水和海洋捕捞渔业产量为 9 100 万 t，而水产养殖产量为 8 000 万 t。海洋捕捞渔业占捕捞渔业总上岸量的 87%（图 1.1），而淡水养殖产量在水产养殖中占主导地位（占水产养殖总产量的 64%）。渔业和水产养殖也提供了大量的就业机会，

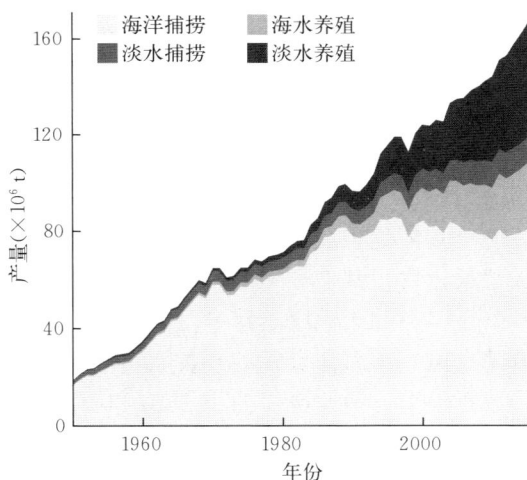

图 1.1　全球海洋、淡水捕捞渔业的上岸量和水产养殖产量（FAO，2018）

据估计 2016 年从事捕捞渔业的人数达 4 030 万，而水产养殖的从业人数为 1 930万（FAO，2018）。

显然，捕捞渔业和水产养殖为人类健康和福祉做出了重要贡献。同样明确的是，除非我们提供必要的保障措施来保护水生生态系统的内在价值和对社会的重要性，否则这些生态系统服务的可持续性将受到威胁。也就是说，如果不首先保护渔业赖以存在的生态系统，渔民的生计以及渔业社区的社会和经济健康就无法得到保障。

在本书中，我们尝试描述一种分析性框架，以支持基于广泛生态学原理的整体性渔业管理方法。通过解析种群、群落和生态系统层次的生产过程，为理解不同层次中渔业的潜在产量和可持续开发的上限奠定基础。

在本章的剩余部分，我们将回顾该领域发展的历史背景。我们举例说明了种群、群落和生态系统层次的过程如何转化为渔获历史中呈现的复杂模式。在分析和管理这些系统时，应对复杂性显然是非常重要的。

## 1.1.1 历史回顾

众所周知，水生食物资源在人类社会历史发展中起到了重要作用（Fagan，2017）。通过考古遗址中发现的普遍和多样的渔业作业工具、史前和古代的艺术描绘以及许多文明的历史记载，我们可以追溯捕捞对人类文化源远流长的重要意义。最近有一种假说认为，从水生资源中摄取的富含蛋白质和脂肪的食物实际上在人类大脑的进化中发挥了关键作用（Cunnane 和 Stewart，2010）。充分认识人类社会与水生生态系统之间的深层联系对于了解过去历史和未来前景都至关重要。在最早发现的捕鱼文物中，骨制鱼叉可以追溯到距今 9 万年前的非洲（Stringer 和 McKie，1998）。在遍布世界各地的大量贝丘（midden）中，鱼类和贝类等的残骸证明了水生资源在早期沿海人类饮食中的重要性。人类定居点通常选择在靠近水源和食物资源的地方。随着人口的增长，人们对水生资源的需求压力增大，最终使得捕捞活动的范围和对象扩大，覆盖越来越深的海洋环境，并催生了淡水和海水的池塘养殖（Fagan，2017）。在西方，由于有宗教曾禁止食用其他类型的动物蛋白，人们对水产品的需求急剧增加。在中世纪，禁食肉类的天数接近半年（Fagan，2006），这激励了鱼类养殖（通常与修道院有关）和海洋资源的开发。

数千年来，渔业也一直是勘探和贸易活动的催化剂（Kurlansky，1997；Fagan，2017），因为渔业已经从一种维持生计的活动演变为一种发达的商业实体。在北欧，中世纪时期汉萨同盟（Hanseatic League）的命运与渔业在国家贸易中的主导作用紧密相关。中世纪的课税记录和其他资料表明了渔业在欧洲地方和区域经济中的重要性（Cushing，1988）。纽芬兰鳕的捕捞活动可以追溯到 14 世纪，当时巴斯克渔民等人开始在新世界寻找未开发的渔场（Kurlansky，1997）。尽管几个世纪以来商业捕捞的重要性受到了广泛关注，我们也不能忽略游钓作为一种娱乐和审美追求的重要性。Izaak Walton 于 1653 年首次出版了《垂钓大全》（*The Compleat Angler*），至今仍在印刷，这种持久影响和受欢迎程度很好地反映了游钓的意义。

从很久以前开始，人们便开始担忧渔业活动的广泛生态影响。有证据表明，早在 14 世纪，捕捞对海洋生态系统的直接和间接影响就引起了人们的关

注（Anon，1921；Sahrhage 和 Lundbeck，1992）。英国议会于 1350 年和 1371 年通过法案，要求严格遵守"古老法令"以保护早期生活史阶段的鱼类（Anon，1921）。1376 年，下议院收到了一份请愿书，要求禁止使用 Wondrychoun（一种挖掘渔船），因为"……Wondrychoun 巨大而延长的钢铁结构在捕捞时对海床施加了很大压力，会破坏……生长在水底的植物，以及幼小的牡蛎、贻贝和鱼类，而大鱼靠这些生物而生存和获得滋养"（Anon，1921）。1499 年，佛兰德斯地区禁止使用拖网，因为有人观察到"……拖网刮擦和撕扯它经过的所有东西，把鱼类用以遮蔽的海草连根拔起；它使鱼卵或鱼苗无所依附……"（Anon，1921）。

还有其他证据表明了人们长期以来对捕捞活动可能破坏栖息地的担忧。例如，在 1583 年和 1631 年，荷兰和英国分别禁止了在河口水域使用拖网，"……禁止使用拖网以及其他不符合法律和政令规定网目尺寸的捕捞网具……"1584 年，法国将拖网捕捞定为死罪（Anon，1921）。

## 1.1.2 科学发展

长期以来，人们一直认为渔业资源（尤其是海洋渔业资源）是无限的。达尔文的拥护者 Thomas Henry Huxley 一直关注渔业问题，曾在多个专门委员会任职，评估 19 世纪英国渔业状况（Smith，1994）。Huxley 对渔业问题的关注似乎部分出于内心深处对工人阶级福利的承诺，包括那些从事海上贸易的人（Desmond，1994）。他终生都在关注鱼类的生物学和进化史。1884 年，Huxley 曾讲过一句名言："……鳕、鲱、沙丁鱼、鲭以及大概所有大型的海洋渔业都是取之不竭、用之不尽的，也就是说在现有的捕捞模式下……，我们所做的一切都不会严重影响到鱼类的数量。因此，任何监管渔业活动的尝试……似乎都是徒劳的。"尽管 Huxley 已经谨慎斟酌了自己的言论，但人们广泛接受了"取之不尽"的观点，这也影响了许多渔民、科学家和政治家的态度，使构建有效的捕捞活动管控变得复杂。

然而，在 Huxley 发表上述言论时，已开发鱼类种群的资源量实际上已经出现下降。例如，由于新英格兰沿海渔业资源的减少，美国于 1871 年成立了渔业委员会。史密森尼学会助理秘书、后来的美国渔业委员会首任主席 Spencer Fullerton Baird 负责领导调查了渔业资源衰退的潜在原因。Baird 确定了以下五个（互不排斥的）潜在因素：

（1）鱼类赖以生存的食物减少或消失，不得不迁移到其他地方。

（2）栖息地发生改变，或是完全随机的，或是像上面提到的那样必须到别处寻找食物。

（3）流行疾病或高温、低温等特殊的气候因素。

（4）被其他鱼类捕食。

（5）人类的作用：这一作用体现在工业废弃物等排放造成的水污染，以及过度捕捞或使用不当的作业设备。

无论是 19 世纪后期还是今天，Baird 对关键问题与议题的这种先见之明均对人们有重要的启示作用。他广阔的多学科视角为其后的渔业调查开创了重要的先例，也促使人们认识到在当前渔业资源管理中引入生态系统原理的重要性。我们将在本书中探讨多个相关主题。人们早就认识到渔业资源物种面临多重压力，理解这些因素对其生产力的累积影响对于渔业发展是至关重要的。

与海洋捕捞的悠久历史相比，人类为开展资源管理（以及对基本生态学原理的理解）所做的大规模科学研究还没有多久。实际上直到 19 世纪 60 年代，Ernst Haeckle 才发明了"生态学（oecologie）"一词，而关于大规模渔业活动的书面记录比这个里程碑早了几个世纪。许多时候，在制定科学框架评估资源变化之前，鱼类和贝类等种群已经因为捕捞而发生了重大变化。因此，真正未开发的基线条件都是无法知道的，只能进行推测。

本书中我们关注定量分析方法，简要回顾渔业生态系统建模方法的早期发展，包括单物种和更广泛的多物种及生态系统模型等内容。本节我们将重点描述从 20 世纪之初到 20 世纪 80 年代中期的发展史，并在本书的其余部分介绍最近几十年的研究进展。

杰出的俄国科学家 Fedor I. Baranov 提出了可能是最早的渔业动态全面定量分析方法，其中重点关注了单物种问题。Baranov 对渔业的研究始于 1914 年发表的论著《论过度捕捞》（*On Overfishing*）；遗憾的是，这些贡献在之后的几十年并未被西方世界所知，直到很久以后才有其译作的完整汇编（Baranov，1976）。他著名的渔获量方程后来由 Thompson 和 Bell（1934）独立推导出来，为我们理解渔业动态做出了重要贡献。

意大利渔业生态学家 Humberto D'Acona 注意到，在第一次世界大战期间捕捞业中断后，亚得里亚海中渔获物种的相对组成发生了有趣的变化。为了解释这一现象，他寻求了著名数学家 Vito Volterra（后来成为他的岳父）的帮助，对该系统的动态进行建模。Volterra（1926）构建了现已著名的捕食者-被捕食者方程，并从中得出了关于战争期间亚得里亚海渔业关闭的重要见解，他指出："……完全关闭渔业是一种形式的'保护'，在这种形式下，肉食性鱼类受益更多也因此而繁盛，但它们所捕食的那些饵料鱼类，状况则比之前更糟了。"我们可以看出，Volterra 的工作为早期渔业捕捞模型（人类作为捕食者）的发展奠定了基础。从生态系统的角度来看，上述引述对于理解水生保护区构建的直接和间接可能影响也具有重要意义。

稍早一些，Alfred Lotka（1925）推导出了一个非常相似的捕食者-被捕食者（消费者-资源）方程组，其灵感来自植物-草食动物的相互作用。Lotka-Volterra方程成为生态学（第一个）黄金时代的支柱之一（Kingsland，1995）。有趣的是，Lotka 在他的经典论著中还构建了水生系统食物网模型，并专门有一章讨论水生生态系统中的种间平衡（Lotka，1925）。Lotka 敏锐地注意到了混合物种渔业中的一个关键问题——至今仍非常重要——当稀有物种与数量丰富的物种同时被捕获时，前者可能会受到威胁，因为即使稀有物种衰退到无利可图的水平，捕获者仍将继续捕捞更常见的物种（Lotka，1925；第 95 页）。

Raymond Pearl 曾使用 Verhulst 的逻辑斯蒂方程（logistic equation）来模拟 20 世纪 20 年代早期的人口增长（Kingsland，1995），随后该方程很快被应用于渔业，包括设定捕捞的目标开发率等。Hjort 等（1933）最早使用逻辑斯蒂产量模型来评估渔业生态系统中的最适渔获量（Smith，1994）。Hjort 当时的工作主要集中在海洋哺乳动物资源的开发方面。Graham（1935）将逻辑斯蒂模型应用于集合种群的个体生长而非种群规模。Graham 的方法被用于弥补单物种水平的数据限制（Smith，1994），我们将在本书后面重新讨论这种方法。G. Evelyn Hutchinson 从湖沼学的研究中获得了许多重要的基础生态认识，他证明了在逻辑斯蒂模型中引入时间延迟可能会产生复杂的动力学行为（Hutchinson，1948），而这涉及本书的另一个重要主题。

20 世纪 50 年代是鱼类种群动力学建模方面极富成效的时代，许多开创性的著作均发表于这一时期，如 William Ricker（1954）的《亲体和补充》（*Stock and Recruitment*）以及 Raymond Beverton 和 Sidney Holt（1957）的经典专著《渔业种群动力学研究》（*On the Dynamics of Exploited Fish Populations*）。Ricker 建立了一个分析性框架，不仅解析了世代之间的基本联系及其对管理的影响，也在生态背景下第一次证明了简单的离散时间种群模型中可以产生非常复杂的动态。虽然 Beverton 和 Holt 主要关注单物种动态，但也涉及更广泛的研究课题，包括生态系统方面。他们指出，"这可能是对渔业研究中核心问题的概括：不仅研究特定种群对捕捞的响应，还要研究它们之间的相互作用以及各个海洋生物群落对人类活动的响应"（Beverton 和 Holt，1957；第 24 页）。这明确地预示着关于捕获问题需要考虑更广泛的生态维度。而在同一时期，Milner B. Schaefer 也在两篇有影响力的论文（Schaefer，1954，1957）中，在逻辑斯蒂模型的基础上提出了剩余产量模型。Pella 和 Tomlinson（1969）随后对逻辑斯蒂模型进行了拓展，使该模型具有多种类型的函数形式。William Fox 则基于 Gompertz 增长模型而非逻辑斯蒂模型，开发了非对称的产量模型（Fox，1970）。

相关研究建立了一个正式而完善的分析框架，为单物种水平的渔业管理提供科学建议，促使上述原理在全球范围内得到了广泛的应用。联合国粮农组织（FAO）对于这些方法在全球的推广起到了关键作用，他们开设了定量分析方法课程，并出版了一系列有影响力的培训手册（如 Gulland，1968，1969）和相关的后续出版物（如 Gulland，1977，1983，1988）。秉承提供基本且实用培训材料的精神，Ricker（1975）凭借他对淡水和海洋系统的亲身研究经验，编写了《渔业科学方法手册》（*Handbook of Methods of Fisheries Science*）。这些研究工作共同致力于规范种群动力学的数学描述，以评定渔业水生种群（或资源群体）相对于客观定义的捕捞目标和限制（现在称为"生物参考点"）的状态。

虽然种群动力学和资源评估继续快速发展，但基于更广泛生态系统视角的方法并未被遗忘。20 世纪 20 年代，著名的生物海洋学家（浮游生物连续记录器的发明者）Alister Hardy 构建了一个以大西洋鲱（*Clupea harengus*）为中心的详细海洋食物网（Hardy，1924），为食物网提供了重要的定性描述，方便了后续的定量分析。基于 Lotka（1925）提出的相关概念，Clarke（1946）为乔治浅滩——位于新英格兰附近的历史上重要的渔场，构建了一个简单的能流模型。在一项具有里程碑意义的研究中，Ryther（1969）进行了一项备受瞩目的尝试，即根据通过连续营养级的能量流来估计全球海洋渔业生产潜力。Ryther 的估计值为 1 亿 t，这虽然在当时引起了争议，但现在看来非常有先见之明（目前，全球海洋捕捞渔业的渔获量非常接近这个估计值）。

也有许多学者积极尝试估计了淡水生态系统的鱼类产量，其中涉及了能流模型和基于地理特征的预测模型（如 McConnell 等，1977）。还有研究根据基本的湖沼学指标开发了"形态-水文指数"（morphoedaphic index，MEI），用于预测鱼类产量（Kerr，1974；Ryder 等，1974）。这些尝试是渔业中采用宏观生态学（macroecological；Brown，1995）方法的早期例子。这些研究的理念对于淡水生态系统科学的重要性不言而喻。以 Rigler（1982a，b）的工作为代表，相关研究逐渐关注了简单预测模型，Peters（1991）则在更广泛的生态背景中倡导了这一方向，这预示着宏观生态学将发展为生态学的一个重要分支学科。

在整个 20 世纪 30 年代，Ludwig von Bertalanffy 一直致力于开发一种通用系统理论，并在第二次世界大战后完成了这一重要工作。尽管 von Bertalanffy 因以他名字命名的个体生长模型为所有渔业科学学生所熟知，且该模型被广泛应用于单物种渔业模型，但他对系统（包括生态系统）动力学有着更为深入的研究，可以作为理解人类-自然耦合系统（如渔业生态系统）的框架。

## 1.2  渔业生态系统的过程和模式

根据水生物种丰度和渔获量的长期记录，我们可以很容易发现极为丰富多样的动力学模式。对历史变化最广泛的记录来自海洋和淡水生态系统的古生态学研究（Finney 等，2010；Cohen 等，2016）。例如，相关研究通过重建加利福尼亚州中部附近的圣巴巴拉海盆的远东拟沙丁鱼（*Sardinops sagax*）、美洲鳀（*Engraulis mordax*）和无须鳕（*Merluccius productus*）的种群数量（Soutar 和 Isaacs，1969；Baumgartner 等，1992），揭示了近两千年内种群在数十年时间尺度上的剧烈变化（图 1.2）。鳀和沙丁鱼是浮游生物食性鱼类，在生态系统中发挥相似的作用，而无须鳕是沙丁鱼和鳀的捕食者。这三个物种在加利福尼亚海流生态系统的中上层食物网中发挥主导作用。该海域的底层水和沉积物处于缺氧状态，几乎不受生物扰动的影响。在海域内采集的成层沉积

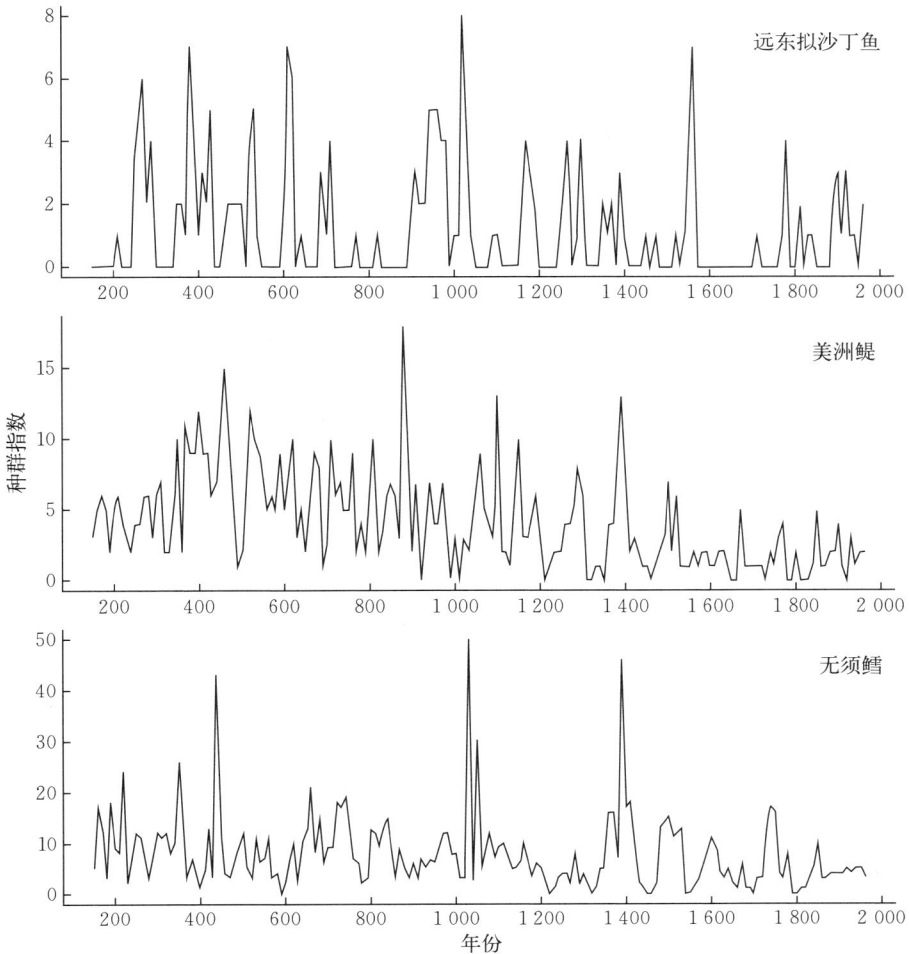

图 1.2　远东拟沙丁鱼、美洲鳀和无须鳕的种群数量指数，数据根据加利福尼亚州圣巴巴拉海盆的鱼鳞沉积速率测算（Soutar 和 Issacs，1974；Baumgartner 等，1992）

7

芯样，保存了这些物种鳞片沉积模式的历史信息，可用于构建种群的丰度指数。这种方法中广泛的时间跨度为监测 20 世纪之前、人类的影响很小时种群的变化打开了窗口。显然，种群数量的高变动水平可能是这些物种的固有特性。Finney 等（2010）在海洋生态系统中的古生态学领域进行了一项有趣的综合分析，呈现了在数十年到数百年时间尺度上气候变迁对这些模式的变化起到的关键作用。Cohen 等（2016）的研究结果表明，过去 1 500 年 Tanganyika 湖的气候效应对鱼类和双壳类动物种群产生了强烈影响。该生态系统中整体生产力下降与近期的气候变暖有关，其效应先于大规模的捕捞活动。

虽然目前没有一套衡量标准可以完整反映人类-生态耦合系统的动态行为及其根本原因，但时间尺度为几十年到几世纪的渔业生态系统开发水平记录还是为理解这些系统的复杂性以及其中社会、经济和生态因素之间的相互作用提供了重要的线索。我们可以看到捕捞量有明确的周期和捕捞强度的突然变化。这些模式中的一个样本就足以凸显海洋和淡水渔业生态系统的巨大变化（图 1.3）。

1915—1960 年期间，伊利湖的大眼蓝鲈（*Stizostedion vitreum glaucum*）经历了明显的周期性波动（图 1.3a）。这种周期性背后的假设机制与一种补偿性种群调节形式有关，而这是我们将在第 3 章讨论的主题。我们可以看到，这类种群机制可以产生极其复杂的动力学行为。不幸的是，在捕捞和湖泊富营养化的双重压力下，这个亚种似乎在 20 世纪 60 年代初期已经灭绝。

1900—1920 年期间，美国阿拉斯加布里斯托尔湾的驼背大麻哈鱼的渔获量水平出现大幅年际波动（在 1906 年、1912 年和 1920 年达到高峰），然后下跌到非常低的水平，并在低水平状态下维持了大约 30 年（图 1.3b）。1900—1920 年间其平均渔获量约为 50 万尾，变异系数（相对变异性的标准）约为110%。1920 年后，渔获量下降至不到以前水平的 20%（平均），但实际上变异系数更高（约 160%）。与所有太平洋鲑属鱼类（*Oncorhynchus*）一样，驼背大麻哈鱼也是一种溯河产卵鱼类。成年鱼回到它们出生的溪流和河流中（有些会迷路）繁殖一次后就会死去。仔细观察驼背大麻哈鱼的渔获量数据，我们发现了另一件有趣的事。驼背大麻哈鱼的寿命为两年，幼鱼入海前在淡水中生活不到半年，然后在产卵洄游之前在海水中度过余下的生命周期。因此，我们可以将在相邻年洄游产卵的鱼视为单独的子种群（有文献称之为"line"）。需要注意的是，1921 年之前的所有主要渔获量均来自偶数年份。在 1920 年渔获量突然下降之后，在图 1.3b 所示的剩余时期内，奇数年份的子种群基本在经济上灭绝了。

如原著序中所述，渔业相关活动的影响不限于通过捕捞移除生物量，还包括通过引入非本地物种、本地和非本地物种的繁育活动以及其他方式的生态系统操控，有意识地尝试进行生态系统改造。20 世纪 50 年代，为了支持新的渔

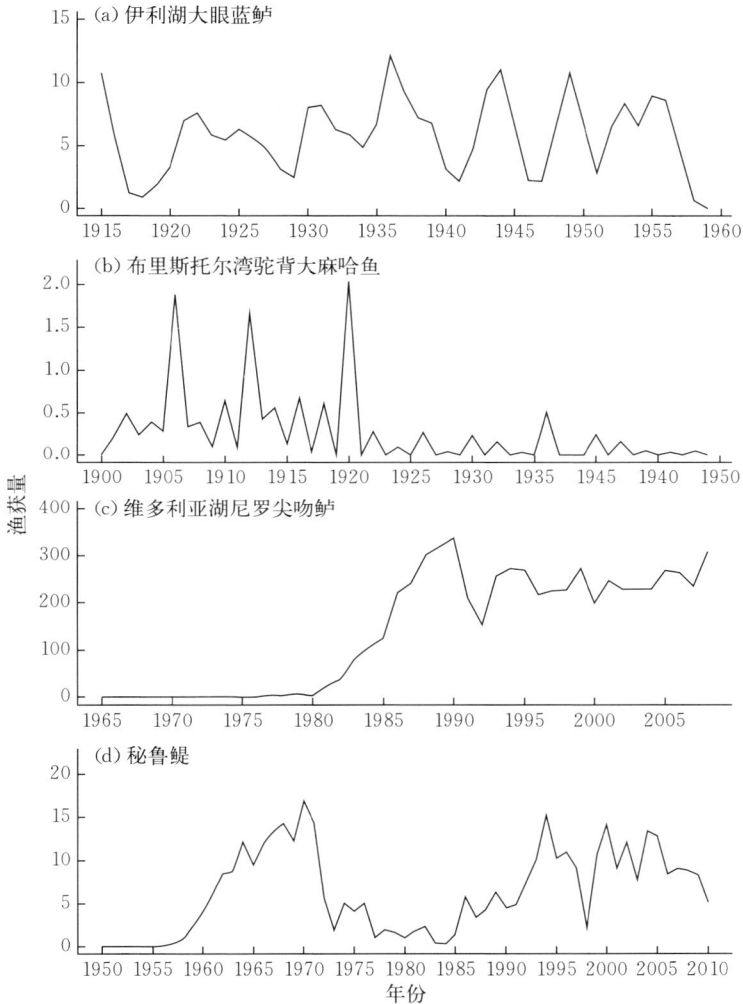

图 1.3 （a）伊利湖大眼蓝鲈的历年渔获量（×10³ t）（数据来自 Parsons，
1967）；（b）布里斯托尔湾驼背大麻哈鱼（*Oncorhynchus gorbuscha*）
的历年渔获量（×10⁶ 尾）（数据来自 https：//www. fishbase. org/
recruitment/）；（c）维多利亚湖尼罗尖吻鲈（*Lates niloticus*）的历年
渔获量（×10³ t）（数据来自 Kolding 等，2014）；（d）秘鲁鳀
（*Engraulis ringens*）的历年渔获量（×10⁶ t）（数据来自 www. fao. org/
fishery/statistics）

业发展，尼罗尖吻鲈被引入维多利亚湖（Pringle，2005）。尼罗尖吻鲈是最大
的淡水鱼种之一，最长可达近 2 m，体重可达 200 kg。尽管东非渔业研究组织

9

已就此类物种引入造成的不利生态影响发布了警告，但该物种仍被放流到维多利亚湖中，并对湖泊生态系统造成了严重后果。在引入湖中之初，尼罗尖吻鲈的渔获量一直相对较低，直到 1980 年该物种的渔业迅速扩张。尼罗尖吻鲈的渔获量在 1990 年达到峰值，约 34 万 t（图 1.3c）；在 1990—2000 年期间，其平均渔获量约为 24 万 t。有假说认为，在刚引入阶段，本地鱼类物种（包括种类繁多的慈鲷类群落）通过捕食尖吻鲈幼鱼，控制了尼罗尖吻鲈的数量（Walters 和 Kitchell，2001）；而当尼罗尖吻鲈的丰度达到足以抑制本地鱼类的水平时，一个新的反馈循环启动了，进一步抑制了本地鱼类群落。捕捞压力和养殖富营养化也可能导致慈鲷类数量减少，从而减少对幼鲈的捕食。Kolding 等（2008）针对该湖中观察到的变化和其潜在原因进行了重要的综述性研究。

最后一个例子是洪堡海流系统中的秘鲁鳀。在其高丰度时期，该鳀支撑了世界上最大的单物种渔业，但该种群在年代际的时间尺度上经历了大规模的丰度变化（图 1.3d）。20 世纪 70 年代初，由于捕捞压力和极强厄尔尼诺事件的共同作用，鳀的生产力急剧下降。鳀种群的减少也对生态系统产生了重要影响，导致其捕食者，特别是强烈依赖该物种作为主要食物的海鸟种群，面临饥饿。

Caddy 和 Gulland（1983）很早就尝试了根据资源变异性对海洋渔业生物进行分类。他们识别出了四种主要的变异模式：稳定性、周期性、不规则性和间歇性。这些明晰的标识反映了在鱼类和贝类种群中观察到的各种种群变化模式：稳定性种群以全局稳定平衡为特征；周期性种群的丰度呈现明确的周期性变化；不规则种群的特点是高度变异性，并且通常与随机环境因素有关；间歇性种群以不同时期的丰度水平高低交替为特征。

Spencer 和 Collie（1997a）进一步扩展了 Caddy 和 Gulland（1983）提出的分类方案，其模式包括了稳态、低频低变异、低频周期、不规则、高频高变异和间歇性。Spencer 和 Collie（1997a）进一步给出了将种群进行以上划分的客观规则。图 1.4 展示了 Spencer 和 Collie 划定的各个类别的代表性物种。以上的分析表明，渔业生态系统中种群数量和产量可能会呈现出相当复杂的变化模式。

著名的理论生态学家 Ramon Margalef（1960）提到：

生态系统是不同物种在共同环境中种群集成的结果。它们很少能长期保持稳定，波动是生态系统以及每一个……种群的本质之一（引自 Smith，1994）。

然而，稳态动力学的概念仍然是大多数渔业管理准则的核心，体现在最大可持续产量等概念中。我们不能忽视环境或食物网结构的根本变化，无论后者反映的是自然变化，由于物种选择性捕捞模式而导致的渔业间接影响，还是人类对生态系统改造的有意尝试。

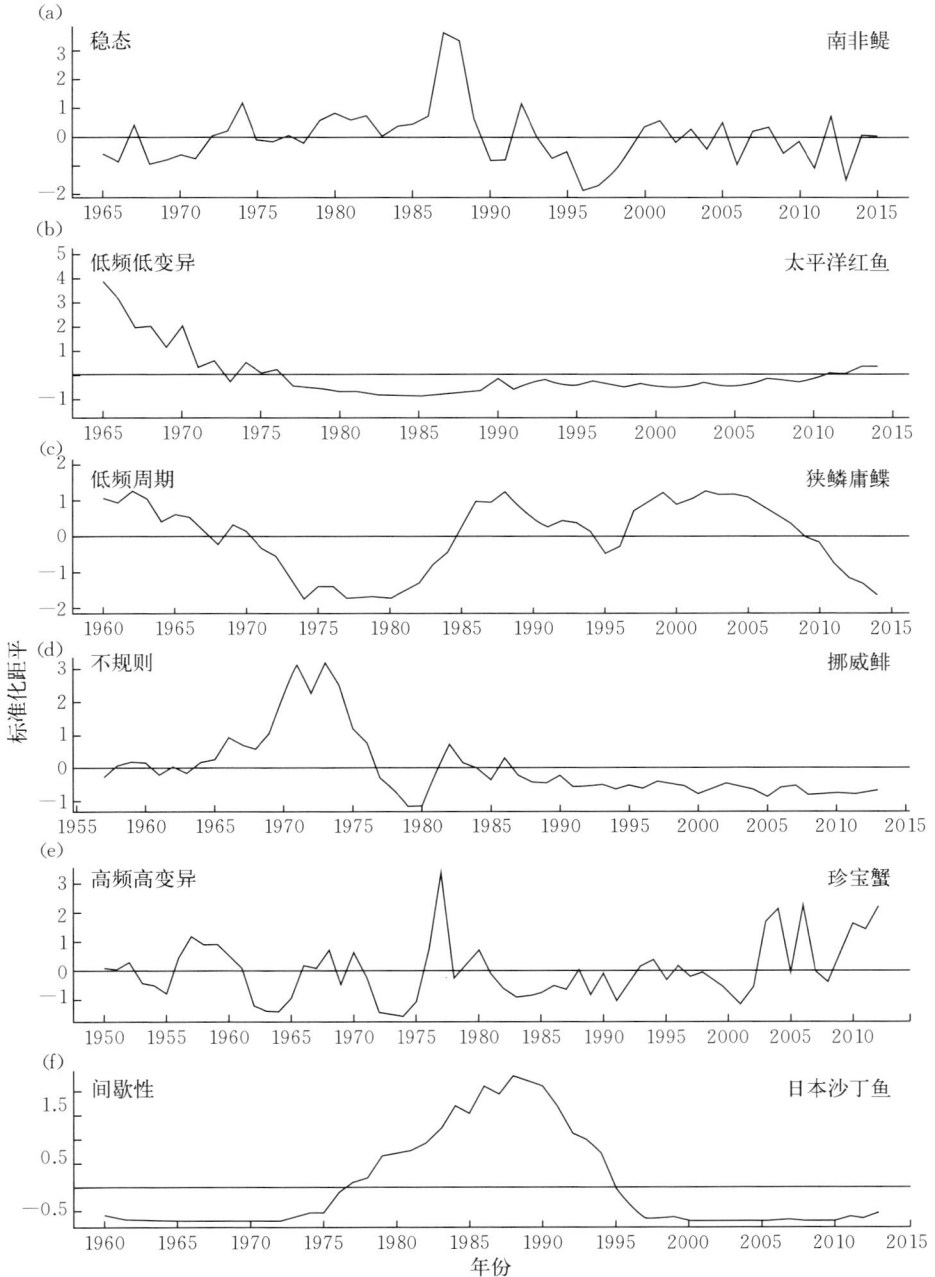

图 1.4 基于 Spencer 和 Collie（1997a）分类法的海洋种群变异模式示例。所有时间序列的 Y 轴均以其数值的标准化距平表示

## 1.3 应对复杂性

随着我们向基于生态系统的渔业管理（EBFM）迈进，是否能够应对生态系统惊人的复杂性和相关的管理挑战，逐渐成为被经常提及，也应当被关注的难点问题。渔业生态系统模型为渔业生态系统的结构与功能、环境变化的效应以及各种人类干预的影响（包括管理行动的效力）等信息的综合与集成提供了主要工具，也使得相关变化的预测成为可能。图1.5显示了本书涉及的多物种模型和生态系统模型的分类路线图，其中涵盖了从简单经验模型到完整生态系统模型的广泛可能的模型类型。

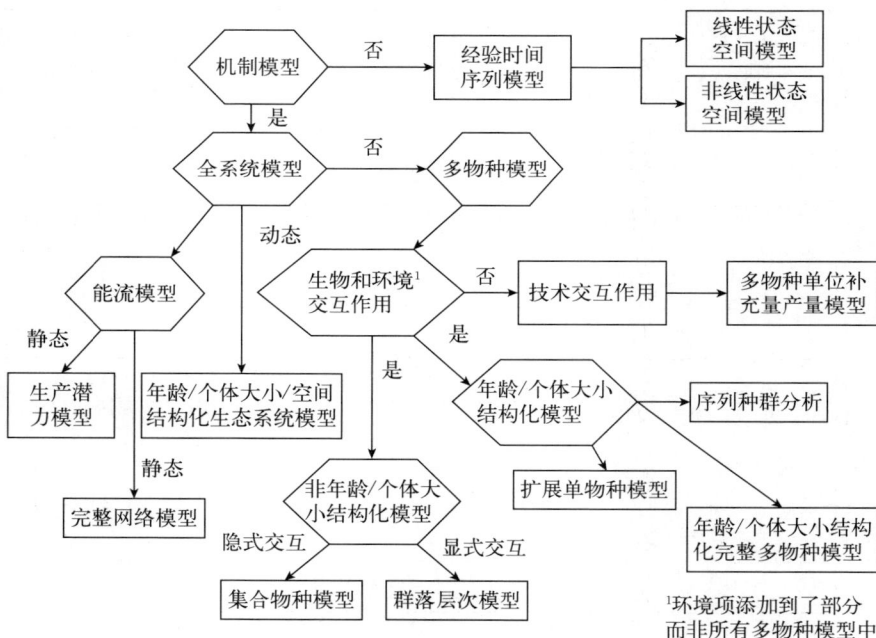

图1.5　分叉式检索表显示了本书中涉及的多物种和生态系统模型

我们认为，在渔业生态系统模型研究中必须要采取审慎的策略来控制模型的复杂性。在构建模型时，必须清楚地理解它所要发挥的作用。我们将模型视为关于自然状态假设的表述方式，作为现实的抽象。为支持EBFM开发的相关模型具有一系列不同的复杂度，涉及真实性、机制详细度以及参数和/或模型不确定性等方面的权衡。通过增加模型的复杂性，我们希望能获得对生态系统更真实的描述。然而，这种真实性的增强需要付出代价。我们经常发现，由于对数据和信息需求的增加以及估计难度的增大，模型整体的不确定性随着复杂性的增加而增大（图 1.6）。Collie 等（2014）指出，模型性能的"最佳点"出现在模型复杂度的中间水平。我们也深切地意识到，生态系统层次信息的可用性在全球不同地区存在很大差异。如果我们要为基于生态系统的管理提供有用信息，则必须考虑数据有限情况下的方案。我们试图将这种观点融入表述实际模型的方法中，以支持可行管理策略。

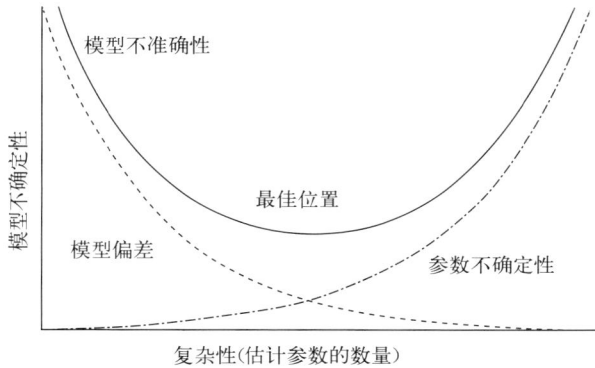

图 1.6　随模型复杂性（参数数量）的变化，模型偏差和参数不确定性之间的权衡（改自 Collie 等，2014）

## 1.4　小结

在本章中，我们介绍了为什么渔业是全球粮食安全的重要组成部分，以及为什么它们在全世界人类社会结构中如此重要。我们追溯了这些因素重要性随时间的演变，并讲述了科学理念和科学方法的关键发展历程，这些对有效的渔业管理至关重要。我们展示了简单的描述指标（如历史渔获量）如何体现了种群、群落和生态系统层面的复杂过程。我们阐述了分析和管理这些系统时应对复杂性的重要性，这对于迈向可操作性的 EBFM 非常重要。

【扩展阅读】

在 Sahrhage 和 Lundbeck（1992）、Kurlansky（1997）、Fagan（2006，2017）的文献中可以找到关于渔业历史的相关描述。Kingsland（1995）追溯了生态模型的早期发展和演变。有关渔业科学史的综合论述，请参见 Smith（1994）。

# 第一部分
# 生态模型概述

# 2 非密度制约的种群增长

## 2.1 引言

我们将从分析基础的出生率和死亡率开始，探讨种群增长的基本模式。可以设想，物种在资源丰富的新环境中（特别是在捕食风险很低的情况下）初步建立种群后，最初会经历种群增长相对不受限制的阶段。或是在有些情况下，我们可能希望了解由于自然或人为扰动，种群数量降到很低水平后的恢复率。尽管随着种群增长，增长率最终会由于资源限制而减缓，但如何构建种群增长或恢复的初始阶段模型还是值得我们去思考的。

以加拿大东部的灰海豹（*Halichoerus grypus*）为例，到 20 世纪 60 年代初，捕猎和其他压力已导致灰海豹种群减少到仅有几千只（Bowen 等，2003）。一般来说，水生种群分析面临着特殊的挑战，因为我们通常无法直接观察和计算种群的出生和死亡数量。但许多海豹和其他鳍足类动物在陆地上有散布的繁殖地，在其中可以计算幼崽（pup）数量，因此至少部分种群的出生率可以直接统计。对于死亡率，直接观察海上的死亡数量显然还是存在问题。在新斯科舍省附近的 Sable 岛上，研究人员自 1963 年以来一直使用标记和摄影方法对幼崽进行计数。

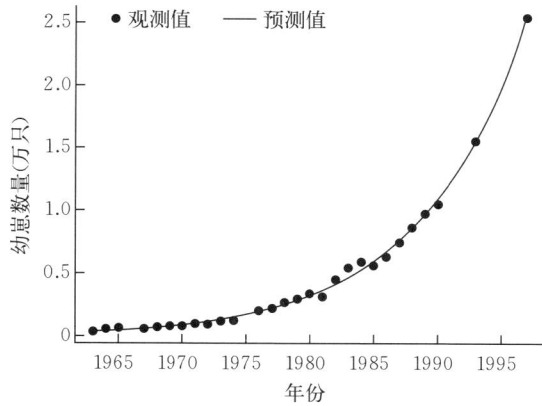

图 2.1 Sable 岛灰海豹幼崽的丰度（Bowen 等，2003）

在 1963—1997 年期间，岛上幼崽的估计数量持续以指数速率增加（Bowen 等，2003；图 2.1）。对 Sable 岛海豹种群的后续估计结果显示（Hammill 等，2014），随着种群的恢复其增长率下降，这与种群增长的密度依赖性相关。

在灰海豹种群的例子中，初始恢复期间种群规模变化率具有明显的恒定性。在下文中，我们将展示如何根据这些关键信息构建简单模型。然后，我们将在此基础上进行扩展，介绍年龄和阶段结构化模型，并展示其与简单（非结

17

构化）模型的联系。

## 2.2　简单种群模型

我们从简单的模型开始探讨，先忽略种群的年龄、大小和基因结构及其空间结构等因素，并进一步假设种群是封闭的（无迁入或迁出），或者净迁移率为零。生态模型的构建中可以考虑连续或离散时间。有些种群的出生率和死亡率在全年均有发生（如在热带和亚热带环境中），对它们来说最好使用微分方程，在连续时间的框架下构建模型。相比之下，温带和北极-寒带系统中的种群通常具有明确的季节性繁殖周期，对它们使用离散时间模型（或差分方程）可能更为合适。

### 2.2.1　连续时间模型

如果种群的出生率和死亡率在所有种群密度下均保持恒定，则种群大小的变化率可以表示为：

$$\frac{\mathrm{d}N}{\mathrm{d}t}=(b-d)N \tag{2.1}$$

式中，$N$ 是种群大小；$b$ 和 $d$ 是瞬时出生率和瞬时死亡率。需要注意的是，种群单位增长率或相对增长率 $[(1/N)\mathrm{d}N/\mathrm{d}t]$ 是一个常数，等于出生率减去死亡率，该常数通常被称为内禀增长率（$r=b-d$；Wilson 和 Bossert，1971；Vandermeer 和 Goldberg，2003；Gotelli，2008）。若出生率和死亡率相等，则种群变化率为零；若 $b>d$，则为正增长；若 $b<d$，则为负增长。该微分方程的解为（见注释框 2.1）：

$$N_t=N_0\mathrm{e}^{rt} \tag{2.2}$$

---

### 注释框 2.1　非密度依赖性种群增长模型求解

非密度依赖性种群增长模型的求解步骤如下所示。该模型为一阶的分离变量微分方程，式中 $r=b-d$：

$$\frac{\mathrm{d}N}{\mathrm{d}t}=(b-d)N=rN$$

分离变量，并在时间 $t_0$ 到 $t$ 积分，我们可以得到：

$$\int_{N_0}^{N_t}\frac{\mathrm{d}N}{N}=(b-d)\int_{t_0}^{t}\mathrm{d}t$$

根据链式法则：

$$\int\frac{\mathrm{d}N}{N}=\log_e N$$

---

其解为：

$$\log_e N_t = \log_e N_0 + r(t - t_0)$$

取反对数，并设$t_0 = 0$，我们得到：

$$N_t = N_0 \, e^{rt}$$

图 2.2 中展示了$r$不同取值下该方程的结果。除非$b = d$（$r = 0$），否则种群将呈指数增长或衰减。我们可以在等式两侧取自然对数将该模型线性化，并使用简单的线性回归来估计参数$r$和$N_0$（见注释框 2.2）。

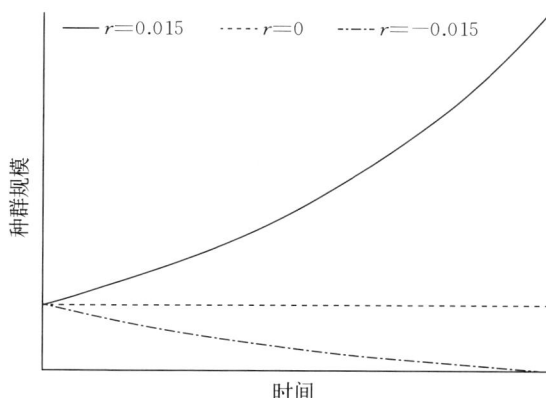

图 2.2    三种内禀增长率水平下指数增长模型的种群变动轨迹

## 注释框 2.2    将模型应用于实际数据

非密度依赖性种群增长模型的解是一个指数形式的简单非线性方程。我们如何将模型与本章开头描述的真实观察联系起来？完善的回归分析技术可以实现方程到数据的拟合，线性和非线性模型均可应用。我们回看注释框 2.1 中的倒数第二步，可以看到在对数尺度下模型是线性的。以简单线性回归的形式表达，可以得到：

$$\log_e N_t = \log_e N_0 + r \cdot t + \varepsilon_t$$

式中，$\varepsilon_t$是误差项，表示$\log_e N_t$的观测值和期望值之间的差异。为了应用标准线性回归技术，我们假设误差项服从正态分布，均值为零且方差恒定。此外，我们假设$\varepsilon_t$的一系列值是相互独立的（即不相关）。注意在对数尺度上误差项是相加的。

这里我们关注的是$N_t$和$t$之间的关系。我们可以通过选择一定的参数值，使 $N_t$ 的观测值和预测值之差的平方和最小，从而求得模型右侧 $N_0$ 和 $r$ 的估计值：

$$\min \sum (\log_e N_t - \log_e \hat{N}_t)^2$$

这就是拟合图 2.1 中种群增长曲线的方法。

## 2.2.2 离散时间模型

接下来我们考虑如何为具有季节性产卵期和不重叠世代的种群构建模型。例如，太平洋鲑（*Oncorhynchus* spp.）在淡水的小溪和河流中繁殖，幼鱼经过最初的发育阶段后，进入海洋环境生活，最后准确地返回它们出生的河流进行繁殖。成年鲑在繁殖后死亡，因此世代不重叠；这种生命史模式被称为终生单次繁殖（semelparous）。在溯洄河流进行交配之前，不同种类的鲑在海洋环境中生活的年数明显不同，但在同一物种内相对固定（Burgner，1991）。成年鲑溯洄至小溪与河流，随后死亡和分解，这一过程通过营养传递对生态系统的生产力起到至关重要的作用。从这个角度来看，如果在鲑返回其出生与繁殖地之前捕获过多的数量，可能会对整个系统的营养动态和生产力产生不利影响，这是太平洋鲑开发在生态系统层次产生的意外后果。

下面我们将更详细地介绍加拿大不列颠哥伦比亚省 Fraser 河的支流，Quesnel 河的红大麻哈鱼（*Oncorhynchus nerka*）的案例。在 1945—1975 年期间，由于一系列疾病暴发，该种群在繁殖前死亡率很高，导致种群数量处于极低水平，而较高的水温也加剧了这种情况（Roos，1991）。该流域中的红大麻哈鱼主要在 4 龄时进行生殖洄游。需要注意的是，恢复阶段的种群规模在年际存在很大差异（图 2.3），一个子种群（line）明显占主导地位，而其他子种群则处于较低丰度水平（尽管随着种群的增加，可以清楚地看到亚优势的子种群）。

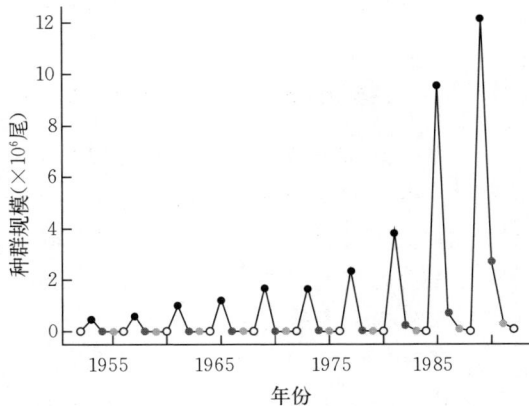

图 2.3　加拿大不列颠哥伦比亚省 Quesnel 河红大麻哈鱼的种群变化轨迹。不同的灰度表示四个子种群（数据由太平洋鲑委员会的 Michael Lapointe 提供）

这些子种群实际上代表了每隔四年出现的不同亚种群。

虽然不太普遍，但这种模式在许多红大麻哈鱼群中很常见，被称为周期优势（Ricker，1975）。周期优势的潜在机制一直是诸多分析关注的主题（Ricker，1975；Collie 和 Walters，1987；Myers 等，1998；Guill 等，2014）。我们将为该系统中红大麻哈鱼的优势子种群开发一个简单模型。虽然该子种群的丰度急剧增加，但红大麻哈鱼数量在连续世代中的比率相对稳定，这意味着在图2.3 所示的时间段内种群保持恒定的增长率。由于鲑会准确返回繁殖地，考虑目前的研究目的，我们假设种群是封闭的（即误入其他繁殖地点和来自其他河流的数量将忽略不计）。尽管我们可以针对个体不同的生殖洄游时间进行模型调整，但为方便起见，这里假设繁殖年龄是固定的。

对于具有恒定增长率的种群，连续世代中种群个体数量的变化可由下式求得：

$$\Delta N = N_{T+1} - N_T = r_d N_T \qquad (2.3)$$

式中，$N_T$ 是 $T$ 世代种群中的数量，$r_d$ 是离散的种群增长率。该模型可以更简单地表示为：

$$N_{T+1} = \lambda N_T \qquad (2.4)$$

式中，$\lambda = 1 + r_d$（$\lambda$ 即 finite rate of increase，周限增长率）。只有当 $\lambda = 1$ 时，种群才是稳定的（$N^* = N_{T+1} = N_T$）。

该模型描述了种群在一系列固定时间点的数量。我们可以将模型写成一个简单的递归公式，作为 0 时刻种群数量的函数（参见注释框 2.3）：

$$N_T = \lambda^T N_0 \qquad (2.5)$$

图 2.4 展示了种群变动轨迹。

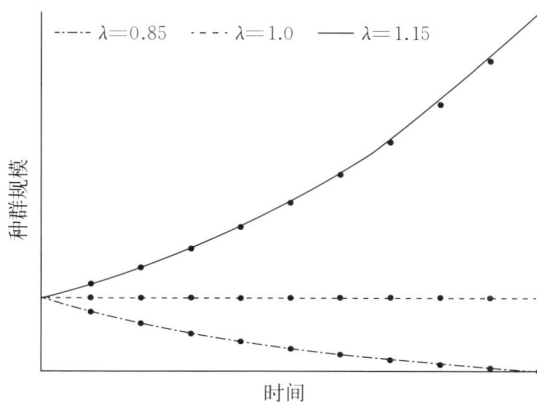

图 2.4 三个周限增长率水平下种群的几何级增长轨迹。由于这里的种群评估采取了离散时间间隔，我们以各个统计时段对应的点表示增长轨迹

21

## 注释框 2.3 几何种群增长的递归公式

对于有限差分模型来说，推导递归公式是非常简单的。我们首先计算连续世代的种群数量，第一步是：

$$N_1 = \lambda N_0$$

式中，$N_0$ 是初始世代数量，$\lambda$ 是周限增长率。接下来我们计算第 2 代的种群数量，并代入第一次迭代的结果：

$$N_2 = \lambda N_1 = \lambda (\lambda N_0) = \lambda^2 N_0$$

$T=3$ 时，计算结果如下：

$$N_3 = \lambda N_2 = \lambda (\lambda^2 N_0) = \lambda^3 N_0$$

显然，我们的递归公式中有一个简单的规则：

$$N_T = \lambda^T N_0$$

我们可以通过图示说明差分方程的动力学特性（图 2.5）。图 2.5a 为 $N_{T+1}$ 与 $N_T$ 的关系图，其中实线显示了周限增长率大于 1 的情景，而虚线显示了平衡状态，也即在连续时间点的种群数量为 1∶1 的关系。这种类型的图通常被称为蛛网图（cobweb plot），它提供了一种方便的可视化表示方法，可以显示注释框 2.3 中的递归公式逐步展开的过程。后面我们将再次使用这种类型的图，因此需要大体了解如何查看和解释蛛网图。从 $x$ 轴上的任何起始值开始，首先向上找到与种群变化线的交点（图 2.5a 中的实线）。接下来找到该点对应 $y$ 轴数值，我们就得到了第 $T+1$ 代的种群数量。然后我们可以回到该数值对应的 $x$ 轴，并重复该过程，以得到第 $T+2$ 代的种群数量。以此类推，可以计算其他数代数量，尽管这个过程有些费时。同时，我们可以按照图 2.5a 中点线所示的等效顺序步骤来简化该过程。我们首先画一条从种群变化线的交点到

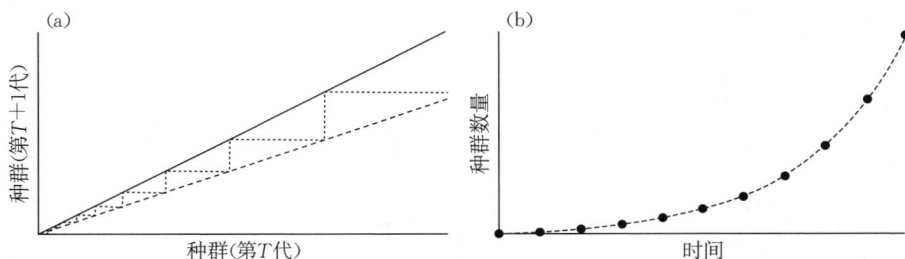

图 2.5 第 $T+1$ 代种群数量与第 $T$ 代种群数量的函数关系（a）。虚线表示 1∶1 替换线，即种群数量在世代间不会发生变化。实线表示各个时间点的种群数量。在本例中，种群增长率超过了 1∶1 替换线，种群呈几何增长（b）

1：1 线的水平线，然后继续画与种群函数的垂直相交线，在这一连续步骤中，我们就追踪了种群的变动轨迹。注意当我们在虚线和粗实线之间迭代时，点状线的高度在增加，代表了种群数量的几何级增长。图 2.5b 图显示了每个时间间隔的种群数量变化（每个圆点都对应点线与种群实线的相交点）。我们在本书的后续章节中查看蜘网图时，要特别注意当种群线或曲线高于 1：1 替换线时，种群将增长；当低于该线时，种群将衰减。

通过分析 Quesnel 河的红大麻哈鱼数据，我们看到种群数量在时间 $t$ 和时间 $t+4$ 之间存在明显关系（即第 $T$ 代和第 $T+1$ 代之间，图 2.6）。种群线位于 1：1 替换线之上，因此我们预测种群在观测的范围内呈几何级增长。在第 3 章中，我们将探讨种群增长率随着种群数量增加而变化的深刻影响。再次说明，我们要记住不应该假设种群数量会按照明显的几何级形式无止境地持续增长。

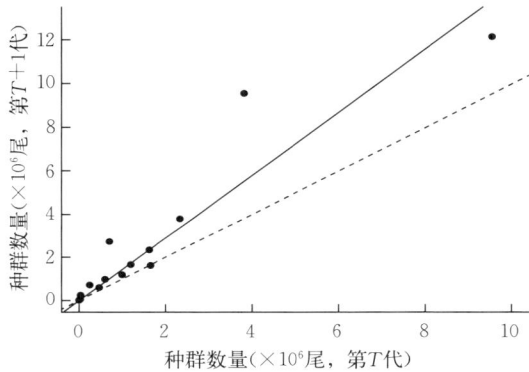

图 2.6　Quesnel 河的红大麻哈鱼优势子种群在连续世代间种群数量的关系。实线是对种群数据进行线性回归的拟合结果

## 2.3　年龄结构和生活史阶段结构模型

在上述简单模型中，我们考虑了种群的出生率和死亡率，其中没有对种群个体的年龄、生命阶段或个体大小进行区分。本节我们将扩展以上方法，考虑种群组成结构的影响。这种结构可以被认为包含不同的生命阶段，在我们的研究中代表年龄或年龄组、个体大小等级或生活史阶段（如卵、仔鱼、幼鱼和成鱼）。这里我们关注种群组成结构，主要是因为不同生命阶段的水生生物产生后代的数量不同，且存活率存在差异。在之前的指数和几何级增长模型中，我们隐含地假设了个体出生率和死亡率不变，取所有生命阶段的平均值。

下面我们将聚焦离散时间矩阵模型（参见 Caswell，2001）。虽然也有连续时间模型用于年龄结构化种群研究，但我们发现离散时间的年龄或阶段结构模型在概念上比连续时间模型更直观、更容易理解，后者需要更高等的数学方法。

## 2.3.1 年龄结构模型

围绕这一主题，我们首先展示了 1931—1940 年间乔治浅滩黑线鳕（*Melanogrammus aeglefinus*）种群的年龄组成（时间对应有估计值的第一个十年；图 2.7）。这些估计值取自黑线鳕种群明显相对稳定的时期，数据呈现了几个重要特征。在此期间，估计的总体年龄组成保持相对恒定，如每一行（代表不同年龄）中大小大致相似的圆圈（表示丰度）所示。但同时我们显然能看到黑线鳕幼鱼在出生后第一年存活率变化的影响，这是种群变异性的一点征兆，在本书的其他章节体现得更加显著（图 2.7 中较大的灰色圆圈）。我们可以追踪 1929 年世代黑线鳕的数量轨迹，其丰度高于平均水平（在以上估计值中从 1931 年首次出现，对应二龄鱼；一个世代包括在特定年份出生的个体）。类似的，1936 年和 1939 年的较强世代也很明显（图 2.7 中的灰色圆圈），我们可以沿着连接时间和年龄的对角线追踪其数量。在第 9.3 节研究种群补充时，我们将更详细地讨论鱼类种群中世代强度的典型高变异性问题。年龄组成分布是否稳定的问题非常重要，这将在下一节中介绍。了解种群的年龄组成（或种群结构）也很重要，因为人类胁迫通常对不同年龄和种群组分产生不同的影响。

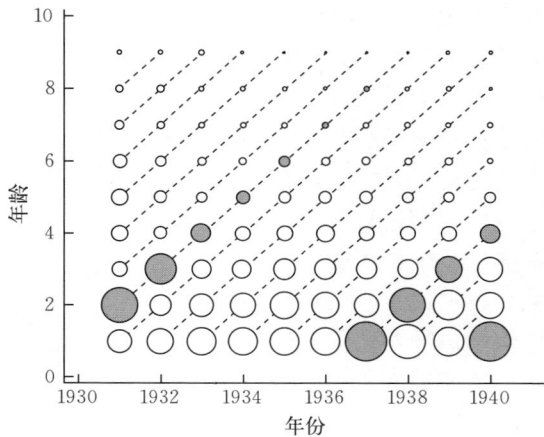

图 2.7 1931—1940 年期间乔治浅滩黑线鳕不同年龄的个体数量估计。图中圆圈的大小与丰度成正比，虚线表示同一世代的变化。灰色圆圈表示 1929 年、1936 年和 1939 年世代。数据来自 Clark 等（1982）

为了构建包含年龄或个体大小结构的种群模型，我们需要各年龄或个体大小的存活率、性成熟度（各年龄或大小的成熟比例）和繁殖力（各年龄或大小雌性产生存活卵子的平均数量）信息。繁殖力（fecundity）是各个年龄组在生理上可能提供的最大繁殖产出。我们同时也关注生育力（fertility），即各年龄实际的繁殖产出。在水生生态系统中，我们发现非常多样化的生活史模式，各有不同的繁殖策略。例如，许多无脊椎动物和硬骨鱼具有很高的繁殖力，但是在生命的早期阶段存活率很低。也有例外情况，有些物种亲代为其后代抚育投入大量的能量。一般而言，大多数软骨鱼类采取卵胎生或胎生的繁殖模式，它们具有相对较低的繁殖力。水生爬行动物为卵胎生，而哺乳动物为胎生，这些物种在出生第一年的存活率远高于大多数鱼类和无脊椎动物。再次说明，现在我们只考虑存活率不随密度而变化的情况。

在年龄结构种群模型中通常只考虑雌性，因为我们可以假设繁殖产出受到雌性数量的限制，并且有足够数量的雄性可以使卵子受精。一般将刚出生的后代作为 0 龄（在渔业分析中通常称之为 0 - group 或 young - of - year），其后的年龄组相应地进行编号。在一定时间段内出生的同一批个体也将被称为世代（cohort）。年龄在 $a-1$ 到 $a$ 之间的个体构成 $a$ 龄组，如 0 龄到 1 龄之间的个体属于 1 龄组。我们的基础模型是根据连续年龄组间的存活率和种群的繁殖产出而构建的。在下文中，我们假设种群的生殖为脉冲式，即成年雌性在刚进入新年龄组时立即繁殖，并假设种群估计值是其即将进入繁殖季节之前的数量。下面列出的公式均基于这些假设。我们也可以考虑让模型反映连续性生殖，即各年龄组在全部时间均可繁殖。但这种方法更复杂，而且在离散时间模型中反映连续繁殖过程需要近似估算。如果种群数量是在繁殖季节之后计算的，则需要进行其他调整以正确反映繁殖和存活等参数（Kendall 等，2019）[①] 我们看到，在 $t+1$ 时间年龄组 $a$ 的个体数量仅是上一个时间该世代的存活数量。如果以 $s_a$ 表示从年龄组 $a$ 到年龄组 $a+1$ 的存活比例，则可以得到：

$$N_{a+1,t+1}=s_a N_{a,t} \tag{2.6}$$

注意如果我们可以计算连续年龄的种群数量，就可以估计存活率。如果种群的估计数量是在繁殖前统计的，则估计存活率可由 $N_{a+1,t+1}/N_{a,t}$ 得出。为了完整描述种群动态，我们还需要设置世代的初始数量。该值为每个年龄组对繁殖贡献率的函数，可以通过将各年龄组生育力与雌性数量的乘积相加得到：

$$N_1 = \sum_{a=1}^{a_{max}} F_a N_a \tag{2.7}$$

式中，$F$ 是生育力。在下文中，我们将年龄 $a$ 的生育力定义为：

$$F_a = s_0 v_a p_a f_a \tag{2.8}$$

---

① 对于繁殖后的种群统计，最小年龄组包括了 0 龄的个体，该组的年龄标示反映了这一特征。亲体必须在整个年龄段生存下来，才能进行繁殖并产出当年生体群，因此模型中必须考虑亲体的存活。因此，我们在公式 2.8 中将使用存活系数 $s_a$ 代替 $s_0$。此外，采用繁殖后的种群统计时，考虑繁殖产出可能是违反直觉的。部分存活下来的幼体可能在该时间步长结束之前达到性成熟，因此分析中必须将它们作为成体（相关公式参见 Kendall 等，2019）。Kendall 等（2019）指出，另一种解决方案是将第一个年龄组作为 1 龄，这对应于时间步长的结束而非开始。

式中，$v_a$ 是各年龄亲体卵子存活力的量度（可成功受精并发育成正常胚胎的卵子比例）；$s_0$ 是 0 龄个体的存活概率；$p_a$ 是 $a$ 龄雌性性成熟的比例；$f_a$ 是各年龄的繁殖力（仅考虑雌性）。

当使用繁殖前统计数据估计种群数量时，新生个体必须存活近一年才能进入下一次统计，并且在矩阵模型中其年龄作为 1 龄（见 Kendall 等，2019）。因此，公式 2.8 必须考虑幼鱼第一年的存活率。

越来越多的证据表明，一些物种不同年龄雌性的卵子存活力可能存在差异，年龄较小的雌性产生的卵子存活率较低（Hixon 等，2014；Marshall，2016）。在评估区分年龄或个体大小的捕捞策略以及捕捞的相对影响时，这个问题是一个关键考虑因素，因为在传统渔业管理中往往优先捕捞体型较大（和年龄较大）的个体。针对年龄或个体大小的选择性捕捞可能会产生意想不到的后果，如由于人为选择而改变种群的遗传性状，以及由于优先捕捞体型较大和年龄较大的雌性，对种群的繁殖产出产生不成比例的负面影响。

渔业分析中的一项关键工作是估计种群各年龄（或更一般的个体大小或生命阶段）存活率随时间的变化。特别是，我们希望最终能将总死亡率归因于不同来源，包括捕捞和各种原因的自然死亡（见第 9.2.2 节）。我们通常估计瞬时捕捞死亡率和"其他"死亡率。这些瞬时死亡率是可以相加的，这一特性为后续分析提供了便利。同时，各个年龄组的瞬时总死亡率（$Z$）可以转换为存活率：

$$s_a = e^{-Z_a} \tag{2.9}$$

该差分方程组可用于计算各年龄组在连续时间点的种群数量。给定每个年龄的一组初始种群估计值，以及存活率（假设不随时间变化）和生育力的估计值，我们就可以预测种群数量随时间的变化。在这一语境中，推算（projection）是在给定的一组假设和模型结构下，评估会（would）发生什么（Caswell，2001）。相对的，预测（prediction）是试图说明将（will）发生什么，通常以概率术语表达，其中涉及系统状态的可能变化，这些变化不包含在此处推测中所采用的一系列假设中。

我们可以用矩阵形式方便地表示年龄结构模型：

$$\begin{pmatrix} N_{1,t+1} \\ N_{2,t+1} \\ N_{3,t+1} \\ \vdots \\ N_{1,t+1} \end{pmatrix} = \begin{pmatrix} F_1 & F_2 & F_3 & \cdots & \cdots & F_n \\ s_1 & 0 & 0 & \cdots & \cdots & 0 \\ 0 & s_2 & 0 & \cdots & \cdots & 0 \\ \vdots & \vdots & \vdots & & \vdots & \vdots \\ 0 & 0 & 0 & \cdots & s_{n-1} & 0 \end{pmatrix} \cdot \begin{pmatrix} N_{1,t} \\ N_{2,t} \\ N_{3,t} \\ \vdots \\ N_{1,t} \end{pmatrix} \tag{2.10}$$

矩阵元素表示从列到行的转换。有关矩阵代数原理的阐述，包括此处用到的矩阵乘法法则，可参见 Hastings（1997；第 2 章）。注释框 2.4 中给出了一个简单的数值示例。

该模型可以用矩阵符号简洁地表示为：

$$N_{t+1} = L \cdot N_t \qquad (2.11)$$

式中，$N_{t+1}$ 是表示 $t+1$ 时间各年龄个体数量的向量，$L$ 是各年龄生育力和存活率的矩阵，通常称为 Leslie 矩阵（注意粗斜体用于表示矩阵和向量）。可以很容易地验证，向量 $N_t$ 乘以矩阵 $L$ 会得到公式 2.6 中的差分方程组。使用矩阵模型可以方便地估算种群增长和年龄组成随时间的变化。

---

### 注释框 2.4　Leslie 矩阵推算

下面给出了一个使用 Leslie 矩阵进行推算的示例，该例中的种群在开始时包含 10 个 0 龄组个体和 2 个 1 龄个体，我们计算了种群在几个时间步长中的变化。在本例中，0 龄和 1 龄时的生育力分别为 5 和 10，0 龄的存活率为 0.5。

$$\begin{bmatrix} 70 \\ 5 \end{bmatrix} = \begin{bmatrix} 5 & 10 \\ 0.5 & 0 \end{bmatrix} \begin{bmatrix} 10 \\ 2 \end{bmatrix} \qquad \text{时间 1}$$

$$\begin{bmatrix} 400 \\ 35 \end{bmatrix} = \begin{bmatrix} 5 & 10 \\ 0.5 & 0 \end{bmatrix} \begin{bmatrix} 70 \\ 5 \end{bmatrix} \qquad \text{时间 2}$$

$$\begin{bmatrix} 2350 \\ 200 \end{bmatrix} = \begin{bmatrix} 5 & 10 \\ 0.5 & 0 \end{bmatrix} \begin{bmatrix} 400 \\ 35 \end{bmatrix} \qquad \text{时间 3}$$

$$\begin{bmatrix} 13750 \\ 1175 \end{bmatrix} = \begin{bmatrix} 5 & 10 \\ 0.5 & 0 \end{bmatrix} \begin{bmatrix} 2350 \\ 200 \end{bmatrix} \qquad \text{时间 4}$$

$$\begin{bmatrix} 80500 \\ 6875 \end{bmatrix} = \begin{bmatrix} 5 & 10 \\ 0.5 & 0 \end{bmatrix} \begin{bmatrix} 13750 \\ 1175 \end{bmatrix} \qquad \text{时间 5}$$

这种重复的矩阵相乘过程构成了一个简单的马尔可夫链，其中时间 $t+1$ 的种群数量仅取决于时间 $t$ 的种群数量，其递归方程可表示为：

$$N_t = L^t N_0$$

---

为了演示如何使用这种方法，我们展示了以 Leslie 矩阵方法模拟入侵物种的有趣应用，研究对象为美国威斯康星州北部 Sparkling 湖的锈斑小龙虾（*Orconectes rusticus*）（Hein 等，2006）。该物种入侵导致了北美洲许多湖泊中本地小龙虾灭绝以及其他形式的生态系统损害，构建 Leslie 矩阵就是为了寻找控制该物种种群数量的可能方法。Hein 等（2006）构建了一个基于繁殖前种群统计的脉冲生殖模型，如公式 2.8 所示。在没有特别控制措施的情况下，分

4 个年龄组的小龙虾模型中 Leslie 矩阵为（Hein 等，2006）：

$$\begin{pmatrix} 0 & 1.41 & 1.98 & 2.58 \\ 0.652 & 0 & 0 & 0 \\ 0 & 0.363 & 0 & 0 \\ 0 & 0 & 0.128 & 0 \end{pmatrix} \qquad (2.12)$$

我们根据 Hein 等（2006）的表 2 中各年龄存活率估计值来设置矩阵次对角线上的值，并根据幼体存活率对繁殖产出估计值进行折算，以设置矩阵的第一行。我们可以看到随着年龄的增长，生育力（第一行）逐渐提高，而存活率则下降。图 2.8a 中展示了在前 15 个时间步长中，模型推算的各年龄组种群丰度，图 2.8b 表示连续时间步长之间种群总数量的比率。注意种群总丰度在连续时间的比率迅速达到了一个恒定水平，这表明种群在此处以恒定速度增长。如下文所示，在该恒稳增长率下，每个年龄组的相对比例也保持不变——这被称为稳定年龄分布（stable age distribution，SAD）。

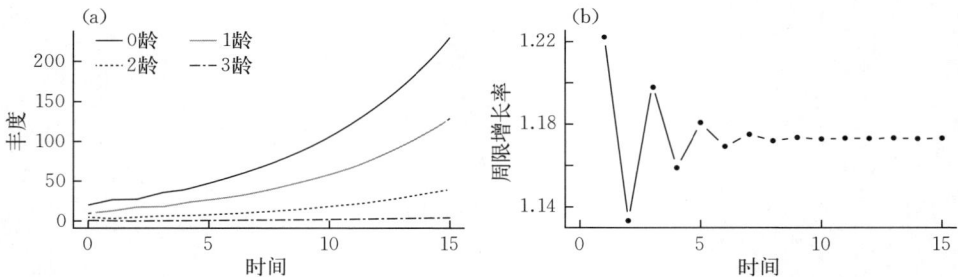

图 2.8 （a）在没有控制措施的情况下，入侵物种锈斑小龙虾各个年龄组的种群变动轨迹（Hein 等，2006）；（b）连续时间步长中的种群总数量的比率

达到 SAD 时，种群模型可以表示为：

$$\boldsymbol{N}_{t+1}=\lambda\boldsymbol{N}_t \qquad (2.13)$$

式中，$\lambda$ 是周限增长率。一旦达到稳定年龄分布，年龄结构模型的一般变化模式将与离散时间的非年龄结构模型相同。上文提到，包含完整推算矩阵的基本方程为 $\boldsymbol{N}_{t+1}=\boldsymbol{L} \cdot \boldsymbol{N}_t$，因此，当达到稳定年龄分布时，我们有：

$$\lambda\boldsymbol{N}_t=\boldsymbol{L} \cdot \boldsymbol{N}_t \qquad (2.14)$$

接下来，我们在公式左侧乘以单位矩阵［即主对角线上的值均为 1、其他位置均为 0 的简单矩阵，见 Hastings（1997；第 2 章）的描述］，即可得到：

$$\lambda I \cdot \boldsymbol{N}_t=\boldsymbol{L} \cdot \boldsymbol{N}_t \qquad (2.15)$$

将所有项放在等式的一侧，我们有：

$$(\lambda I \cdot \boldsymbol{N}_t-\boldsymbol{L} \cdot \boldsymbol{N}_t)=(\lambda I-\boldsymbol{L})\boldsymbol{N}_t=0 \qquad (2.16)$$

该方程可以直接求解，得到 $\lambda$。注意方程的一个零解是 $\boldsymbol{N}_t=0$，其非零解为：

$$|\boldsymbol{L}-\lambda\boldsymbol{I}|=0 \qquad (2.17)$$

该式称为特征方程，其中公式左侧的竖线表示该表达式的行列式。如果 $\boldsymbol{L}$ 的维度为 $n\times n$，则其特征方程有 $n$ 个根（解），可以是实数或复数。该方程的根通常称为特征值（eigenvalue），有非常重要的意义。其中一个重要结果就是，在种群达到稳定年龄分布时，方程的最大实数根（$\lambda$）就是种群的周限增长率。次要特征值决定了在种群趋近稳定年龄分布时，其数量的振荡（如果有）程度。如果最大特征值是共轭复数，则种群将周期性变化并且不会达到稳定年龄分布（Caswell，2001）。

在锈斑小龙虾的案例中，周限增长率的估计值为 $\lambda=1.17$，表明在没有控制措施的情况下种群呈正增长（图 2.8）。Hein 等（2006）证明，通过减少对

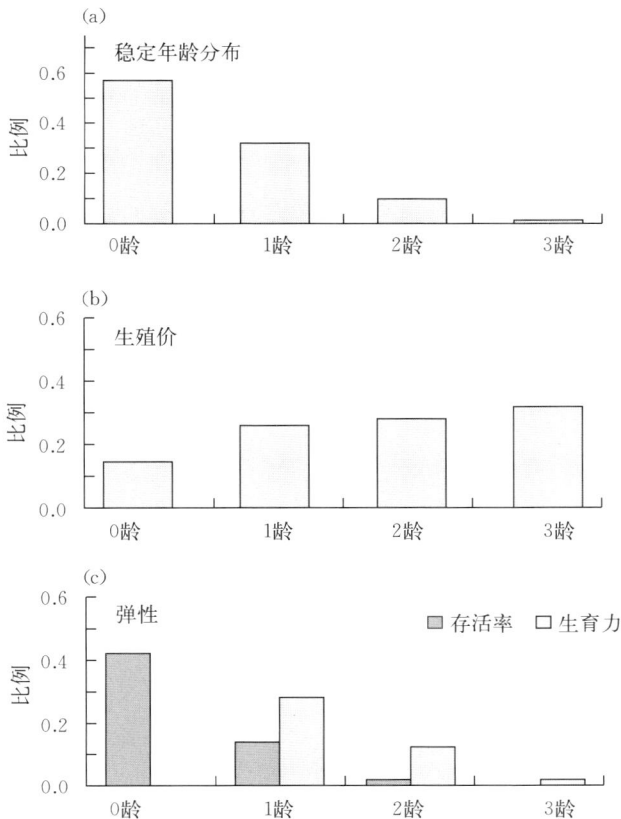

图 2.9　在没有控制措施的情况下，入侵的锈斑小龙虾的（a）稳定年龄
分布；（b）生殖价；（c）弹性。矩阵数据来自 Hein 等（2006）

小龙虾捕食者的捕捞压力和选择性诱捕体型较大的小龙虾，种群增长率实际上可以降低到 1.0 以下。这表明通过多种方法的结合可以控制小龙虾入侵。在没有任何控制措施的情况下，小龙虾的稳定年龄分布如图 2.9a 所示。

每个特征值还有一个对应的特征向量（eigenvector），也具有特殊属性。基本上，像 Leslie 矩阵这种方阵的特征向量是非零向量，其元素在乘以相应矩阵时保持相同的相对比例（尽管它们的绝对大小的确发生了变化）。这里我们可以看到它与稳定年龄分布的联系，实际上稳定年龄分布就是 Leslie 矩阵的最大特征值对应的特征向量。

一旦确定了主特征值的大小，我们就可以求解对应的特征向量。首先有向量方程：

$$Lw = \lambda w \qquad (2.18)$$

注意我们可以将此方程式写为：

$$(L - \lambda I)w = 0 \qquad (2.19)$$

式中，$w$ 表示对应主特征值 $\lambda$ 的特征向量，通常被称为右特征向量。公式 2.19 中表示的联立方程组可以使用标准方法求解（对于 $2 \times 2$ 矩阵需要使用二次项公式）。方程的解给出了种群达到稳定年龄分布时，各个年龄组比例的估计值。

我们还关注每个个体对当前和未来繁殖的贡献，即个体的生殖价（reproductive value）。我们假设同一个年龄组的所有个体具有相同的生殖价。生殖价的概念在渔业分析中并不经常使用，但此概念非常有助于我们理解维持足够的成熟个体以确保种群延续的重要性。通过求解主特征值对应的左特征向量，我们就可以求得生殖价，即有：

$$vL = \lambda v \qquad (2.20)$$

式中，$v$ 表示左特征向量。我们可以将此方程写为：

$$v(L - \lambda I) = 0 \qquad (2.21)$$

求解并将向量的所有元素归一化后（使总和为 1），即可获得生殖价的估计值。图 2.9b 显示了每个年龄组锈斑小龙虾的生殖价。我们可以看到，那些存活到生殖年龄且生育力最高的个体对当前和未来的繁殖贡献最大。

### 2.3.1.1 矩阵模型的敏感性和弹性

在许多情况下，我们希望知道任何一个矩阵元素 $a_{ij}$ 的变化如何影响种群的周限增长率（$\lambda_1$）。主特征值对给定矩阵元素微小变化的敏感性，可以表示为：

$$\frac{\partial \lambda_1}{\partial a_{ij}} = \frac{v_i w_j}{\langle w, v \rangle} \qquad (2.22)$$

公式 2.22 右侧的分母表示两个向量的标量积。此方程给出了主特征值对

矩阵 $L$ 的每个元素的变化率。弹性就是对敏感性的缩放，以消除矩阵元素不同数量级的差异：

$$e_{ij} = \frac{a_{ij}}{\lambda_1} \cdot \frac{\partial \lambda_1}{\partial a_{ij}} \qquad (2.23)$$

矩阵 $L$ 所有元素对应弹性的总和为 1（Caswell，2001）。在上述锈斑小龙虾案例中，0 龄存活率和 1 龄生育力的弹性最高（图 2.9c）。敏感性的这种标准化表示可以更直接地解读每个年龄组中个体在生育力和存活率方面的相对重要性。

在上述例子中我们看到，若种群遵循简单非密度制约的 Leslie 矩阵模型，则可以达到恒定的周限增长率和稳定年龄分布。但实际上种群可能会呈现更复杂的模式，特别是对于终生一次繁殖物种，如太平洋鲑（_Oncorhynchus_ spp.）。环北太平洋有 7 种太平洋鲑，它们支撑着极其重要的商业渔业和休闲渔业，并对区域内居民具有特殊的文化意义。假设某种群有四个年龄组，而繁殖集中发生在最大年龄组，其模型如下：

$$L = \begin{bmatrix} 0 & 0 & 0 & F_4 \\ s_1 & 0 & 0 & 0 \\ 0 & s_2 & 0 & 0 \\ 0 & 0 & s_3 & 0 \end{bmatrix} \qquad (2.24)$$

图 2.10 展示了此类模型中种群的可能变动轨迹。我们发现，连续世代的种群数量可能不会稳定在一个恒定的增长率（或者可能只是缓慢达到），而是呈现振荡的种群变动轨迹。在图 2.10 所示的例子中，主特征值是一个复数，实际上我们也可以据此推测种群会存在振荡行为。

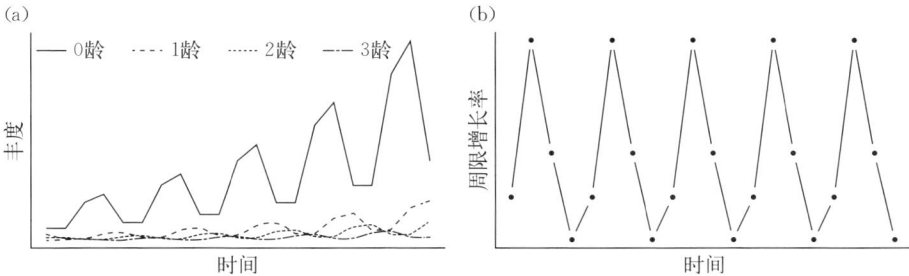

图 2.10 （a）终生一次繁殖物种的种群变动轨迹（时间为世代）和（b）种群周限增长率的估计值

我们看到，年龄结构模型与非结构种群模型在潜在动力学行为方面具有基本的共同点。非密度制约的年龄结构模型在达到稳定年龄分布后仅会表现出几何级增长、停滞或几何级下降几种情况。我们可以通过图形分析，解释年龄结构化种群的一些基本属性。图 2.11 显示了非密度制约的四龄组模型中连续年龄之间的关系。这种图示在渔业文献中被称为 Paulik 图，以纪念 Gerald Paulik 对鱼类种群动力学，特别是此类图示方法的贡献（Paulik，1973）。该图本质上是我们之前使用的蛛网图的扩展。注意在这种特定的可视化表示中，我们最多只能描绘四个年龄组（如红大麻哈鱼的例子）。在图 2.11 中，从 $N_0$ 轴上的起点开始，追踪箭头方向穿过各个象限，就显示了连续年龄之间种群数量的关系。在这种情况下，这些关系都是线性关系，因为我们只考虑非密度制约过程。注意对角线的斜率代表

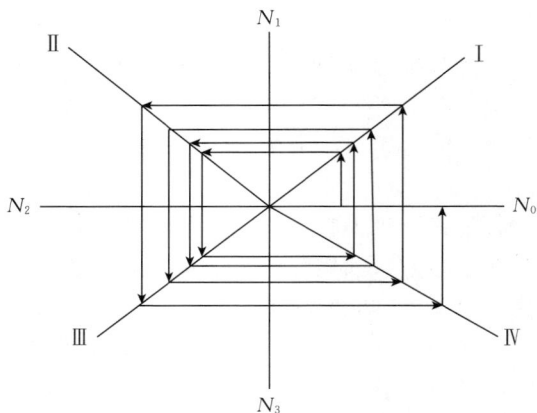

图 2.11 具有四个年龄组、终生一次繁殖种群的 Paulik 图。罗马数字表示连续年龄组之间关系的象限

各个生命阶段的存活率，并且该种群正在增长。

### 2.3.1.2 生命阶段结构模型

有时按个体大小或生活史阶段对种群进行分组，比按年龄进行分析更为方便（和/或更现实）。许多种类难以进行年龄鉴定，就算对于一些容易鉴定年龄的种类，许多种群动力学过程（如成熟度、繁殖力、死亡率）也更多地取决于个体大小或生命阶段而非年龄本身。与年龄结构矩阵模型相似，我们可以用矩阵表示这些分生命阶段的模型（见 Caswell，2001）。但生命阶段结构模型在分析中存在一些新挑战，因为一个生命阶段可以包含多个年龄组，并且一些度量在年龄结构模型中容易计算，但在阶段结构模型中可能很难估计或估算不准确（Kendall 等，2019）。Botsford 等（2019）评估了这些问题并研究了替代方案。

阶段结构模型的推算矩阵可以写为：

$$
\begin{bmatrix}
p_1 & F_2 & F_3 & \cdots & \cdots & F_n \\
g_1 & p_2 & 0 & \cdots & \cdots & 0 \\
0 & g_2 & p_3 & \cdots & \cdots & 0 \\
\vdots & \vdots & \vdots & & \vdots & \vdots \\
0 & 0 & 0 & \cdots & g_{n-1} & p_n
\end{bmatrix}
\tag{2.25}
$$

式中，$p_i$ 表示在一个时间间隔内存活但留在相同个体大小组或生命阶段

的概率；$g_i$ 表示存活并生长进入下一组或生命阶段的概率。这里 $p_i = s_i(1-\gamma_i)$，$s_i$ 表示存活率，$\gamma_i$ 表示生长到下一大小或生命阶段的概率，而 $g_i = s_i\gamma_i$。

为简单起见，公式 2.25 表示了在分析的每个时间段内，个体生长仅能进入相邻下一分组的情况。通过重新定义推算矩阵可以取消这一限制，即考虑矩阵的任何元素都可能是非零的情况。

如前所述，对于很多的渔获物种我们都能获得存活率的估计，这些数据通常涵盖多年时间。然后，我们还需要估算生长到下一分组的转变概率。由于测定个体生长率对于生产力和产量的估计至关重要（见第 9 章和第 11 章），因此在估算转变概率方面我们也能收集到丰富的资料。在最简单的情景下，我们假设各生命阶段的持续时间是恒定的，将各生命阶段平均持续时间的倒数作为其转换概率的粗略估计（Caswell，2001；第 160 页）。在生命阶段持续时间固定的情况下，更精确的估计值由下式给出：

$$\gamma_i = \frac{(s_i/\tilde{\lambda})^{T_i} - (s_i/\tilde{\lambda})^{T_i-1}}{(s_i/\tilde{\lambda})^{T_i} - 1} \tag{2.26}$$

式中，$s_i$ 表示生命阶段 $i$ 在单位时间间隔（通常是年）的存活率，$\tilde{\lambda}$ 表示周限增长率的初始估计值，$T_i$ 表示该生命阶段的总持续时间（Caswell，2001）。设初始 $\lambda=1$，计算得到 $\gamma_i$ 的初始估计值，然后逐步细化估计值。其过程为先取初始值对应的 $g_i$ 和 $p_i$，求解矩阵的主特征值，据此计算以上参数的新估计值，并再次代入矩阵，一直重复该过程直到 $\lambda$ 的值收敛。

Brewster–Giesz 和 Miller（2000）构建了西北大西洋高鳍白眼鲛（*Carcharhinus plumbeus*）的生命阶段模型，很好地展示了该类模型的灵活性。其模型包含了五个生命阶段：仔鱼期（neonate，N）、幼鱼期（juvenile，J）、稚鱼期（subadult，SA）、成鱼期（adult，A）和后生殖期（"resting" adult，R）。在该模型中，仔鱼经过一年的时间转变为幼鱼；幼鱼和稚鱼若在一年内存活，可以生长进入下一个阶段，也可能留在原来的阶段；成鱼在繁殖后进入后生殖期。雌性成鱼的后生殖期大约为一年，因此两次生殖事件之间的间隔至少为两年。该模型描述的生活史周期如图 2.12 所示。为了模拟这种生活史模式，Brewster–Giesz 和 Miller（2000）给出了以下形式的推算矩阵：

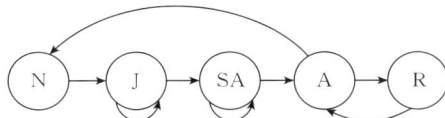

图 2.12　高鳍白眼鲛种群的生命周期模型，包括仔鱼期（N）、幼鱼期（J）、稚鱼期（SA）、成鱼期（A）和后生殖期（R）

$$\begin{pmatrix} 0 & 0 & 0 & g_A F_A & 0 \\ g_N & p_J & 0 & 0 & 0 \\ 0 & g_J & p_J & 0 & 0 \\ 0 & 0 & g_{SA} & 0 & g_R \\ 0 & 0 & 0 & g_A & 0 \end{pmatrix} \quad (2.27)$$

我们假设种群具有脉冲式生殖，种群数量在繁殖后统计。与种群年龄结构模型一样，一旦阶段组成达到稳定分布，主特征值 $\lambda_1$ 反映了矩阵 **L** 中蕴含的种群增长信息。在没有捕捞的情况下，根据该推算矩阵中的参数设置可得 $\lambda_1 > 1$，即种群将增长。相反，若考虑分析时加入捕捞死亡率，预计种群数量将下降（Brewster‑Giesz 和 Miller，2000）。图 2.13 显示了在无捕捞的情况下，各生命阶段的稳定年龄分布、生殖价和弹性的估计值。

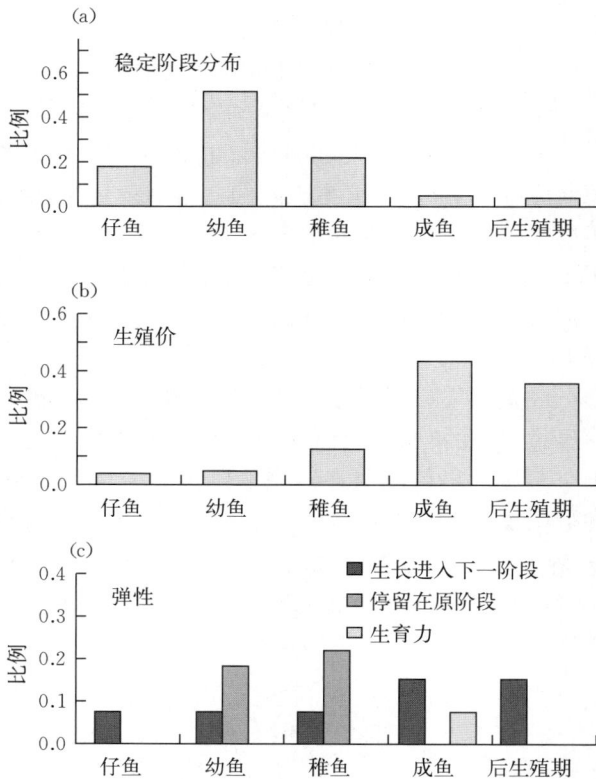

图 2.13　高鳍白眼鲛的稳定阶段分布（a）、生殖价（b）和弹性（c）。矩阵数据由 Karyl Brewster‑Giesz 提供

# 2.4　小结

　　种群增长率取决于出生率和死亡率的差值。在连续时间下，非密度制约的种群将呈指数增长或下降；具有离散世代性的种群将以周限增长率 λ 呈几何级变化。不同生命阶段的水生生物的存活率各有不同，产生后代的数量也有所不同。因此，需要根据研究目标，选择按年龄、个体大小或生长阶段来构建种群模型。一旦达到稳定的年龄/阶段分布，结构化种群的增长率将收敛至一个恒定值。结构化种群模型可表示为矩阵形式，使用矩阵代数计算 λ、稳定年龄或阶段分布、生殖价、敏感性和弹性。另外，人为因素造成的死亡可以打破出生和死亡的平衡，导致种群从增长转为衰退。在结构化种群中，人为影响可能会降低一定生命阶段的存活率或生育力。使用矩阵方法，我们可以计算这些不同因素对种群整体增长率的影响。

　　需要说明的是，尽管将在第 11 章中探讨的基于大小和年龄结构的典型渔业模型通常不以矩阵形式表示，但几乎在所有情况下，它们都可以很容易地转化为矩阵形式（参见 Getz 和 Haight，1989）。因此，不应将矩阵模型视为与其他类型的年龄或阶段结构模型不相关的模型形式，更确切地说，它们只是模型的另一种表达形式，并充分利用矩阵代数的某些特征。

## 【扩展阅读】

　　在过去的几十年里，在数量生态学领域已经出版了许多优秀的介绍性著作。Wilson 和 Bossert（1971）提供了涉及该主题的最早入门指南。长期以来，Roughgarden（1998）和 Gotelli（2008）在此基础上一直进行更新，目前为第四版，适合学生使用。其他重要的介绍性资料包括 Hastings（1997）、Case（2000）以及 Vandermeer 和 Goldberg（2003）。Botsford 等（2019）针对该主题开展了更前沿的探讨，更多前沿的理论生态学研究参见 Kot（2001）。Caswell（2001）仍然是种群矩阵模型的标准研究案例。

# 3 密度制约的种群增长

## 3.1 引言

任何一个种群都不会持续无限增长，而在无严重干扰的情况下，大多数种群在生态时间尺度上可以维持。要符合这些观测结果，我们需要考虑对上一章所述的非密度制约模型进行扩展。负反馈过程的一般概念为理解种群的约束性增长提供了一个框架，这种反馈过程可以使种群对自然和人为干扰具有一定的恢复力。密度制约过程是一类重要的反馈机制，涉及对食物、空间和其他资源的种内竞争、同类相食、密度相关的易被捕食性以及其他因素。在前一章中我们看到，在没有负反馈效应的情况下，种群或呈指数增长或衰退（在离散时间内为几何级数），或仅在出生和死亡相等时保持不稳定的平衡，而上述机制的加入将改变种群变化轨迹的模式。随着资源变得有限或选择性捕食随着密度的增加而加剧，种群的增长率会降低，从而导致不同的变化轨迹，其中包括种群数量稳定的可能。可持续捕捞的概念在很大程度上也建立在这种补偿过程的基础之上。

## 3.2 简单种群模型中的补偿

我们将基于第 2 章中所描述的指数增长模型和几何级增长模型，展示如何通过简单修改以融入反馈过程。我们将考虑正反馈和负反馈的不同情况，这些过程都可以在模型中表示。在简单种群模型中纳入反馈过程的一种方法是将出生率和死亡率作为种群数量的函数，这种结构修改会对模型结果产生显著影响。与非密度制约的种群模型不同，密度制约的种群模型可能出现稳定平衡点和不稳定平衡点，而这些特征对种群受干扰的恢复力具有重要的意义。

### 3.2.1 连续时间模型

受控实验在生态学的假设检验中发挥着核心作用。但对于大型的水生生物而言，受控实验通常是不可行的，我们只能使用观测和建模相结合的方法，检验备择假设和识别潜在机制。然而，对水族馆中的小型鱼类可以进行许多重要实验，这提供了一个极难得的机会来观察种群过程，也是在自然环境中无法实现的。下面我们以孔雀花鳉（*Poecilia reticulata*）种群对开发的响应实验为例（Silliman 和 Gutsell，1958），介绍种群的密度制约过程。图 3.1 描述了未开发对照组的完整种群变动轨迹，图中显示了从实验第 15 周开始，种群成鱼个体和未成熟个体的数量的每周统计。在实验的初始阶段，成鱼群体在一段延迟之后（与世代发生时间有关）近乎呈指数增长；而其后的时间里其个体的数量趋于稳定。但需要注意，随着成鱼群体数量的增加，未成熟个体的数量急剧下降（图 3.1）。在该实验设计中没有为未成熟个体提供庇护所，因此成鱼可以对未成熟个体进行同类相食，这是水族馆管理员所熟知的现象，也构成了种群的调节机制。种内捕食是多种可能的补偿机制之一，可导致种群数量的高水平下种群增长率降低。我们将在第 9.3 节补充过程的研究中，更详细地探讨同类相食的模型。在下节中，我们将阐述如何将一般性的密度制约过程纳入种群模型之中。

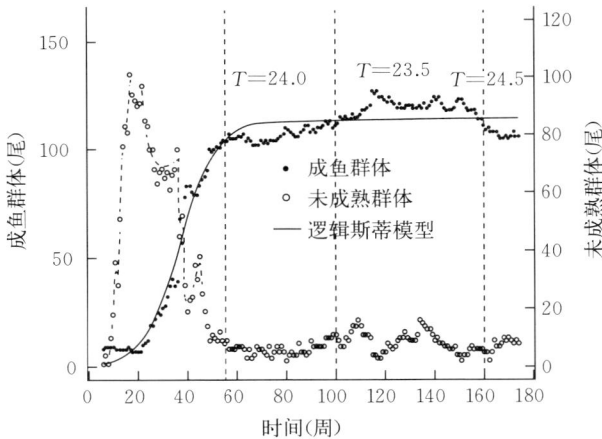

图 3.1   在 Silliman 和 Gutsell（1958）实验中的一个对照池（D）中，孔雀花鳉成鱼与未成熟个体丰度的观测数据。图中添加了逻辑斯蒂模型预测的种群数量水平。未成熟种群的迅速下降是由于成鱼群体的同类相食导致的。三段时间的平均温度（$T$，℃）不同，这影响了成鱼和未成熟个体的种群数量

在第 2 章描述的指数模型中，种群单位出生率和死亡率与种群大小无关（即该速率在所有种群数量下都是恒定的）。然而，我们可以将出生率和死亡率表示为种群密度（或数量）函数，来使其与密度相关。这些关系的最简单形式是线性的：

$$b = b_0 - b_1 N$$
$$d = d_0 + d_1 N$$

(3.1)

　　上式表述了出生率随着种群大小的增加而线性下降，而死亡率随着种群大小的增加而线性增大（图 3.2a；参见 Wilson 和 Bossert，1971；Vandermeer 和 Goldberg，2003；Gotelli，2008）。这是最简单的密度制约形式，种群中增加的每个个体都会以相同的程度改变种群的单位增长率（$b-d$）。将这些新项代入我们原来的指数模型中，可以得到：

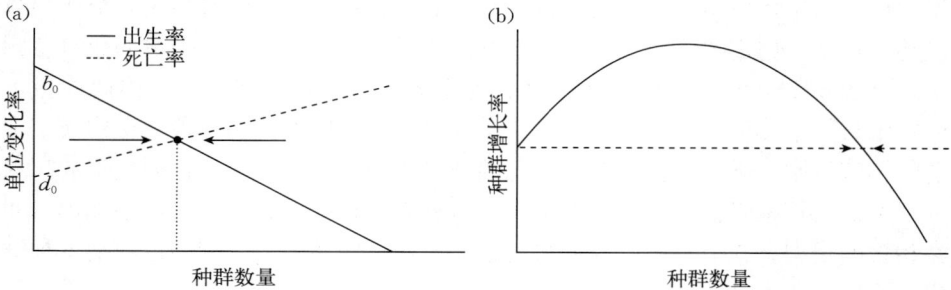

图 3.2 　（a）种群单位出生率和死亡率的线性模型。两条线的交点代表种群的全局稳定平衡点；（b）种群大小的变化率作为种群大小（$N$）的函数。箭头收敛于平衡种群大小的位置，虚线表示种群增长为零

$$\frac{\mathrm{d}N}{\mathrm{d}t} = [(b_0 - b_1 N) - (d_0 + d_1 N)]N \tag{3.2}$$

重新排列上式可得：

$$\frac{\mathrm{d}N}{\mathrm{d}t} = [(b_0 - d_0) - (b_1 + d_1)N]N \tag{3.3}$$

　　当种群的单位出生率和死亡率相等时，种群达到平衡点 $N^*$（图 3.2a）。通过将导数设为零，可以求得该模型的平衡点，即：

$$(b_0 - d_0) = (b_1 + d_1)N \tag{3.4}$$

　　因此，平衡种群数量为：

$$N^* = \frac{b_0 - d_0}{b_1 + d_1} \tag{3.5}$$

　　通过进一步检查我们可以推断该平衡点的稳定性。当 $N < N^*$ 时，出生率大于死亡率，种群将会增长。相反，$N > N^*$ 时，死亡率超过出生率，种群就会减少。我们将该模型所反映的负反馈机制称为补偿（compensation），因为种群的单位增长率随着种群大小的增加而下降——出生率和/或死亡率的变化补偿了种群密度的增加，从而稳定了种群增长幅度。若在一定丰度水平范围内，种群增长率与种群数量之间存在正反馈时，就会发生退偿（depensation）。

　　补偿效应的出现并不需要出生率和死亡率同时随着种群丰度而变化。例如，如果出生率保持不变，但死亡率随丰度呈线性增加，则有：

$$\frac{\mathrm{d}N}{\mathrm{d}t} = [b_0 - (d_0 + d_1 N)]N \tag{3.6}$$

此时平衡点为：

$$N^* = \frac{b_0 - d_0}{d_1} \tag{3.7}$$

在下文中为了便于模型表述，我们设 $\alpha = (b_0 - d_0)$ 和 $\beta = (b_1 + d_1)$，从而有：

$$\frac{\mathrm{d}N}{\mathrm{d}t} = (\alpha - \beta N)N \tag{3.8}$$

注意我们随时可以将该形式转换回原来的公式中的出生率和死亡率，且不要求出生率和死亡率同时作为丰度的函数。种群大小的变化率是一个二次函数（图 3.2b），平衡种群数量可通过设置 $\mathrm{d}N/\mathrm{d}t = 0$ 并求解得到：

$$N^* = \frac{\alpha}{\beta} \tag{3.9}$$

求公式 3.8 对 $N$ 的导数，将其设为零并求解，可以得到种群最大变化率出现的位置：

$$N = \frac{\alpha}{2\beta} \tag{3.10}$$

在该对称性模型中，当种群数量达到平衡种群大小的一半时，种群将以最大速率增长。该计算过程本质上是要找到斜率为零的线与模型曲线的切点。通过对函数进行简单的求导，我们就能确定种群增长速率最大的点，该点对我们第 11 章中捕捞策略的探讨非常重要。在注释框 3.1 中，我们检验了该平衡点的局部稳定性特性，以及从（轻微）扰动中恢复预计所需的时间。

---

**注释框 3.1  逻辑斯蒂模型稳定性的定性分析和特征恢复时间**

假设种群单位增长率作为丰度的函数而线性变化，其微分方程为：

$$\frac{\mathrm{d}N}{\mathrm{d}t} = \dot{N} = (\alpha - \beta N)N$$

上式对 $N$ 求导，得到：

$$\frac{\partial \dot{N}}{\partial N} = \alpha - 2\beta N$$

在其平衡点（$N^* = \alpha/\beta$），我们有：

$$\frac{\partial \dot{N}}{\partial N} = -\alpha$$

根据 Schur - Cohen 稳定性准则，其偏导数为负，可知该平衡点是稳定的。

为了估算在轻微扰动后种群恢复平衡所需的时间，我们首先假设偏离平衡的扰动（$x$）将呈指数衰减：

---

$$\frac{\mathrm{d}x}{\mathrm{d}t} = -\alpha x$$

其解为：

$$x_t = x_0 \mathrm{e}^{-\alpha t}$$

扰动幅度衰减至初始值37%（1/e）所需的大致时间，可通过下式求得：

$$\frac{x_0}{\mathrm{e}} = x_0 \mathrm{e}^{-\alpha t}$$

两边除以 $x_0$，取对数并求解，我们得到特征恢复时间（$t_c$）：

$$t_c = \frac{1}{\alpha}$$

注意任何降低内禀增长率的因素都会增加特征恢复时间。例如，如果将捕捞作为非密度制约的因素引入，将会影响内禀增长率，我们可以计算其对恢复时间的影响。

对公式3.8进行分部积分，可得其解为：

$$N_t = \frac{N^*}{(1 + \gamma \cdot \mathrm{e}^{-\alpha t})} \qquad (3.11)$$

式中，$\gamma = (\alpha - \beta N_0) / (\beta N_0)$；$N_0$ 是时间为0时的种群大小（参见注释框3.2）。图3.3展示了服从该模型的种群可能出现的增长轨迹。注意若种群初始数量低于平衡值，则种群遵循S形轨迹；若初始值高于平衡值，则种群会以指数形式衰减至 $N^*$。

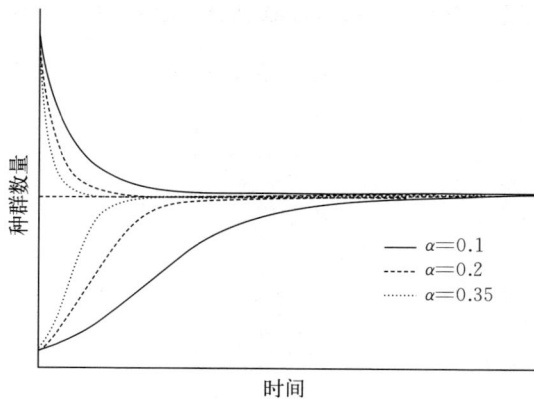

图3.3　连续时间的逻辑斯蒂种群增长模型中随时间变化的种群变动轨迹。图中包括了三个水平的内禀增长率，以及两个水平的初始种群大小（$N_0$）（起点分别高于和低于平衡种群数量）

40

## 注释框 3.2   逻辑斯蒂增长模型的求解

将种群的单位增长率作为随丰度变化的线性函数，其微分方程为：

$$\frac{\mathrm{d}N}{\mathrm{d}t} = (\alpha - \beta N) N$$

分离变量并积分，得到：

$$\int_{N_0}^{N_t} \frac{\mathrm{d}N}{(\alpha - \beta N) N} = \int_{t_0}^{t} \mathrm{d}t$$

而对于前一部分有：

$$\int \frac{\mathrm{d}N}{(\alpha - \beta N) N} = -\frac{1}{\alpha} \log_e \left[ \frac{(\alpha - \beta N)}{N} \right]$$

我们得到：

$$\log_e \left[ \frac{(\alpha - \beta N_t) N_0}{(\alpha - \beta N_0) N_t} \right] = -\alpha \ (t - t_0)$$

设 $t_0 = 0$，乘以 $-1$ 并取反对数，可得：

$$\left[ \frac{(\alpha - \beta N_0) N_t}{(\alpha - \beta N_t) N_0} \right] = \mathrm{e}^{\alpha t}$$

然后将两边乘以 $N_0$，并消去左侧 $N_t$，得到：

$$\left[ \frac{(\alpha - \beta N_0)}{(\alpha / N_t - \beta)} \right] = N_0 \mathrm{e}^{\alpha t}$$

分离 $N_t$，得到：

$$\frac{1}{N_t} = \left[ \frac{(\alpha - \beta N_0 + \beta N_0 \mathrm{e}^{\alpha t})}{\alpha N_0 \mathrm{e}^{\alpha t}} \right]$$

将上式取倒数并对分子和分母除以 $N_0 \mathrm{e}^{\alpha t}$，重新排列后，得到：

$$N_t = \frac{\alpha}{\dfrac{\alpha - \beta N_0}{N_0 \mathrm{e}^{\alpha t}} + \beta}$$

最后，如果我们将右侧的分子和分母除以 $\beta$ 并再次重新排列，将得到以平衡丰度（$N^* = \alpha / \beta$）为分子的表达式：

$$N_t = \frac{N^*}{1 + \dfrac{\alpha - \beta N_0}{\beta N_0} \mathrm{e}^{-\alpha t}}$$

　　将逻辑斯蒂模型应用于图 3.1 中所示的孔雀花鳉种群中，我们看到模型合理表现了种群的动态（估算过程的更多信息参见注释框 3.3）。然而，实际观测到的种群数量在预测的平衡水平上下表现出持续的波动。实际上，由于设备故障，实验中水温并不能够一直精确控制（Silliman 和 Gutsell，1958），导致种群在平衡水平附近发生变化（参见图 3.1）。Silliman 和 Gutsell 指出，孔雀花鳉对温度非常敏感，当温度升高时其存活率下降。这一结果提醒我们，当试图了解种群变化的决定性因素时，环境因素不容忽视，即使在实验室环境中也是如此。

---

### 注释框 3.3　拟合逻辑斯蒂增长模型

与非密度制约的种群模型一样，我们可以对逻辑斯蒂模型进行线性化处理，以获得初始的参数估计值。然后，我们可以使用非线性回归来获得最终的参数估值。前文所述逻辑斯蒂方程的解为（公式 3.11）：

$$N_t = \frac{N^*}{(1 + \gamma \cdot e^{-\alpha t})}$$

将两边除以 $N^*$，并取倒数，得到：

$$\frac{N^*}{N_t} - 1 = \gamma \cdot e^{-\alpha t}$$

再取自然对数，得：

$$\log_e \left[ \frac{N^*}{N_t} - 1 \right] = \log_e \gamma - \alpha t$$

给定 $N^*$ 的目测估值，可用线性回归估算 $\log_e \gamma$ 和 $\alpha$。

然后，我们将该线性模型得出的参数作为非线性最小二乘回归的初始值。根据参数的初始值，用公式 3.11 来预测每个时间点的 $\hat{N}_t$。

---

由于公式 3.8 保留了与出生率和死亡率的基本联系，我们更喜欢采用逻辑斯蒂增长模型的这一形式。但在生态学和渔业的文献中通常使用另一种形式，以种群内禀增长率（$r$）和容纳量（或平衡水平，$K$）来表示：

$$\frac{dN}{dt} = r \left( 1 - \frac{N}{K} \right) N \tag{3.12}$$

注意当 $N = K$ 时，括号中的项为零，因此种群数量的变化率也为零（即系统处于平衡状态）。如果我们按照 $\alpha = r$ 和 $\beta = r/K$ 进行替换（因此 $\alpha/\beta = K$），就可以重新得到公式 3.8。注意 $K$ 可以用出生率和死亡率表示，即公式 3.5 所示。以 $r$ 和 $K$ 表示的逻辑斯蒂模型的解为：

$$N_t = \frac{N_0 e^{rt} K}{K - N_0 + N_0 e^{rt}} \tag{3.13}$$

#### 3.2.1.1　广义逻辑斯蒂模型

前述模型中我们假设种群的单位增长率随其数量而线性下降，但没有先验理由认为种群仅通过该过程来调节。我们可以构造逻辑斯蒂模型的广义形式，以反映种群生产函数的广泛可能形状。这些形状反过来又与各种生活史策略和特征相关（Gilpin 和 Ayala，1973；Fowler，1981）。这里我们需要引入一个额外的"形状"参数 $\theta$：

$$\frac{\mathrm{d}N}{\mathrm{d}t} = (\alpha + \beta N^{\theta-1})N \qquad (3.14)$$

注意参数 $\alpha$ 和 $\beta$ 的符号取决于 $\theta$ 是大于或小于 1。在该公式中，如果 $\theta<1$，那么 $\alpha<0$ 且 $\beta>0$；而当 $\theta>1$ 时，参数 $\alpha$ 和 $\beta$ 的符号则相反。公式 3.14 有时被称为 $\theta$-logistic 模型〔我们使用的模型形式与 Gilpin 和 Ayala（1973）研究中最初提出的形式略有不同，是为了与渔业文献中的类似模型相一致〕。逻辑斯蒂模型是广义模型在 $\theta=2$ 时的一个特例。我们将在探讨 Pella 和 Tomlinson（1969）渔业产量模型时看到这种模型的一个变体（参见第 11.3 节）。这里种群增长率随密度或丰度变化的函数可呈现出一系列的形状（图 3.4）。我们同样

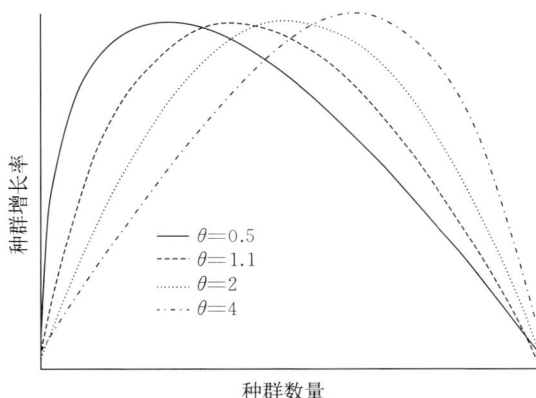

图 3.4　$\theta$-logistic 产量函数，其形状参数 $\theta$ 取 0.5 到 4 的四个水平。每一个 $\theta$ 水平的曲线都进行了标准化处理以突显形状参数改变的影响

可通过将导数设为零来寻找该模型的平衡点。此时的平衡点是：

$$N^* = \left(\frac{\alpha}{\beta}\right)^{\frac{1}{\theta-1}} \qquad (3.15)$$

注意，该公式中 $\theta$ 不能等于 1（若 $\theta=1$，不存在稳定平衡点）。当 $\theta \rightarrow 1$ 时，模型收敛于一个对数形式，我们可以得到：

$$\frac{\mathrm{d}N}{\mathrm{d}t} = (\alpha - \beta \log_e N)N \qquad (3.16)$$

这是著名的 Gompertz 模型的一种表述方式，也是第 11 章注释框 11.2 中所述 Fox（1970）渔业产量模型的基础。其平衡点为：

$$N^* = \mathrm{e}^{\alpha/\beta} \qquad (3.17)$$

最大变化率出现于：

$$N = \frac{\alpha}{\beta \mathrm{e}} \qquad (3.18)$$

式中，e 是自然对数的底。与逻辑斯蒂模型中最大变化率发生在平衡水平的一半处不同，Gompertz 模型中的最大变化率出现在平衡水平的大约 37% 处。

### 3.2.2 多重平衡

逻辑斯蒂模型是种群生物学著作中最著名的方程之一（Kingsland，1995），同时也在渔业科学和资源经济学的捕捞模型发展中发挥了核心的作用。逻辑斯蒂模型的启发价值是不可否认的——它以一种简单而巧妙的方式展示了为何负反馈过程对种群的稳定性和弹性如此重要。种群出生率和/或死亡率的线性单位变化率足以赋予对种群调节至关重要的基本属性。连续时间的逻辑斯蒂方程还具有良好的动力学特征，即存在全局稳定平衡点。

然而，有些种群经历了非常快速的状态变化，数量从一个水平变成另一水平。例如，纽芬兰附近的大西洋鳕（*Gadus morhua*）种群支撑了近五个世纪的可持续渔业，但在 20 世纪 90 年代初由于过度捕捞突然崩溃（Rose，2004）。有研究对 1984 年后的种群数量进行了更详细的分析，结果表明崩溃后其数量持续下降，在 1995 年达到最低点，然后才开始显示出一些开始恢复的迹象（图 3.5）。尽管 1992 年在部分地区实施了休渔，但种群数量仍维持在很低水平。导致种群衰退和恢复缓慢的潜在原因包括持续的开发、气候变化、海豹捕食增强、退偿性种群动态，或者这些因素的组合（Rose，2004）。

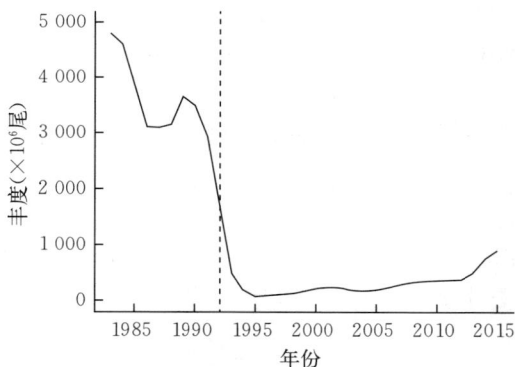

图 3.5　1984—2015 年拉布拉多-纽芬兰附近的大西洋鳕种群丰度估计（2 龄及以上）（DFO，2016）。垂直虚线表示该渔业第一次关闭的时间

在下一节中，我们将探讨种群单位出生率和/或死亡率随种群大小的非线性变化如何会导致种群数量的快速变化。如上所述，我们没有理由认为种群单位增长率的变化必然符合线性。或许更重要的是，在大多数水生种群中，我们很难知晓这些速率的实际变化情况，因为出生率和死亡率通常无法以任何直接的方式观察并且准确计算。这就突显了贯穿本书的一个重要考量：生态（和渔业）模型是对现实的简要描述——它们是有用的模拟，但也必然会导致不同程

度的不确定性，这涉及影响实际种群、群落和生态系统的一系列机制。模型不确定性是一个重要且普遍存在的问题，我们将在第 14 章中进一步讨论这个问题，并介绍使用非线性、非参数模型的方法，取消在种群和群落动态建模中必须设定结构形式的约束。

有趣的是，Alfred Lotka（1925）在推导逻辑斯蒂种群模型时巧妙地回避了这个问题。Lotka（1925）一开始就提出了一个未知的种群函数：

$$\frac{\mathrm{d}N}{\mathrm{d}t} = f(N) \tag{3.19}$$

注意这里可以用到著名的"泰勒级数展开"中一个非常有用的特性，该函数可近似为一个多项式：

$$\frac{\mathrm{d}N}{\mathrm{d}t} \approx a_1 N + a_2 N^2 + a_3 N^3 + a_4 N^4 \cdots + a_n N^n \tag{3.20}$$

式中，$a_i$ 是模型系数（详见注释框 3.4）。注意如果我们只取展开式的前两项，就回到了逻辑斯蒂模型（其中 $a_2 > 0$，对比公式 3.8）：

$$\frac{\mathrm{d}N}{\mathrm{d}t} \approx (a_1 - a_2 N) N \tag{3.21}$$

Lotka（1925）在点 $N=0$ 的邻域取得了连续时间模型的近似，该点是未知函数中唯一的"已知"点。在选定点的邻域逼近公式 3.19 时，加入高阶项使得模型具有更大的灵活性。在注释框 3.4 所示的例子中，4 阶多项式比 2 阶（逻辑斯蒂）模型在原点附近给出了更为近似的拟合，也更好地逼近了整个曲线。

---

### 注释框 3.4　泰勒级数近似

我们从模型的一般形式开始：

$$\frac{\mathrm{d}N}{\mathrm{d}t} = f(N)$$

接着将 $f(N)$ 在 $N=0$ 附近进行泰勒级数展开。我们知道种群大小为 0 时的增长率也为 0，因此 $f(0)=0$ 和 $N=0$ 是未知函数的一个解（根）（Lotka，1925）。将公式右侧以泰勒（麦克劳林）级数展开，可得：

$$f(N) = \frac{\mathrm{d}f(0)}{\mathrm{d}N} N + \frac{\mathrm{d}^2 f(0)}{\mathrm{d}N} \frac{N^2}{2} + \frac{\mathrm{d}^3 f(0)}{\mathrm{d}N} \frac{N^3}{3} + \cdots + \frac{\mathrm{d}^n f(0)}{\mathrm{d}N} \frac{N^n}{n}$$

式中，我们只需要简单地取函数 $f(0)$ 的一系列高阶导数。如果我们知道函数的实际形式，可以指定这些导数（假设它是完全可微的），从而为函数的多项式近似提供系数。但我们的函数是未知的，因此不能采用这

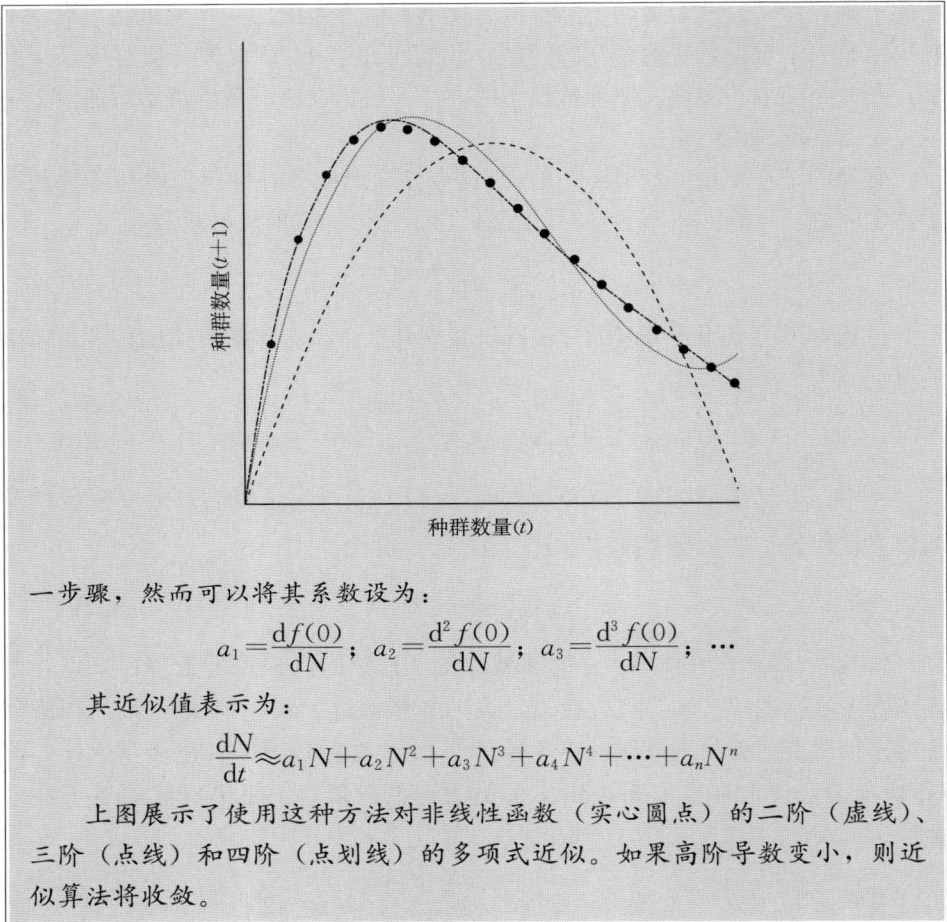

一步骤，然而可以将其系数设为：

$$a_1 = \frac{\mathrm{d}f(0)}{\mathrm{d}N} \; ; \; a_2 = \frac{\mathrm{d}^2 f(0)}{\mathrm{d}N} \; ; \; a_3 = \frac{\mathrm{d}^3 f(0)}{\mathrm{d}N} \; ; \; \cdots$$

其近似值表示为：

$$\frac{\mathrm{d}N}{\mathrm{d}t} \approx a_1 N + a_2 N^2 + a_3 N^3 + a_4 N^4 + \cdots + a_n N^n$$

上图展示了使用这种方法对非线性函数（实心圆点）的二阶（虚线）、三阶（点线）和四阶（点划线）的多项式近似。如果高阶导数变小，则近似算法将收敛。

### 3.2.2.1 退偿

为了将非线性因素与第 3.2.1 节中的逻辑斯蒂模型联系起来，我们扩展了之前假设种群具有线性单位变化率的分析方法。现在我们假设种群出生率的单位变化率与其数量存在非线性函数关系，且在中间水平的种群大小下达到峰值。这反映了实际可能出现的情况，当种群处于低水平时，个体成功找到配偶的机会减少；而当种群大小增加时，种内对食物资源（以及用于繁殖的能量）的竞争将加剧。例如，我们可以用一个二次函数来表示单位出生率：

$$b = b_0 + b_1 N - b_2 N^2 \tag{3.22}$$

如果我们假设种群的单位死亡率仍是种群数量的线性函数，如公式 3.1 中所示，就能够看到现在代表死亡率的直线与代表出生率的曲线相交于两个点（图 3.6a）。这对该模型的稳定性具有重要的意义。当出生率曲线高于死亡率线时，种群会增加；反之，当出生率曲线低于死亡率线时，种群减少。我们的种群模型变为：

$$\frac{\mathrm{d}N}{\mathrm{d}t}=\left[(b_0-d_0)+(b_1-d_1)N-b_2N^2\right]N \qquad (3.23)$$

由此我们得到了三次多项式，其中有两个平衡点（另外还有 $N=0$ 处的一个稳定平衡点）（参见图 3.6b）。这种在低丰度水平下种群增长率为负的情况被称为临界退偿（critical depensation）。我们再次通过将导数设为零并求解来找到该模型的平衡点。在这里使用二次方程可得到该方程的两个根：

$$\frac{-(b_1-d_1)\pm\sqrt{(b_1-d_1)^2+4b_2(b_0-d_0)}}{-2b_2} \qquad (3.24)$$

其中的关键点是，逻辑斯蒂模型在 $N>0$ 时只有一个全局稳定平衡点，而我们现在面临的情况是模型有两个稳定平衡点（一个位于 $N=0$ 处）和一个处于中间位置的不稳定平衡点（图 3.6b）。在这种情况下，如果种群数量跌到不稳定平衡点对应的阈值水平之下，则种群将继续衰退并完全崩溃。该种群预计将走向灭绝，只能通过另一种群的补充来"拯救"。如果这里我们假设逻辑斯蒂模型（及其良好的动力学特征）成立，那么这样的崩溃将被认为是突然且出乎意料的。

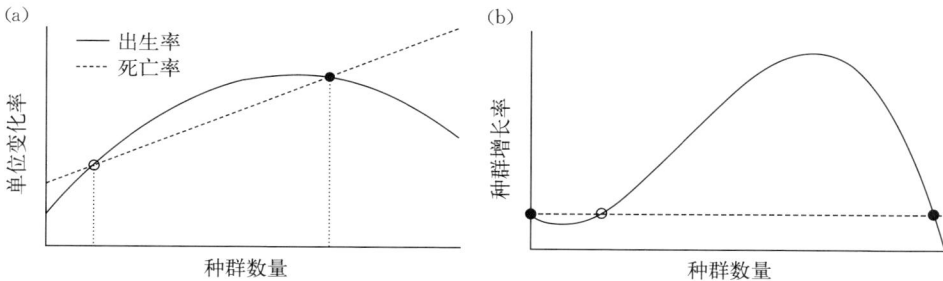

图 3.6　（a）包含非线性的出生率和线性的死亡率的退偿模型。实心圆代表稳定平衡
　　　　点，空心圆代表不稳定平衡点。（b）种群增长率在种群规模较小时存在不稳定
　　　　平衡点。虚线表示种群增长率为零

### 3.2.2.2　多重稳定态

我们已经看到，种群可从一种似乎稳定的状态转变为另一种状态。更一般地说，这些种群具有多个吸引域（basin of attraction）。为了产生这种变化模式，我们需要更复杂的模型。Steele 和 Henderson（1984）提出了一个将逻辑斯蒂增长曲线与 S 形死亡率函数相结合的种群模型。尽管该模型是考虑到捕食过程影响被捕食者死亡率而提出的，但 Steele 和 Henderson（1984）的模型并未明确包含捕食者种群这一项——它仍被设为一个单物种模型。在第 4 章中，我们将明确讨论捕食者的作用。该模型可表述为：

$$\frac{\mathrm{d}N}{\mathrm{d}t} = (\alpha - \beta N)N - \frac{cN^2}{D^2 + N^2} \tag{3.25}$$

式中，$c$ 是每个捕食者的最大消耗率；$D$ 是消耗率为最大消耗率一半时的饵料丰度，其他所有参数定义如前所述。Ludwig 等（1978）曾使用这类模型来描述北美针叶林中的一种森林害虫，云杉色卷蛾（*Choristoneura fumiferana*）的动态。图 3.7a 是该模型及其平衡点的图示。根据消耗水平 $c$，捕食曲线与逻辑斯蒂曲线可能相交一次或多次，从而产生多重平衡。采用在线性密度依赖的简单模型中一样的方法，通过检验平衡点可以得到对其稳定性的认识。当增长率超过捕食死亡率时，种群数量将增长；相反，当捕食死亡率超过增长率时，种群数量将下降（图 3.7a）。当 $c$ 值在较低水平时，高种群大小下存在单一平衡点；当 $c$ 值在中水平时，存在两个稳定的平衡点，以及两者之间的一个不稳定的平衡点；而当 $c$ 值在较高水平时，低种群大小下存在单一的稳定平衡点。在此情景下，种群可以迅速从一个吸引域转换到另一个吸引域，也即种群数量可在多个稳定状态之间突然转换（Steele 和 Henderson，1984）。Spencer 和 Collie（1997b）在分析乔治浅滩黑线鳕种群的突然衰退时援引了该机制。

我们可以用分岔图（bifurcation diagram）表征这些快速变化的点，以及它们对应的平衡状态。在图 3.7b 中，我们描述了种群大小随每个捕食者最大消耗率变化的函数。注意随着消耗率从低水平逐渐增加（对应图 3.7b 的分支上端，种群规模大且有稳定的平衡点），种群经过了一个不稳定的区域，对应图 3.7b 中 A 点到 B 点（浅灰色线）的范围，该区域具有两个可能的种群平衡水平。超过 B 点，种群会突然衰退至一个很低的稳定水平上。在这种情况下，

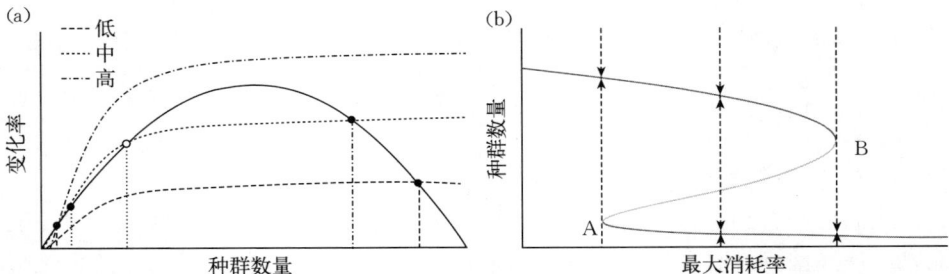

图 3.7　（a）包含捕食效应的生产量模型。该模型将逻辑斯蒂曲线与Ⅲ型捕食者功能响应（S形曲线）相结合。图中表示了三个消耗水平的捕食曲线，该线与生产量函数的交点定义了种群数量的平衡点，实心圆表示稳定平衡，而空心圆表示不稳定平衡（根据 Steele 和 Henderson，1984）。（b）Steele‑Henderson 模型的分岔图，在 A 点和 B 点之间具有不稳定区域

种群恢复变得很困难，需要消耗率下降至 $A$ 点以下（远低于最初导致种群突然衰退的水平），才能保证种群数量恢复至稳定的较高水平，这种现象称为迟滞（hysteresis）。如果我们将人类视为水生种群的一种捕食者，那么人类的渔获率就对应捕食者的消耗率，显然我们就需要了解基本种群动态和渔民行为之间的关系。在第 11 章我们将看到，传统渔业模型几乎都是假设不存在多重稳定态，这隐含地假定了发生过度捕捞后可以通过降低捕捞压力进行补救，而种群将沿着衰退过程的轨迹回到平衡点。

## 3.2.3 离散时间模型

我们将再次以红大麻哈鱼为例，介绍离散时间的密度依赖模型（适用于具有季节性繁殖期和不重叠世代的物种）。在下文中我们将探讨加拿大不列颠哥伦比亚省 Adams 河的种群。周期性波动也是该种群动态的主要特征（图 3.8），并且包含有明确的优势和次优势"子种群"。同样要注意的是，这些"子种群"与我们在第 2 章中探讨的 Quesnel 河的恢复期红大麻哈鱼种群不同，其种群增长受到了限制。

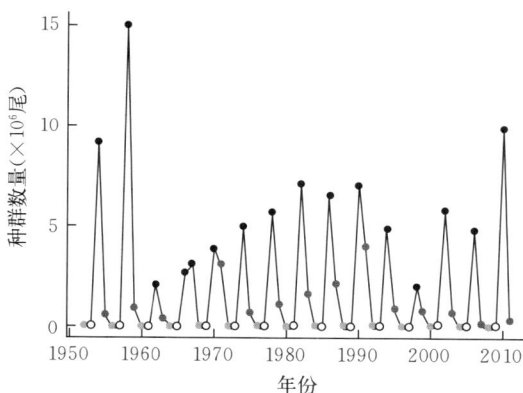

图 3.8　不列颠哥伦比亚省 Adams 河的红大麻哈鱼丰度。不同灰度的点表示此周期性波动种群中的四个子种群。数据由太平洋鲑委员会的 Michael Lapoint 提供

非线性、离散时间模型的构建一般依循两种主要途径。第一种方法需要为此模型目标专门构建差分方程；第二种方法，也是最常见的方式，是根据对时间导数的简单近似，将微分方程转换为离散形式。需要注意的是，我们在近似中使用的时间步长越小，近似解就越收敛于微分方程的解析解（如果存在的话）。在下文中，我们将演示这两种方法，并将在后续章节中继续讨论这个问题。非线性差分方程往往会带来意想不到的结果。与连续时间模型不同，一些离散时间的单物种模型在其参数空间的某些区域内能够展现出非常复杂的动态行为（Ricker，1954；May，1972，1974，1976）。

我们可以对几何级增长模型进行简单的直接修改，以表示非线性过程：

$$N_{T+1} = \frac{\lambda N_T}{N_T + \psi} \tag{3.26}$$

式中，$\lambda$ 定义如前；$\psi$ 是一个常数；$T$ 是终生一次繁殖种群的世代时间

（Hoppensteadt，1982）。注意公式 3.26 与公式 3.13 具有相同的一般形式，该式中随着 $N_T$ 增加，$N_{T+1}$ 趋于渐近线。Hoppensteadt 的补偿模型是直接以差分方程的形式构建的，我们将在第 9 章种群补充过程的研究中，再次遇到这种类型的模型。通过设 $N_{T+1}=N_T=N^*$ 并求解，可以得到该模型的平衡点（若 $\lambda < \psi$）：

$$N^* = \lambda - \psi \tag{3.27}$$

而如果 $\lambda > \psi$，则种群衰退至 0。

我们可以通过多种方式修改微分方程，导出逻辑斯蒂模型的离散时间形式。一种方法是利用欧拉法将连续形式的模型转换为离散时间模型，其近似为：

$$\frac{dN}{dt} \approx \frac{\Delta N}{\Delta t} \tag{3.28}$$

通常将 $\Delta t$ 设为一个时间间隔（如一年或一代），作为时间步长。因此我们有：

$$N_{T+1} - N_T = (\alpha - \beta N_T) N_T \tag{3.29}$$

或者

$$N_{T+1} = (1+\alpha) N_T - \beta N_T^2 \tag{3.30}$$

与连续时间形式一样，该模型的平衡点为：

$$N^* = \frac{\alpha}{\beta} \tag{3.31}$$

该离散时间形式的逻辑斯蒂模型有一个缺点，可能会得到负的种群大小。若 $\alpha$ 的取值为中等水平，则种群能达到稳定平衡，与连续时间模型中的情况一样。然而在下一节中我们将展示，随着 $\alpha$ 增加将会出现非常不同的结果。

我们也可以使用另一种方法将连续时间逻辑斯蒂模型转换为离散时间形式，以避免种群大小为负的问题。在这里，我们对原始微分方程采用分段近似（见注释框 3.5），所得到的模型可表述为：

$$N_{t+1} = N_t e^{\alpha - \beta N_t} \tag{3.32}$$

---

### 注释框 3.5　从连续时间模型转换为离散时间形式

将微分方程转换为差分方程的最简单也是最常见的方法是欧拉近似方法的变形：

$$\frac{dN}{dt} \approx \frac{\Delta N}{\Delta t}$$

对于逻辑斯蒂模型，若 $\Delta t = 1$，我们有：

$$N_{T+1} - N_T = (\alpha - \beta N_T) N_T$$

这种对逻辑斯蒂模型进行近似处理的缺点是，它可能会预测出负的种群大小。我们可以构建一种没有该问题的替代方法，具体如下。逻辑斯蒂模型的种群平均变化率为：

$$\frac{1}{N}\frac{dN}{dt}=(\alpha-\beta N)$$

根据链式法则，相对导数项可写成：

$$\frac{1}{N}\frac{dN}{dt}=\frac{d\log_e N}{dt}$$

在 $t$ 至 $k$ 区间进行积分，得到：

$$\int_k^t d\log_e N=\int_k^t(\alpha-\beta N)\,dt$$

或

$$\log_e\left(\frac{N_t}{N_k}\right)=(\alpha-\beta N_k)\,(t-k)$$

使 $t$ 逼近 $k+1$，并取反对数，可得：

$$N_{k+1}=N_k e^{\alpha-\beta N_k}$$

其平衡点仍为 $N^*=\alpha/\beta$。该模型有时被称为 Ricker – logistic 模型。与逻辑斯蒂模型的欧拉近似不同，该模型是不对称的。两者之间的差异详见注释框 3.4，其中我们使用 Ricker – logistic 模型生成数据点，并显示了多项式近似对这些数据的拟合（包括二次或逻辑斯蒂类型）。离散形式的逻辑斯蒂模型和 Ricker – logistic 模型对 Adams 河红大麻哈鱼种群的拟合如图 3.9 中所示。

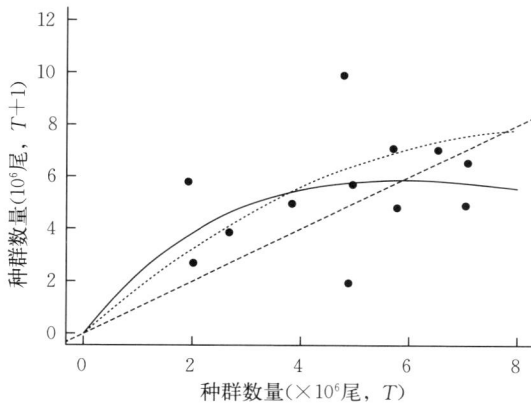

图 3.9　应用离散时间的逻辑斯蒂模型分析 Adams 河的红大麻哈鱼种群。图中点状线是离散的逻辑斯蒂模型（公式 3.26），实线是 Ricker – logistic 模型（公式 3.32），虚直线是 1∶1 替换线

### 3.2.3.1 复杂动力学特征

在第 2 章中我们看到，就非密度制约模型中种群数量的变化轨迹而言，连续时间模型和离散时间模型所得的一般性结论保持一致。在这些非密度制约的模型中，我们发现只有三种行为类型：单调增加、单调减少或维持不变。而在本章的前文中，我们看到了更多可能的结果，其中包括非线性模型中可能存在的多重稳态。在离散的非线性种群模型中甚至可能出现更为复杂的动态行为，这取决于种群的内禀增长率。

William Ricker 首先发现，基于简单一阶差分方程的种群模型可表征出异常复杂的行为（Ricker，1954）。更早之前，Moran（1950）也注意到在这类模型中可能出现震荡行为。Ricker 进一步表明种群不仅可能表现出周期性动态，还可能存在非周期性动态，后者我们现在称之为混沌（chaos）。

研究表明，随着离散逻辑斯蒂模型中非密度制约项的增大，这些简单的差分方程中会出现复杂的行为。我们可以进一步简化这些模型，聚焦这一关键问题（这里考虑到容纳量影响结果的相对大小，但不影响种群轨迹的动力学模式）。为了凸显内禀增长率的关键作用，我们可以将离散逻辑斯蒂模型表述为：

$$N_{T+1} = \alpha(1 - N_T)N_T \tag{3.33}$$

而 Ricker - logistic 模型为：

$$N_{T+1} = N_T e^{\alpha(1 - N_T)} \tag{3.34}$$

这两个圆顶形模型通常被称为过度补偿（over - compensatory）模型。当函数形状是高度凸形，并且在原点处具有陡峭的斜率时，模型可能出现非常复杂的动态。我们可以使用蛛网图来说明这些特征。在下文中，我们将使用 Ricker - logistic 模型来阐述基本概念，但注意在逻辑斯蒂模型中也很容易出现复杂的动态。我们绘制了两个内禀增长率不同的情景（图 3.10）。图 3.10a 中 Ricker - logistic 曲线在原点处有相对适中的变化率，通过追踪其变化轨迹，我们可以看到种群最终稳定在一个固定平衡点（右侧图显示了对应蛛网图中各点的时间轨迹）。该图中通过原点的直线是 1∶1 的替换线，而生产函数和替换线间的交点就是我们要找的平衡点。平衡点的稳定性取决于生产函数与替换线相交处的斜率：如果斜率<-1，则平衡不稳定。正是这一点决定了这些模型可能出现高度复杂的动态。在图 3.10c 中，我们看到形状更为凸出的生产函数，它在交点处具有更陡的斜率，且永远不会稳定到平衡点上。与上一个例子相反，高度非线性的生产函数实际上在每个时间步长内都将种群"推向"了不同的水平。

参数 $\alpha$ 的大小独立控制着这些简单模型中的动态行为。在 Ricker - logistic 模型和逻辑斯蒂模型中，较低 $\alpha$ 值下我们可以观察到稳定的动态（图 3.11）；但在较高 $\alpha$ 值下，我们会看到一系列的周期倍增行为，循环周期依次变为 2、

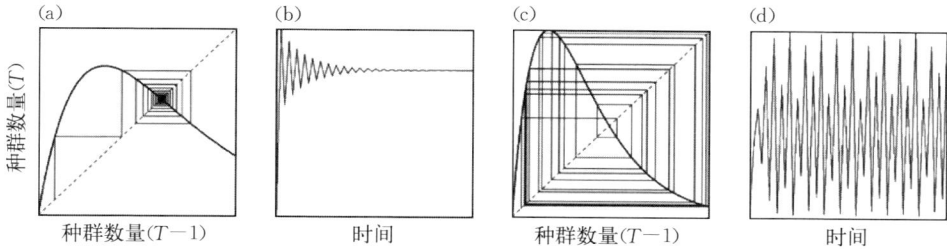

图 3.10 　离散 Ricker－logistic 模型的蛛网图，其 $\alpha=6$（a）；相应的时间序列轨迹，表明种群达到稳定平衡点（b）；$\alpha=20$ 时的离散 Ricker－logistic 模型蛛网图（c），和其相应的时间序列轨迹（d）

4、8 等，最终进入非周期性动态模式（混沌）。对于 Ricker－logistic 模型和逻辑斯蒂模型，这一系列过程发生时对应的 $\alpha$ 数值有所不同，但都表现出周期倍增行为。

混沌动力学的一个主要特征是结果极度依赖初始条件。任意接近的起始条件都会随时间发生指数性分歧。在相位空间中邻近点随时间的演化可作为一种关键的考虑因素，来理解和分类复杂的动力学行为。我们将在第 14 章中继续考虑这个主题。

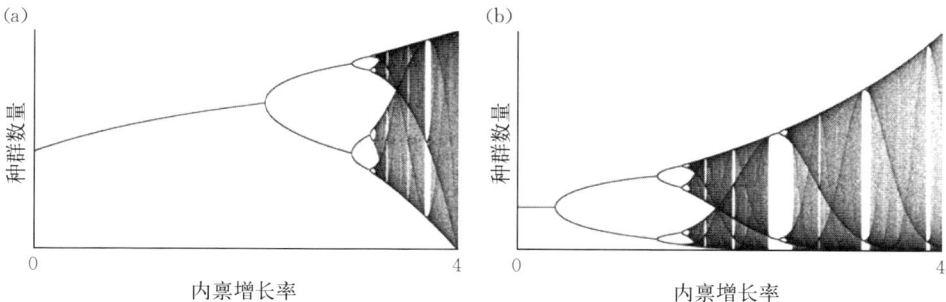

图 3.11 　（a）离散逻辑斯蒂模型和（b）Ricker－logistic 种群模型的分岔图

# 3.3　时滞模型

在本章前面所述的连续时间模型中，隐含地假设了种群个体在出生后会立即成熟为成体，不存在时间滞后；而在前述的简单差分方程中，存在一个时间单位（世代、年等）的时间滞后。现在我们将介绍时滞微分方程和高阶差分方程，这类模型的主要目的是反映繁殖的滞后，即完整生命周期中从卵期转变到成体期所需的时间。引入时间滞后便于我们后续介绍简单年龄或生命阶段结构模型。在离散时间模型中，引入时滞还能表示具有重叠世代的种群。我们也将看到，时滞的引入会对种群动态产生重要的影响，尤其是在连续时间模型中，引入时滞时会引发振荡行为。其滞后时间越长，观察到的周期性行为就越明显。在离散时间模型中，我们也将发现高阶时间滞后会使得动态行为发生重要变化。

## 3.3.1 连续时间模型

著名的生态学家 G. Evelyn Hutchinson 探讨了种群变化的时间滞后响应在连续时间逻辑斯蒂模型中的效果。回想一下，在标准连续时间中，我们假设种群变化率对其密度变化的响应是瞬时的。这实际上隐含地假设了出生个体立即变成成体，并成为繁殖群体的一部分。在现实中，从出生到成熟显然存在时间间隔。Hutchinson（1948）研究了一种模型，其形式为：

$$\frac{dN_t}{dt} = (\alpha - \beta N_{t-\tau})N_t \tag{3.35}$$

式中，$\tau$ 是种群响应的时间滞后。在这里，种群单位变化率是 $\tau$ 个单位时间之前种群密度或丰度的函数。该方程不存在解析解，我们必须应用数值方法来求解。加入时间滞后会导致复杂的行为，其中包括趋近平衡时的阻尼振荡，或围绕平衡点的持续振荡（稳定的有限循环）。振荡幅度主要取决于响应时间（与非密度依赖系数成反比）和滞后时间的长度。非密度依赖系数的取值越大，时间延迟越长，振荡幅度就越大（Gotelli，2008）。振荡周期大约是延迟时间长度的四倍。标准形式的连续时间逻辑斯蒂模型无法表现出这类动态响应。图 3.12 展示了在时滞微分模型中有 1 个和 2 个延迟时长的种群的变化轨迹。对于选定的参数，$\tau=1$ 时我们观察到阻尼振荡；而当 $\tau=2$ 时，可以观察到持续的振荡。

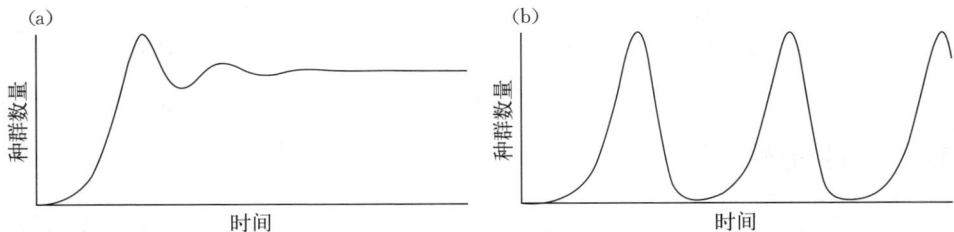

图 3.12　时滞微分模型的种群变化轨迹示例，时间延迟为（a）一个时间单位和（b）两个时间单位。时滞微分模型采用数值积分方法求解

我们还可考虑该方程的一个变体形式，将繁殖过程和成体死亡率分离：

$$\frac{\mathrm{d}N_t}{\mathrm{d}t} = (\alpha - \beta N_{t-\tau})N_{t-\tau} - d_m N_t \qquad (3.36)$$

式中，我们假设种群新生个体从出生到进入成年群体（$N_t$）（或补充）之间的存在 $\tau$ 个时间单位的延迟。在该模型中，时间延迟组分代表密度制约的种群补充过程，最后一项（$d_m$）是一个非密度制约的死亡率（Fogarty 和 Murawski，1996）。注意该结构与公式 3.35 有着根本的差异——时间滞后组分不是作为当前和过去种群数量的函数而影响变化率，而是作为时间延迟二次项，反映补充中的密度制约。

## 3.3.2　离散时间模型

我们接下来将在差分方程模型中加入高阶时间滞后。假设密度制约发生在成熟之前的阶段，并且密度制约为 Ricker 形式，则有：

$$N_{t+1} = sN_t + N_{t+1-\tau}\mathrm{e}^{\alpha - \beta N_{t+1-\tau}} \qquad (3.37)$$

式中，$s$ 是从时间 $t$ 到 $t+1$ 存活的个体百分比，右侧第二项表示 $\tau$ 个时间单位之前的繁殖过程产生种群新成体的数量。这里 $t$ 代表时间而不是世代，因此我们现在有一个具有简单年龄结构但重叠世代的离散时间模型。这一类模型已被用于研究须鲸种群（Allen 和 Kirkwood，1988），以确定捕捞限制防止其种群进一步减少。Clark（1985）分析了时滞差分模型的稳定性，并进行了生物经济性分析。Botsford（1992）对该模型中的复杂动力学进行了分析。

增加年龄结构和重叠世代能够促进模型稳定。我们在逐渐改变成年种群存活率时发现，当成年种群存活率较高时，种群将会达到稳定水平（图 3.13）。在该例子中，我们将参数 $\alpha$ 设为 3.5，对于具有非重叠世代的终生一次繁殖种群模型来说，这正好落在混沌动态的范围内。对于生活史中多次繁殖的种群，一些成体生殖后存活下来并多次为种群贡献繁殖产出——在种群存活率较高时，

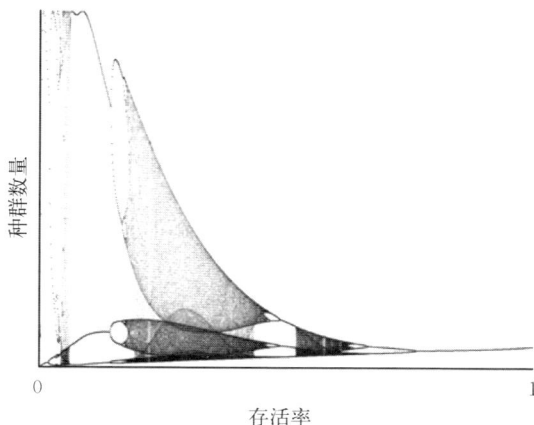

图 3.13　具有简单年龄结构时滞差分模型的分岔图。图中存活率从 0 变化到 1，Ricker - logistic 模型的参数 $\alpha$ 设为 3.5

这种生活史特征使种群总体上保持稳定。然而，随着存活率的下降，模型呈现了更复杂的潜在动态（图 3.13）。在该情况下，导致成年种群存活率下降的因

素也将导致种群的不稳定。

## 3.4 矩阵模型

第 2 章中所述的矩阵模型并未考虑任何形式的密度制约。我们接下来将考虑包含了某种形式密度制约的模型，并探讨其在年龄结构种群中表现出的更广泛动态行为。相较于前文所述较为简单的非结构化模型，该类模型也有了更大的自由度，能明确表述不同形式的密度制约过程。例如，我们可以将密度制约包含在存活率、成熟时间和/或生育力中。在实践中，这些模型大多将注意力放在了存活率上，且通常是在出生的第一年或第一阶段的存活率。

### 3.4.1 年龄结构模型

Leslie（1948）认识到，要解决不受约束的种群增长问题，需要考虑扩展其基本矩阵模型以包含密度制约过程。现在我们考虑非线性矩阵模型，其形式为：

$$N_{t+1} = L_n \cdot N_t \tag{3.38}$$

式中，$N_{t+1}$ 是时间 $t+1$ 的种群各龄数量的向量；$L_n$ 是各个年龄的生育力和存活率矩阵，其中一个或多个元素是密度依赖性的。原则上，矩阵 $L_n$ 的任何元素均可表示为种群密度的函数，且这些函数中使用的密度度量可以有多种形式，包括单一年龄（或阶段）组的丰度，以及种群中所有年龄组丰度的加权总和（Caswell，2001）：

$$N_t = \sum_a w_a n_{a,t} \tag{3.39}$$

式中，$w_a$ 是每个年龄组的加权系数。在大多数应用情景中采用了相同的权重，但如果某些年龄组对生存、成熟或繁殖力具有较大影响，则可以很方便地对此进行调整（尽管其代价是使评估稳定性的分析更复杂）。

有趣的是，非线性矩阵模型的许多最著名早期应用都是针对水生种群而构建的（Usher，1972；Jensen，1976；Levin 和 Goodyear，1980；DeAngelis等，1980；Cohen 等，1983）。在本节中，我们将描述几种不同的密度依赖性存活率函数，以及将年龄特异性效应纳入这些模型的方法。Levin 和 Goodyear（1980）开发了一种脉冲型生殖的矩阵模型，其种群数量统计是在繁殖前进行的。对于出生第一年，模型采用了 Ricker 形式的存活率。下面我们用一个简单的三个年龄组模型来展示这个案例。根据我们在第 2 章中的表示方法，转换矩阵的形式如下：

$$L_n = \begin{bmatrix} s_0 e^{-cN} f_1 & s_0 e^{-cN} f_2 & s_0 e^{-cN} f_3 \\ s_1 & 0 & 0 \\ 0 & s_2 & 0 \end{bmatrix} \tag{3.40}$$

式中，$s_0$ 是非密度制约的存活率；$c$ 是一个系数；$N$ 是种群大小；$f_i$ 繁殖力。图 3.14a 中显示，在低水平的繁殖力下，种群变动轨迹会收敛于稳定水平。然而，在较高的繁殖力水平下，种群会出现更为复杂的动态（图 3.14b）。Caswell（2001）对年龄结构种群中的非线性动力学进行了综合分析，包括混沌如何涌现。

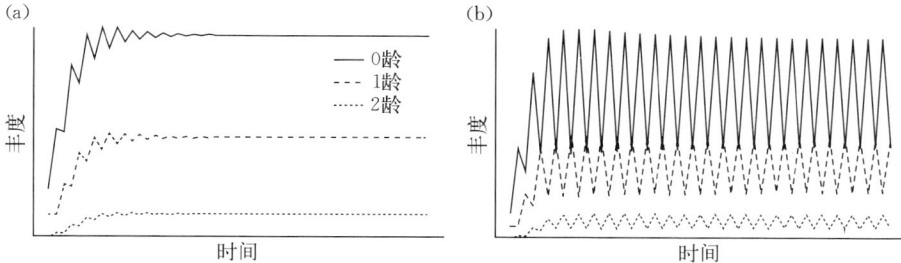

图 3.14　年龄结构矩阵模型中各年龄组的种群变动轨迹，其中（a）为低繁殖力水平的情景；（b）为高繁殖力水平的情景

DeAngelis 等（1980）开发了一种脉冲型生殖的模型，其种群数量统计在繁殖后立即进行。假设种内密度制约效应仅发生在出生后第一年的个体间，因此该阶段的存活率随着世代初始大小 $N_0$ 的增加而下降：

$$\frac{s_0}{1+cN_0} \tag{3.41}$$

式中，$c$ 是密度制约系数。有研究基于五种鱼类的生活史数据构建该模型，用于预测种群受干扰后恢复平衡的时间。寿命较长的物种（如条纹鲈 *Morone saxatilis*）比寿命较短的物种（如大西洋油鲱 *Brevoortia tyrannus*）需要更长的恢复时间，因为在前一种物种中较大年龄组对种群的相对贡献更大。较大年龄组个体的繁殖贡献存在时间滞后，而补偿效应发生于出生的第一年，因此补偿的延迟导致种群恢复平衡的时间更长。

Usher（1972）详细地阐述了由 Pennycuick 等（1968）最早提出的另一种密度依赖性存活公式。Pennycuick 等提出了一个 S 形曲线函数，描述存活率随着种群总数量的增加而下降。在这里我们用非密度制约的基础存活率（$s_0$）和一个密度制约的组分来表述该模型：

$$\frac{s_0}{1+e^{-b+cN_t}} \tag{3.42}$$

式中，$b$ 和 $c$ 是常数；$N_t$ 是时间 $t$ 的种群总大小。随着密度制约系数的增大，种群会逐渐表现出振荡模式（Usher，1972）。

我们可以使用第 2 章中所述的图形化稳定性分析方法，研究具有四个年龄组的终生一次繁殖物种。图 3.15 中的 Paulik 图表明了补偿动态在出生第一年发挥作用的情景。图 3.15a 描述了一个逐渐增长并最终达到稳定的种群，而在图 3.15b 中，第四象限的存活率下降导致种群总体衰减，表现为连续几代的种群数量持续下降。当然，密度制约可能发生在一个或多个生命阶段，而不仅仅是在出生的第一年。也可能有一个或多个阶段表现出退偿动态，其情况将更为复杂。

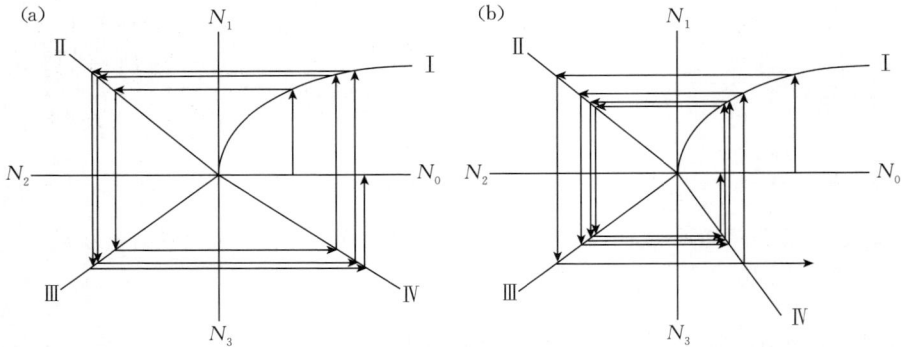

图 3.15 具有四个年龄组种群的 Paulik 图，其补偿过程发生于出生的第一年（a）；同一种群在第四象限中的存活率或繁殖率降低，导致种群崩溃（b）

## 3.4.2 阶段结构模型

阶段结构的非线性矩阵模型在文献中通常很少受到关注。然而，Neubert和 Caswell（2000）对两阶段模型（幼体和成体）进行了深刻的分析，该模型可体现终生一次繁殖和多次繁殖的生活史特征以及密度制约对繁殖、生长和存活的影响。模型的转化矩阵可写为：

$$\boldsymbol{L}_n = \begin{bmatrix} s_0(1-m) & F \\ s_0 m & s_1 \end{bmatrix} \tag{3.43}$$

式中，$s_0$ 是幼体种群存活的概率，$m$ 是在一个时间间隔内存活幼体长成成体的比例，而 $F$ 是时间 $t$ 每个成体所生产的幼体在 $t+1$ 时的数量。对于终生一次繁殖的物种，$s_1 = 0$，而对于多次繁殖的物种，$s_1 > 0$ 成熟可发生在单个时间段内，也可延续多个时间段，这些成熟策略分别称为早熟和迟熟（Neubert和 Caswell，2000）。我们可以使用指数形式（$e^{-bN}$）将密度制约纳入繁殖、生长和存活组分中，其中 $b$ 是一个系数，$N$ 是每个时间步长的种群总数量（在示例中$b$ 均设为 1）。我们可以看到，这种形式会产生过度补偿响应。不出意料的，随着生育力（$F$）的增加，该系统中很容易出现复杂的动态。图 3.16 表示了三种情况的分岔图：（a）密度制约的生育力、（b）密度制约的成熟率和（c）密度制约的幼体存活率，三者随最大繁殖产出的变化。在这里我们看到，密度制约的形式在很大程度上影响了复杂动力学在高度非线性模型中的表现方式。

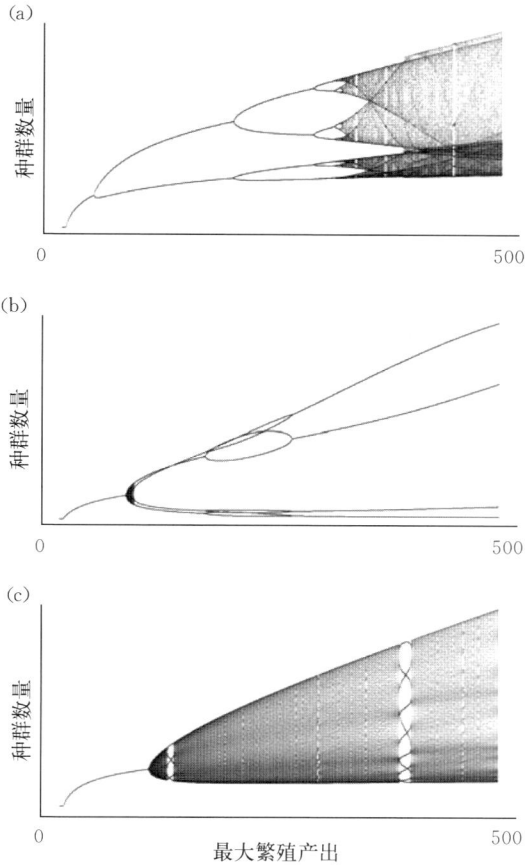

图 3.16　Neubert－Caswell 非线性阶段结构矩阵模型的分岔图，图中分别为（a）密度制约的生育力，（b）密度制约的个体生长成熟，以及（c）密度制约的幼体存活率，随最大繁殖产出的变化

## 3.5　小结

任何种群都不会无限增长，并且大多数种群都能在生态时间尺度上延续，这表明存在种群调节机制。反馈机制包括对有限资源的竞争、同类相食和随密度变化的捕食率。当种群单位出生率或死亡率取决于种群密度时，就会出现密

度制约效应。当种群增长率随其密度下降时，密度制约体现为补偿；而当随其密度增加时，密度制约体现为退偿。可以将密度制约作为一个简单的线性函数加入逻辑斯蒂模型中。依循逻辑斯蒂增长的种群将达到稳定的种群规模。非线性密度制约可产生多重平衡。对于离散时间模型或是密度制约调节中存在时间延迟的情况，种群不一定会达到平衡，也可能呈现复杂的动态行为。密度依赖性反馈过程可以在一定程度上补偿自然和人为扰动，但若超过一定范围种群将崩溃。

## 【扩展阅读】

对于本章涉及的主题，Wilson 和 Bossert（1971；参见其第 1、3 章）；Roughgarden（1998；第 4 章）和 Gotelli（2008；第 2 章），Vandermeer 和 Goldberg（2003；第 1、3 和 4 章）和 Case（2000；第 5 章）进行了综述，这些资料对相关问题提供了非常有启发性的说明。有关这些主题的更前沿的研究，请参见 Kot（2001；第 1、4、5 和 24 章）和 Caswell（2001；第 16 章）以及 Botsford 等（2019）。

# 4 种间关系Ⅰ：捕食与寄生

## 4.1 引言

物种之间的相互作用决定了所有生态群落的结构。捕食和寄生是水生生态系统中种间相互作用的主要形式，同时其他生态相互作用如竞争和互利共生也非常重要。在本章中，我们重点关注两个物种捕食和寄生关系的简单模型，并在第5章中探讨竞争和互利模型。在渔业生态系统种间相互作用的相关文献中，捕食是迄今为止最受关注的主题，针对这一主题已经出版了许多专著（Ivlev，1961；Stroud 和 Clepper，1979；Zaret，1980；Kerfoot 和 Sih，1987；Gerking，1994）。同时，关于水生生态系统其他形式相互作用的信息资源也很丰富，生态系统中寄生、竞争和互利作用的量化分析受到了越来越多的关注。

捕食和寄生的过程有着相同的要点（Mittelbach，2005），即捕食者和寄生生物都是通过攻击被捕食者/宿主来获取营养和能量，同时可以对被捕食者/宿主的丰度起到重要的调节和控制作用，这意味着寄生模型和捕食模型可能有许多共同特征。事实上，我们可以看到，从捕食理论中直接借用的模型已经应用于寄生研究，反之亦然。当然，这两个过程的一些关键要素也存在显著差异。例如，寄生生物基本上都比宿主小得多，通常相差一个或多个量级[1]；相反，捕食者通常比被捕食者更大（通常大得多）。事实上，许多的生态系统粒径谱模型都是围绕这一原理构建的。一个捕食者在一生中会杀死并吃掉许多被捕食者个体，而一个寄生者通常从单个宿主获取能量（若不同的寄生阶段更换宿主，则其能量可能来自多个宿主），且寄生感染可能是致命的也可能不是致命的。在模型开发中必须考虑这些区别。

在经典的单物种渔业资源评估模型中，捕食和疾病通常合并为一项"自然死亡率"。在大多数情况下，自然死亡率被视为一个常数，不随时间、大小或年龄变化，但我们将看到自然死亡率在时间上并非稳态，随年龄/大小也非不变。在渔业的评估和管理中明确考虑捕食和疾病的作用非常重要，尽管这无疑具有巨大的挑战性。在渔业生态系统中，捕食者和被捕食者通常被一起开发利

---

① 但在第4.3.2节，我们将研究渔业生态系统中这一"规则"的一个重要例外，这对大部分淡水渔业有着重要影响。

用（在许多情况下由不同的渔船作业，但有例外）。捕食者和被捕食者的不同捕捞强度会强烈地改变水生生态系统结构，影响生产力的总体模式。最重要的一点可能是，针对捕食者和被捕食者采用相互独立的管理策略时，为各个物种设定的最佳产量可能相互干扰（Fogarty，2014）。寄生可以通过广泛传播和偶发性的疾病暴发导致死亡，这些疾病的强度可能随时间变化，并且可以对宿主的不同生命阶段产生不同的影响。寄生的亚致死效应也非常重要，不仅影响渔获水生生物的状况和适销性，而且影响被寄生物种的繁殖产出和适应性。因此，自然和水产养殖系统的疾病暴发会造成巨大的经济损失（Lafferty 等，2015）。有趣的是，在某些情况下，捕捞可以通过改变传播率来降低疾病强度（Dobson 和 May，1987）。在一项对海洋生态系统中疾病发病率趋势的调查中，Lafferty 等（2004）指出捕捞可能导致疾病暴发率总体下降，这与许多未开发类群中反映的趋势相反。

## 4.2　捕食

异养生物通过捕食其他生物来获取能量，捕食是物种间（或物种内，实际上有些种类同类相食很常见）一种特别引人注目的相互作用形式。在水生生态系统研究中，捕食者-被捕食者系统的动态也尤其让人感兴趣，而我们稍后将研究人类作为捕食者在这些系统中的作用。对捕食过程最早的一些分析性研究明确涉及人类捕捞活动对鱼类种群的影响。意大利著名数学家 Vito Volterra 曾被后来成为他的女婿的海洋生态学家 Umberto D′Ancona 咨询过一个有趣的问题。D′Ancona 当时正在研究意大利北部一些港口的渔获量中反映出的鱼类种群波动（D′Ancona，1954；Scudo，1971）。D′Ancona 注意到，在第一次世界大战期间，亚得里亚海的捕捞活动急剧减少，同时捕食者物种在渔获量中的比例显著增加，显示出周期性波动（图 4.1）。战争的出现及其对渔业的影响提供了一个预料之外的实验，揭示了渔业生态系统中捕捞和群落结构之间相互作用的重要线索。D′Ancona 希望 Volterra 能够基于这些理解，构建捕食者-被捕食者系统的理论分析方法。Volterra 立即开始工作，并在《自然》杂志的一篇里程碑式的论文中发表了他著名的捕食者-被捕食者方程（Volterra，1926）。随后，他围绕这一主题进行了更广泛的探索，并在国际海洋勘探理事会（International Council for Exploration of the Sea）深具影响的期刊上转载了相关研究（Volterra，1928）。Volterra 在之后的职业生涯里一直保持着对理论生态学的兴趣。同时，Alfred Lotka（1925）在其开创性的研究中独立推导出了类似的捕食者-被捕食者模型，该研究关注的是植物-食草动物的相互作用。在下文中，我们首先展示了一个简单模型的构建过程，并复现类似的观测结果。

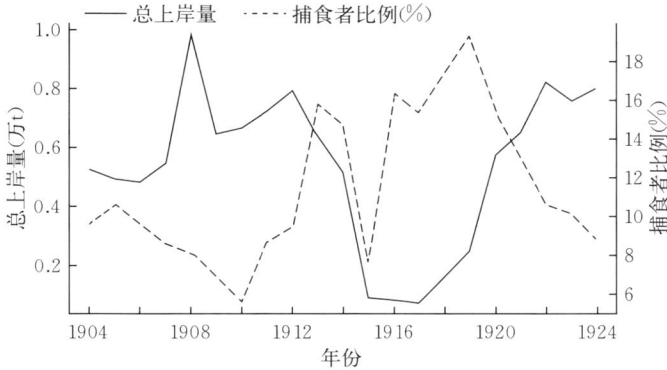

图 4.1　1904—1924 年间意大利北部 Fiume 港的渔业总上岸量（实线）和软骨类
　　　　捕食者的比例（虚线）（数据来自 Scudo，1971）。这些观测结果为之后
　　　　Vito Volterra（1926）构建的简单捕食者-被捕食者模型提供了重要参考

　　Walters 等（1986）开展了一项有趣且有启发意义的捕食者-被捕食者动力学
分析，以 British Columbia 附近 Hecate 海峡的太平洋鳕（*Gadus macrocephalus*）
和太平洋鲱（*Clupea pallasii*）为例研究了种群之间的相互作用。Walters 等
（1986）根据鳕和鲱丰度的时间序列研究了这种关系，而摄食组成数据为鳕捕
食鲱提供了切实的证据（Walters 等，1986）。这两个物种存在于一个复杂的
生态系统中，许多因素都能影响二者的丰度，然而 Walters 等（1986）发现观
测中鳕和鲱的丰度变化模式与理论假设一致，即捕食者和被捕食者之间显著的
相互作用影响了二者的补充量。

　　在这里我们关注鲱和鳕成鱼丰度水平之间的关系。在观测期间，两个物种
似乎表现出异相的周期模式（图 4.2a）。若将鳕和鲱丰度之间的关系绘制在相
位（或状态）空间中，就会发现这两个物种的丰度水平呈现出清晰的逆时针轨
迹（图 4.2b）。我们需要更长的时间序列对这些模式进行全面分析，以确定表

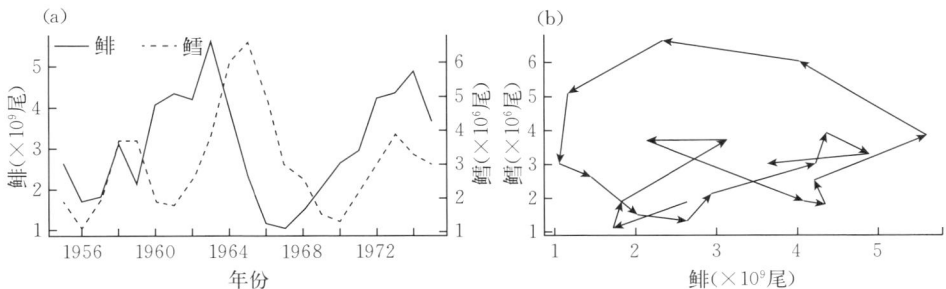

图 4.2　太平洋鳕与太平洋鲱种群成鱼数量的变化轨迹（a），以及其轨迹对应的相平面
　　　　图（b）（数据来自 Walters 等，1986）

观振荡是持续的还是表现出抑制行为。然而，这些观察到的模式是捕食者-被捕食者相互作用的判别要点。

## 4.2.1  连续时间的非密度依赖模型

我们首先将简单的非密度依赖性模型（方程 2.1）扩展到两个物种的情形。经典的 Lotka - Volterra 捕食者-被捕食者方程假设被捕食者的死亡全部都是由捕食造成的，捕食者的出生率完全取决于对被捕食者的消耗及其随后的食物转化。被捕食者（$N_1$）的模型为：

$$\frac{dN_1}{dt} = (b - a_{12}N_2)N_1 \qquad (4.1)$$

式中，$b$ 是被捕食者的单位平均出生率；$a_{12}$ 是捕食者对被捕食者施加的单位平均死亡率[①]。对于捕食者（$N_2$），我们有：

$$\frac{dN_2}{dt} = (c \cdot a_{12}N_1 - d')N_2 \qquad (4.2)$$

式中，$c$ 是被消耗的被捕食者转化为捕食者后代的转化效率，$d'$ 是捕食者的单位平均死亡率。这里在没有捕食者的情况下，被捕食者会呈指数级增长。在第 4.2.2 节中我们将考虑更现实的情况，即在没有捕食者的情况下，被捕食者受到密度依赖过程的制约。假设捕食者和被捕食者相遇的概率是两者丰度的乘积，这里用到了物理化学中常用的质量作用定律。注意，此时被消耗的被捕食者总量与其数量成比例（即捕食者捕获和进食饵料所需的时间没有限制，也没有饱和效应——我们将在第 4.2.3 节中放宽这一限制）。

该模型中捕食者和被捕食者的种群轨迹表现出异相的周期性波动（图 4.3a），与 D'Ancona 和 Walters 等的观测一致。该捕食者-被捕食者系统表现出中性平衡；任何扰动都会导致捕食者和被捕食者随时间推移的轨迹发生变化。模型还受到初始条件中捕食者和被捕食者起始数量的强烈影响。事实上，波动的幅度和周期完全由这些初始条件控制。

将各个方程的导数设为零并求解，可以找到种群净增长率为零的点。对于被捕食物种，平衡点为 $N_1 = 0$ 和

$$N_2 = \frac{b}{a_{12}} \qquad (4.3)$$

而对于捕食者，有 $N_2 = 0$ 和

$$N_1 = \frac{d'}{c \cdot a_{12}} \qquad (4.4)$$

---

①  为了保持一致性，在本章和下一章中，我们将种群数量或密度以 $N_i$ 表示，其中下标表示第 $i$ 个物种，可以代表捕食者、被捕食者、竞争者、宿主、寄生者等。这种表述在第 5 章中可以很容易扩展到多物种系统，其下标 $i$ 可以包括更多数字。

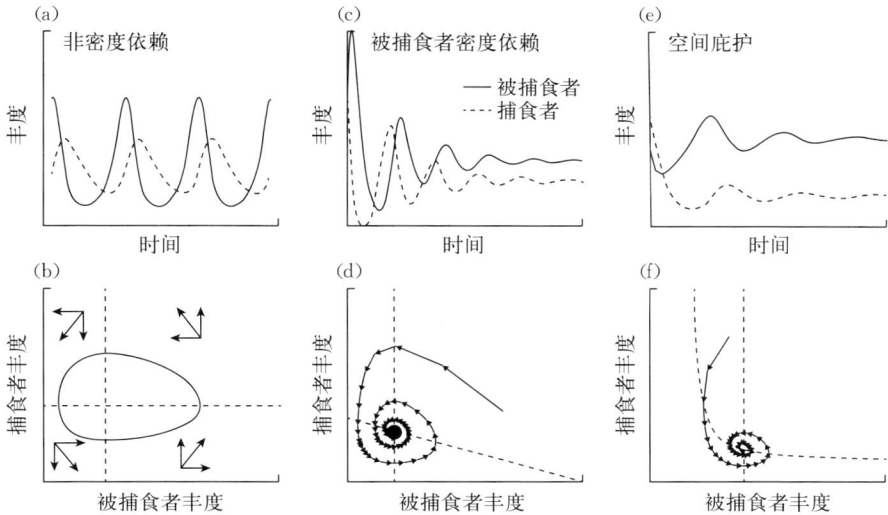

图 4.3　非密度依赖的 Lotka－Volterra 捕食者-被捕食者模型中种群随时间的变动轨迹
　　　　（a）；捕食者-被捕食者系统对应的相位图，反映了该系统的振荡动态（b）；
　　　　Lotka－Volterra 捕食者-被捕食者模型中被捕食者具有密度依赖性时种群随时
　　　　间的变化轨迹（c）；该系统对应的相位图，显示了其趋近平衡的情况（d）；具
　　　　有固定数量庇护所的非密度依赖性 Lotka－Volterra 模型（e）；该系统相应的相
　　　　位图，显示了趋近平衡的情况（f）

　　由于在捕食者和被捕食者模型中均不存在密度依赖性，因此以上等斜线
（isocline，即增长率为零的线）与物种的丰度无关。

　　为了展示在相空间中物种丰度如何呈现逆时针轨迹，我们首先根据公式
4.3 和公式 4.4 绘制了捕食者和被捕食者的等斜线，两线相交将相位平面划分
为四个象限。然后我们可以在每个象限中构建指向向量，跟踪捕食者和被捕食
者数量的相对变化轨迹。首先在右上象限中，捕食者和被捕食者都处于高丰度
水平，因此我们可以预测捕食者的数量会进一步增加，但由于捕食的影响，被
捕食者的数量会下降。因此，净移动矢量指向左上象限（图 4.3b）。在该象限
中，捕食者丰度仍较高，但被捕食者丰度很低，因此捕食者和被捕食者丰度均
会下降，净移动矢量指向左下象限。该象限中，捕食者和被捕食者的丰度都很
低，因此可预测被捕食者会增加，但捕食者会减少，导致净移动指向右下象限
（图 4.3b）。在该象限中，被捕食者的丰度很高而捕食者的丰度很低，净移动
矢量回到右上象限（图 4.3b）。至此，我们得到了相空间中的逆时针轨迹，而
对应的矢量描绘了移动的大致方向。种群遵循的实际轨迹取决于初始条件和具
体的参数值，如图 4.3b 中绘制的卵形所示，对应图上部所示的种群变化模式。

种群的总体变化轨迹反映出中性平衡，对模型初始值或参数的任何改变都将导致结果出现差异。回顾第二章，其中描述的非密度依赖性模型也没有展现出稳定的平衡态。接下来，我们将研究加入密度依赖过程对模型的影响。

## 4.2.2 连续时间的密度依赖模型

我们首先考虑将第 3 章中阐述的密度依赖性模型简单扩展到多物种的情景，假设被捕食物种受到密度依赖性调节，而捕食者模型结构与密度无关。为了保持一致性，这里采用了第 3 章中使用的参数来表示被捕食者出生率的密度依赖性。被捕食者种群模型可表示为：

$$\frac{dN_1}{dt} = (b_0 - b_1 N_1) N_1 - a_{12} N_1 N_2 \tag{4.5}$$

式中，$b_0$ 和 $b_1$ 的定义同第 3 章中的单物种模型。捕食者模型与前述相同：

$$\frac{dN_2}{dt} = (c \cdot a_{12} N_1 - d') N_2 \tag{4.6}$$

此时被捕食者种群的等斜线为：

$$N_2 = \frac{1}{a_{12}} [b_0 - b_1 N_1] \tag{4.7}$$

即被捕食者数量随着捕食者种群数量的增加呈线性下降。捕食者种群的等斜线不变：

$$N_1 = \frac{d'}{c \cdot a_{12}} \tag{4.8}$$

与非密度依赖性 Lotka - Volterra 模型所表现出的中性平衡不同，当前模型在捕食者和被捕食者等斜线的交点处有一个稳定平衡点。本例中捕食者和被捕食者种群随时间变化轨迹的数值解如图 4.3c 所示，图中呈现了种群振荡和趋近平衡状态的过程。该相位平面图揭示了系统在趋近平衡时的螺旋模态（图 4.3d）。

## 4.2.3 庇护所

前面提到，实验研究曾一再指出，被捕食者的庇护所对于捕食者与被捕食者的共存非常重要。我们可以通过简单修改 Lotka - Volterra 捕食者-被捕食者方程来探讨这个问题。下面我们将分析一个关于保护固定数量被捕食者种群的模拟场景。这里我们探讨了空间庇护这种最典型的形式，但其他形式的庇护（如行为庇护）也可以考虑。在 Lotka - Volterra 模型中加入固定数量受保护的被捕食者，则模型可以表述为：

$$\frac{dN_1}{dt} = r N_1 - a_{12} (N_1 - N_1^P) N_2 \tag{4.9}$$

式中，$N_1^P$ 是受保护被捕食者的数量，其他所有项的定义与之前相同。对于捕食者（$N_2$）有：

$$\frac{\mathrm{d}N_2}{\mathrm{d}t} = c \cdot a_{12}(N_1 - N_1^P)N_2 - d'N_2 \qquad (4.10)$$

式中，$d'$ 是捕食者的死亡率。固定数量庇护所的情景可以适用于被捕食者群体利用有限数量遮蔽处的情况，与栖息地的某些特征相关（如珊瑚礁鱼类和无脊椎动物利用的缝隙）。该模型结构下系统变得稳定，即 Lotka - Volterra 模型的特征性振荡消失，取而代之的是稳定性平衡（图 4.3e）。该模型的相位图如图 4.3f 所示。

#### 4.2.3.1 觅食场

Walters 和 Kitchell（2001）引入了觅食场的概念，在该概念中被捕食者在庇护所和易被捕食的开放区之间移动。因此，被捕食者会由于个体的觅食选择，在可被捕食状态和不可被捕食状态之间不断转变。对于仅包含一种捕食者和一种被捕食者的简单系统，处于可捕食状态的被捕食者数量的变化率 $N_1^V$ 可由下式得到：

$$\frac{\mathrm{d}N_1^V}{\mathrm{d}t} = v(N_1 - N_1^V) - v'N_1^V - a_{12}N_1^V N_2 \qquad (4.11)$$

式中，$v(N_1 - N_1^V)$ 表示个体进入可捕食状态的速率，$v'N_1^V$ 是个体从可捕食状态向受保护状态的转变速率。注意公式 4.11 中的最后一项，即可捕食个体的被摄食量，用到了质量作用相遇机制，其中不考虑摄食处理时间等因素。假设这些涉及行为动态的转变较为迅速，远小于种群数量变化过程的时间尺度，即有 $\mathrm{d}V/\mathrm{d}t \sim 0$，则可以得到平衡点：

$$N_1^V = \frac{vN_1}{v + v' + a_{12}N_2} \qquad (4.12)$$

单位捕食者消耗的被捕食者数量为 $a_{12}N_1^V$。注意此处在分母中有捕食者项，我们将在第 4.2.5 节中继续探讨该结构的意义。觅食场概念在著名的 Ecosim 模型的结构中发挥着关键作用。该模型在全球渔业研究中有广泛应用，我们将在第 13.3.2 节进行阐述。

### 4.2.4 功能性摄食响应

到目前为止，我们只考虑了捕食者对被捕食者的消耗与其丰度成比例的情况。在这些简单模型中，被捕食者的消耗数量（被捕食量）随其丰度的增加而线性增加，其斜率等于单位捕食率和捕食者丰度水平的乘积（即线性的功能性响应）。在以上模型中，从摄食饵料数量到捕食者丰度的转化关系（即数值性响应）也是线性的。接下来我们将考虑非线性情景，即功能性响应和数值性响应均是单位捕食者消耗饵料数量的非线性函数 $f(N_1)$。

苏联鱼类生态学家 V. S. Ivlev（1961）通过实验证明，在被捕食者数量的较大变化范围内，摄食消耗量并不一定与被捕食者丰度成简单的正比关系，而是随丰度增加逐渐接近饱和水平。他将这种模式归因于捕食者的饱食，即其食物和能量需求得到满足。Ivlev 引入了一种基于捕食者饱食机制的功能性摄食响应，从而得出了捕食者单位饵料消耗的渐近形式。为了描述这一过程，Ivlev 构建了一个饱和模型，其形式如下：

$$f(N) = C_{max}(1 - e^{-\kappa N}) \tag{4.13}$$

式中，$C_{max}$ 是捕食者捕获饵料的最大速率；$\kappa$ 控制了捕食者达到饱食的速率。

显然我们需要考虑一系列不同的函数形式来表示捕食过程。前面模型中应用的简单线性形式基于一定假设，即在被捕食者种群规模的全部变化范围内，其单位消耗率维持不变。在这种线性功能摄食响应下，被摄食的数量随着被捕食者种群数量的增加而增加（图 4.4a 中的实线），同时被捕食者种群被消耗的比例保持不变（图 4.4a 中的虚线）。

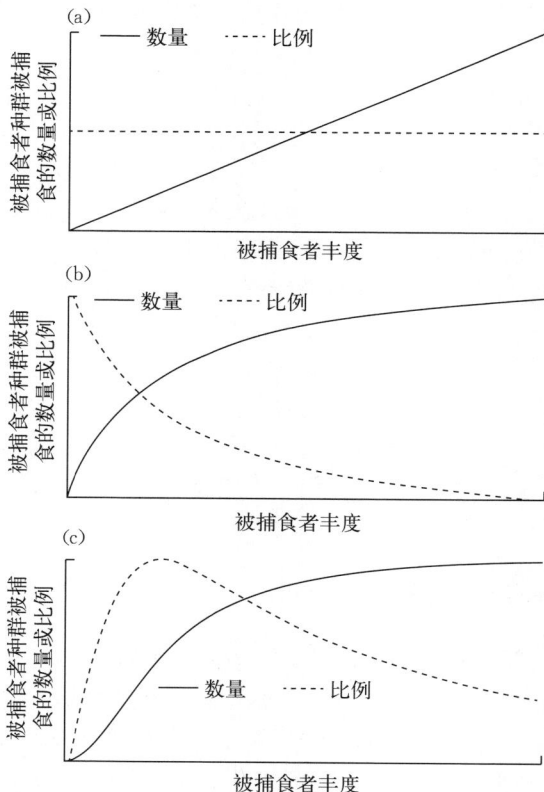

图 4.4 被捕食者种群规模的一定变化范围内，种群的单位消耗量（实线）和种群消耗比例（虚线）。其中三个图分别表示（a）Ⅰ型功能性摄食响应，（b）Ⅱ型功能性摄食响应和（c）Ⅲ型功能性摄食响应

　　针对这个问题，Holling（1965）通过显式地加入食物搜索和处理时间，得到了不同形式的非线性功能摄食响应。对于 Holling 的Ⅱ型功能性摄食响应[1]（见注释框4.1），我们有：

$$f(N_1) = \frac{vN_1}{1 + vhN_1} \qquad (4.14)$$

　　式中，$v$ 是捕食者的搜索效率；$h$ 是处理时间。参数 $v$ 有时被理解为捕食者的攻击率。图 4.4b 展示了Ⅱ型功能性摄食响应中单位饵料消耗量与被捕食者种群大小的函数关系（实线），以及单位捕食者消耗的被捕食者种群百分比（虚线）。在被捕食者丰度较低的情况下，被摄食饵料生物的数量将下降而百分比上升，导致捕食者-被捕食者的动态变得不稳定。该饱和函数具有与 Ivlev 函数相同的一般形状（公式 4.13）。

　　Holling 的Ⅲ型功能性摄食响应可表述为：

$$f(N_1) = \frac{vN_1^2}{1 + vhN_1^2} \qquad (4.15)$$

　　该模型也呈渐近线形式，然而与Ⅱ型功能响应不同的是，该模型在较低被捕食者丰度处存在拐点（图 4.4c 实线），因而在中等被捕食者丰度水平下，单位捕食者消耗的被捕食者种群比例达到最大（图 4.4c 虚线）。

---

### 注释框 4.1　捕食机制

　　搜索食物和进食所需的总时间（$T$）可表示为：

$$T = T_s + T_h$$

　　式中，$T_s$ 是搜索食物所花费的总时间，$T_h$ 是处理食物所花费的时间。处理时间为：

$$T_h = hn_1$$

　　式中，$h$ 是处理和进食单个饵料生物所需的时间；$n_1$ 是捕食者遇到和捕获的饵料生物数量：

$$n_1 = vT_sN_1$$

　　式中，$v$ 是搜索效率，所有其他项的定义如前所述。通过重新整理，我们可以将搜索时间表示为：

---

　　[1]　Holling 将Ⅰ型功能性摄食响应定义为线性函数，起于原点并连结到饱和水平的水平线。在生态模型文献中，Lotka - Volterra 线性功能摄食响应通常也被称为Ⅰ型关系，尽管它不包含 Holling 定义的特征性"曲棍球棒"形式。

$$T_s = \frac{n_1}{v N_1}$$

将以上公式代入摄食所需总时间中，即得到：

$$T = \frac{n_1}{v N_1} + h n_1$$

也可以写成：

$$T = \frac{n_1}{v N_1} + \frac{v N_1 h n_1}{v N_1}$$

（这里仅将等式右边最后一项乘以单位值 $v N_1 / v N_1$），或者：

$$T = n_1 \left( \frac{1 + v N_1 h}{v N_1} \right)$$

由此可以计算单位捕食者的摄食率：

$$\frac{n_1}{T} = \frac{v N_1}{1 + v N_1 h}$$

该结果即为 Ⅱ 型功能性摄食响应。与 Ivlev 模型一样，个体的消耗水平在被捕食者丰度较高时趋于平稳。由于搜索和处理食物的限制，摄食率会逐渐达到渐近线。该式可以更为紧凑地表示为：

$$\frac{n_1}{T} = \frac{\omega N_1}{\delta + N_1}$$

式中，$\omega = 1/h$，即为最大摄食率；$\delta = 1/vh$，为半饱和常数（摄食率为最大摄食率一半时对应的饵料丰度水平）。

上述模型中隐含地假设了捕食者之间不会相互干扰，而在注释框 4.2 中我们放宽了这一假设，即捕食者的丰度出现在功能性摄食响应模型的分母中。我们将在第 4.2.5 节中探讨该一般性问题的完整含义。

## 注释框 4.2　Beddington 捕食者依赖性功能响应

存在同种捕食者的情况下，搜索食物和进食所需的总时间（$T$）为（Beddington，1975）：

$$T = T_s + T_h + T_w$$

式中，$T_w$ 是由于捕食者之间相互干扰而"浪费"的时间，所有其他项的定义如注释框 4.1 所示。$T_s$ 是搜索花费的时间，$T_h$ 是处理食物花费的时间。浪费的时间可以表述为：

$$T_w = e w (N_2 - 1) T_s$$

式中，$e$ 是捕食者之间的相遇率；$w$ 是捕食者之间每次相遇所花费的时间。在 Beddington（1975）的公式中，捕食者的数量减去了 1，以反映捕食者不会遇到自己的情况。现在假设处理时间可以忽略不计，那么我们有：

$$T=\frac{n_1}{vN_1}+ew(N_2-1)\ \frac{n_1}{vN_1}$$

其中等式右侧第一项还是搜索食物所用的时间。参照注释框 4.1 的方法，上式可以表示为：

$$T=n_1\left[\frac{1+ew(N_2-1)}{vN_1}\right]$$

同样可以计算单位捕食者的摄食率：

$$\frac{n_1}{T}=\left[\frac{vN_1}{1+ew(N_2-1)}\right]$$

这一公式给出了对应Ⅱ型功能响应的捕食者依赖性模型的类似结果。

如果我们假设捕食者的搜索效率与捕食者的相遇率相同（Turchin，2003），并且捕食者的数量足够多，就可以忽略捕食者无法遇到自己的问题。上述表达式可以简化为：

$$\frac{n_1}{T}=\left[\frac{vN_1}{1+vwN_2}\right]$$

最后，我们可以再加入处理时间的影响，以得到一个更通用的模型：

$$\frac{n_1}{T}=\left[\frac{vN_1}{1+v(hN_1+wN_2)}\right]$$

Stevens（2009）指出，当使用单位捕食者的饵料消耗量来表示功能性摄食响应时（图 4.4 中的实线），Ⅱ型和Ⅲ型响应在调查数据中可能很难区分。二者的主要区别在于非常接近原点的观测值，这些值在实测数据中可能缺乏代表性。相对的，若以单位捕食者消耗的饵料种群百分比作为被捕食者丰度的函数（图 4.4 中的虚线），则在所有观察值的范围内均更容易区分，因此辨别功能性摄食响应形式的相关研究可以重点参考后者的表述方式。

现在我们将被捕食者的逻辑斯蒂种群动态函数与不同的功能性响应相结合，使用Ⅱ型功能响应来展示其中的一些要点。

若将 Holling Ⅱ型功能摄食响应代入前述模型中，并假设捕食者（$N_2$）和被捕食者（$N_1$）均无密度依赖性，则得到：

$$\frac{\mathrm{d}N_1}{\mathrm{d}t}=bN_1-\frac{\omega N_1}{\delta+N_1}N_2 \tag{4.16}$$

以及

$$\frac{\mathrm{d}N_2}{\mathrm{d}t}=c\,\frac{\omega N_1}{\delta+N_1}N_2-d'N_2 \tag{4.17}$$

这里被捕食者的净零增长出现在 $N_1 = 0$ 和

$$N_2 = \frac{b}{\omega}(\delta + N_1) \qquad (4.18)$$

对于捕食者有 $N_2 = 0$ 和

$$N_1 = \frac{d'\delta}{c\omega - d'} \qquad (4.19)$$

该模型也会得到捕食者的等斜线为垂线，但被捕食者的等斜线随其丰度的增加而线性增加。

接下来考虑另一个情境，被捕食者表现出密度依赖性动态，而捕食者不受自身丰度的制约，并表现出 Holling Ⅱ 型功能性响应。被捕食者模型为：

$$\frac{dN_1}{dt} = (b_0 - b_1 N_1)N_1 - \frac{\omega N_1}{\delta + N_1}N_2 \qquad (4.20)$$

而捕食者模型不变。此时被捕食者的等斜线为：

$$N_2 = \frac{\delta + N_1}{\omega}(b_0 - b_1 N_1) \qquad (4.21)$$

该线呈现圆顶状。

### 4.2.4.1　对稳定性的影响

功能性摄食响应曲线的形状对捕食者-被捕食者系统的稳定性具有重要影响，这也是我们在第 3 章中评估 Steele - Henderson 模型时预期的结论。这里我们还是假设在没有捕食者的情况下，被捕食者种群表现出逻辑斯蒂增长模式。在分析不同功能性响应下捕食者对被捕食者的影响时，平衡点的图形评估揭示了差异显著的可能结果。在图 4.5 中我们展示了在三条功能响应曲线下，三个不同消耗率对平衡点位置和性质的影响。在示例中可以看到，对于线性功能响应，各个消耗水平下功能响应曲线均与被捕食者生产函数的峰值右侧相交（图 4.5a），交点代表了不同的稳定平衡点。注意随着消耗率的提高，被捕食者种群数量将逐渐减少。如果我们将捕食者的消耗率提高到一定值，对被捕食者的消耗率将超过其种群内禀增长率，此时功能响应曲线与种群生产曲线将不再有交点，被捕食者种群将灭绝。

对于 Ⅱ 型功能性摄食响应，可以看到在中低消耗率下，响应曲线与被捕食者生产曲线存在交点（图 4.5b），这些交点也表示了全局稳定平衡点。但应注意在最高食物消耗率下，功能响应曲线与被捕食者生产函数相交于两个点。在这种情况下，峰值右侧的交点是稳定的，而低丰度处的交点是不稳定的。我们可以预测，如果被捕食者种群数量受胁迫降到该点以下，将会发生突然的种群崩溃。

对于 Ⅲ 型功能响应，我们发现在最低消耗率下存在一个交点，即单一稳定点（图 4.5c），而在中等消耗水平下，则在较高和较低丰度水平存在两个稳定

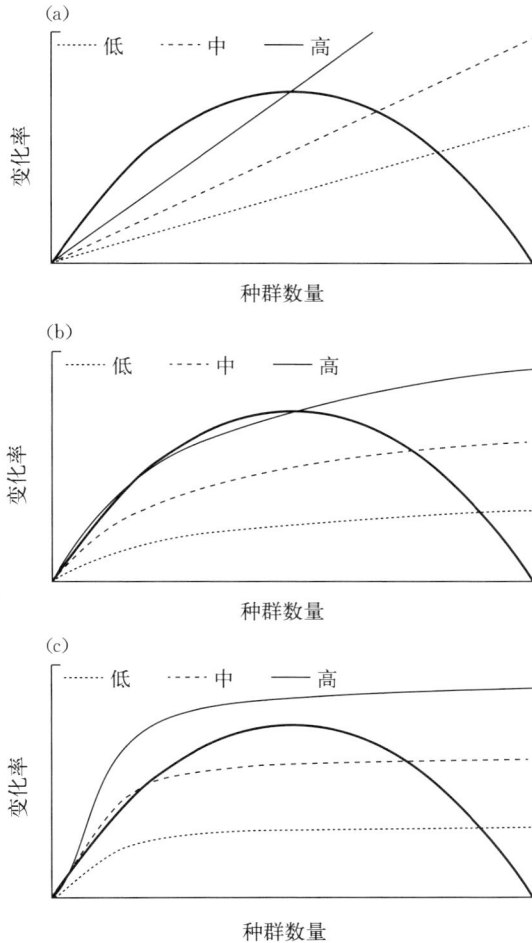

图 4.5　被捕食者逻辑斯蒂生产函数（粗实线）和三个消耗率水平（低、中、高）下的（a）线性、（b）Ⅱ型和（c）Ⅲ型功能性摄食响应

平衡点，以及中间水平的不稳定平衡点（图 4.5c）。在该情景下，如果被捕食者种群数量减少到低于该中间水平点，可以预测种群将发生崩溃并滑向低水平平衡点。最后，在最高消耗水平情境中，仅在较低的被捕食者种群数量水平处存在单一稳定平衡点。如果消耗率继续增加，最终就会出现种群崩溃。

在第 11 章中我们将会看到，几乎所有传统的渔业理论均假设人类作为捕食者的功能性响应是线性的。如果该假设并不准确，或非线性功能响应至少在某些情况下更准确地反映了人类的渔获策略，那么渔业资源状态可能会发生突然变化。我们可能会预期某个渔业会表现良好、稳定，此时这种快速衰退将完全出乎意料。渔业的历史表明，这种情况可能并不罕见。

#### 4.2.4.2 环境效应

无论自然还是人为导致的环境变化，都可以通过改变一般的活动水平和行为特征来改变捕食者的功能响应，也可以直接影响捕食者和被捕食者的生产功能。这些可能性会带来什么后果？在下文中，我们将探讨两个例子，一个涉及功能性响应，另一个涉及生产模式的转变。

假设温度升高导致了生物活动水平和代谢需求的提高以及消耗率的增加，根据图 4.5 我们可以推断该变化将导致种群衰退。这一结论对于所有形式的功能响应均适用，尽管功能响应曲线的形状有可能发生变化。Taylor 和 Collie（2003）证明，温度确实会影响功能响应曲线的形状。在一项美洲拟鲽（*Pseud-opleuronectes americanus*）的定栖后仔鱼被褐虾（*Crangon septemspinosa*）捕食的实验中，随着水温从 10 ℃升高至 16 ℃，其功能响应从Ⅲ型转变为Ⅱ型（图 4.6）。在较低的温度下，当饵料密度水平较低时，捕食者的活动水平下降，功能响应曲线显示出 Holling Ⅲ型的明显拐点特征（图 4.4c）；当温度上升至 16 ℃时，在较低的饵料密度下消耗量迅速变化，即为Ⅱ型功能响应。这一发现表明，该系统的稳定性特征可能发生了变化，由两个稳定平衡点转变为一个较高水平的稳定平衡点和一个较低水平的不稳定平衡点。

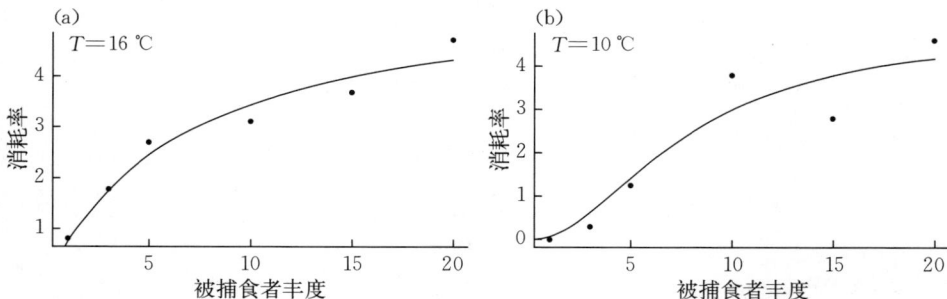

图 4.6 褐虾对美洲拟鲽定栖仔鱼的消耗率［被摄食的个数，以尾/（d·m²）为单位］与被捕食者数量（尾/m²）的函数关系。实验分别在（a)16 ℃ 和（b)10 ℃进行。数据来自 Taylor 和 Collie（2003）

如果被捕食者的生产功能发生变化将会如何？在气候变化的背景下，我们可以预期环境的变化将会改变水生系统的整体生产力特征，这种持续性的变化被称为稳态转换（regime shift）。这里我们再次使用被捕食者逻辑斯蒂生产函数的例子，通过状态空间分析可以看到，捕食者或被捕食者等斜线的变化均会影响交点出现的位置，并强烈地改变系统的稳定性特征。如果等斜线交点位于被捕食者等斜线峰值的右侧，我们将有单一的稳定平衡点（图 4.7a）；而若捕食者和被捕食者等斜线的交点位于被捕食者等斜线峰值的左侧，得到的结果将完全不同，不稳定的动态占据主导地位，捕食者和被捕食者种群均可能灭绝。我们可以想象其状态空间的变化轨迹，不管被捕食者和捕食者的等斜线位置如何移动，当其交点仍在被捕食者等斜曲线最高点的左侧时，就会看到相空间中的轨迹螺旋外扩（图 4.7b），最终导致捕食者和被捕食者的灭绝。随着种群生产力的提高，被捕食者种群平衡数量增大时即可能出现上述情景（此处假设捕食者等斜线的位置不变），而营养供应的增加和整体生产力的提高均可能会导致这种变化。Rosenzweig（1971）将由此产生的不稳定性称为富足悖论（the paradox of enrichment），即生产力的提高可能导致稳定性缺失显得与直觉相悖。

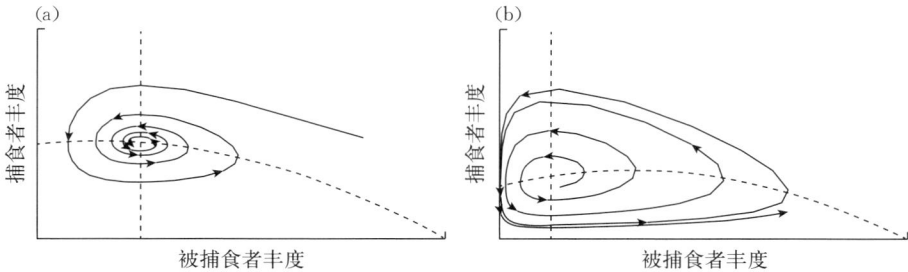

图 4.7　捕食者-被捕食者种群在相空间中的轨迹，模型设置了 Holling Ⅱ型功能摄食响应，捕食者非密度依赖而被捕食者密度依赖性。结果显示（a）当等斜线相交于最大值右侧时产生稳定平衡；（b）当等斜线相交于最大值的左侧时被捕食者数量衰退。垂直虚线为捕食者的等斜线，圆顶形虚线是被捕食者的等斜线

## 4.2.5　捕食者依赖性

在 4.2.4 节中提到，我们可以在传统的Ⅱ型功能性摄食响应之上进行扩展，包括捕食者之间的干扰（见注释框 4.2）。捕食者之间可以发生相互作用而且确实能够影响捕食作用的结果，这并非不切实际的假设。捕食者可以通过食物竞争产生实际的相互干扰，也可以通过合作的方式帮助获取食物。在下文中，我们将重点讨论捕食者之间的相互干扰。我们将看到，捕食者依赖性对系统的稳定性具有重要意义，并关系到生态系统动力学中的上行和下行控制等问题。Skalski 和 Gilliam（2001）发现，与 Holling Ⅱ型的被捕食者依赖性模型相比，捕食者依赖性的功能响应模型对 19 个捕食者-被捕食者系统做出了更好的拟合。Essington 和 Hansson（2004）的研究表明，对于波罗的海鳕和黍鲱（*Sprattus sprattus*）的相互作用，捕食者依赖的功能响应模型比被捕食者依赖的功能响应模型拟合得更好，但对于鳕和鲱的相互作用，模型表现则截然不同。下面我们将探讨在功能响应模型中加入捕食者依赖性的方法。

Hassell 和 Varley（1969）提出了一个早期的现象学模型，反映了捕食者

的相互干扰。该模型中捕食者的搜索效率（$v$）是其密度的反函数：

$$v=QN_2^{-m} \tag{4.22}$$

式中，$Q$ 定义为"探索"常数；$m$ 是形状参数。其功能响应函数为（注意对于 $m=0$，我们得到了简单的线性功能响应）：

$$f(N_1，N_2)=QN_1N_2^{-m} \tag{4.23}$$

该模型仅作为经验性描述，在捕食者种群规模较小时无效。当 $m=1$ 时，该表达式包含了被捕食者与捕食者丰度的比率，即得到所谓比率依赖性的一种简单形式。

Beddington（1975）将该问题视为 Holling 时间分配分析的扩展（见方框 4.2），而提出了另一种方法。其中，用于搜索的总时间包括由于捕食者之间争夺相同食物而造成的"浪费"时间。当处理时间可以忽略不计时，Beddington 的功能性响应可以表述为（Turchin，2003；85 页）：

$$f(N_1，N_2)=\frac{vN_1}{1+vwN_2} \tag{4.24}$$

式中，$w$ 是捕食者相遇过程中浪费的时间，所有其他项的定义与前面相同。如果处理时间不能忽略，那么我们有：

$$f(N_1，N_2)=\frac{vN_1}{1+vhN_1+vwN_2} \tag{4.25}$$

该模型包括了捕食者和被捕食者两方面的密度依赖效应（Turchin，2003；85 页）。DeAngelis 等（1975）针对捕食者干扰效应独立提出了类似的函数形式。该函数可以认为是传统被捕食者依赖性功能响应的自然扩展，反映了单位捕食者捕获的食物随着捕食者数量的增加而单调下降（图 4.8）。在每个捕食者数量水平下，我们能够看到Ⅱ型功能响应的特征渐近形式。

比率依赖是捕食者密度依赖性的一种特殊形式，作

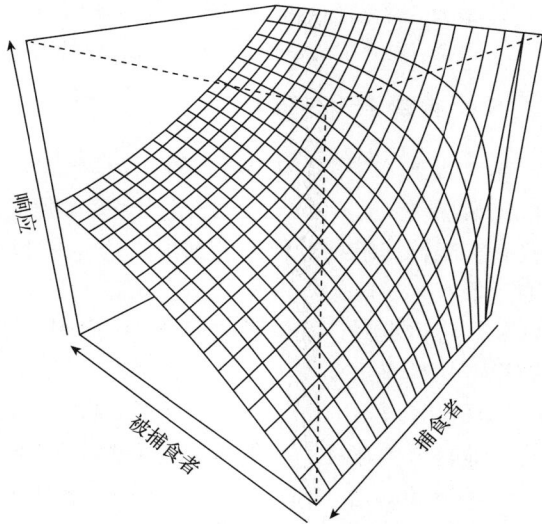

图 4.8　捕食者密度依赖性功能摄食响应与捕食者和被捕食者丰度的关系

为传统被捕食者密度依赖性功能响应模型的替代方法得到强烈推荐（Arditi 和

Ginzburg，1998，2012)。该模型以被捕食者与捕食者的比率取代了传统密度依赖性功能响应模型中的被捕食者项。这一提议受到一定质疑，如 Abrams (1994，2015) 系统论述了反对观点。支持和反对比率依赖的论点是多方面的，关于比率依赖模型的潜在优势和劣势的全面阐述，请参见 Arditi 和 Ginzburg (2012) 以及 Abrams (2015)。

## 4.2.6 离散时间模型

在前面的章节中我们看到，基于微分方程框架可以很方便地构建出类似的离散时间种群模型。该类模型的出发点是生物和生态过程在时间上不一定连续，而可能表现出季节性变化或其他模式。我们还应知道，相对于连续时间模型，离散时间模型能够表现出非常丰富多样的动力学行为。

### 4.2.6.1 非密度依赖性模型

下文描述了一个离散时间的捕食者-被捕食者模型，该模型解析了捕食者和被捕食者之间的相遇概率，并在此基础上构建了简单的差分方程模型。我们首先假设捕食者在索饵区域内呈现随机搜索模式。与连续时间模型一样，假设对于一个简单的两物种系统，被捕食者的死亡率完全归因于捕食者。如果相遇概率遵循泊松过程，则在一定时间间隔内，被捕食者逃脱捕食的概率为 $\exp(-a_{12}N_2)$，其中 $a_{12}$ 是单位捕食者对被捕食者种群的影响。将这一因素与被捕食者的出生率相结合，则得到：

$$N_{1,t+1}=bN_{1,t}\mathrm{e}^{-a_{12}N_{2,t}} \tag{4.26}$$

式中，$b$ 是离散化的被捕食者出生率；公式的指数项是被捕食者的存活率（显然其取值范围在 0 和 1 之间），其补数 $1-\exp(-a_{12}N_2)$ 是被捕食者种群的被消耗比例。如果我们将该项乘以对应时间间隔内的被捕食者数量，并用一个转换系数将被捕食者的消耗量转化为由此产生的捕食者出生量，再进一步设定捕食者的死亡率，就可以得到捕食者种群模型：

$$N_{2,t+1}=cN_{1,t}(1-\mathrm{e}^{-a_{12}N_{2,t}})-d'N_{2,t} \tag{4.27}$$

式中，$c$ 表示转化效率；$d'$ 则为离散化的捕食者死亡率。该耦合模型修改自著名的 Nicholson - Bailey 宿主-寄生者模型。被捕食者的零增长等斜线为：

$$N_1^*=\frac{b(1-d)\,\log_{\mathrm{e}}b}{c(b-1)a_{12}} \tag{4.28}$$

对于捕食者有：

$$N_2^*=\frac{\log_{\mathrm{e}}b}{a_{12}} \tag{4.29}$$

这里可以看出该模型内在的不稳定性，种群没有像在对应的连续时间模型中那样持续振荡，而是螺旋外放、失控并最终崩溃（图 4.9）。

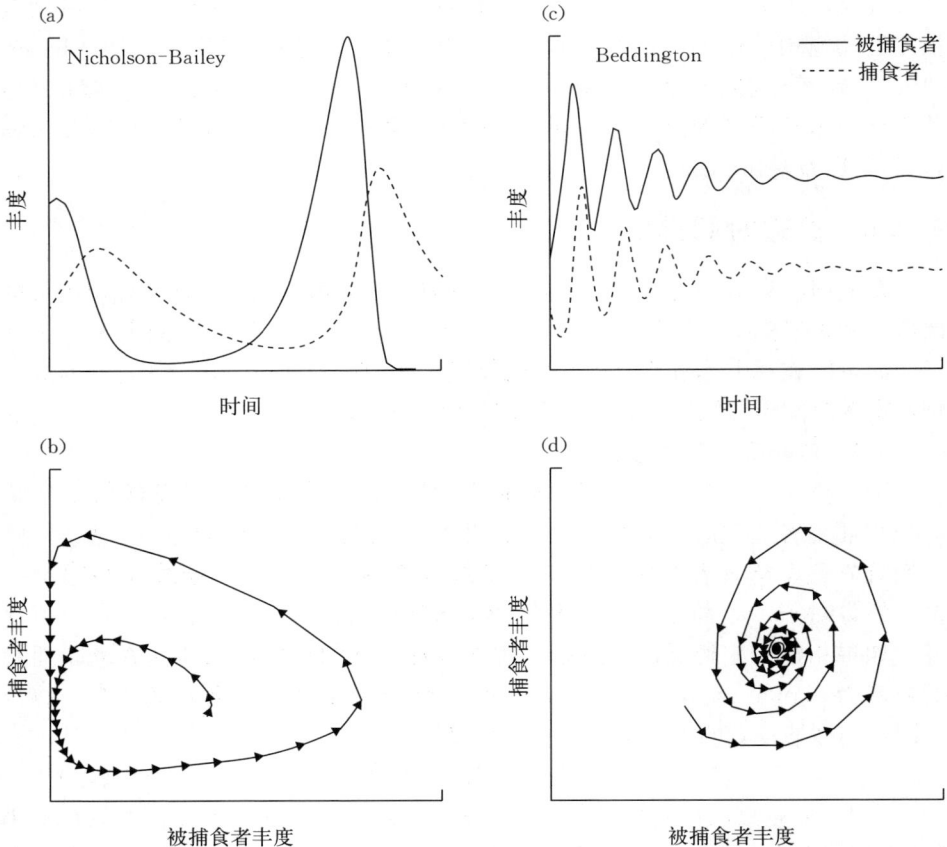

图 4.9　(a)Nicholson–Baily 捕食者-被捕食者模型的种群轨迹；（b）该系统对应的相
　　　　位图，反映了系统的不稳定振荡动态；（c）Beddington 捕食者-被捕食者模型的
　　　　种群轨迹；（d）该系统相应的相位图，显示系统渐近稳定平衡

### 4.2.6.2　被捕食者的密度依赖

　　在这种离散时间模型中，要使物种得以维持显然需要某种形式的稳定机制。根据 Beddington 等（1975）的研究，我们可以对被捕食者 Ricker–logistic 模型进行扩展，以反映捕食过程。被捕食者模型可以表述为：

$$N_{1,t+1} = bN_{1,t}\mathrm{e}^{-(\omega N_{1,t}+a_{12}N_{2,t})} \tag{4.30}$$

　　式中，$\omega$ 是反映被捕食者种群负反馈效应的补偿项，而捕食者模型不变，如公式 4.27 所示。通过这一修改，我们发现在被捕食者的适中出生率下，捕食者和被捕食者种群均能存续（图 4.9c，d）。这一结果与我们在连续时间种群模型的例子中加入被捕食者密度依赖性的情况相似（参见图 4.3c，d）。

　　我们可以预期，相较于对应的单物种模型，低维差分方程模型将呈现远为丰富的动力学结果。实际上，Beddington 等（1975）表明这个简单的模型可能产生极其复杂的行为。例如，图 4.10a 展示了捕食者和被捕食者种群数量的变动轨迹，其中被捕食者的出生率高于图 4.9 中所示的水平。若将这些数据在相空间中表示，我们可以看到在状态空间中出现了一个复杂的吸引子（图 4.10b）。这种复杂的几何形状被称为奇异吸引子。应注意到，这种类型的复杂动力学通常不会出现在两个物种的连续时间模型中。然而在第 6 章中我们将看到，对于三个或更多物种，混沌动态也可以出现在连续时间的多物种模型中。

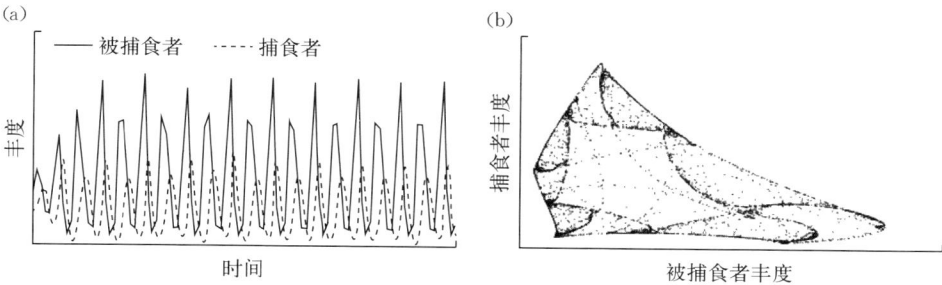

(a)

(b)

图 4.10　Beddington 离散时间捕食者-被捕食者模型的相空间表示，加入被捕食者密度依赖性后相空间显示了奇异吸引子

　　最后需要说明的是，与之前对简单离散时间模型的阐述一样，上述差分方程模型仅适用于一生单次繁殖的物种。我们也可以构造高阶差分方程，来反映一生多次繁殖的情况。在本书第三部分对单物种和多物种渔获模型的阐述中，我们会进一步探讨这一问题。

# 4.3　寄生与疾病

　　寄生可能是影响动物种群动态和种群调节的主要因素（May 和 Anderson，1983）。在下文中，我们将采用 May 的分类法，将寄生物分为直接在宿主体内繁殖的微寄生物（如细菌、病毒、原生动物）和不在宿主体内繁殖的大型寄生物（如蠕虫、甲壳类动物等）。这一划分与其他分类方式大致对应，如微生物和"动物"寄生者（Sindermann，1990）。受感染的宿主具有一定负担寄生物的能力，当这种负担高到足以对宿主造成显著损害时，就认为宿主患病。疾病的影响可能是致命也可能是非致命的，但这两者都可能对宿主种群的动态产生重要影响。尽管在种群动力学上，疾病的影响往往与捕食和其他形式的种间相互作用一样重要（May 和 Anderson，1978），但在水生种群和群落模型的开发中，疾病相对于捕食受到的关注较少。但也有非常复杂的模型已用于研究渔获物种的疾病动力学（如 Hofmann 等，2009）。

有大量资料记录了水生种群因疾病而大量死亡的案例（Sindermann，1990），这些偶发事件可能会对种群产生长期影响。例如，1976 年英格兰湖区 Windermere 湖的河鲈（*Perca fluviatilis*）种群遭受了严重的流行病（传染病）侵袭（图 4.11a），导致约 98％的成鱼群体死亡（Langangen 等，2011）。该疾病暴发的病原尚不确定，但显然涉及原发性和继发性感染（Craig，2015）。这一事件对河鲈种群的组成结构产生了剧烈的影响。Ohlberger 等（2011）报道了种群对这一扰动的过度补偿响应。河鲈种群中存在同种相食，由于未成熟个体不太容易感染这种疾病，因此在流行病发生后，成体对未成熟群体的摄食控制被移除，未成熟群体数量得以迅速上升（图 4.11）。同时大龄个体之间的种内竞争降低，导致了种群的生长率提高和成熟年龄降低。总的来说，这些变化深刻地影响了种群的组成特征。Ohlberger（2016）研究了流行病对种群造成的选择性压力，并报道了鲈种群相应的基因变化。

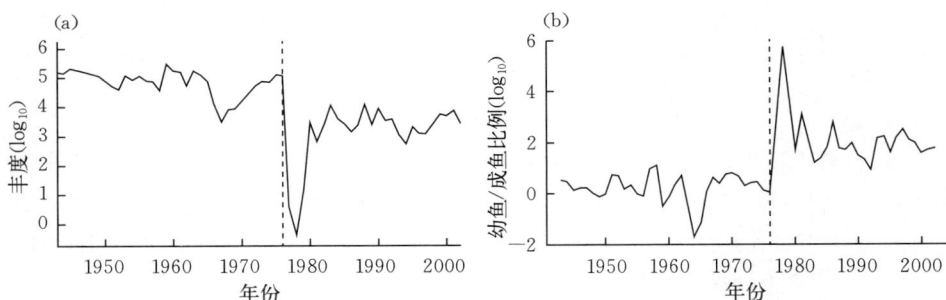

图 4.11　（a）Windermere 湖南部流域河鲈成鱼（3 龄及以上）的丰度，显示了 1976 年大规模流行病的影响；（b）河鲈幼鱼与成鱼的比例，显示了成鱼死亡的影响，即由于成鱼同类相食的减少，幼鱼的丰度随之增加。数据由 Ian Winfield 和 Jan Ohlberger 提供

## 4.3.1　微寄生物模型

Anderson 和 May（1978）开发了简单的宿主-寄生者模型，以研究疾病在宿主种群调节中的作用。其宿主（$N_1$）模型可以表示为：

$$\frac{dN_1}{dt} = (b-d)N_1 - a_{12}N_2 \qquad (4.31)$$

式中，$b$ 和 $d$ 是宿主种群的出生率和死亡率，$a_{12}$ 是寄生者（$N_2$）对宿主造成的死亡率。注意该模型与经典的 Lotka - Volterra 捕食模型中的被捕食者模型相似，但没有包含寄生者对宿主影响的质量作用项。寄生者的模型为：

$$\frac{\mathrm{d}N_2}{\mathrm{d}t}=\left[\frac{\lambda N_1}{H_0+N_1}-(d+d'+a_{12})-a_{12}\frac{N_2}{N_1}\right]N_2 \qquad (4.32)$$

式中，$\lambda$ 是每个寄生者在传播阶段的生产率；$H_0$ 是控制寄生者传播效率的参数（$H_0$ 的值越小，传播率越高）；$d'$ 是寄生者在宿主体内的死亡率，所有其他项的定义如前所述。该模型预测在平衡时每个宿主的寄生者负荷为：

$$\frac{N_2^*}{N_1^*}=\frac{b-d}{a_{12}} \qquad (4.33)$$

在平衡时寄主种群数量为：

$$N_2^*=\frac{H_0(b+d'+a_{12})}{\lambda-(b+d'+a_{12})} \qquad (4.34)$$

在该模型中，若要寄生者能够调节宿主的种群数量，其内禀增长率必须为正，即满足以下不等式：

$$\lambda>b+d'+a_{12} \qquad (4.35)$$

在这些条件下，寄生者和宿主的种群变动轨迹如图 4.12 所示。这一简单的微寄生物模型与我们之前探讨的最简版本的 Lotka - Volterra 捕食者-被捕食者模型有许多共同之处。特别是其中宿主种群不能自我调节，如果不满足公式 4.35 中设定的条件，宿主种群将呈指数级增长。我们也能预期该系统中可能出现周期性动态，实际上也的确如此（图 4.12）。按照上述不等式中设定的条件，寄生者的内禀增长率高于宿主，因此我们看到了与经典的捕食者-被捕食者系统类似的"消费者-资源"比率的周期性逆转。在这些条件下，寄生者的种群数量大大超过了宿主的种群数量（图 4.12）。

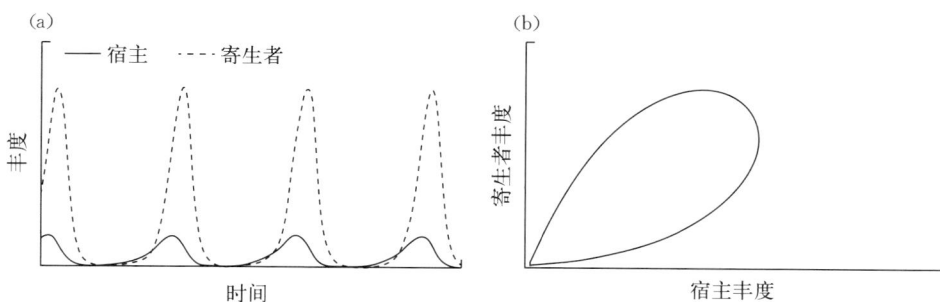

图 4.12　简单宿主-寄生者模型中的种群丰度变化，图示（a）丰度的振荡动态和（b）宿主-寄生者关系的相位图

## 4.3.2　大型寄生物模型

微寄生物-宿主动力学模型包括一个重要特征，即如果宿主死亡，其微生物群系也会死亡，但对于大型寄生物来说并非如此。当前研究已经识别了很

多种能够感染鱼类和其他水生生物的大型寄生物，它们能够对宿主造成亚致死性影响，如生长和身体状况的降低、寄生性去雄以及食卵（即寄生者吃掉体外的卵，主要涉及甲壳类动物）。这些影响都可能导致宿主生物的适应度降低。对于具有重要经济意义的物种来说，许多大型寄生物会导致渔获产品的质量和市场需求下降，从而造成重大的经济损失。

在五大湖区，有一种大型寄生现象特别引人注目，对鱼类种群产生了毁灭性的影响。在连通圣劳伦斯湾与五大湖的运河修建后，海七鳃鳗（*Petromyzon marinus*）入侵了五大湖。在密歇根湖，海七鳃鳗首次发现于 1936 年，在休伦湖发现于 1937 年，苏必利尔湖发现于 1937 年。海七鳃鳗的幼鱼是一种吸血的体外寄生者，附着在宿主的身体上以血液为食。持续的吸附最终会削弱或杀死宿主。海七鳃鳗更喜欢大型鱼类作为宿主，尤其对湖鳟（*Salvelinus namaycush*）种群产生了强烈影响。海七鳃鳗入侵该湖泊系统后种群大量繁衍，在所有湖泊中湖鳟种群均急剧下降。尽管湖鳟种群的崩溃可能是捕捞和海七鳃鳗寄生的共同作用导致的，但海七鳃鳗在种群衰退中的作用是明确的，因此后来相关部门为驱除这一入侵者做了巨大努力。针对其超长的幼鱼期（长达 6 年），相关研究开发和使用了七鳃鳗杀灭剂（lampricide），证明能够有效地控制海七鳃鳗种群，但湖鳟种群仍未得到有效恢复。养殖富营养化、过度捕捞和一系列非本地物种的引入对五大湖造成了多重压力，因此很难理清其中任何单一因素对湖鳟和其他物种动态的影响。

在下文中，我们将聚焦湖鳟-海七鳃鳗的相互作用，作为宿主-大型寄生者模型的一个具体案例。Jensen（1994）采用经典形式的密度依赖性 Lotka - Volterra 捕食者-被捕食者方程，探讨来海七鳃鳗寄生对湖鳟的影响。在没有捕捞的情况下，该模型为：

$$\frac{\mathrm{d}N_{1,t}}{\mathrm{d}t} = (\alpha_1 N_{1,t} - \beta_1 N_{1,t}^2) - a_{12} N_{1,t} N_{2,t} \qquad (4.36)$$

以及

$$\frac{\mathrm{d}N_{2,t}}{\mathrm{d}t} = (\alpha_2 N_{2,t-6} - \beta_2 N_{2,t}^2) + a_{21} N_{2,t-6} N_{1,t-6} \qquad (4.37)$$

其中海七鳃鳗种群动态中包含了 6 年的时间滞后，以反映其较长时间的幼体期。注意在该模型中，海七鳃鳗种群（$N_2$）的繁殖不仅仅依赖于湖鳟，而是隐含地包含有其他宿主可以寄生。回顾我们之前探讨的简单 Lotka - Volterra 捕食者-被捕食者模型，其中捕食者完全依赖于被捕食者，如果后者消失前者也将灭绝。Jensen 开展了湖鳟和海七鳃鳗的参数估计，并对该方程组进行了数值求解。在这种寄生形式下，获取的能量转化为海七鳃鳗后代的过程存在很大的不确定性。因此，Jensen 研究了参数 $a_{21}$ 在很大范围内的可能取值,以探索宿主-寄生者的相互作用中该因素的可能影响。下文展示了该参数的两个取值对应的结果。在我们的例子中,若 $a_{21}$ 取值较低,则该模型在开始阶段变化缓慢,直到海七鳃鳗种群明显增加,湖鳟的丰度急剧下降,结果反映出的长时间滞后与该物种较长的幼鱼期相关(图 4.13a)。模型预测湖鳟种群最终会崩溃,而海七鳃鳗将达到渐近水平。然而若交互作用项处于较高水平,海七鳃鳗的寄生对湖鳟的影响会更快呈现,其种群数量将先超过其承载力,而后再下降至较低水平的稳定值(图 4.13b)。

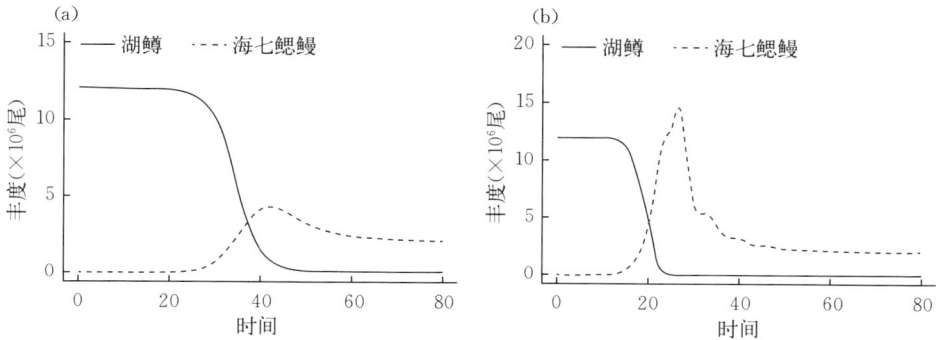

图 4.13 利用 Jensen(1994)的宿主-寄生者模型反映海七鳃鳗对湖鳟的影响。图示(a) $a_{21}=5$ 和(b) $a_{21}=10$ 的两个相互作用水平下的模拟结果

### 4.3.3 流行病学模型

这类模型主要来源于人类流行病研究,后来也被应用于水生种群。这些模型主要关注宿主种群的动态,将其分为三个主要的类型:易感者(S)、感染者(I)和康复者(R)。这种 SIR 模型追踪了宿主群体中流行病的发生过程,与上述寄生模型不同,没有明确地对寄生者本身的动态进行建模。最简单的 SIR 模型并不包含宿主种群的完整动态,而是从疾病初发时一定数量宿主开始,跟踪疾病暴发的过程。

我们前面提到,病害是水产养殖业的主要威胁。对于养殖物种,通常可以很容易地追踪疾病暴发的过程,并采取抗生素治疗和其他方法进行补救。相比之下,野生水生种群流行病学的详尽数据则很难获取。然而,在海豹种群中周期性暴发的疾病〔主要是由海豹瘟热病毒(phocine distemper virus)引起的海豹瘟热病,下文将该病简称为 PDV〕则相对易于观测和分析。PDV 的大规模暴发曾发生于 1988 年和 2001 年,导致了欧洲西北部的斑海豹(*Phoca vitulina*)种群的大量死亡(Härkönen 等,2006)。在此疫情暴发之前和之后均有持续监测项目,为详细分析种群随时间的变化轨迹提供了重要契机

（图 4.14）。

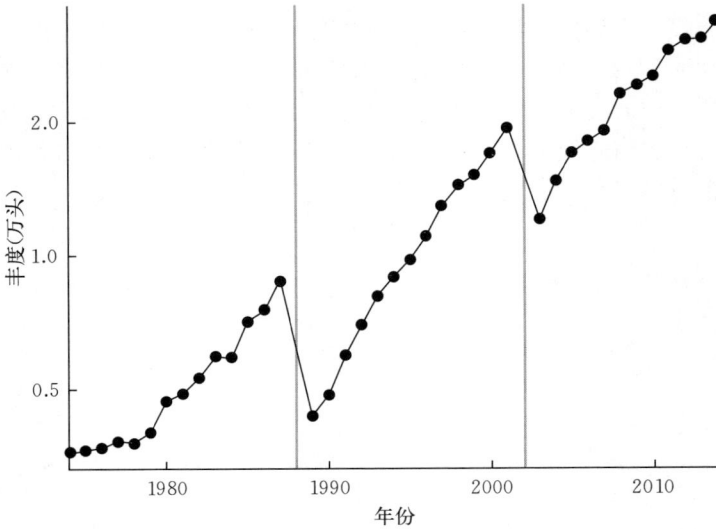

图 4.14　1988 年和 2002 年流行疫病对欧洲西北部斑海豹种群数量的影响。垂线表示疾病暴发年份（改自 Brasseur 等，2018）

　　Grenfell 等（1992）应用以下模型（标准 SIR 模型的变体，明确考虑了感染者的死亡）研究了东安格利亚海豹种群的 PDV 暴发过程。这里我们从疾病初发阶段追踪其暴发的过程，而不考虑宿主种群的完整动态：

$$\frac{\mathrm{d}N_S}{\mathrm{d}t} = -\phi N_S N_I$$

$$\frac{\mathrm{d}N_I}{\mathrm{d}t} = \phi N_S N_I - \gamma N_I \qquad (4.38)$$

$$\frac{\mathrm{d}N_R}{\mathrm{d}t} = (1-\delta)\gamma N_I$$

　　式中，$N_S$ 是易感者的密度；$N_I$ 代表感染者的密度；$N_R$ 是康复者的密度；$\phi$ 是传播系数；$\delta$ 是因感染而死亡的概率；$\gamma$ 是个体恢复并获得免疫力的比率。该模型追踪了单次感染对种群中易感者的影响过程（注意这里仅考虑死亡，不包括出生）。在 1988 年的流行病中，感染期持续了大约 4 个月（Grenfell 等，1992）。尽管之前我们讨论和应用种群模型时，种群数量和密度在某种程度上是可以互换使用的，但需要明确指出此处我们严格特指种群密度。由于疾病传播是接触率的函数，而接触率又与邻近度相关，因此上述差别在 SIR 模型中至关重要。作为一个示例，图 4.15 展示了一次非致命性流行病事件从开始到暴发的过程，其中种群中易感者、感染者和康复者的相对组成遵循一定的特征模式。公式 4.38 表示的简单模型结构可以很容易地进一步扩展，如通过加入出生对应的再生项来更反映宿主种群更多的动态特征。有关更多详细信息，请参阅 Vandermeer 和 Goldberg（2003）以及 Stevens（2009）。

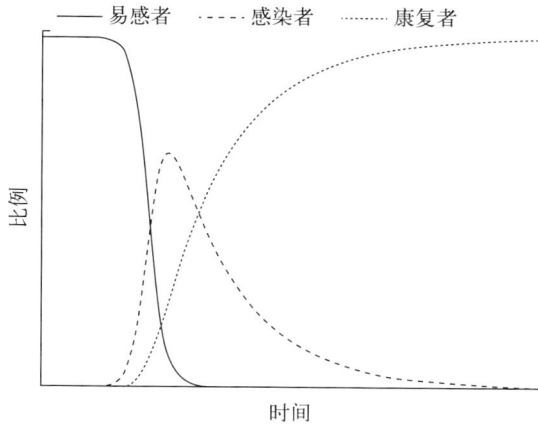

图 4.15　在非致命疾病的整个传播过程中，易感、感染和康复宿主占种群的比例变化。该结果基于简单 SIR 模型，假设康复个体获得免疫力

## 4.4　小结

捕食和寄生是水生生态系统中种间相互作用的主要形式。在水生生态系统中，捕食效应的量化研究比疾病更为常见。在水产养殖系统中，记录捕食的摄食研究也远比常规疾病监测更常见，但疾病的发生当然受到密切监测和及时处理。捕食者-被捕食者的动力学特征是二者的滞后性循环，如 Lotka-Volterra 方程所示。被捕食者或捕食者种群的密度依赖性调节是两者种群稳定共存的必要条件。通过引入非线性功能响应，可以扩展捕食者-被捕食者模型，产生多重平衡态。在我们考虑人类对水生资源物种的利用时，自然界捕食者的行为和动态能够提供重要的参照，我们将在本书的第三部分中进一步探讨。

疾病的暴发对众多的水生物种造成了巨大而深远的影响。对于重要的经济物种，这些影响包括对渔民群体和养殖设施造成的严重经济损失。人们很早就关注了这一问题对水产养殖业的重要性，因为养殖物种的种群密度很高，因此疾病传播率也很高。在捕捞渔业中疾病也具有相同重要的影响，尽管监测野生种群中寄生和疾病的发生率要复杂得多，关键过程也更难追踪。

## 【扩展阅读】

对本章所涉及主题的专题探讨可参见 Hastings［1996；第 8 章（捕食者）和第 10 章（疾病）］，Gotelli（2008；第 6 章），Vandermeer 和 Goldberg［2003；第 6 章（捕食者）与第 7 章（疾病）］和 Case［2000；第 11 章和第 12章（捕食）］等相关综述。Gerking（1994）开展了与渔业问题密切相关的捕食分析。

# 5　种间相互作用Ⅱ：竞争与互利共生

## 5.1　引言

在第 4 章中我们看到，在水生生态系统中很容易找到捕食和寄生等相互作用的直接证据。如摄食组成分析提供了捕食-被捕食者相互作用的证据，而病变和其他外部或内部标志的出现可以作为大型寄生物和（某些）微寄生物存在及产生影响的证据。相比之下，要找出竞争和互利共生的证据可能需要更为隐晦的线索。要发生竞争，物种的分布必须在空间和时间上重叠，并共同使用有限的食物和栖息地等必需资源。这些条件导致相互竞争物种的种群出现相反的变化轨迹（Link 和 Auster，2013）。可重复的受控实验可以为竞争的重要影响提供最直接和有说服力的证据，种间竞争的一些经典证据就来自水生生物的实验研究（如 Gause，1934；Connell，1961；Werner 和 Hall，1977）。然而对于大型的水生物种，这类实验很难进行，特别是在海洋环境中。在淡水系统中研究可能取得更好的进展，因为在淡水实验室环境和小型池塘中可重复实验更容易实现。对于互利共生，不同物种的个体之间明显有益的相互作用可以根据其外显迹象直接观察到，但很少有研究在种群水平上量化这些相互作用的影响。

我们可以预见，如果一个水生生态系统的能量受限，其影响将在种内和种间的竞争效应中得以体现，反映在个体生长、资源利用模式和种群数量的变化中。竞争效应也会进一步表现在一些生态属性上，如在更高生态组织层次上（群落或整个生态系统）呈现比种群层次更强的稳定性。尽管由于缺少规范的实验方法，在水生生态系统中检验竞争作用的影响尚存在挑战，但我们仍然可以通过研究个体的移除或添加对生态系统中其他物种的影响，对竞争效应做出有用推断。渔业通过直接移除个体，使得群落和生态系统中不同物种的相对丰度形成了明显的对比。另一方面，我们也通过资源增殖和/或在系统中有意引入新物种，提高休闲和商业渔业的产出。我们能否根据这些添加/移除"准实验"所导致的变化，来推断物种的相互作用？答案是可以，并且确实有研究对这些干预的强度及其在种群和系统层面产生的变化进行了常规记录，为种间关系推断提供了基础。Jensen 等（2012）提出了一个很有说服力的观点，即在适当的谨慎之下，可以通过研究渔业的干预效果获得对生态过程的重要见解。

虽然实施这些添加/移除措施并不是为了检验关于种间相互作用的特定假设，也不是任何严格意义上的重复实验，但它们经常在不同的系统中重复，因此可以通过荟萃分析对群落动态提供重要洞见。我们注意到在整个系统层次进行规范实验的意义，其全部优势在资源管理领域得到了很好的阐述和大力提倡（Holling，1978；Walters，1986）。适应性管理的核心思想就是将管理干预视为正式的、空间重复性实验（Walters，1986）。这种方法可以作为拓展认识的工具来研究备选管理方案的影响，其科学价值是显而易见的。然而，对其实用性有限的主观认识阻碍了该方法的广泛应用。

本章我们将在一个基于逻辑斯蒂模型及其变体的通用框架内，描述了竞争和互利共生的经典模型。与第4章一样，我们还将研究两个物种相互作用的模型，并为第6章中多物种集群分析奠定基础。我们尽可能采用了从正式实验中获得的资料，同时也利用了上文提到的这类准实验作为学习工具。

## 5.2　竞争

种间竞争被认为是生态群落构建的主要驱动力之一（Giller，1984）。种内的竞争和补偿作用是第3章的中心主题，而在本章中我们将关注点扩展到成对物种之间的竞争相互作用，并将在第6章中进一步扩展这一主题，以涵盖多物种集群中的相互作用。竞争性相互作用可以分为三大类：①资源利用性竞争（exploitative competition）是由具有相同资源需求和偏好的物种，通过对资源的联合消耗作用而产生的。反过来，这也导致了物种的生产力和/或适应性总体降低。②干扰性竞争（interference competition）是指物种之间由于争夺共同资源而发生的直接相互作用，包括攻击行为。③抢占性竞争（preemptive competition）反映了时间在竞争性相互作用中的意义，在这类竞争中一个物种首先占得资源（通常是空间）后，其他物种将无法再获取资源。这些形式的竞争相互作用在许多水生系统中都显而易见。由于在淡水生态系统中有更多的机会可以对大型生物开展规范的实验测试，因此有非常多的证据显示了竞争在淡水生态系统构建中的作用。

为了方便对竞争相互作用的探讨，我们选用了一个室内实验环境下竞争排斥的鲜明案例，其中包含了孔雀花鳉和两种剑尾鱼（*Xiphophorus maculatus* 和 *X. hellerii*）的一个杂交种（Silliman，1975）。在该实验中，孔雀花鳉对于有限资源的竞争能力高于剑尾鱼，因此剑尾鱼无法维持生存（图5.1）。Silliman（1975）得以证明孔雀花鳉种群相对于剑尾鱼具有更高的生产力和更强的竞争能力。我们将在第5.2.6节中回顾这个问题，并研究可能改变竞争结果的潜在机制。在下面的章节中，我们将回顾竞争相互作用的经典模型，该模型建立在第 3 章中描述的单物种模型结构基础之上。竞争性排斥是唯一可能的结果吗，就如孔雀花鳉-剑尾鱼的例子一样？如果不是，在什么情况下竞争者可以共存？本节我们首先介绍生态位的概念，再描述量化资源利用模式的相关指标。

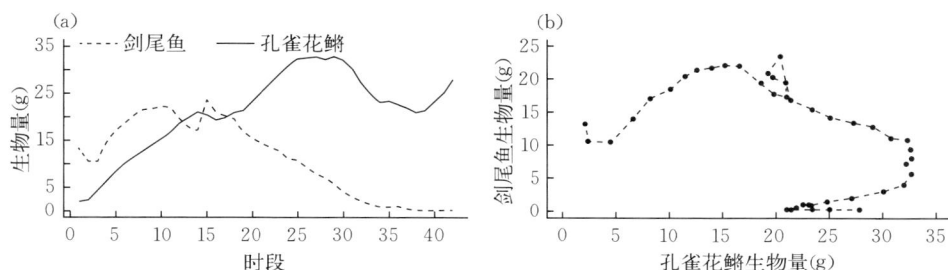

图 5.1  Silliman（1975）的受控实验中孔雀花鳉和剑尾鱼的种群数量变化轨迹。其中（a）显示剑尾鱼受到竞争排斥；（b）孔雀花鳉和剑尾鱼种群轨迹的相平面图（Siliman 提供了实验过程中孔雀花鳉和剑尾鱼每三周平均的生物量列表数据，此处使用该数据）

## 5.2.1  竞争与生态位

资源利用模式、种间相互作用和关键环境变量的交叉作用定义了一个物种或种群的生态位。生态位本质上表征了一个物种在自然经济系统中的地位。如果总体资源有限，具有共同资源需求和环境偏好的物种或种群将是潜在的竞争者，竞争强度与资源丰度以及两个或更多物种之间资源利用模式的相似性有关。Hutchinson（1957）对"基础"（fundamental）生态位和"现实"（realized）生态位做了区分。前者代表了在没有其他物种干扰的情况下，物种或种群所占据环境中较广的生物和非生物维度。相对而言，现实生态位反映了由于种间相互作用的影响，物种/种群所占据的较为局限的环境空间。为了理解竞争，我们需要了解共存物种对资源需求的共性、资源的可获得性及其偏好。

### 5.2.1.1  生态位的度量

有许多度量指标可用于量化物种的资源利用范围（生态位宽度），并可能涉及一个或多个维度。通过估算物种间资源利用模式的重叠性，可以识别潜在的竞争物种。Levins（1968）提出的指数 $B$ 是最早的生态位宽度度量之一：

$$B = -\sum_{j=1}^{n} P_j \log_e P_j \qquad (5.1)$$

式中，$P_j$ 是一个物种/种群对资源 $j$ 的利用比例。这一指标基于信息论，Levins 还提出了一个替代指标：

$$B = \frac{1}{\sum\limits_{j=1}^{n} P_j^2} \qquad (5.2)$$

以上指标以及相关的生态位宽度指标都描述了生物的资源利用模式，在量化单个物种/种群在生态系统中的功能方面能够起到重要作用（关于其他指标及其各自优势，请参见 Krebs，1999）。我们首先尝试探讨种间竞争的一种简单形式，涉及两个物种的共同资源利用，其生态位重叠（$O$）可以表示为：

$$O = 1 - 0.5D \qquad (5.3)$$

其中

$$D = \sum_{j=1}^{n} | P_{a_j} - P_{b_j} | \qquad (5.4)$$

式中，$P_{a_j}$ 和 $P_{b_j}$ 分别是物种 $a$ 和物种 $b$ 对资源 $j$ 的利用比例。分别计算两个物种对不同资源利用模式的差异，将 $n$ 种资源的结果相加就得到最终指数。我们以一个资源轴上的两个物种为例，直观地展示这一概念（图 5.2）。在这个简单的示例中，两个物种的资源利用模式都遵循正态分布，且物种 $b$ 的生态位宽度大于物种 $a$（$w_b > w_a$）。图中阴影部分表示这两个物种在资源利用上的重叠度。注意这些基本概念在实际应用中并不局限于正态分布的资源。事实上，对于诸如食物资源这种具有分类学属性的因子，我们必须使用离散的概率分布，如多项式分布来表示相关过程。

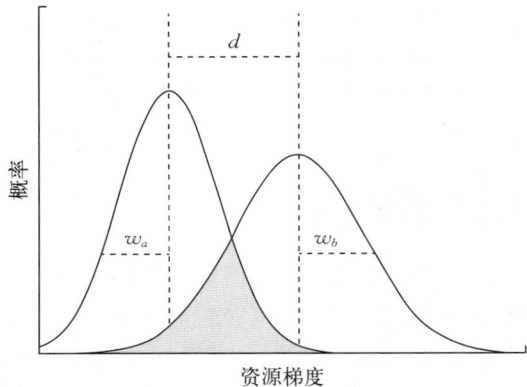

图 5.2　在一个假设系统中，两个物种沿单一资源维度的利用曲线和重叠度。$w_a$ 和 $w_b$ 分别表示物种 $a$ 和物种 $b$ 的生态位宽度，$d$ 表示两条资源利用曲线平均值之间的差异，阴影区域表示资源利用的重叠度

我们以瑞典湖泊中共存的褐鳟（*Salmo trutta*）和北极红点鲑（*Salvelinus alpinus*）为例，说明利用摄食重叠信息计算生态位宽度和重叠度的过程。图 5.3 展示了这两个物种在相同栖息地（sympatric）和不同栖息地（allopatric）中的摄食情况（Nilsson，1963）。当两个物种栖息地分开时，其 6 种主要饵料物种的比例基本相似，食性差异主要体现在大型甲壳类动物/软体动物和昆虫幼虫在食物中的相对贡献不同。当褐鳟和红点鲑种群共存时，在红点鲑的饵料

中昆虫幼虫的贡献率显著下降，而小型甲壳类动物（主要是端足目钩虾）的贡献上升。相对于栖息地分开的情况，在同一栖息地中两个物种的生态位宽度都有所下降，根据公式 5.1，红点鲑的生态位宽度从 3.82 下降到 3.50，而褐鳟从 3.13 下降到 2.42。褐鳟对饵料生物的总体物种选择性低于红点鲑，并且在相同栖息地下的食性变化不如红点鲑明显。根据公式 5.4，褐鳟和红点鲑种群在共同栖息地中的食性重叠度为 0.44，而在分开栖息地中的食性重叠度为 0.75。生态位重叠的传统衡量标准没有明确考虑资源的可利用性，因此无法说明竞争是否真实发生。然而，种群在共同栖息地和不同栖息地条件下资源使用模式的变化，可以为竞争相互作用提供重要的间接证据，如果做比较的生态系统在其他方面足够相似，就可以得到有效的推断。

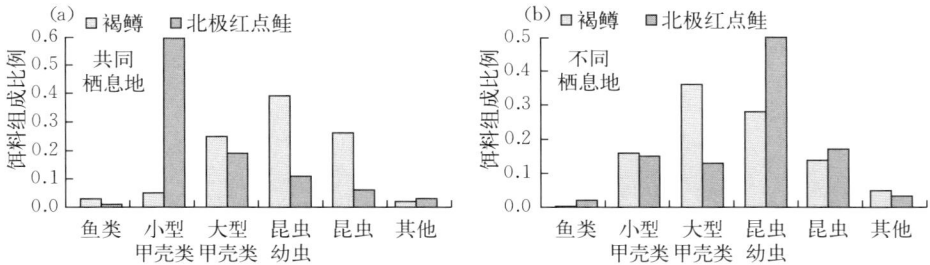

图 5.3 瑞典湖泊中褐鳟和北极红点鲑的摄食习性。图示两个物种在（a）相同栖息地和（b）不同栖息地条件下的饵料组成（Nilsson，1963）

## 5.2.2 竞争的实验证据

本节描述了检测和量化竞争的实验方法。我们将考虑重复受控实验，以及前文描述的准实验，即通过减少或增加个体和物种等措施进行人为干预，并计算和记录移除或加入的数量。在许多资源管理场景中这种情况很常见，虽然不是规范的重复实验，但当这些定量干预在多个系统同时进行（或停止）时，就可以通过荟萃分析加强推断可信性。然而需要强调的是，对这些准实验操控的解释必须谨慎，因为许多其他不受控的因素会对野外过程造成影响。我们所研究的水生生态系统很少（如果有的话）不受各种形式的人为干预的影响，更不可能免受非可控性环境扰动的作用。

### 5.2.2.1 物种移除实验

重复人为移除一个或多个物种的实验是评估生态系统中竞争现象的最常用实验设计之一，针对淡水（如 Werner 和 Hall，1977）和海洋（如 Connell，1961）生态系统的一些经典研究都采用了这种方法，分析水生生态系统中的竞争相互作用。Hixon（1980）在加利福尼亚州海峡群岛（Channel Islands）的一项移除实验中，得到了同属两个海鲫物种之间存在竞争的有力证据。蓝带海鲫（*Embiotoca lateralis*）喜好并占据了浅水栖息地，并通过相遇中的攻击行为，排斥黑海鲫（*E. jacksoni*）对关键食物资源的利用。当各自生活于不同区域时，这两个物种都占据了浅水、食物丰富的栖息地。在实验中，当把蓝带海鲫从两种物种共存的岩礁浅水区域移除时，黑海鲫占据了空出来的空间（图5.4a）。相反，当把黑海鲫从次优的深水栖息地中移除时，蓝带海鲫的分布没有扩展到岩礁深水区（图5.4b）。该实验干预的效果在统计学上是显著的（Hixon，1980），而对照实验显示两个物种在实验过程中都没有显著变化。Hixon（1980）也对栖息地（藻类覆盖度）进行了操控，作为整体实验设计的一部分，以分离出资源基础的关键方面。

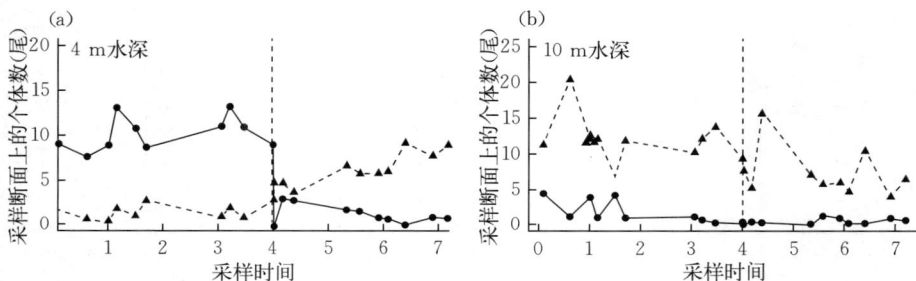

图5.4　在浅水区移除蓝带海鲫（圆点）对黑海鲫（三角）栖息地利用的影响（a），以及在深水区移除黑海鲫对蓝带海鲫的影响（b）。垂直虚线表示移除时间，改自 Hixon（1980）

#### 5.2.2.2　物种添加"实验"

前文提到，人们通过在水生生态系统中主动引入非本地物种，以期提高渔业产量。从过去主动引入的意外后果中，人们吸取了许多经验教训，对操控生态系统的总体态度逐渐转变。无论在海洋还是淡水生态系统中，现在这种措施的普遍性已经发生了极大的改变，尽管主动引入仍有发生，而无意引入也在继续。在主动引进的意外后果之中，一个明显的影响是造成了本地种和非本地种之间的竞争相互作用。例如，由于欧洲的北欧螯虾（*Astacus astacus*）感染流行疾病并导致一系列的阵发性大规模死亡，北美的宽大太平螯虾（*Pacifastacus leniusculus*）于20世纪中叶被引入20多个国家的数千个湖泊。然而，太平螯虾具有更大的体型、更高的繁殖产量以及攻击行为，使其在引入后迅速替代了一些湖泊中原有的北欧螯虾种群。图5.5显示了在芬兰的一个小型湖泊中引入宽大太平螯虾对本地北欧螯虾的影响（Westman 等，2002）。

在引入外来物种后本地物种明显被替代，也为资源利用的高度重叠和竞争提供了间接证据。当存在竞争者时，物种的资源利用模式会发生变化，也能作

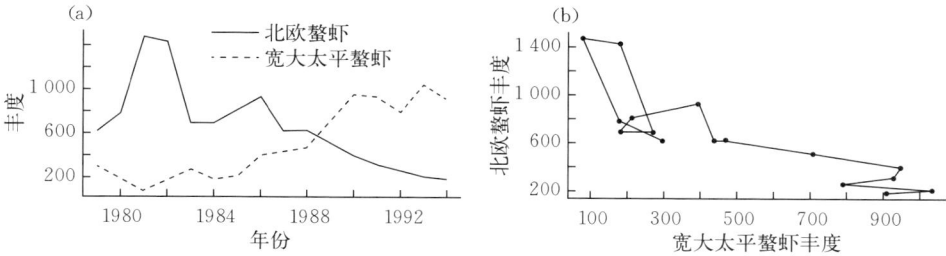

图 5.5 在芬兰的小型湖泊中引入北美宽大太平螯虾后，(a) 本地北欧螯虾的种群变化趋势（Westman 等，2002），以及（b）两物种丰度在相空间中的变化

为竞争作用的有力证据，而这种现象在水生系统中广泛存在（见 Wootton，1998）。Huckins 等（2000）以小冠太阳鱼（*Lepomis microlophus*）为例，为该效应提供了重要例证。从 1920 年代开始，小冠太阳鱼被引入密歇根州的许多湖泊以改善捕捞业，这种做法持续到 90 年代中期。在自然条件下，小冠太阳鱼与其同属物种驼背太阳鱼（*Lepomis gibbosus*）的分布区域并不重叠。这两个物种均主要以软体动物为食，这在太阳鱼科中很不常见。Huckins 等根据物种引入前后种群丰度的信息，对密歇根 11 个湖泊中放养小冠太阳鱼的影响进行了荟萃分析。据该研究报道，在放养小冠太阳鱼后，驼背太阳鱼的丰度平均下降了 54%，而在 13 个未放养小冠太阳鱼的对照湖泊中，驼背太阳鱼的丰度实际上平均增加了 60%。Huckins 等（2000）进一步展示了在引入小冠太阳鱼并且记录摄食数据的湖泊中，驼背太阳鱼的食物组成发生了显著变化。随着体型的增大，两个物种对软体动物饵料的依赖性均逐渐增强。在放养小冠太阳鱼的湖泊中，蜗牛（较大个体偏好的饵料）在驼背太阳鱼食物组成中比例有着显著下降（图 5.6）。这种效应在受控的室内实验中得到了进一步检验，结果支持了野外调查得出的推断（Huckins 等，2000）。

### 5.2.2.3 估算交互作用强度

资源利用的重叠既不是竞争的必要条件，也不是充分条件。因为一方面，对资源重叠性的评估不能体现干扰性竞争的效应；另一方面，如前所述，只有在资源受限时竞争才会发生。在本节中我们将基于干预前和干预后的种群数量或密度数据，探讨不依赖模型的相互作用强度估计方法，并在 5.2.5 节中继续讨论基于模型的竞争系数估计问题。关于竞争系数和相互作用强度估算方法的全面综述，请参见 McCallum（2008）。这类方法通常基于物种移除实验，而这里我们希望它在物种移除或添加实验中均可适用。对于移除或添加竞争者的效应，最简单的估计量可能是：

$$I_{ij} = \frac{|N_{i,0} - N_{i,1}|}{N_j} \tag{5.5}$$

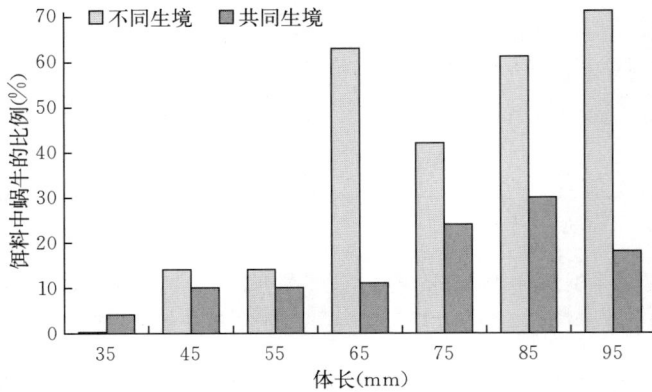

图 5.6　在密歇根湖泊中引入同属种小冠太阳鱼后，不同个体大
　　　　小驼背太阳鱼的食物组成中腹足类（其偏好饵料）比例
　　　　的变化。图中比较了两个物种占据相同和不同栖息地的
　　　　情况（Huckins 等，2000）

式中，$I_{ij}$ 是相互作用指数；$N_{i,0}$ 是实验或干预（去除或添加竞争者）开始时第 $i$ 个物种的丰度；$N_{i,1}$ 是实验或干预结束时的丰度；$N_j$ 是移除或添加的目标物种在实验开始时的丰度。在物种添加实验中，该值为物种引入后的即时丰度。该度量可以对实验或自然群落中的所有非目标物种分别计算，从而得到交互作用强度矩阵。Link 和 Auster（2013）提出了另一个更复杂的相互作用强度指数，其中包含空间分布与摄食习性的重叠度、潜在竞争物种的生产量与生物量之比以及相对个体大小信息。

## 5.2.3　连续时间的竞争模型

我们可以在第 3 章描述的模型框架之上，构建物种竞争模型。将逻辑斯蒂模型（公式 3.8）进行简单扩展，加入竞争相互作用项，即可构建经典的两物种系统 Lotka - Volterra 竞争方程（Gause，1934）：

$$\frac{\mathrm{d}N_1}{\mathrm{d}t} = (\alpha_1 - \beta_1 N_1)N_1 - a_{12}N_1 N_2 \tag{5.6}$$

式中，$a_{12}$ 代表物种 2 对物种 1 的竞争效应，其他所有项的定义同公式 3.8。对于物种 2，我们有：

$$\frac{\mathrm{d}N_2}{\mathrm{d}t} = (\alpha_2 - \beta_2 N_2)N_2 - a_{21}N_2 N_1 \tag{5.7}$$

式中，$a_{21}$ 表示物种 1 对物种 2 的竞争效应。对该方程组的平衡态分析，为理解 Lotka - Volterra 竞争模型中物种是否能够共存提供了重要启示。在平衡状态下，对物种 1 我们有：

$$\alpha_1 - \beta_1 N_1 - a_{12} N_2 = 0 \qquad (5.8)$$

或表示为

$$N_1 = \frac{1}{\beta_1}(\alpha_1 - a_{12} N_2) \qquad (5.9)$$

注意当 $N_2$ 为零时，可得到单物种的平衡点（$\alpha_1/\beta_1$）。对于物种 2，我们有：

$$\alpha_2 - \beta_2 N_2 - a_{21} N_1 = 0 \qquad (5.10)$$

或

$$N_2 = \frac{1}{\beta_2}(\alpha_2 - a_{21} N_1) \qquad (5.11)$$

当 $N_1 = 0$ 时，物种 2 达到其单物种平衡点（$\alpha_2/\beta_2$）。该模型中任一种群的增长率是另一物种数量的函数，而在以上公式所定义的线上，对应物种的种群增长率均为零。

Lotka‑Volterra 竞争方程是一种现象性描述，没有明确表示出物种间竞争的资源。在第 6 章中我们将介绍消费者‑资源模型，直接探讨对食物资源竞争的问题。

通过检验两个物种的不同参数值，我们可以找到一些参数值的组合，使其中一个物种总是占优势，或使两个物种可以共存，或使物种能否生存取决于初始条件。在 Silliman 的实验中，孔雀花鳉在对照组中赢得竞争。

我们可以在同一张图上绘制两个物种的等斜线，以确定哪一个物种将在竞争中获胜（如果有）。在图 5.7a 表示的情景中，物种 1 的等斜线（实线）完全位于物种 2 的等斜线（虚线）之上，此时物种 2 将在竞争中失败，而物种 1 将达到其平衡点（$\alpha_1/\beta_1$）。对于该相空间中的任意点，当其位于物种 1 的等斜线之上时，物种 1 的丰度必将向左移动；同样对于物种 2，位于其等斜线以上的任意点都必将向下移动（对于物种 1 和物种 2 等斜线以下的点，规则刚好相反）。根据向量加法，可以得出随着种群向吸引子移动时位置的净变化。由此可以判定，当 $\alpha_1/a_{12} > \alpha_2/\beta_2$［即 $\alpha_1 > (\alpha_2/\beta_2) a_{12}$］且 $\alpha_1/\beta_1 > \alpha_2/a_{21}$［或 $\alpha_2 < (\alpha_1/\beta_1) a_{21}$］时，物种 1 将在竞争中胜过物种 2。换言之，当物种 1 的内禀增长率大于物种 2 对物种 1 的影响乘以物种 2 的单物种平衡点，并且物种 2 的内禀增长率小于物种 1 对物种 2 的影响乘以物种 1 的单物种平衡点时，物种 1 将赢得竞争。

当物种 2 的等斜线完全位于物种 1 的等斜线之上时，物种 2 将在竞争中胜过物种 1（图 5.7b），对应于参数满足 $\alpha_2 > (\alpha_1/\beta_1) a_{21}$ 且 $\alpha_1 < (\alpha_2/\beta_2) a_{12}$。图 5.7c 表示了两个物种稳定共存的情景，其中 $\alpha_1 > (\alpha_2/\beta_2) a_{12}$ 且 $\alpha_2 > (\alpha_1/\beta_1) a_{21}$。

最后，图 5.7d 描述了一种不确定的情景，竞争结果取决于起始条件。这种不确定的结果对应的条件为 $\alpha_1 < (\alpha_2/\beta_2)\, a_{12}$ 且 $\alpha_2 < (\alpha_1/\beta_1)\, a_{21}$。在该情景中，等斜线相交的点为不稳定的平衡点。平衡点是否稳定取决于等斜线相交点是否位于单一物种平衡点的连线之上（图 5.7c，d 中的虚线），但注意这一结论仅适用于线性等斜线的情景（见第 5.2.3.1 节）。

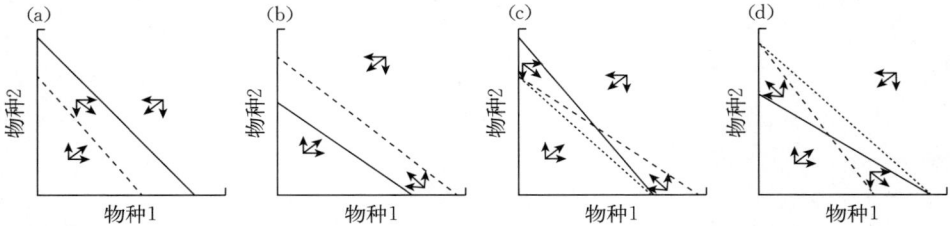

图 5.7　两物种系统竞争作用结果的相空间表示（物种 1 为实线；物种 2 为虚线）。图中分别表示了（a）物种 1 对物种 2 的竞争排斥；（b）物种 2 对物种 1 的竞争排斥；（c）两个物种稳定共存；（d）不确定性的结果，物种能否维持取决于初始条件。图（c）和（d）中点线连接了两个物种的单物种平衡点

我们可以通过在相空间的不同初始点跟踪其相应轨迹，直观展示上述四种情景中种群趋向平衡的过程。在图 5.8a 对应的情景中，物种 1 获胜，所有轨迹都收敛于点 $N_1 = \alpha_1/\beta_1$，$N_2 = 0$（图 5.8a）。在物种 2 的等斜线完全位于物种 1 等斜线之上的情景中，种群轨迹收敛于点 $N_1 = 0$，$N_2 = \alpha_2/\beta_2$（图 5.8b）。图 5.8c 显示了物种共存的情境，其中种群轨迹收敛于点 $N_1 = (\alpha_2 a_{12} - \alpha_1\beta_1)/(a_{12} a_{21} - \beta_1\beta_2)$，$N_2 = (\alpha_1 a_{21} - \alpha_2\beta_1)/(a_{12} a_{21} - \beta_1\beta_2)$（图 5.8c）。在不确定性情景中，一个物种能否维持取决于初始条件（图 5.8d）。

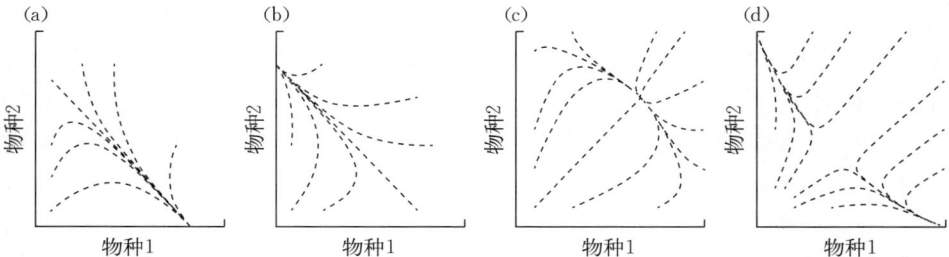

图 5.8　在两物种系统的相空间中，不同起点对应的种群变化轨迹。图中分别表示（a）物种 1 对物种 2 的竞争排斥；（b）物种 2 对物种 1 的竞争排斥；（c）两个物种稳定共存；（d）不确定性结果，物种能否维持取决于初始条件

### 5.2.3.1　非线性等斜线

Lotka‐Volterra 竞争模型的等斜线为线性，这是逻辑斯蒂模型采用线性

作用函数描述各物种内部动态的直接结果。如第 3 章中所示，对于某些物种非线性作用函数可能更为适合。若我们采用 $\theta$-逻辑斯蒂模型为基础构建竞争模型（Gilpin 和 Ayala，1973），则有：

$$\frac{\mathrm{d}N_1}{\mathrm{d}t} = (\alpha_1 - \beta_1 N_1^{\theta_1 - 1}) N_1 - a_{12} N_1 N_2 \tag{5.12}$$

以及

$$\frac{\mathrm{d}N_2}{\mathrm{d}t} = (\alpha_2 - \beta_2 N_2^{\theta_2 - 1}) N_2 - a_{21} N_2 N_1 \tag{5.13}$$

式中，$\theta_i$ 是物种 $i$ 的"形状"参数，其他所有项的定义如前所述。Lotka-Volterra 模型可以看作是 $\theta_i = 2$ 时的一个特例。现在我们有物种 1 的非线性等斜线：

$$N_1 = \left[ \frac{1}{\beta_1} (\alpha_1 - a_{12} N_2) \right]^{\frac{1}{\theta_1 - 1}} \tag{5.14}$$

物种 2 有：

$$N_2 = \left[ \frac{1}{\beta_2} (\alpha_2 - a_{21} N_1) \right]^{\frac{1}{\theta_2 - 1}} \tag{5.15}$$

这里的等斜线为曲线，其非线性程度由 $\theta$ 控制。当 $\theta > 1$ 时等斜线外弯，当 $\theta < 1$ 时等斜线内弯。

## 5.2.4 离散时间的竞争模型

如前几章中所述，对于太平洋鲑等具有非重叠世代和季节性繁殖模式的物种，差分方程模型通常是最合适的选择，这些特点在构建多物种模型时显然也同样重要。作为一个研究案例，我们考虑由 Skagit 河洄游进入 Puget 湾的驼背大麻哈鱼和大麻哈鱼（*O. keta*），其洄游种群规模的估计值如图 5.9 所示。驼背大麻哈鱼的生命周期为两年，在许多河流系统中表现出明显的时间模式，即在给定年份两个可能出现的子种群（文献中将其称为"line"）中只能存在一个，导致驼背大麻哈鱼只能在交替年份返回其出生水体。

对于 Skagit 河种群，在观测期间驼背大麻哈鱼的渔获仅在奇数年出现。相对的，大麻哈鱼的生命周期为 4～5 年，所有可能的子种群都有出现。Ruggerone 和 Neilsen（2004）研究了整个北太平洋的驼背大麻哈鱼与红大麻哈鱼、大鳞大麻哈鱼（*O. tshawytscha*），银大麻哈鱼（*O. kisutch*）及大麻哈鱼之间的竞争相互作用，发现驼背大麻哈鱼在包括大麻哈鱼的鲑类竞争者中占据优势地位。这反映在了两个物种在 Skagit 河的洄游模式中——图 5.9 显示两个物种的丰度存在明显的相反变化，即在奇数年，特别是驼背大麻哈鱼洄游量非常高的年份，大麻哈鱼的洄游量很低。驼背大麻哈鱼的优势地位可归因于

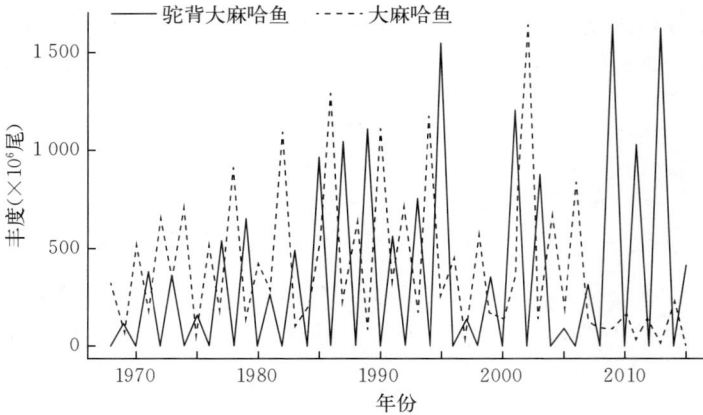

图 5.9　由 Skagit 河洄游进入 Puget 湾的驼背大麻哈鱼和大麻哈鱼种群
　　　　数量估计（Marissa Litz 提供数据）。注意 $X$ 轴上的单位是年
　　　　而非世代

其成功的食物资源竞争（利用性竞争）而非干扰性竞争（Ruggerone 和
Neilsen，2004）。在生命周期中的海洋生活阶段，若两个物种共存（这里指偶
数年），大麻哈鱼会改变其摄食模式。此外，有研究报道大麻哈鱼的性成熟年
龄呈现年际交替变化的模式，并认为这是对驼背大麻哈鱼竞争的进化性响应
（参见 Ruggerone 和 Neilsen，2004 的综述）。大麻哈鱼洄游模式的观测结果反
映了这些生态和进化驱动力的综合影响。

　　如前所述，使用离散时间模型可以对太平洋鲑等终生单次繁殖的物种进行
有效建模。Leslie 和 Gower（1958）提供了竞争物种离散时间模型的早期研究
案例（Larkin 于 1963 年针对已开发物种对该模型进行了扩展）。Hassell 和
Comins（1976）构建了两个竞争物种的差分方程模型，并表明该模型可能呈
现与单物种模型类似的极为多样的动态行为。我们首先将离散逻辑斯蒂模型进
行简单扩展，加入竞争性相互作用：

$$N_{1,t+1}=(1+\alpha_1)N_{1,t}-\beta_1 N_{1,t}^2-a_{12}N_{2,t}N_{1,t} \tag{5.16}$$

　　以及

$$N_{2,t+1}=(1+\alpha_2)N_{2,t}-\beta_2 N_{2,t}^2-a_{21}N_{1,t}N_{2,t} \tag{5.17}$$

　　其时间步长为一个世代。在平衡时有 $N_{1,t+1}=N_{1,t}$，得到其零增长等斜
线为：

$$N_1^*=\frac{1}{\beta_1}(\alpha_1-a_{12}N_2) \tag{5.18}$$

　　类似的，对于物种 2 有：

$$N_2^* = \frac{1}{\beta_2}(\alpha_2 - a_{21}N_1) \tag{5.19}$$

这里的等斜线仍为线性，与连续时间模型的等斜线相似。

对于离散时间模型，我们可以预料到该竞争系统能够表现出非常有趣的动态，包括周期性和非周期性的行为。在图 5.10a 中，我们看到所设参数使两物种呈现同相周期性波动。然而通过简单地增加物种 1 的内禀增长率和补偿性死亡率，就会导致这些功能上相关的物种在不同时间段表现出同步或异步变化（图 5.10b）。这种动态行为导致了"虚假"相关（"mirage" correlations），使种群在不同时间段呈现正相关、负相关或完全不相关（Sugihara 等，2012），尽管在模型结构中实际上设定了物种间简单的线性相互作用。

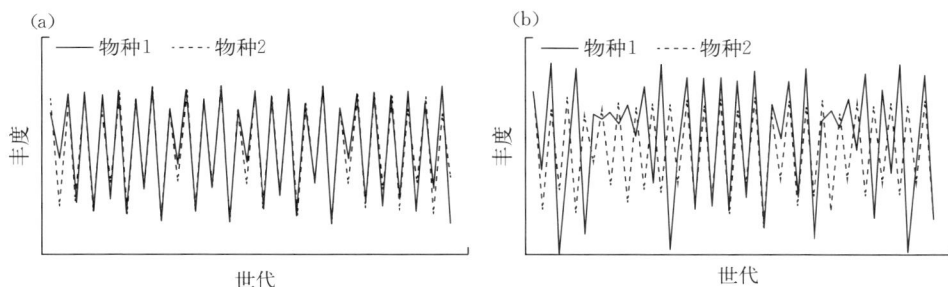

图 5.10  Sugihara 等（2012）的离散逻辑斯蒂竞争模型预测的种群轨迹，其中物种 1 的内禀增长率设为两个水平（a）3.4 和（b）3.8，所有其他参数保持不变

除上述模型外，当然也有许多其他模型形式，如 Ricker‑logistic 竞争模型可以表述为：

$$N_{1,t+1} = N_{1,t}e^{\alpha_1 - \beta_1 N_{1,t} - a_{12}N_{2,t}} \tag{5.20}$$

和

$$N_{2,t+1} = N_{2,t}e^{\alpha_2 - \beta_2 N_{2,t} - a_{21}N_{1,t}} \tag{5.21}$$

采用前述分析离散逻辑斯蒂模型的方法，也可以得到其零增长等斜线，结果与连续时间模型相似。

我们以 Ricker 竞争模型为例，说明竞争强度的变化如何改变了两物种系统中复杂动态的表现形式。对公式 5.20 和公式 5.21 的分析表明，增大相互作用的强度将降低各个种群的增长率。为了探究这种变化的影响，我们改变了物种 2 对物种 1 的竞争强度，对应物种 1 的分岔图（bifurcation diagram）如图 5.11 所示。当维持 $\alpha_1$ 以外的所有参数不变时，随着相互作用强度的增大，模型动态复杂度的表现形式发生了明显变化，即在模拟中参数的改变弱化了系统的混沌动态。

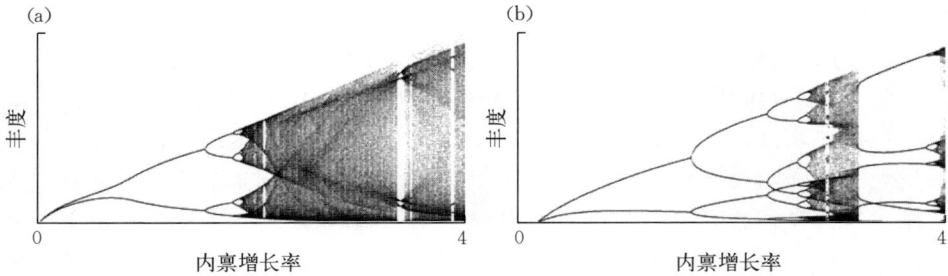

图 5.11　两物种竞争系统中物种 1 的分岔图，图中分别展示了（a）物种 2 对物种 1 的影响较低，和（b）物种 2 对物种 1 影响较高的情景

## 5.2.5　基于模型的竞争系数估算

我们已经介绍了连续和离散时间的竞争模型，下面将探讨使用调查数据估算竞争系数（$a_{ij}$）的方法。如前所述，实验方法已被有效地应用于检验水生系统中的竞争相互作用。在重复受控实验不可行的情况下，我们仍然可以通过调查数据，获得对潜在竞争相互作用的深入理解。在探究渔业生态系统中添加和移除物种的影响时，我们已经看到了这种可能性。事实上，这个问题在整个生态学领域受到了相当多的关注，相关研究深入分析了仅依赖调查数据或者结合辅助支持性观测数据等方法的优势和潜在缺陷（如 Laska 和 Wootton，1998；Wootton 和 Emmerson，2005；McCallum，2008）。这种一般性方法在模型设置中需要定义相互作用的性质，并能够处理时间序列数据。例如，采用公式 5.20 和公式 5.21 中描述的 Ricker 竞争模型并线性化，我们有：

$$\log_e\left[\frac{N_{1,t+1}}{N_{1,t}}\right]=\alpha_1-\beta_1 N_{1,t}-a_{12}N_{2,t} \tag{5.22}$$

以及

$$\log_e\left[\frac{N_{2,t+1}}{N_{2,t}}\right]=\alpha_2-\beta_2 N_{2,t}-a_{21}N_{1,t} \tag{5.23}$$

若有种群数量估计值的时间序列数据，可以采用回归方法估算该方程组的系数。这里我们采用一个简化的场景，即以本章开头描述的孔雀花鳉-剑尾鱼数据为例，来说明该方法的应用。实际上，Silliman（1975）曾使用类似的计算机技术从调查数据中估算了模型系数。Silliman 采用了另外一种模型表述，在 Gompertz 函数的基础上增加了交互作用项，在性质上与多物种 Ricker-logistic 模型相似。该模型对孔雀花鳉-剑尾鱼实验（图 5.1）的拟合结果如图 5.12所示。注意在孔雀花鳉的时间序列中，部分阶段观测数据与模型预测存在一致性偏差（即具有持续的正残差或负残差模式）。因此，最终的模型拟合需要估计额外的参数，反映残差的自相关性。相互作用系数的最终参数估计表明，孔雀花鳉丰度对剑尾鱼有显著影响，而后者对前者的作用系数在统计学上并不显著。

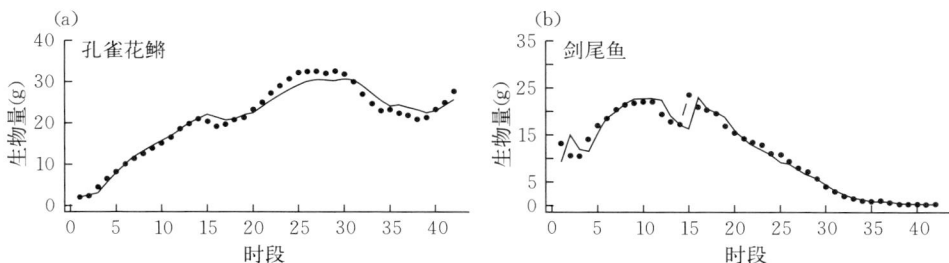

图 5.12　两物种的室内竞争实验中（a）孔雀花鳉和（b）剑尾鱼生物量的观测值（实心圆圈）与预测值（Silliman，1975）

## 5.2.6　改变竞争结果

G. F. Gause 在关于水生微生物竞争的经典实验中，考虑了稀释（稀疏）对竞争结果的影响［Gause（1935）在 Slobodkin（1961）中引用；Gause 和 Witt，1935］。Gause 修改了 Lotka - Volterra 方程，加入了一个稀疏项表示两个物种受到共同的损失或移除作用。对于物种 1 我们有：

$$\frac{\mathrm{d}N_1}{\mathrm{d}t} = (\alpha_1 - \beta_1 N_1)N_1 - a_{12}N_2 N_1 - mN_1 \qquad (5.24)$$

对于物种 2 有：

$$\frac{\mathrm{d}N_2}{\mathrm{d}t} = (\alpha_2 - \beta_2 N_2)N_2 - a_{21}N_1 N_2 - mN_2 \qquad (5.25)$$

式中，共同损失项为 $m$，其他所有项定义如前。此时两个物种的等斜线分别为：

$$N_1^* = \frac{1}{\beta_1}(\alpha_1 - m - a_{12}N_2) \qquad (5.26)$$

$$N_2^* = \frac{1}{\beta_2}(\alpha_2 - m - a_{21}N_1) \qquad (5.27)$$

加入损失项之后，我们可以在三维空间中以等斜面表示系统状态（图 5.13）。在损失率较低或无损失的情况下，物种 1 将在竞争中胜过物种 2（见图 5.13 右后侧不相交的等斜线）；随着稀疏项的增大，竞争结果变为共存（见图 5.13 左后侧的相交线）。

Gause 对损失项的探讨旨在更深刻地理解内禀增长率对竞争结果的重要作用。注意加入损失项导致了种群的净增长率下降，同时这对于理解非选择性捕

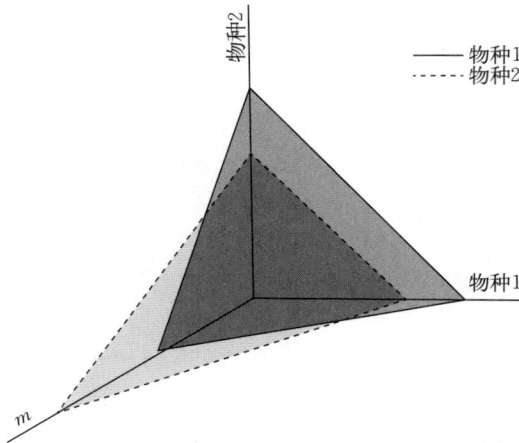

图 5.13 Lotka－Volterra 竞争系统的零增长等斜面。
模型中加入了作用于两个物种的共同稀疏
（或损失）项

食者等种群移除过程具有重要意义。在本章和前章中，我们特别关注了成对物种之间的相互作用，为更广泛的种间关系研究奠定基础。Gause 的分析很好地表明了为何扩展关注点如此重要——增加我们所研究系统的维度提供了改变竞争结果的可能性。在第 6 章中我们将扩展研究视角，探讨多物种系统中几种类型的相互作用同时影响群落物种的情景。

本章开头部分描述的孔雀花鳉-剑尾鱼实验中，还探讨了对不同物种差别化移除的影响（Silliman，1975）。尽管该实验因此偏离了 Gause 采用的非选择性移除过程，但 Silliman 表明剑尾鱼和孔雀花鳉在差别化移除率下可以共存（图 5.14），而在没有对孔雀花鳉进行移除的情况下，剑尾鱼将被竞争淘汰。Silliman（1975）感兴

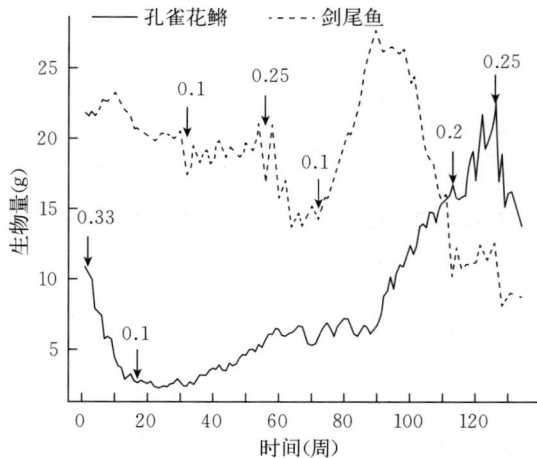

图 5.14 实验处理中孔雀花鳉和剑尾鱼的生物量轨迹。实验中对每个物种采用了不同的移除率（稀疏）以维持共存（参照 Silliman，1975）。箭头和对应数字分别表示这两个物种的移除日期和目标移除比例

趣的不仅是如何使这两个物种长期共存，还想通过随时间改变这两个物种的开发率，理解如何使这两种生物的综合产量实现最优化。事实上，他发现与单物种相比，综合考虑两个物种可能产生更高的总产量。

## 5.2.7　竞争性生产原理

Vandermeer（1989）在农业生产中"间作"的背景下，提出了竞争性生产原理的概念。不同于单一物种农业实践的传统方法，间作涉及多物种的组合，其中不同物种占据不同生态位。相比于任何单一物种，这些混养系统能够更充分地利用资源（如营养物质），并在一定条件下提供更高的总产量。Vandermeer（1989）提出了一种衡量单位面积相对总产量（$RYT$）的指标，以两种策略下物种产量之比的总和表示。对于两种系统，我们有：

$$RYT = \frac{Y_1^p}{Y_1^m} + \frac{Y_2^p}{Y_2^m} \tag{5.28}$$

式中，$Y_i$ 为产量；上标 $p$ 和 $m$ 分别表示两个物种的混合养殖和单种养殖策略。衡量混养策略是否优于单种养殖的标准之一是 $RYT > 1.0$（Vandermeer，1989）。将 $RYT$ 设为 1.0 并重新整理上式，即有：

$$Y_1^p = Y_1^m - \left[\frac{Y_1^m}{Y_2^m}\right] Y_2^p \tag{5.29}$$

这可以作为混养策略是否更优的指标。如果混养系统的产量在该直线之上，则它就是一种优于单种养殖的策略（Vandermer，1989）。以上分析显然与水产养殖有着直接的相关性，尽管单种养殖策略在水产养殖中很常见，但池塘混养策略在世界各地的综合鱼类养殖中也被广泛应用。

这些问题可能与自然渔业生态系统紧密相关。前文中我们看到，相对于生活在不同栖息地的情景，当竞争物种共存于同一栖息地时，其资源利用模式会发生变化（见第 5.2.1 节）。这可以使混合物种系统更充分地利用可获取资源，并可能提高其总产量。我们将在第 15 章中回顾这个问题。从另一个角度来看，这也强调了维持物种多样性对于混合物种捕捞渔业的重要性。

## 5.3　互利共生

在水生生态系统中，关于互利共生最广为人知的例子或许就是清洁鱼与其"顾客"（client）所形成的互惠互利。清洁鱼可以去除顾客鱼体外的寄生虫，改善其整体健康度；反过来，清洁鱼也能获得营养收益。本节将重点考虑保护性互利共生，即一个物种在捕食者的威胁下获得保护。这种形式的互利共生是兼性（facultative）而非必需的——每个物种都可以在没有另一个物种的情况下维持生存，尽管其生产力和/或适应性会下降。混合物种集群（schooling 或 shoaling）就是一种未被充分认识的互利共生形式。一般而言，单物种集群可以通过"盈量逃逸（escape in numbers）"策略获得一定保护免受捕食，而这种机制也适用于一般性的动物群体，包括多物种集群（Goodale 等，2017）。另一方面，多物种集群的联合觅食也被认为具有重要作用。

尽管共生关系在水生生态系统中普遍存在（如 Karplus，2014），但我们对这种关系的定量影响却少有认识。在为数不多的例子中，Lynam 和 Brierley（2007）针对渔业背景下物种间的正关联，量化了其互利作用。他们将北海牙鳕（*Merlangius merlangus*）的成功补充指标（亲体-补充关系的残差）与霞水母属（*Cyanea*）两种水母（*C. lamarckii* 和 *C. capillata*）的丰度指数联系起来。该丰度指数是这两种水母在标准化表层拖网中最大丰度的自然对数。根据产卵群体大小校正后，鳕补充群体的存活率与水母丰度成正相关（图 5.15）。对每种霞水母单独进行分析时，以上关系依然成立。推测牙鳕在生活史早期栖息于霞水母的触手之间以躲避捕食者，但目前尚不清楚牙鳕的存在是否对水母有益。因此，以上关系可能仅是共生，而非互利。

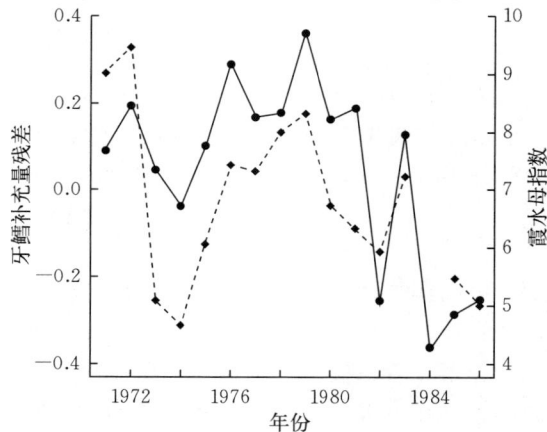

图 5.15　牙鳕的补充（根据成鱼生物量的影响进行校正，实线）与霞水母丰度（虚线）之间的关系。引自 Lynam 和 Brierley（2007）

有研究通过实验测试了移除清洁鱼的效果，这些实验主要在珊瑚礁系统中开展。在一项特别有说服力的长期实验中，研究者在长达 8.5 年的时间里，从大堡礁蜥蜴岛的实验地点有控制地移除了一种清洁鱼，即裂唇鱼（*Labroides dimediatus*）（Waldie 等，2011）。与对照组相比，处理组中两种雀鲷科顾客鱼的丰度和平均个体大小明显较低。种群丰度较低被归因于实验点清洁鱼的移除对其补充的影响。在实验中还观察到了群落层次的总体效应，包括物种丰富度和"访客"物种的出现率的降低。移除清洁鱼对顾客鱼的不利影响表明，互利关系为种群带来了明显的好处。清洁鱼从清理过程中获得了营养收益，另一方面该实验也显示了互利关系对顾客物种种群结构的显著影响。

### 5.3.1  连续时间模型

我们可以通过对 Lotka - Volterra 方程组进行简单修改，反映两个物种之间的正相关关系：

$$\frac{\mathrm{d}N_1}{\mathrm{d}t} = (\alpha_1 - \beta_1 N_1)N_1 + a_{12}N_2N_1 \qquad (5.30)$$

以及

$$\frac{\mathrm{d}N_2}{\mathrm{d}t} = (\alpha_2 - \beta_2 N_2)N_2 + a_{21}N_1N_2 \qquad (5.31)$$

其中所有项的定义如公式 5.6 和公式 5.7，而不同之处是相互作用项的符号为正。采用在竞争模型中确定平衡点的相同方法，可以得到物种 1 的等斜线：

$$N_1 = \frac{1}{\beta_1}(\alpha_1 + a_{12}N_2) \qquad (5.32)$$

和物种 2 的等斜线：

$$N_2 = \frac{1}{\beta_2}(\alpha_2 + a_{21}N_1) \qquad (5.33)$$

这里注意到，通过在 Lotka - Volterra 方程中设置正相互作用来表示互利共生的简便方法面临意想不到的挑战。当相互作用系数相对较低和/或不对称时（$a_{12}a_{21} < 1$），等斜线相交，系统可在该交点处达到稳定平衡。然而当相互作用项的乘积大于 1 时，系统将处于高度不稳定状态，即等斜线不相交，两个物种都表现出无限的（不切实际的）增长。May（1975）将其生动地描述为"互利的狂欢"。如果在互利共生模型中引入非线性功能响应的等效项，反映收益的饱和，就可以避免这个问题。

### 5.3.2  离散时间模型

在第 5.2.4 节中描述的离散时间竞争模型的基础上，我们可以很容易地进行调整，反映互利共生：

$$N_{1,t+1} = (1+\alpha_1)N_{1,t} - \beta_1 N_{1,t}^2 + a_{12}N_{2,t}N_{1,t} \qquad (5.34)$$

以及

$$N_{2,t+1} = (1+\alpha_2)N_{2,t} - \beta_2 N_{2,t}^2 + a_{21}N_{1,t}N_{2,t} \qquad (5.35)$$

在平衡点处有 $N_{1,t+1} = N_{1,t}$，得到物种 1 的零增长等斜线为

$$N_1^* = \frac{1}{\beta_1}(\alpha_1 + a_{12}N_2) \qquad (5.36)$$

类似的，对于物种 2 有

$$N_2^* = \frac{1}{\beta_2}(\alpha_2 + a_{21}N_1) \qquad (5.37)$$

显然这些结果与连续时间模型的等斜线相同，前述分析得到的一般结论在此也适用。

我们再次看到，当内禀增长率的值（$\alpha_i$）足够高时，系统会呈现出复杂的动态。图5.16a展示了种群变动周期同步的例子，其中$a_{12}a_{21}<1$且$a_{12}$的值相对较低；维持$a_{12}a_{21}<1$的条件不变但增大$a_{12}$，将导致两个物种的波动不再同步（图5.16b）。

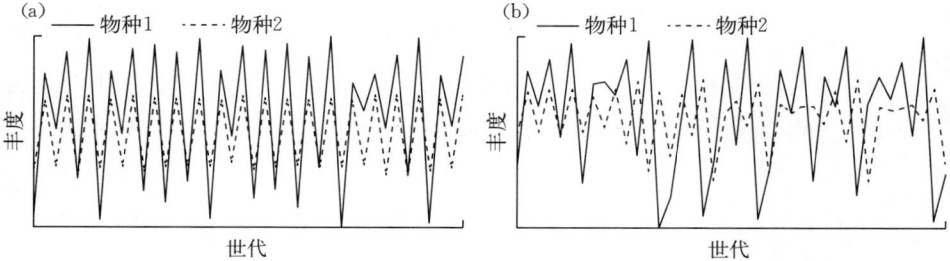

图5.16　两物种系统离散时间模型的种群轨迹示例。图中展示了物种2对物种1影响的（a）互利系数较低和（b）互利系数较高的情景

## 5.4　小结

竞争和互利共生是水生生物群落中生物相互作用的重要形式。在以往的渔业分析中，对这些相互作用在种群和群落层面影响的量化研究不如摄食研究那么常见，这在一定程度上反映了在水生环境中对体型较大的生物开展受控实验的困难。描述竞争不仅需要识别共同资源的利用模式，还需要确定这些资源是有限的。如果对种群进行了可量化干预，如添加物种（通过有意或无意的引入）或差别化地降低物种丰度（通过捕捞），并且可以获取潜在竞争者种群变化的历史数据，则可以推断非实验环境中的竞争相互作用。在这些非受控的准实验中，必须注意环境的其他变化。

对于两物种系统的竞争相互作用，确定性的连续时间模型预测了四种可能的结果：只有一个物种可存续的稳定平衡；只有一个物种可存续的不稳定平衡，结果取决于初始条件；两个物种共存的稳定平衡。通过外力调控这两个物种的丰度，可以改变竞争的结果。与预期一致，离散时间框架下的模型可能产生更为复杂的动力学行为。在这种情景下，我们发现有可能出现"虚假"相关性，即两个种群在不同的时间段内可能表现出同步波动、反相关或完全不相关，即使在模型结构上它们通过相互作用项直接关联。

互利相互作用在水生生态系统中得到了广泛认可，但迄今为止还很少被量化。鱼类中存在混合物种集群，这种策略可以保护种群少受捕食者的攻击和/或提高觅食的成功率。互利和共生的其他特殊形式已被广泛记录（如清洁鱼与顾客鱼的关系、鱼类栖息于珊瑚礁而得到保护等）。对经典的 Lotka - Volterra 竞争模型进行简单修改，将其中相互作用项的符号由负变为正，就可以反映互利关系，但该模型可能预测出两个物种无限制增长等不切实际的结果。在这些情况下，需要加入互利作用的饱和效应作为额外约束。

## 【扩展阅读】

Giller（1984）、Roughgarden（1998，第 14 章）、Gotelli（2008，第 5 章）、Vandermeer 和 Goldberg（2003，第 8 章）以及 Case（2000，第 14 章）对于本章涵盖的主题进行了综述，对相关问题都进行了非常有启发性的阐述。针对这些问题更前沿的研究可参见 Kot（2001）。

# 6 群落动态

## 6.1 引言

在第 4 章和第 5 章中，我们研究了两个相互作用物种的动力学，本章将扩展这一框架，研究多物种群落。这里将群落定义为在空间和时间上共存的一组物种。将关注点扩展到多个相互作用的物种时，我们必须考虑在研究成对物种时未曾涉及的其他问题，如种间的直接和间接效应、不同类型种间关系的交互作用以及物种集群的结构和功能等相关问题。群落中包含大量相互作用的物种，它们是如何维持和存在的，这是生态学的一个基本问题。群落中物种的增加是否会降低群落对外部干扰的恢复力？或有些物种在生态系统中具有相似功能而形成"组合效应"（portfolio effect）？

为了探讨这一主题，我们首先研究了包含少量物种鱼类群落的实际变化模式。波罗的海的鱼类组成相对简单，与许多其他北温带海洋生态系统相比多样性更低，为我们从前一章两个物种研究过渡到鱼类群落研究提供了一个很合适的案例，对于理解多重交互途径及其对群落动态的直接和间接影响很有启发性。这里我们关注波罗的海三种主要鱼类：大西洋鳕、大西洋鲱和黍鲱，将其在 1974—2011 年的种群变动轨迹绘制到一个三维空间（图6.1）。该图中能观察到不同的

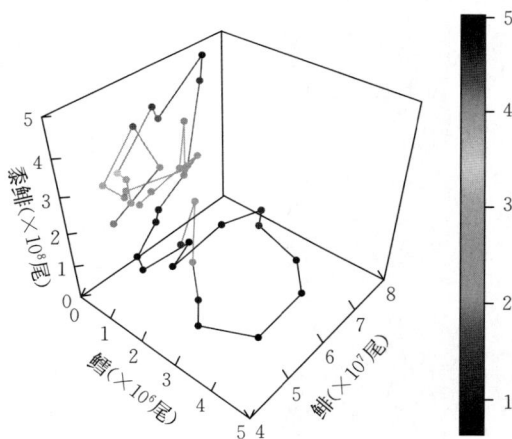

图 6.1　1974—2011 年期间波罗的海黍鲱、大西洋鳕和大西洋鲱丰度的三维图。数据由 Stefan Neuenfeldt 提供。色条表示黍鲱鱼丰度水平（0～5×10⁸ 尾）

模式，代表波罗的海群落的不同状态：20 世纪 80 年代早期为一种状态，特点为鳕和鲱的丰度较高，而黍鲱的丰度较低。自 1990 年以来转换为新的状态，特征是黍鲱丰度较高而鳕和鲱丰度较低。与鳕和黍鲱相比，鲱种群规模的变动

范围逐渐受到了更大的限制。

鳕捕食鲱和黍鲱，而后两种是潜在的竞争者。此外，鲱和黍鲱（特别是后者）也是波罗的海鳕早期生活阶段的捕食者。这种捕食者-被捕食者关系的转换表明，我们应用的模型必须包含一定的年龄或生活史阶段结构，才能完全体现该物种组的动态变化。

在本章中我们面对一个关键问题，而这也将是本书剩余部分的核心——我们能否有效地把控 EBFM（基于生态系统的渔业管理）的复杂性和数据需求？随着我们所考虑的物种数的增加，对相关信息和数据的需求可能令人望而却步。相关研究经常采用各种汇总的方式来解决这个问题。在本章中，我们将讨论根据分类学地位、在生态系统能流、栖息地利用等方面的作用而将物种进行汇总和分组的方法。此外，我们也将探讨按个体大小而不是按物种划分的汇总方式，这种方法是对基于物种的描述方式的补充，因为相似大小的个体通常在生态系统的能量传递中起着相似的作用。基于个体大小的方法衍生出了粒径谱（size－spectra）的思路，该方法不仅适用于群落层面，也适用于整个生态系统，这也是第 10 章中的一个主题。本章还将介绍定性建模技术，可适用于很难或无法实施定量方法的情景。这类方法旨在推断系统的稳定性，聚焦外部扰动影响下系统变化的方向而不是绝对大小。换言之，这些定性方法以牺牲精确性来换取对系统的总体理解。

## 6.2　群落的主要属性

作为本章开展讨论的基础，我们首先描述了群落的一些重要属性，包括物种多样性的特征、关键捕食者在群落动力学中的重要性以及群落典型功能群在系统结构和功能中起的关键作用。我们还描述了群落层次上补偿过程的潜在作用及其与生态系统恢复力的关系，并探究了群落动态中稳定性和复杂性关系这一核心问题。

### 6.2.1　物种多样性

确定群落包含的物种数量是描述群落特征的第一步，这个重要数值被称为物种丰富度。鱼类是脊椎动物中物种最为丰富的类群，目前已知超过 30 000 种，预计最终可鉴定出多达 40 000 种。相比之下，目前已知的哺乳动物物种约为 5 500 种，预计该类中少有新增物种。已知的水生无脊椎动物物种总数远远超过鱼类，但这些物种中可供人类食用的比例相对较低。

了解群落如何应对自然和人为干扰非常重要，尤其是在可能导致物种丧失的风险之下。由于人类对水生生态系统的干预非常普遍，这种物种损失的风险是非常现实的。著名的自然资源保护主义者，奥尔多·利奥波德（Aldo Leopold）在他的经典著作《圆形池塘》（*Round Pond*）中指出，"保留每一个齿轮是智能修复机制的首要防备措施"（Leopold，1949）。因此，如果要进行资源开发或其他形式的人为干预，保护物种丰富度将是一个必须考虑的重要因素，这一基本概念也列入了渔业和野生动物管理和保护的相关法规。

长期以来，理解一定区域内物种丰富度的影响因素一直是生态学研究的重点。一般而言，物种丰富度的决定因素包括群落存在的时间、扰动的频率和程度以及群落占据的区域大小等。其中，占据区域大小被反复证明是群落中预期发现物种数的重要决定因素，其关系通常遵循幂函数的一般形式 $S = \phi A^{\varphi}$，式中，$S$ 是物种丰富度，$A$ 是面积，$\phi$ 和 $\varphi$ 是系数。为了说明这种模式，我们展示了湖泊与内海（Barbour 和 Brown，1974；图 6.2a）和珊瑚礁（Belmaker 等，2007；图 6.2b）水域中鱼类物种数的双对数图。Barbour 和 Brown 的研究涉及全球六个大洲的 70 个湖泊和内海，跨越了近 70°的纬度，而 Belmaker 等则聚焦于一个相对封闭的珊瑚礁海域（红海 Aqaba 湾）。Barbour 和 Brown 的分析中，所有生态系统中物种数-面积关系的总斜率约为 0.15。在更高的空间分辨率下，一些生态系统呈现更高的斜率，如一些非洲湖泊的估计斜率约为 0.35，其中包括物种丰富的东非大裂谷湖泊。Belmaker 等报道的物种-面积斜率更高，约 0.55，与其他珊瑚礁系统一致。显然，更高空间分辨率下的物种数-面积关系在实际应用中十分重要。物种数-面积关系虽然是一个重要的理论层面问题，但它也可用于解决实际问题，如水生资源保护区应多大才能在种群、群落和生态系统等不同层面提供充分保护（见第 15 章）。

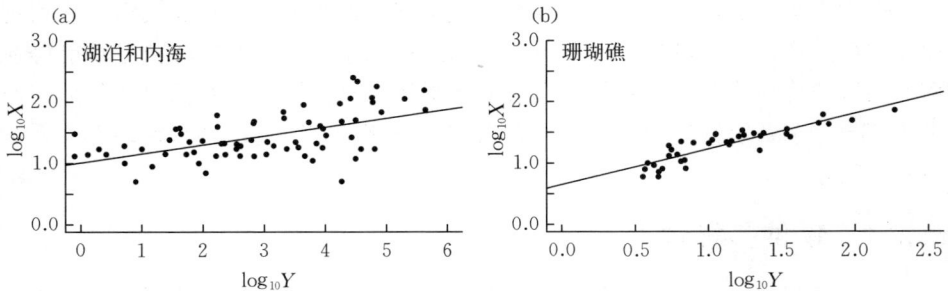

图 6.2　鱼类物种数-面积关系，分别表示（a）70 个湖泊和内海（Barbour 和 Brown，1974）以及（b）红海珊瑚礁。$X$ 代表物种数，$Y$ 代表面积（以 km² 为单位）（Belmaker 等，2007）

在全球物种多样性的研究中能够发现，物种丰富度呈现显著的纬向差异。图 6.3 展示了全球大海洋生态系统中已知鱼类物种丰富度的分布图，其中低纬度地区和上升流地区的物种丰富性明显较高。此外，亚洲西南部物种丰富度也极高，这一格局归因于该地区长久存在且相对稳定的珊瑚礁群落。

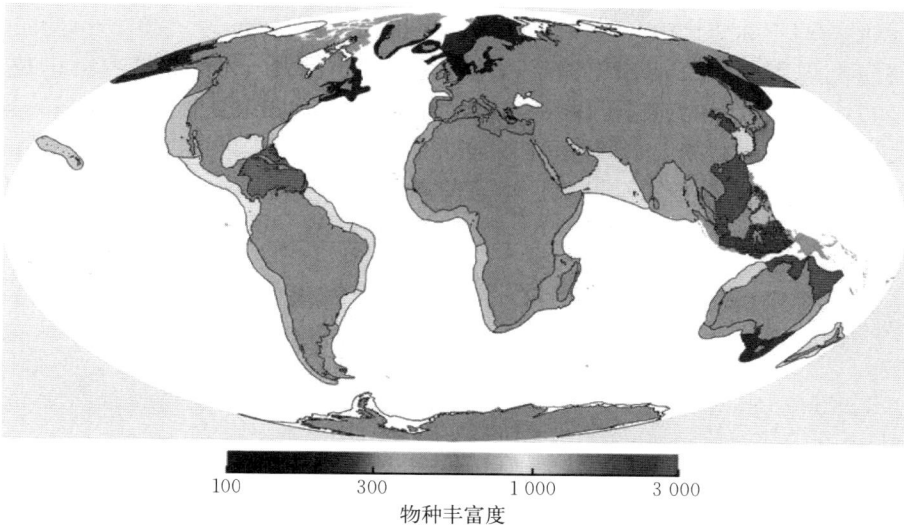

图 6.3　全球大海洋生态系统的物种丰富度（数据来源：不列颠哥伦比亚大学 Sea
　　　　Around Us 项目）

　　在物种丰富度的概念之上，我们可以进一步探讨群落中物种的相对丰度。当前研究已经提出了一系列物种多样性的测度，不仅反映了物种数，还考虑了群落的相对组成［见注释框 6.1，相关综述请参见 Magurran（2004）］。这些测度对于监测自然和人为扰动下群落的变化有重要的作用。例如，图 6.4 表示了美国威斯康星州 Mendota 湖物种丰富度的时间变化，以及三种常见的物种多样性测量方法。监测该湖泊是针对北温带湖泊生态系统正在进行的长期生态研究项目的一部分（http://lter.limnology.wisc.edu）。Hansen 和 Carey

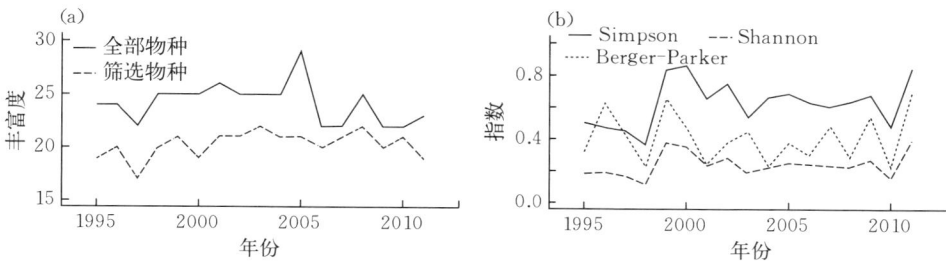

图 6.4　美国威斯康星州 Mendota 湖的（a）物种丰富度和（b）物种多样性指数（数据来
　　　　源于北温带湖泊长期生态研究项目）。（b）中多样性指数由筛选的物种子集计算
　　　　得到

（2015）记录了 1995—2011 年间该湖浮游植物和鱼类集群的变化，在此期间被记录的鱼类物种数从 20 种到 28 种不等。尽管采样过程经过细致的标准化处理，但一些年际变化仍可能归因于假阴性（Hansen 和 Carey，2015）。为了便于展示，我们使用 Hansen 和 Carey 的报告数据，选取了 17 年调查中出现了至少 14 年的物种作为研究子集，计算了 Shannon、Simpson 和 Berger - Parker 指数（图 6.4）。这些指数随着时间的推移显示出类似的变动模式。

---

### 注释框 6.1　物种多样性

当前研究已经提出了许多群落物种多样性的测量方法，这里列出三种常用指标的计算公式。Magurran（2004）对这一问题进行了全面论述，描述了更多物种多样性指标。最常用的多样性度量指标之一是香农指数（Shannon index），这一指标基于信息论（在此情境下多样性等同于信息），其公式为：

$$H' = -\sum_{i=1}^{n} (p_i)(\log_e p_i)$$

式中，$p_i$ 是由 $n$ 个物种所构成群落中第 $i$ 个物种的比例。该指数反映了物种丰富度和物种均匀度，即对于两个物种丰富度相等的群落，均匀度较高的群落在该指数的得分较高。通过取 $H'/\log_e S$，可以分离出香农指数的均匀度分量，其中 $S$ 是物种丰富度。

辛普森（Simpson）指数公式为：

$$D = \sum_{i=1}^{n} (p_i^2)$$

其中 $p_i$ 的定义如上所述。这一指数定义为：从无限大物种库中随机抽取的两个个体，二者为同一个物种的概率。指数 $D$ 随着多样性的增加而减小，因此辛普森指数通常表示为 $D$ 的补数或倒数。实际中，我们不是从无限物种库中抽样，所以在计算 $D$ 时需要加入有限校正因子。

伯杰-帕克（Berger - Parker）指数是一种很直观的物种优势度测度，以最优势物种的个体数和所有物种个体数的比例表示：

$$d = \frac{N_{\text{maxi}}}{N}$$

该指标通常表示为 $1/d$，以反映多样性而不是优势度。

---

## 6.2.2　关键种和营养级联

关键种（keystone species）是群落中的重要物种，相对于其丰度在生态系统中有着不成比例的巨大影响。关键种在维持群落结构方面发挥着关键作用，对它们的扰动会在整个生态系统中产生级联效应。例如，顶级捕食者通常在水生群落中起主导作用，捕捞等因素通过影响这些关键种，会对整个群落和生态系统产生大规模的持续影响。Robert Paine（1969）在其关于潮滩群落的开创性研究中首次提出了这一概念，其重要性在其他水生群落中也得到广泛认可。

为了阐述这一问题，我们参考了 Mittelbach 等（1995，2006）提供的一个启发性案例，其中涉及在湖泊生态系统中关键种移除的后果。Mittelbach 等追踪了 1977 年和 1978 年连续两个严冬之后，美国密歇根州 Wintergreen 湖的一种顶级捕食者——黑鲈（*Micropterus salmoides*）的区域性灭绝对生态系统的影响。严冬导致黑鲈和一种重要的浮游生物食性鱼类，蓝鳃太阳鱼（*Lepomis macrochirus*）在湖中灭绝。1986 年，通过幼鱼放流，700 条黑鲈被重新引入湖中，同时研究人员开始对该湖泊生态系统进行标准化监测。蓝鳃太阳鱼一直未复现，直到 1997 年 74 条成鱼被放流到湖中。黑鲈灭绝后，湖中浮游生物食性鱼类承受的捕食压力得到释放，导致该类群其他物种的丰度显著提高（Mittelbach 等，1995，2006），而在重新引入后，黑鲈种群迅速恢复，导致浮游生物食性鱼类数量急剧下降（图 6.5）。这一变化反过来又导致了浮游动物群落的重构，在浮游生物食性鱼类控制下群落以小型水蚤类为主，后来转变为由大型水蚤类（特别是

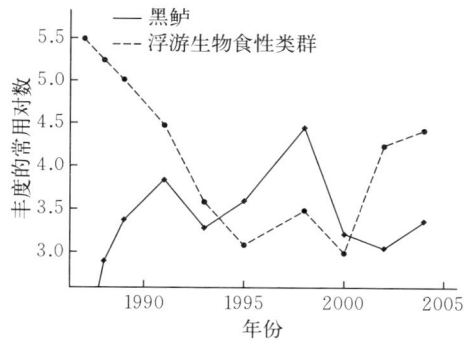

图 6.5　美国密歇根州 Wintergreen 湖黑鲈和浮游生物食性鱼类的丰度估计（改自 Mittelbach 等，2005）

*Daphnia pulicaria*）占据优势。在大型水蚤占主要优势的年份，浮游植物的丰度减少（体现在低叶绿素水平上），水体透明度提高。这种不同营养级的交替变化模式（黑鲈增加→浮游生物食性鱼类减少→水蚤增加→浮游植物减少），被称为营养级联。对湖泊生态系统中营养级联的全面综述，请参见 Carpenter 和 Kitchell（1996）。

海洋生态系统中也有关于捕捞顶级捕食者的类似研究。Frank 等（2005）记录了加拿大东部近海的斯科舍陆架（Scotian Shelf）大海洋生态系统的变化。在该海域，由于以大西洋鳕为优势种的底层鱼类群落被过度捕捞，浮游生物食性鱼类和底栖大型无脊椎动物急剧增加，而这两者都被底层鱼类所捕食。随着浮游生物食性鱼类的增加，大型哲水蚤等桡足类（尤其是 *Calanus finmarchicus*）数量减少，同时浮游植物丰度指数增加。同样，在不同营养级上呈现出一种明显的交替变化模式。Daskalov 等（2007）提供了另一个营养级联的显著示例，在该案例中顶级捕食者的过度捕捞引发了一种外来栉水母入侵黑海。

### 6.2.3　功能群

许多群落包括大量物种，特别是在热带生态系统中。鉴定所有物种是一项艰巨的挑战，而阐明和量化它们之间的相互作用则更为困难。生态学研究中处理复杂性的一个重要方法是关注具有某些共同特征的物种组，而所谓的共同特征经常指分类学相近性或类似的资源利用方式，前者有时被称为分类群（*taxocene*）。也可以根据物种的摄食方式（肉食性、植食性、杂食性）和/或栖息地（中上层或底栖）将物种进行分组，即称为共位群（*guild*）。同一共位群中的物种通常具有某些共同特征，包括个体大小、营养级和对特定的饵料生物类群的形态学适应。因此，它们在群落中扮演相同或相似的角色，也被称为功能群（functional groups）。

在食物网中，可以预料一个功能群内部可能存在对食物资源的竞争，而在某些功能群之间则存在捕食-被捕食相互作用。功能群内的物种是可替代的（fungible），一个物种的减少可以由功能相同的其他物种的增加来补偿。例如，西北大西洋陆架功能群具有较好的稳定性，推测是由其内部的补偿效应维持的（Auster 和 Link，2009）。

若一个物种分属于多个功能群，功能群方法的作用将会大大受限。一些物种在个体发育过程中发生食性转变（Auster 和 Link，2009），或本身是杂食动物，就会产生这种情况，此时要么必须识别食物网中增加的连接度，要么定义更多更细化的功能群，但这两种方式都会增加模型的复杂性。在某些情况下，按功能组的物种分组并不比随机分组更能加深对群落动态的理解（Rice 等，2013）。许多功能群由少数物种主导，因此功能群分析实质上描述了优势种的动态。总之，功能群是一种有用方法，但我们还是需要尽可能地考虑单个物种的动态。在第 12 章中我们将在管理背景下重新审视功能群的概念。

### 6.2.4　群落补偿效应

在前面的章节中，我们看到补偿过程对于物种受扰动后的恢复力至关重要。对于一组物种，是否存在类似的情况？

长期以来，人们认识到渔业生态系统的总上岸量可能比其中各组分的产量要稳定得多，在淡水（如 Regier 和 Hartman，1973）和海洋（如 Sutcliffe 等，1977）环境中均是如此。这一重要生态系统服务的相对稳定性能否归因于社会-生态系统中的补偿效应？在未开发群落中，有证据表明在群落层面上存在补偿过程（如 Tanner 等，2009；Brown 等，2016），我们将其称为群落补偿，也有研究称之为密度补偿（如 Tonn，1985；McGrady Steed 和 Morin，2000）。补偿的根本机制在于资源限制和种间相互作用，这两个因素控制了整个生态系统的承载力。

对于受到各种形式的人类活动强烈扰动的生态系统，是否也存在类似的情况？Walter 和 Hoagman（1971，1975）研究了密歇根湖西北部的一个湖湾——Green 湾中 9 个关键物种在 1929—1969 年间的丰度指数。在此期间

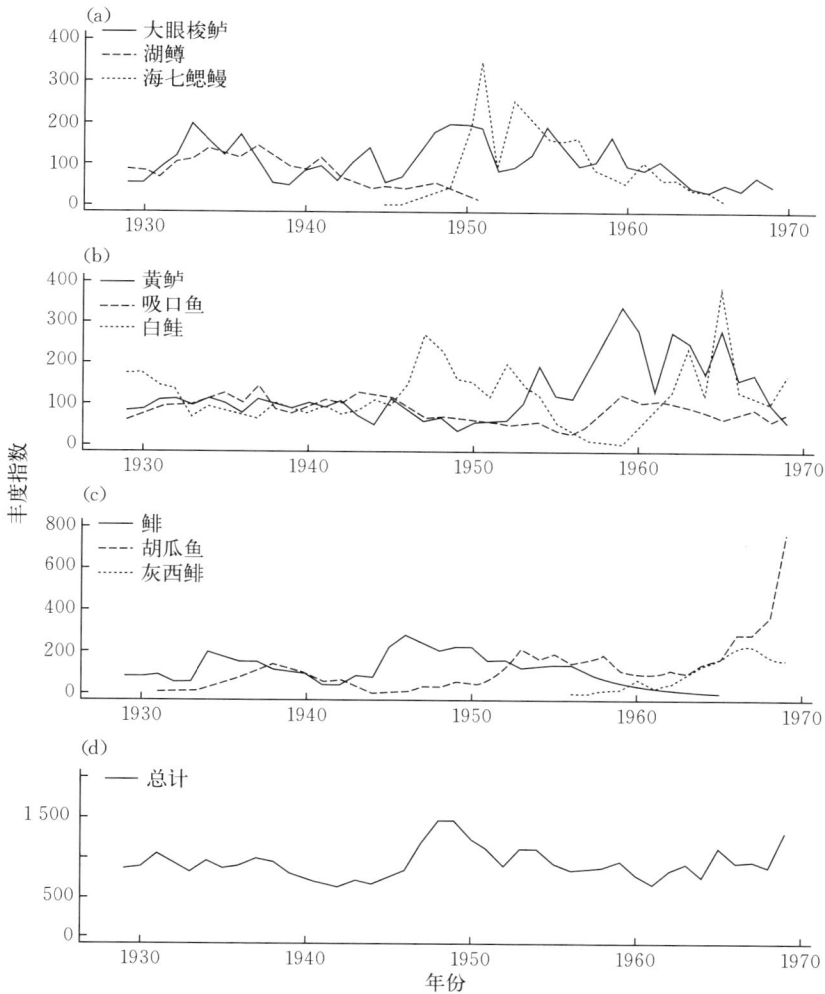

图 6.6　密歇根湖 Green 湾 40 年期间（a～c）9 种物种的丰度指数和（d）总丰度指数（数据来自 Walter 和 Hoagman，1971，1975）

Green 湾群落发生了一些关键变化，包括湖鳟减少，海七鳃鳗数量上升并最终得到控制，以及引入的浮游生物食性鱼类——胡瓜鱼（*Osmerus mordax*）和灰西鲱（*Alosa seudoharengus*）的激增。尽管单个物种数量呈现较大波动（图 6.6a～c），但群落总丰度指数在这 40 年期间保持了显著的稳定性（图 6.6d）。Walter 和 Hoagman（1971）指出，有证据表明这些物种之间存在着显著的生物相互作用，构成某种形式的补偿过程。强烈人为扰动造成的影响仍在持续，有迹象表明群落总体恢复力已下降，相关部门也已采取了重要的修复措施。

## 6.2.5 稳定性与复杂性

Robert May 在一篇极具影响力的论文中（May，1972），探究了群落模型的稳定性与复杂性的关系。对这个问题的早期研究主要关注了群落物种丰富度的潜在意义，即一些物种在群落的关键过程中提供功能冗余，从而构成一种"保险"效应。在 May 的模拟中，复杂性随着物种的数量以及种间相互作用数量（即连接度，connectance）而增加。他模拟了随机构建的群落，发现物种数、连接度和相互作用强度的增加都会降低系统可能达到稳定的概率。值得注意的是，在这些模拟中一些复杂的群落是可以维持的。对这种动态稳定性假设的后续研究进一步考虑了食物网的拓扑结构。Pimm 和 Lawton（1977）发现，食物链越长，恢复到平衡的时间就越长，这意味着它们在波动的环境中不太可能维持。此外，杂食性会导致系统的高连接性，一般认为这也会使系统不稳定。Gellner 和 McCann（2012）重新审视了杂食性在系统稳定性中的作用，指出强杂食性会破坏系统稳定，导致物种丧失；相反，中低水平的相互作用强度可以使物种在复杂的食物网中共存。此外，杂食性的不稳定效应可以持续或间歇性地起作用。

这些模拟结果是否与之前关于物种多样性在群落中重要性的观点相一致？在真实的生态群落中，我们看到的是生态过滤的结果，即存续能力低的物种群落已经被排除。也就是说如果群落结构确实始于随机组合，那么在其演化过程中，通过筛选得到的结果仅包含具备恢复力的群落。这个过程中我们还能看到协同进化的作用。如果源于群落模型的理论成立，我们应该预期物种数较少的群落（如波罗的海和其他北方群落）往往都具有较强的连接度和种间相互作用；相反，物种丰富的群落（如北海和其他温带鱼类群落）的连通性应当较低，或具有许多弱相互作用才能保持稳定。或者，物种丰富的群落也可能整体连接度较低，但物种群之间存在一些强相互作用（May，1973），如空间结构复杂的热带群落。这些预期模式在许多自然群落中可以观察得到（McCann 等，1998）。该一般性结论的现实意义是，一个物种只可能与数量有限的其他物种存在强相互作用，因此会需要估计的相互作用数是有限的。另一方面，如果食物网中存在大量的、不能忽略的间接相互作用，我们对其受扰动后果的定量预测能力将会非常有限（Yodzis，2000）。

随着研究的深入，人们认识到包含三个或更多物种的多物种模型在连续时间下可以表现出异常复杂的非平衡行为，由此稳定性问题出现了一个新的转折。如前所述，即使离散时间的单物种模型也可以表现出混沌动态；而对于连续时间模型，混沌动态通常不会出现在少于三个物种的模型中。有证据表明，至少对于食物链模型而言，随着物种数量的增加，模型呈现复杂动态的可能性将会增加［参见 McCann（2012）对食物网复杂动力学的综述］。在 6.4 节中，我们将进一步讨论动态复杂性问题。

## 6.3 群落动态模型

要反映群落动态，显然模型结构中需要容纳不同形式的种间相互作用，以及非常多样化的物种集群。如前几章所述，连续时间和离散时间模型都已有相关研究开发和应用。在学科历史上，理论生态学中的多物种模型大都是在连续时间上构建的（如 May，1973；Roughgarden，1975），其重点在于平衡态分析（这些模型大多数无法获得解析解，一般需要数值解来检验其动力学模式）。

### 6.3.1 连续时间模型

我们以第 4 章中捕食和竞争模型的基本结构为基础，首先介绍广义 Lotka - Volterra(GLV) 方程组：

$$\frac{\mathrm{d}N_i}{\mathrm{d}t} = \left[ \alpha_i - \beta_i N_i \pm \sum_{j \neq i} a_{ij} N_j \right] N_i \qquad (6.1)$$

其中所有项的定义如第 4 章和第 5 章所述，但研究对象扩展为包括 $n$ 个物种的群落。若将补偿系数 $\beta_i$（物种 $i$ 对自身的影响）以 $a_{ii}$ 来表示，该模型可以更简洁地表示为：

$$\frac{\mathrm{d}N_i}{\mathrm{d}t} = \left[ \alpha_i \pm \sum_{j=1}^{N} a_{ij} N_j \right] N_i \qquad (6.2)$$

注意这里对所有物种对的相互作用项进行了求和，即假设不同物种对目标物种的影响是相互独立的。系数 $a_{ij}$ 的正负表示相互作用的性质（注意事项见 Abrams，1987）：种内和种间竞争对应的系数为负值；对于捕食者-被捕食者关系，被捕食者支撑了捕食者的摄食、生长和繁殖，因此对其产生正影响，而捕食者增大了被捕食者的死亡率，对其产生负影响。对于捕食者-被捕食者动力学，这里只考虑了线性功能摄食响应，但本章后面会把关注点扩展到多物种群落的非线性功能摄食响应。此外，寄生者对宿主产生负影响，同时本身从相互作用中获益；而互利共生的两个物种相互之间均为正影响。最后应注意，在第 4 章中我们关注了捕食者从单一饵料生物获取能量并用于繁殖的情况，而在本章的例子中，捕食者不仅可以利用多种饵料生物，而且在没有给定饵料生物的情况下，捕食者种群仍可能实现增长（若 $\alpha_i > 0$）。这也就是说可能有未指明的"其他"食物来源，可以为捕食者的繁殖提供能量输入。在平衡状态下，模型可以用矩阵形式表示：

$$\boldsymbol{\Lambda} + \boldsymbol{A} \cdot \boldsymbol{N} = 0 \tag{6.3}$$

式中，$\boldsymbol{\Lambda}$ 是内禀增长率的向量；$\boldsymbol{A}$ 是相互作用矩阵。相互作用矩阵中的系数是研究中的重要关注点：

$$\boldsymbol{A} = \begin{pmatrix} a_{11} & a_{12} & \cdots & a_{1n} \\ a_{21} & a_{22} & \cdots & a_{2n} \\ \vdots & \vdots & & \vdots \\ a_{n1} & a_{n2} & \cdots & a_{nn} \end{pmatrix} \tag{6.4}$$

式中，主对角线上的元素是种内相互作用项，所有其他项表示种间相互作用。该矩阵通常被称为群落矩阵。

平衡状态下的种群数量矢量由下式给出：

$$\boldsymbol{N}^* = -\boldsymbol{A}^{-1} \boldsymbol{\Lambda} \tag{6.5}$$

若 $\boldsymbol{A}$ 的所有特征值都有负实部，则平衡态 $\boldsymbol{N}^*$ 是稳定的（注释框 6.2）。在群落水平上，稳定性意味着所有 $n$ 个物种可以在生态时间尺度上持续存在；否则，一个或多个物种将灭绝，群落发生简化。

---

## 注释框 6.2　稳定性分析

广义 Lotka - Volterra 模型可表示为：

$$\frac{\mathrm{d}N_i}{\mathrm{d}t} = \left[ \alpha_i + \sum_{j=1}^{n} a_{ij} N_j \right] N_i$$

为了评估其稳定性，我们首先构造了该函数对群落中每个物种的偏导数矩阵（雅可比矩阵）。当 $i \neq j$ 时，我们得到其导数为：

$$\frac{\partial \mathrm{d}N_i / \mathrm{d}t}{\partial N_j} = a_{ij} N_i$$

当 $i = j$ 时，其导数为：

$$\frac{\partial \mathrm{d}N_i / \mathrm{d}t}{\partial N_i} = \alpha_i + 2a_{ii} N_i + \sum_{j \neq i} a_{ij} N_j$$

对于 3 个物种构成的群落，雅可比矩阵 $\boldsymbol{J}$ 由上述偏导数构成：

$$
\boldsymbol{J} = \begin{vmatrix} \dfrac{\partial \mathrm{d}N_1/\mathrm{d}t}{\partial N_1} & \dfrac{\partial \mathrm{d}N_1/\mathrm{d}t}{\partial N_2} & \dfrac{\partial \mathrm{d}N_1/\mathrm{d}t}{\partial N_3} \\ \dfrac{\partial \mathrm{d}N_2/\mathrm{d}t}{\partial N_1} & \dfrac{\partial \mathrm{d}N_2/\mathrm{d}t}{\partial N_2} & \dfrac{\partial \mathrm{d}N_2/\mathrm{d}t}{\partial N_3} \\ \dfrac{\partial \mathrm{d}N_3/\mathrm{d}t}{\partial N_1} & \dfrac{\partial \mathrm{d}N_3/\mathrm{d}t}{\partial N_2} & \dfrac{\partial \mathrm{d}N_3/\mathrm{d}t}{\partial N_3} \end{vmatrix}
$$

在平衡状态下，我们有：

$$
\alpha_i = -\sum_{j=1}^{N} a_{ij} N_j
$$

以上式替换 $\alpha_i$，则 $i=j$ 时的偏导数变为：

$$
\frac{\partial \mathrm{d}N_i/\mathrm{d}t}{\partial N_i} = -\sum_j a_{ij} N_j + 2a_{ii} N_i + \sum_{j\neq i} a_{ij} N_j = a_{ii} N_i
$$

其中第一个求和项比第二求和项多包含了 $i=j$ 的情况。由此三个物种群落的雅可比矩阵可以写为：

$$
\boldsymbol{J} = \begin{bmatrix} N_1^* a_{11} & N_1^* a_{12} & N_1^* a_{13} \\ N_2^* a_{21} & N_2^* a_{22} & N_2^* a_{23} \\ N_3^* a_{31} & N_3^* a_{32} & N_3^* a_{33} \end{bmatrix}
$$

当且仅当 $\boldsymbol{J}$ 的所有特征值都具有负实部时，向量 $\boldsymbol{N}^*$ 所定义的平衡点是局部稳定的。

在群落内同时存在多种类型的相互作用，它们对群落动态可能产生复杂的影响。我们在第 4 章和第 5 章分别探讨了不同类型的物种相互作用，而不同类型相互作用的综合效应是否推翻了前面的一些结论？这里有无数的可能性，而我们将主要关注两个已经详细研究的重要例子，它们反映了不同形式的竞争和捕食间的相互作用。下面仅以三种物种构成的系统为例进行阐述。

### 6.3.1.1 共位群内捕食

捕食者仅摄食一种低营养级的饵料物种或一种饵料类型是很少见的情况，很多物种都可以从多个营养级上获取能量。前文提到，杂食性可能会降低群落稳定性。这里我们将关注一种特殊形式的杂食性——共位群内捕食（intraguild predation，IGP），也即竞争者之间出现相互捕食（Polis 等，1998；Holt 和 Polis，1997），这在不同类型的水生群落中均很常见（见 Irigoien 和 de Roos，2011）。在三个营养级构成的简单食物链中，中间消费者摄食基础资源物种，并被顶级捕食者摄食；而在最基本形式的 IGP 中，顶级捕食者可以同时捕食基础资源物种和中间消费者。也就是说，顶级捕食者可以直接从基础资源中获得部分食物，而不经由中间消费者传递，从而避免了能量传递过程中的损失；

同时顶级捕食者与中间消费者也存在竞争。这里我们关注一个特别有趣的情景，涉及生物在个体发育过程中食性的变化及其对不同营养级摄食关系的影响。举例来说，大多数鱼类在其生命周期内个体大小会增长几个数量级，早期浮游生活阶段它们可能以浮游植物和/或浮游动物为食，在个体长大后发生食性转换，捕食较大的饵料生物，而后者也以浮游生物为食，也就是说成鱼可以捕食其幼鱼的竞争者。Walters 和 Kitchell（2001）将这种模式称为培育/退偿（cultivation/depensation）效应，即成鱼通过捕食幼鱼的竞争者来提高其后代的存活率。我们在 4.2.5.1 节中提到了这个概念的要点，并将在第 13 章中探讨 Ecopath with Ecosim 这一常见模型时再重点探讨该概念。

基本 IGP 模型是广义 Lotka‐Volterra 方程组的一种特殊形式：

$$\frac{\mathrm{d}N_1}{\mathrm{d}t} = [\alpha_1 - \beta_1 N_1 - a_{12}N_2 - a_{13}N_3]N_1$$

$$\frac{\mathrm{d}N_2}{\mathrm{d}t} = [-\alpha_2 + a_{21}N_1 - a_{23}N_3]N_2 \qquad (6.6)$$

$$\frac{\mathrm{d}N_3}{\mathrm{d}t} = [-\alpha_3 + a_{31}N_1 + a_{32}N_2]N_3$$

式中，$N_1$ 是基础资源物种，$N_2$ 是中间消费者，$N_3$ 是顶级捕食者（见 Tanabe 和 Namba，2005）。注意这里种内的补偿效应仅出现在基础资源物种中，而中间消费者和顶级捕食者的内禀增长率为负。在第 3 章我们定义了 $\alpha = b_0 - d_0$，而在该模型中，我们假设种群增长完全依赖于饵料生物提供的能量，因此 $\alpha$ 的"剩余"部分代表死亡率。该模型可以产生多种可能结果，包括所有三个物种都可共存的稳定状态，或其中一个物种消失的稳定状态，以及在一定参数空间内发生的混沌等极其复杂的动态。我们将在 6.4 节再考虑这种复杂动态。根据 Tanabe 和 Namba（2005）提供的参数，我们可以看到，改变 $a_{31}$ 的值（捕食者从基础饵料资源获得的能量，取值范围为 0～1）并保持所有其他参数不变，就可以产生上述不同结果：当 $a_{31}=0.7$ 且其他参数不变时，模型可以实现所有三种物种的稳定共存，且其变动过程取决于初始条件（图 6.7a）；当 $a_{31}$ 增加到 0.9 时，中间消费者将会消失，新的稳态中仅包含基础资源物种和顶级捕食者（图 6.7b）。

### 6.3.1.2　竞争‐捕食

下面我们考虑捕食可以抑制竞争排斥的情景。与前面的 IGP 不同，下面的例子中包含一种捕食者摄食两种饵料生物，因此只涉及两个营养级。在 5.2.6 节中我们提到了这一问题，而在本书的第三部分中我们将人类视为捕食者，研究由于人类开发利用而改变水生群落的直接和间接途径，此时该问题就变得尤为重要。

在早期研究中，Parrish 和 Saila（1970）探讨了捕食、竞争和物种多样性

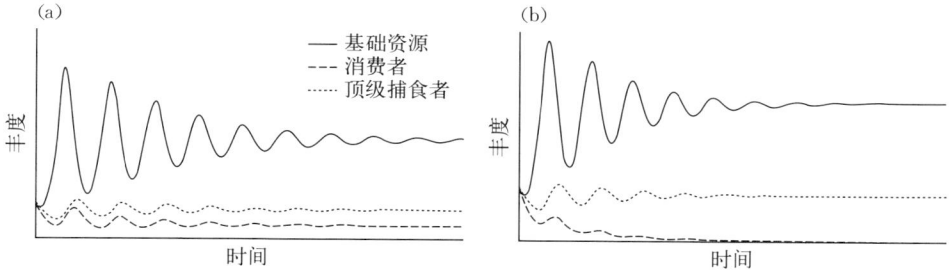

图 6.7　包含三个物种的共位群内捕食系统动态，分别表示（a）3 个物种稳定共存，（b）
顶级捕食者对饵料利用效率的提高，导致中间消费者灭绝。模型结构和参数估
计参考 Tanabe 和 Namba（2005）

之间的联系，他们也使用 GLV 方程组的一种特殊形式：

$$\frac{\mathrm{d}N_1}{\mathrm{d}t} = [\alpha_1 - a_{11}N_1 - a_{12}N_2 - a_{13}N_3]N_1$$

$$\frac{\mathrm{d}N_2}{\mathrm{d}t} = [\alpha_2 - a_{22}N_2 - a_{21}N_1 - a_{23}N]N_2 \qquad (6.7)$$

$$\frac{\mathrm{d}N_3}{\mathrm{d}t} = [-\alpha_3 - a_{33}N_3 + a_{31}N_1 + a_{32}N_2]N_3$$

式中，$N_1$ 和 $N_2$ 表示竞争者；$N_3$ 为捕食者。在该模型中，捕食者的内禀
增长率为负值，依赖于从物种 $N_1$ 和 $N_2$ 获取的能量来实现种群增长。Parrish
和 Saila 针对没有捕食者的情景进行了数值分析，发现竞争者之间会相互排斥。
按照 Parrish 和 Sail 的参数设置，加入两个竞争物种的捕食者后，竞争能力较
弱物种维持种群的可能性将大大提高。其后 Cramer 和 May（1972）确定了一
个参数集合，可以实现三种物种的稳定平衡。图 6.8a 展示了在没有捕食者时
两个竞争者的变化，对应参数设置下物种 1 发生灭绝（Cramer 和 May，
1972）；图 6.8b 中添加捕食者，三个物种达到平衡稳定。

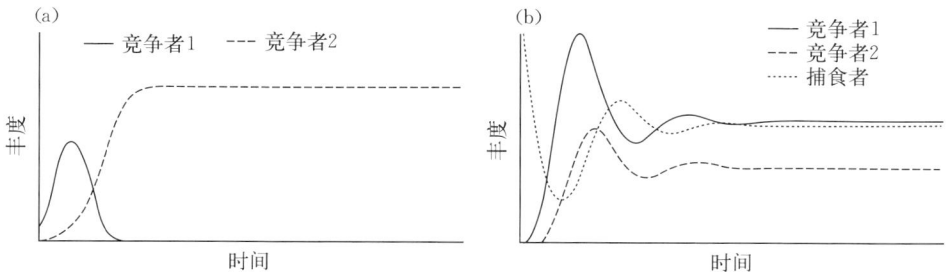

图 6.8　（a）两物种系统的竞争排斥，（b）添加捕食者使三个物种达到稳定平衡。模型
结构和参数参照 Parrish 和 Saila（1970）

### 6.3.1.3 非线性捕食关系

前面的章节中我们只考虑了线性的功能性摄食响应关系，其中竞争和捕食能够以相似的结构来表示，而交互系数 $a_{ij}$ 的正负体现了交互作用的性质（也包括互利等其他形式）。然而如第 4 章中提到的，我们也应考虑其他形式的摄食响应关系。在生态学文献中，包含非线性功能响应的多物种模型大多聚焦 3 个物种构成的系统开展研究。例如，Hastings 和 Powell（1991）研究了由基础资源物种（$N_1$）、中间消费者（$N_2$）和顶级捕食者（$N_3$）组成的食物链，评估了其可能产生的复杂动态：

$$\frac{\mathrm{d}N_1}{\mathrm{d}t} = \left[ \alpha_1 - a_{11}N_1 - \frac{\omega_1 N_2}{\delta_1 + N_1} \right]N_1$$

$$\frac{\mathrm{d}N_2}{\mathrm{d}t} = \left[ c_2 \frac{\omega_1 N_1}{\delta_1 + N_1} - \frac{\omega_2 N_3}{\delta_2 + N_2} - d_2 \right]N_2 \qquad (6.8)$$

$$\frac{\mathrm{d}N_3}{\mathrm{d}t} = \left[ c_3 \frac{\omega_2 N_2}{\delta_2 + N_2} - d_3 \right]N_3$$

式中，$\alpha_1$ 是物种 1 的内禀增长率，$a_{11}$ 是种内相互作用项；$\omega_i$ 和 $\delta_i$ 均为物种 $i$ 的功能性摄食响应系数；$c_i$ 是物种 $i$ 的饵料转化效率；$d_i$ 是由捕食以外的原因造成的死亡。前面章节中，我们根据捕食过程中基础的搜索和处理时间推导出了功能性响应项，Hastings－Powell 使用的模型形式与前者紧密相关。

Hastings 和 Powell（1991）对该模型中出现混沌的条件特别感兴趣（但此处未做展示）。本节展示了一个例子，通过特定的参数设置，使三个物种都能够达到稳定平衡。我们使用了与 Hastings 和 Powell 相同的参数，但减小了系数 $\delta_i$。模型在初始阶段出现波动并逐渐衰减，其后物种丰度的轨迹收敛于固定水平（图 6.9）。

对于一种捕食者利用多种饵料生物的情景，我们需要更广义的功能性摄食响应项，以反映摄食饱和水平由多个饵料物种共同决定的情况；实际上，饵料生物的丰度也是吸引捕食者注意的因素。我们可以在基本的非线性功能摄食响应项之上进行修改，来反映这一特性。参照前述的摄食响应函数，即多物种的 Ⅱ 型功能性摄食响应关系可以表述为：

$$\frac{a_{ij}N_j}{1 + \sum_i d_{ij}N_i} \qquad (6.9)$$

式中，$a_{ij}$ 表示捕食者 $j$ 对被捕食者 $i$ 的影响；$d_{ij}$ 表示捕食者对不同饵料生物的偏好。关于多物种方程的更广泛探讨，请参见 Koen Alonso 和 Yodzis（2005）。

(a)

基础资源物种

丰度

时间

(b)

消费者

丰度

时间

(c)

顶级捕食者

丰度

时间

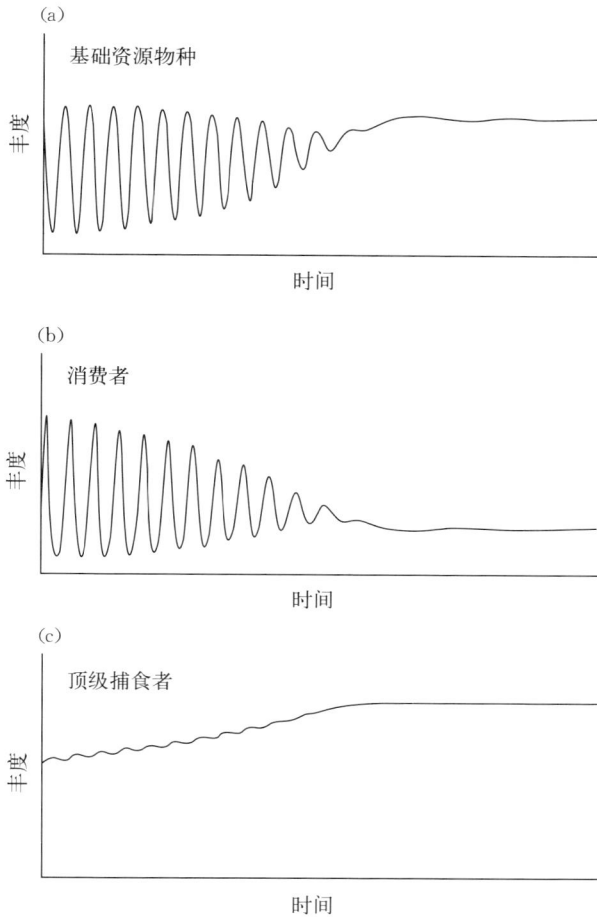

图 6.9 Hastings 和 Powell（1991）包含三个物种的食物链模型的稳定共存状态

## 6.3.2 离散时间模型

利用一阶差分方程可以趋近连续时间的 GLV 方程组，而标准的欧拉近似也许是其中最常用的方法：

$$N_{i,t+1} = N_{i,t} + \alpha_i N_{i,t} \pm \sum_{j=1}^{n} a_{ij} N_{j,t} N_{i,t} \qquad (6.10)$$

其中各个变量的意义与连续时间模型相同，但在这里表示一定时间内的有限变化率。

若以相对导数表示微分方程，则有模型的另一种表述：

$$N_{i,t+1} = N_{i,t} e^{\left(\alpha_i \pm \sum_{j=1}^{n} a_{ij} N_{j,t}\right)} \qquad (6.11)$$

123

其优点是模型得出的种群数量不会为负（见第 3 章）。

我们以波罗的海的鳕-鲱-黍鲱构成的物种组展示 GLV 模型的应用，并使用公式 6.9 描述其摄食响应关系。这些物种具有明确的季节性产卵周期，适合于离散时间的群落动态模型。Sullivan（1991）利用多物种产量模型研究了该物种组的动态，Horbowy（2005）和 Bauer 等（2019）则应用连续时间的群落动态产量模型研究了这几个物种，其中明确考虑了个体的生长。由于这些研究关注的是渔业问题，因此模型公式是以生物量而非数量表示的。

尽管这三个物种是重要的渔业对象，但我们的示例中仍采用种群数量来进行分析，并通过从方程中减去每个物种的渔获数量来简单地表示捕捞移除量。在第 12 章中我们将更详细地探讨如何处理捕捞的问题。波罗的海模型可以表示为：

$$N_{1,t+1} = N_{1,t} + [\alpha_1 - a_{11}N_{1,t} - a_{12}N_{2,t} - a_{13}N_{3,t}]N_{1,t}$$
$$N_{2,t+1} = N_{2,t} + [\alpha_2 - a_{22}N_{2,t} - a_{21}N_{1,t} - a_{23}N_{3,t}]N_{2,t} \quad (6.12)$$
$$N_{3,t+1} = N_{3,t} + [\alpha_3 - a_{33}N_{3,t} + a_{31}N_{1,t} - a_{32}N_{2,t}]N_{3,t}$$

其中，物种 1、2 和 3 分别是黍鲱、鲱和鳕。模型整体的拟合结果在统计上极显著（见图 6.10），鳕对鲱和黍鲱具有统计学上的显著影响。相比之下，该分析也发现鲱或黍鲱对鳕的作用系数均为负，对应了这些中上层鱼类以鳕的卵和仔鱼为食的情况，但该影响在统计上并不显著。有趣的是，黍鲱对鲱的影响是积极且显著的，这说明可能存在一种间接影响，即对黍鲱的捕食偏好会导致对鲱捕食的减少。Sullivan（1991）报道了类似的结果。

应注意，模拟研究表明当存在环境随机性和/或观测误差时，使用丰度或生物量的实测数据来估算生物相互作用的强度一般而言会非常困难（如 Oken 和 Essington，2015）。当然，这并不是说我们可以忽视实际存在的生物相互作用，而是应该尽可能地利用种间相互作用的相关认识，为模型结构的改进提供参考。在一些案例中，这些信息可以用于贝叶斯分析中，为交互作用项设置先验分布。

在波罗的海的例子中我们使用了线性的相互作用，其好处是可以采用同一个简单框架表示不同的作用类型。对于非线性功能摄食响应，且一个捕食者摄食多种饵料生物的情况，我们将需要另一种模型结构。相应的，波罗的海模型可以表述为以下形式：

$$N_{1,t+1} = \left[ (1+\alpha_1) - a_{11}N_{1,t} - a_{12}N_{2,t} - \frac{a_{13}N_{3,t}}{1+d_{13}N_{1,t}+d_{23}N_{2,t}} \right]N_{1,t}$$

$$N_{2,t+1} = \left[ (1+\alpha_2) - a_{22}N_{2,t} - a_{21}N_{1,t} - \frac{a_{23}N_{3,t}}{1+d_{13}N_{1,t}+d_{23}N_{2,t}} \right]N_{2,t} \quad (6.13)$$

$$N_{3,t+1} = \left[ (1+\alpha_3) - a_{33}N_{3,t} + \frac{a_{31}N_{1,t}+a_{32}N_{2,t}}{1+d_{13}N_{1,t}+d_{23}N_{2,t}} \right]N_{3,t}$$

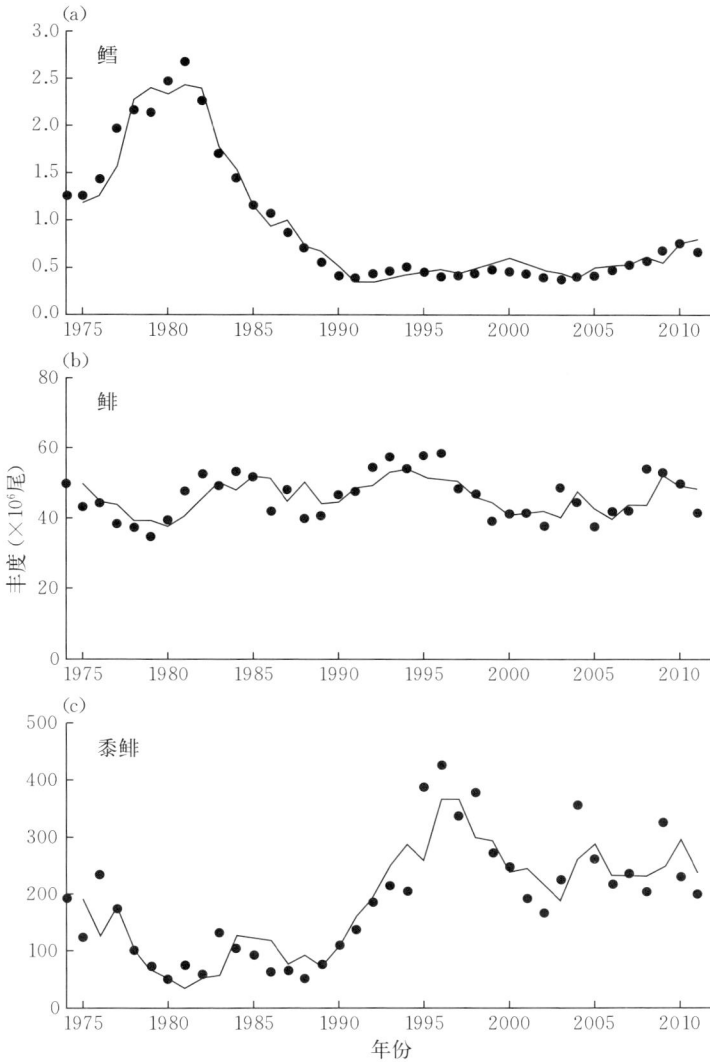

图 6.10　波罗的海（a）大西洋鳕、（b）大西洋鲱和（c）黍鲱种群轨迹的观测值与基于离散时间的广义 Lotka - Volterra 模型的预测

　　这里我们将公式 6.9 的功能性响应关系嵌入产量模型中，该模型形式体现了鲱和黍鲱之间的竞争，并包含了鳕对这两种中上层鱼类的同时捕食。

　　与单物种模型的情形相似，我们可以在上述多物种产量模型的基础上进行简单修改，以引入年龄结构。这一修改是很重要的，因为捕食过程显然依赖于个体大小。大多数水生生物的摄食受限于口裂大小，饵料生物往往比自身小得多。由于共位群内捕食和其他机制的存在，依赖个体大小的摄食关系对群落动态具有非常重要的影响。

### 6.3.2.1 多物种时滞差分模型

多物种时滞差分模型的一般形式为：

$$N_{i,t+1} = s_{i,t} N_{i,t} + R_{i,t+1} \tag{6.14}$$

式中，$s_{i,t}$ 是物种 $i$ 补充后个体的年存活率；$R_{i,t+1}$ 是物种 $i$ 在时间 $t+1$ 的补充量。存活和补充两项均可包含多物种相互作用，如下文所述（Collie 和 DeLong，1999）。Basson 和 Fogarty（1997）探讨了仅涉及捕食的多物种延迟差分模型的动力学特征。

该模型中补充后存活率由两个部分决定：由于种间相互作用导致的死亡，和所有其他自然因素导致的死亡。存活率可以表示为：

$$s_{i,t} = e^{\left(-M1_i \pm \sum\limits_{j=1}^{m} a_{ij} N_{j,t}\right)} \tag{6.15}$$

式中，$M1_i$ 是除种间相互作用以外的所有自然因素导致的自然死亡率；$a_{ij}$ 表示物种 $j$ 对物种 $i$ 的作用。竞争和捕食作用的作用系数为负，被捕食者对捕食者的作用系数为正。

对于补充，我们可以扩展 Ricker 模型，构建多物种的补充函数（如 Hilborn 和 Walters，1992）：

$$R_{i,t} = a_i N_{i,t-r} e^{\left(-b_i \pm \sum\limits_{j=1}^{n} a_{ij} N_{j,t-r}\right)} \tag{6.16}$$

式中，$a_i$ 和 $b_i$ 是种内亲体-补充关系参数，$a_{ij}$ 是种间相互作用项。

# 6.4 复杂动态

对于简单的一维连续时间模型，引入时滞或季节性可能导致复杂的动力学行为，但仅在包含三个或更多耦合微分方程的系统中通常才会出现混沌行为，其特征为对初始条件十分敏感（如 Hastings 等，1993）。Lorenz（1963）展示了包含三个状态变量的简单大气动力学模型的混沌行为，首次揭示了连续时间模型的混沌动力学特征。

许多研究分析了 Tanabe 和 Namba（2005）的 IGP 模型（公式 6.5）和 Hastings 和 Powell（1991）的食物链模型（公式 6.7，第 6.3 节）的动力学特性，表明在一定参数空间中这些模型将呈现混沌动态。在图 6.9 中，我们展示了 Hastings 和 Powell 模型中群落最终达到稳定状态的种群变化轨迹。McCann 和 Yodzis（1994）对 Hastings 和 Powell 模型进行了重新参数化，根据异速能量原理设置了生物学上更为真实的参数，证实了复杂动力学过程的可能性。

在 Tanabe‐Namba 的 IGP 模型中稍微增大参数 $a_{31}$，三个物种的种群数量将会在一定范围内持续波动（图 6.11a～c）。如果我们在三维空间中描绘其变化轨迹，可以发现观测中高度不规则的时间序列将形成一个清晰的几何形状，我们称之为"奇异吸引子"，这显示了在种群波动背后的隐藏规律（图 6.11d）。

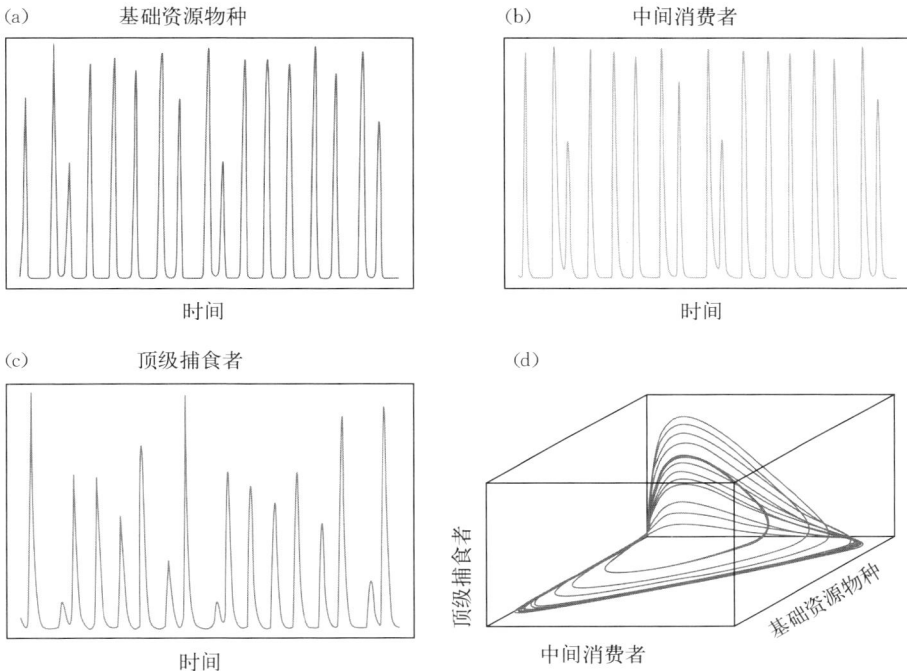

图 6.11　Tanabe 和 Namba（2005）的共位群内捕食模型呈现的复杂动态，图中显示了模型中三个物种的丰度（a～c），以及（d）三个物种系统的状态空间图。改自 Fogarty 等（2016）

在第 14 章中，我们将展示如何根据实际时间序列信息构建"阴影"吸引子，以构建复杂系统的非参数模型并进行短期预测。

## 6.5　粒径谱模型

在水生食物网中，生物的营养级与其个体大小密切相关。许多生命过程与个体大小成比例变化，如新陈代谢、捕食关系、性成熟和捕捞选择性等。因此，按大小对个体进行分组（不区分物种）提供了一种与营养级或功能组分析互补的方法。利用代谢尺度关系可以计算生物量在不同个体大小的预期分布（Kerr，1974），即粒径谱，通常以等比的体重（$w$）区间中的个体数（$N$）表示。粒径谱的斜率通常约等于－1（Kerr 和 Dickie，2001；Yurista 等，2014），这意味着在不同区间内的总生物量（$wN$）是恒定的（Sheldon 等，1972）。

假设种群数量与个体体重之间存在幂函数关系，即 $N=k_1 w^{-b}$，其中 $k_1$ 是常数，指数 $b \approx 2$，对应的粒径谱斜率即为－1。将 $w=aL^3$ 带入上式，得到体长（$L$）的对应表达式：$N=k_2 L^{-3b}$，其中 $k_2=k_1 a$。在 $L$ 到 $mL$ 的体长区间中，总个体数可由积分得到：

$$N_{tot}(L,mL) = \int_{L}^{mL} k_2 L^{-3b}\, \mathrm{d}L = \left[\frac{k_2 L^{1-3b}}{1-3b}\right]_{L}^{mL} = \frac{k_2(m^{1-3b}-1)L^{1-3b}}{1-3b}$$

$$(6.17)$$

式中，$m$ 是划分等比体长组的固定乘数。以上公式两侧取对数，得到线性方程6.18：

$$\log(N_{tot}(L,mL)) = \log\left(\frac{k_2(m^{1-3b}-1)}{1-3b}\right) + (1-3b)\log L$$

$$(6.18)$$

可知该粒径谱为线性，斜率为（$1-3b$）。若 $b=2$，则相应斜率为－5。野外调查数据中通常不会记录每个个体的体长，而是将个体按照等间距的体长（如 5 cm）进行分组。注释框 6.3 展示了如何基于这种体长数据构建粒径谱。

---

### 注释框 6.3　根据体长频率数据构建粒径谱

若体长数据为等间距的形式，则粒径谱（公式 6.18）需要针对体长区间的差异进行修正。与公式 6.18 类似，但在等间隔的体长区间（$L_1$，$L_2$）内进行积分，可得：

$$N_{tot}(L_1,L_2) = \int_{L_1}^{L_2} k_2 L^{-3b}\, \mathrm{d}L = \left[\frac{k_2 L^{1-3b}}{1-3b}\right]_{L_1}^{L_2} = \frac{k_2(L_2^{1-3b}-L_1^{1-3b})}{1-3b}$$

$$= \frac{\left(\left(\frac{L_2}{L_1}\right)^{1-3b}-1\right)}{1-3b} k_2 L_1^{1-3b}$$

最后的一项可以用于修正体长频率数据，即：

$$\frac{N_{tot}(L_1,L_2)(1-3b)}{\left(\left(\frac{L_2}{L_1}\right)^{1-3b}-1\right)} = k_2 L_1^{1-3b}$$

对修正后的值进行对数转换，就可以得到斜率为 $1-3b$ 的线性粒径谱。参数 $b$ 和 $k_2$ 可以通过线性回归或非线性回归进行迭代估算。

　　我们利用从底拖网调查中获取的体长频率数据，检验粒径谱模型的预测（图 6.12）。在这个例子中，原始数据按 5cm 的间距进行了分组，因此需要按照注释框 6.3 对数据进行修正。北海的粒径谱的斜率为 $-4.95$，非常接近预测值。相比之下，乔治浅滩的粒径谱则相对平缓，斜率为 $-4$。研究者指出，该粒径谱表明了乔治浅滩和北海鱼类群落之间存在重要差异。北海鱼类群落的特点是小个体数量较多，而乔治浅滩的粒径谱的范围更广，有许多大个体且中等个体的丰度也更大。北海粒径谱较陡的主要原因可能是较高的捕捞压力和对小型鱼类较高的捕食死亡率（Murawski 和 Idoine，1992）。

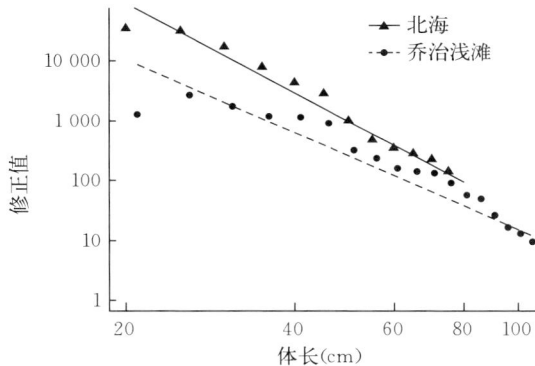

图 6.12　两个温带鱼类群落的粒径谱。乔治浅滩的数据（圆点）来自 NEFSC 秋季底拖网调查，取了 1963—1972 年数据的平均值。北海数据（三角）来自 1980—2004 年的国际底拖网调查。数据按 5 cm 体长分组，并按照注释框 6.3 进行修正。两条线为线性回归拟合结果

　　在解释粒径谱斜率时必须注意，实际观测的粒径谱通常是非线性的，因为所有采样设备都有一定的尺寸选择性，而群落处于非平衡态，并且营养功能群内的粒径谱可能是非线性的。在上面两个生态系统中，尽管我们将分析的个体大小限制在 20~130cm 的范围内，但最小和最大个体组的代表性仍显不足，尤其是乔治浅滩的粒径谱有些弯曲上凸。此外，有研究报道营养功能组内的粒径谱是圆顶形的（Kerr 和 Dickie，2001），也有研究认为上述鱼类粒径谱中有两个圆顶，其拐点大约在 50 cm 处（图 6.12）。大于 50 cm 的鱼大多为肉食性，因此该粒径谱包含至少两个营养级。

# 6.6　定性模型方法

　　要完全表示生态系统各组分之间的相互作用是非常困难的，需要对大量相

互作用进行量化（随系统组分的数量成平方性增加），而且其中某些连接的函数形式也存在不确定性。但是我们还可以基于图论的一定结果、利用定性模型方法，推断系统的一些重要属性，包括物种间相互的间接影响以及群落总体的稳定性等。这是一种很有趣的方法，它首先构建系统的概念模型——这也是所有模型方法重要的第一步，可以表示为系统交互组分的连接图。系统越复杂，这一初始步骤也将越有价值。实际上，概念模型使我们以非常直观的方式描述当前对系统的理解，并识别存在不确定性之处；或通过不同的图形，反映对系统结构的不同假设。

　　Parrish 和 Saila（1970）是最早将图论应用于水生生态系统的研究之一，针对已开发的系统进行了理论的扩展。本节描述了在多物种群落中应用图论的一些要点，并将在第 12 章继续介绍其在海洋生态系统定性建模中的应用。我们先来考虑物种对之间相互作用的简单定性分析（正、负或中性）。

　　在前述波罗的海例子中，我们有一种捕食者和两种饵料生物（图 6.13），两种饵料生物之间没有直接相互作用，但它们通过共同的捕食者影响彼此的生长速度。两个物种之间相互作用的正负可以根据它们在食物网的连接路径上所有相互作用的正负相乘而得出。其乘积为正表示正的间接影响，而负号表示负影响。在图 6.13 中，两种饵料生物相互的间接影响是（－）（＋）＝（－），显然它们是竞争者。因此，鲱数量的减少将导致黍鲱种群增长率提高，反之亦然。

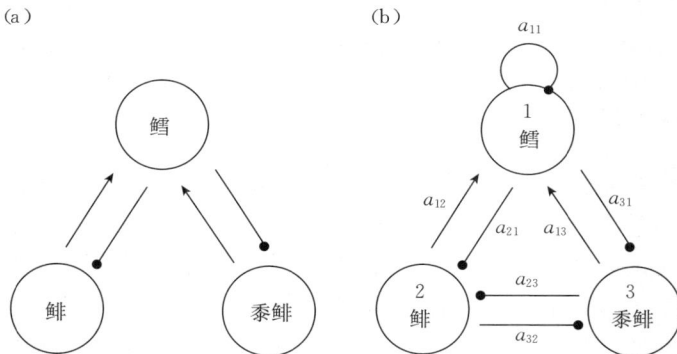

图 6.13　一个简单食物网的环路分析图，其中包括一种捕食者和两种被捕食者，模拟了波罗的海鳕-鲱-黍鲱群落。有向箭头表示饵料生物对其捕食者的正影响，圆点表示了捕食者对其饵料生物或竞争者的负影响。图（b）中每条连接路径标注的系数分别对应群落矩阵中的一个元素，自循环系数（$a_{11}$）表示密度依赖性

　　现在我们将这些概念图形化，以定性分析系统的稳定性。首先要对概念图作一些基本的定义（Yodzis，1998）：图中包含的节点称为顶点（vertex），顶点之间的链接（或连线）称为边（edge）。我们将从某个顶点开始、终止于另

一顶点的一个或多个链接定义为路径（path），一个路径不能穿过任意节点两次。路径的长度是指路径经过的节点数量。若一个路径最后返回其起始顶点，且任何中间顶点仅经过一次，则称为循环。若两个循环具有至少一个共同顶点，则认为它们是连接循环（conjunct），而没有共同顶点的则为非连接循环。

本章前面介绍的群落矩阵也可以用有向图（或符号有向图）表示，这种方法一般称为"环路分析"（loop analysis；Levins，1974，1975；Puccia 和 Levins，1985）。定性的稳定性分析方法可以研究相互作用的方向（符号）及强弱，通常假设系统处于平衡状态，且平衡系统的稳定性取决于系统各个层级的反馈作用性质 [见 Puccia 和 Levins（1985）的综述]。前面提到，种群补偿过程中的负反馈对种群层次的稳定性具有至关重要的作用，环路分析就是这一概念在群落层次的扩展。一般而言，系统各个层级的反馈可以定义为：

$$F_k = \sum_{m=1}^{k} (-1)^{m+1} L(m, k) \qquad (6.19)$$

式中，$L(m, k)$ 是 $m$ 个非连接循环中 $k$ 个链接的所有可能乘积项之和。对于一个稳定的系统，所有层级的反馈作用必须为负，且较低层级的反馈要强于较高层级的反馈（Puccia 和 Levins，1985）。在注释框 6.4 中，我们利用波罗的海的例子，展示了反馈作用和稳定性的计算步骤。

---

### 注释框 6.4  定性模型中反馈作用的计算

这里展示了反馈作用和稳定性的计算步骤。我们以波罗的海模型为例，使用三个物种组成的简单食物网，其中包括一个捕食者和两个被捕食者。该例子中包括鲱和黍鲱之间的直接竞争，以及由鳕捕食形成的补偿控制。第一级（单个物种）的反馈是所有长度为 1 的循环之和：

$$F_1 = (-1)^2 L(1, 1) = -a_{11}$$

这当然是稳定的（所有其他自循环都为零）。第二级的反馈（$k=2$）为：

$$F_2 = (-1)^2 L(1, 2) + (-1)^3 L(2, 2)$$

$L(1, 2)$ 是所有成对物种间相互作用的总和，$L(2, 2)$ 是两个链接构成的两个非连接循环中所有可能乘积之和。由于本例中只有一个自循环，$L(2, 2) = 0$，因此

$$F_2 = (-1)^2 [(a_{12})(-a_{21}) + (a_{13})(-a_{31}) + (-a_{23})(-a_{32})]$$

也即

$$F_2 = -(a_{12}a_{21}) - (a_{13}a_{31}) + (a_{23}a_{32})$$

上式表明若两个被捕食者的竞争产生的反馈作用小于捕食者对其摄食

---

的作用，则第二级是稳定的。第三级反馈（$k=3$）为：

$$F_3=(-1)^2L(1,3)+(-1)^3L(2,3)+(-1)^4L(3,3)$$

$L(1,3)$ 是长度为 3 的所有循环的总和；$L(2,3)$ 是两个非连接循环中所有可能乘积之和，其中一个循环的长度为 2，另一个是自循环；最后 $L(3,3)=0$，因为本例中没有三个非连接循环。因此

$$F_3=(-1)^2[(-a_{23})(-a_{31})(a_{12})+(-a_{21})(a_{13})(-a_{32})]+$$
$$(-1)^3[(-a_{11})(-a_{23})(-a_{32})]$$

也即

$$F_3=(a_{23}a_{31}a_{12})+(a_{21}a_{13}a_{32})+(a_{11}a_{23}a_{32})$$

由于第三级反馈作用为正，因此整个系统不稳定。一般而言，捕食-被捕食的相互作用倾向于使群落稳定，而竞争倾向于使群落不稳定（Li 和 Moyle，1981）。

环路分析已用于评估在贫营养湖泊中引入物种的后果（Li 和 Moyle，1981）。这类湖泊群落相对简单，营养基础有限而稳定。如眼点丽鱼（*Cichla ocellaris*）被引入巴拿马 Gatun 湖后，破坏了群落的稳定，导致 11 种本地鱼类的区域性灭绝。环路分析表明，对有限营养基础的竞争加剧破坏了这些群落的稳定性（Li 和 Moyle，1981）。

## 6.7 小结

生态学理论表明，增加物种数、增加相互作用数以及增加相互作用强度都会使群落变得不稳定。相反，较强的种内密度依赖、低连通性和弱营养联系会使得稳定性增强。这些理论预测在许多鱼类群落中得到了证实。根据个体大小、功能或摄食组成将物种分组可以降低鱼类群落模型的维度。针对世界鱼类群落的分析证明，功能组内存在较强的补偿效应，而功能群之间存在较弱的捕食-被捕食联系。粒径谱描述了个体而非物种在体长或体重组中的数量分布。异速尺度关系可以预测粒径谱的斜率和截距。粒径谱的斜率可以作为一种群落状态的指标，但由于许多观测中的粒径谱是曲线的，因此其应用存在一定问题。定性方法可用于评估物种之间的间接相互影响以及群落的整体稳定性。然而，随着食物网连通性的增加，定性分析将很难计算，除非这些相互作用的相对强度是已知的。因此，食物网中一个组分所受扰动对其他组分产生的影响往往是无法预测的。

## 【扩展阅读】

Pielou（1969；18 章），Puccia 和 Levins（1985），Yodzis（1998；第 7章），Hilborn 和 Walters（1992；14 章），Case（2000；15 章），Magurran（2004），Walters 和 Martell（2004；11 章），Stevens（2009；第 7 章和第 10章），以及 McCann（2012；第 5 章）围绕本章主题进行了综述。Morin（1999）和 Mittelbach（2012）在群落生态学领域开展了综合的探讨。

# 7 空间过程

## 7.1 引言

到目前为止，我们探讨的种群过程以及描述种群过程的模型并没有直接考虑种群的空间结构。众所周知，由于特定的栖息地需求、集群和其他行为模式，以及捕食者存在与否等生态因素，水生种群表现出异质性空间结构。一个地理分区可能是种群补充的源或汇，取决于死亡率的高低（Kritzer 和 Sale，2006）。但前文中探讨的简单模型一定是不合适的吗？我们将看到，这个问题的答案在很大程度上取决于子种群之间的交换率。若交换率较高，则种群通常可被视为实际上的同质单元；相反，若子种群间的交换率处于中低水平，则可能需要明确考虑种群的空间结构。当前空间管理策略（如长期禁渔区、水生保护区等）的应用越来越广泛，推动了空间结构化种群理论以及空间显式模型的发展（Collie 等，2014）。在本章中，我们将考虑空间模式和过程，以及空间显式种群模型的构建，并在第 15.3.2 节继续讨论空间管理策略的问题。

在继续探讨之前我们先来介绍一些定义。如前文所述，种群是栖息在同一地理区域由同种个体构成的自我繁殖群体，并与其他种群存在生殖隔离。子种群（subpopulation）是一个半独立的自我繁殖群体，与种群的其他组成群体之间存在有限但明显的个体交换。复合种群（metapopulation）包括多个在空间上散布的子种群，并通过扩散过程联系在一起。子种群的混合可以通过鱼卵和仔鱼阶段的输运以及幼体和成体的主动洄游实现。繁殖群体（spawning component）是种群的一个组成部分，在一年中的特定时间占据特定的产卵场。恋源性（philopatry）是指动物留在或返回其出生地的倾向。在渔业文献中，术语 stock 通常被当作子种群的同义词，但有时也被更广泛地定义为在一定时空范围被特定渔业开发的资源群体。在这一语境下，它代表了种群相关规范概念的实用性简化。

### 7.1.1 分布和丰度模式

许多种群具有斑块化分布，呈现出高低不同的密度梯度。随着种群总体数量的改变，其空间分布将如何变化？当种群规模下降时，其分布是向重心收缩，还是高密度区被清空（像甜甜圈一样）？这些问题的答案很重要，尤其是对于被捕捞的种群。在捕捞压力下，若种群的分布随其丰度的下降而收缩，则在其核心栖息地仍会呈现较高密度。在第 11 章中我们将看到，这可能让我们难以正确解读被开发种群的渔获率信息。

另外值得注意的是，不要混淆丰度-分布面积关系与气候变化导致的分布迁移，尽管区分两者可能很困难。如果气候变化主要影响了物种的生产力和总丰度，则在变暖条件下冷水种的分布会收缩，而暖水种反之。

## 7.2　单一种群的空间分布

由于资源可用性、气候变化和捕捞压力等大量潜在因素的相互作用，水生生物的空间分布模式会随时间发生很大变化。作为研究案例，在图 7.1 中我们展示了渔业科学调查中两个年份北海大西洋鳕成鱼的丰度，其分布呈现了截然不同的模式。在 1983 年，大西洋鳕广泛分布于整个北海（图 7.1a）；然而到 2017 年，尽管鳕在整个调查区域仍然均有发现，但在最南端的分布明显减少（图 7.1b）。人们已经认识到，捕捞和气候变化等外部驱动因素影响了北海鳕群体的分布和丰度（Perry 等，2005），但同时还有各种各样的人为和生态因

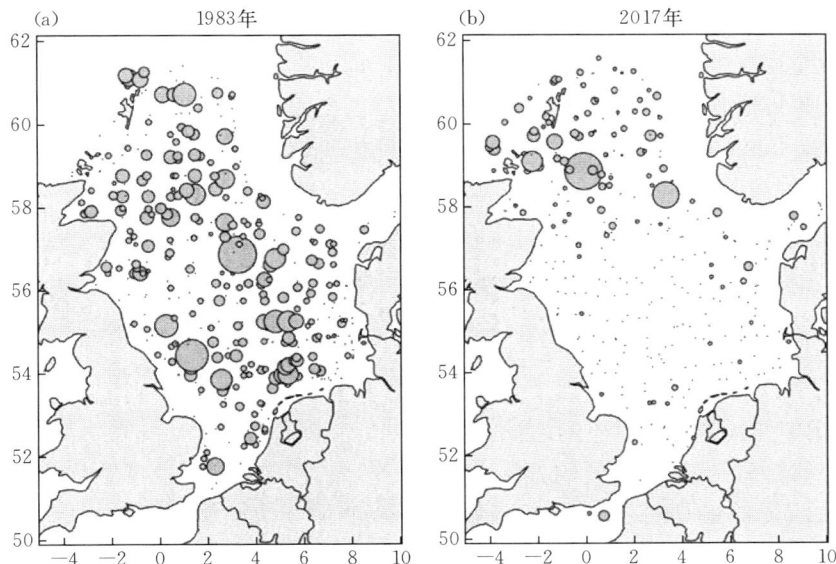

图 7.1　北海大西洋鳕成鱼在（a)1983 年和（b)2017 年的空间分布。圆圈大小与资源丰度成正比，按各自年份最大值进行了缩放，散点表示未捕获鳕样品的站位。该科学调查由国际海洋开发委员会（ICES）资助，Anna Rindorf 提供数据

素，通过直接或间接方式影响种群动态，从而产生了观测中的分布模式。这里我们将首先介绍一些表示水生种群分布变化的经验指标，然后探讨结合空间结构的模型。

## 7.2.1 分布和散布的量度

当前已有很多分布和散布的指标来表征种群的空间特征，为衡量种群分布随时间的变化提供了方便的量度。Rindorf 和 Lewy（2012）研究了水生生态系统中种群的丰度和分布模式，检验了几个常用指数的抽样特性，包括（a）种群占据的面积，（b）Lloyd 斑块度指数（Lloyd，1967），（c）基于洛伦兹曲线的基尼系数，（d）种群的分布重心，以及（e）各样本到重心的距离（重心距）。下面我们以图 7.1 所示的北海大西洋鳕为例说明这些量度指标。该鳕鱼群体的估计生物量在 1983 年到 2005 年期间减少了一半，随后又有所增加（图 7.2a）。在解释鳕分布模式的变化时，必须考虑其丰度变化。

需要注意，一般对于水生种群而言，种群丰度是通过抽样而不是普查来估计的，因此丰度-面积关系的评估较为复杂。丰度和占据面积的度量指标通常是基于相同的样本计算得到的，因此占据面积的估计可能因采样误差而出现偏差。本节后续部分所述的指数可用于推断空间分布如何随种群规模变化，但应注意某些指数可能是有偏的，特别是在平均丰度较低的情况下（$\bar{n} < 10$）。零观测值可以是调查中发现率低导致的采样零值，也可以是物种不出现对应的结构零值。如果混淆了采样零值和结构零值，种群占据面积将被低估。只有结构性空区比例、Lloyd 指数和重心距指数在所有丰度水平上均为无偏估计量（Rindorf 和 Lewy，2012）。

### 7.2.1.1 占据面积

种群占据面积的估计值是其空间分布的一种简单而直观的量度，通常表示为包含目标物种一定个体数量所需的样本比例。现在有很多方法可以用于估计这一比例，其中一种方法是构建每站位捕获个体数量的经验累积概率分布，并以其 95％分位数表示。如果每年采样站位的数量有变化，则需要校正样本量，即以 95％分位数对应的估计站位数除以该年总的采样站位数。Rindorf 和 Lewy（2012）提出了其他的方法，其中一些量度可以显式处理采样零值。在北海大西洋鳕的研究中，我们利用的核密度估计也可以计算占据面积（见7.2.1.6 节）。

### 7.2.1.2 Lloyd 指数

许多描述种群分布属性的重要指数均基于某一区域内样本均值和方差的关系。尽管这些量度没有直接考虑空间坐标，但通过与泊松分布和负二项分布一阶与二阶中心矩的比较，能够为理解在任意位置观察到一定数量个体的概率提

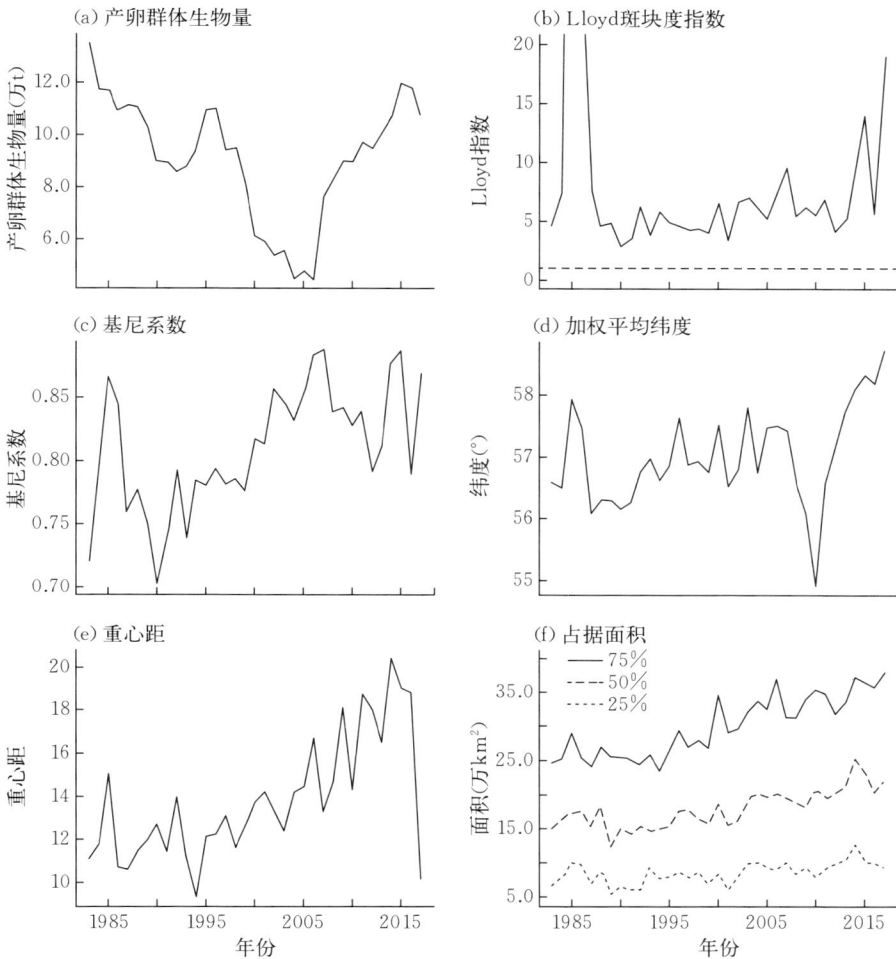

图 7.2　北海大西洋鳕成鱼丰度的空间度量指标，分别展示了（a）由 ICES 评估的
产卵群体生物量，（b）Lloyd 斑块度指数，（c）基于洛伦兹曲线的基尼系数
（Gini index），（d）以丰度加权的平均纬度，（e）重心距（inertia，各点到重
心的距离），以及（f）不同数量百分比下种群所占据的面积，由核密度平滑
方法估计得到。Anna Rindorf 提供数据

供参考。这些分析关注的重点主要是反映种群分布的随机或斑块（聚集）
特征。

Lloyd 斑块度指数是此类方法中的一个著名例子：

$$L_P = 1 + \frac{s^2}{\bar{n}^2} - \frac{1}{\bar{n}} \tag{7.1}$$

式中，$\bar{n}$ 是每个采样站位的平均个体数；$s^2$ 是样本方差。对于服从泊松分布的随机分布种群，有 $s^2 = \bar{n}$，对应的 Lloyd 指数为 1。对于服从负二项分布的斑块化分布，有 $L_P = 1 + 1/k$，即 $L_P$ 随着尺度参数 $k$ 的减小而增大（见注释框 7.1）。北海鳕 $L_P$ 的估计值如图 7.2b 所示，$L_P$ 估计值均高于 1，表明其斑块化分布。此外，图中 $L_P$ 指数具有明显的突出峰值，特别是在该时间序列的前一部分。这些峰值是由于少数站点出现了大量的鳕捕获量。自 1990 年以来，斑块化逐渐增加，并在最末一年（2017 年）再次达到峰值。

---

### 注释框 7.1　空间统计学和空间模型中常用的离散概率分布

在研究空间统计学和空间模型时，我们常用到几种离散型概率分布。其中泊松分布和负二项分布是以种群方差与均值的比值为基础的空间量度的核心。二项分布是分析随机游走过程的基础。离散分布适用于处理计数数据（个体数量），而非连续型变量。对于这一主题，Bolker（2008）提供了很好的入门介绍。注意概率分布这一术语在这里特定地用于表示事件发生的概率，不同于口语用法中以分布表示的目标对象的排列方式。

泊松分布

泊松分布描述了在固定的时间（或空间）间隔内，随机事件发生一定次数（$x$）的概率。这些事件的发生率是固定的，与前一次事件的发生时间无关。在此条件下，个体在空间的分布模式是随机的。其概率函数为：

$$P_r(X=x) = \frac{e^{-\lambda}(\lambda)^x}{x!}$$

式中，参数 $\lambda$ 是单位时间内事件的平均发生次数，且方差与该均值相等。该分布有时以速率常数表示，对于本书来说其关键点不变（即均值和方差相同）。因此，对于变量随机分布的第一个量度指标就是方差与均值的比值为 1。

负二项分布

负二项分布用于描述生物的聚集排布。在大部分的生态学研究中，负二项分布由泊松分布推导而出，但其概率系数不是常数而是服从伽马分布。负二项分布的概率密度函数为：

$$P_r(X=x) = \frac{\Gamma(k+x)}{\Gamma(k)x!}\left(\frac{k}{k+\mu}\right)^k \left(\frac{\mu}{k+\mu}\right)^x$$

其均值和方差分别为：

$$E(X) = \mu$$

$$\mathrm{Var}(X) = \frac{\mu + \mu^2}{k}$$

二项分布

二项分布描述一个离散变量呈现两种状态之一的随机过程。对于一维空间的随机游走模型，这表示向当前位置的左侧或右侧移动。其概率密度函数为：

$$P_r(X=x)=\begin{bmatrix} N \\ x \end{bmatrix} p^x (1-p)^{N-x}$$

其均值为：

$$E(X)=pN$$

方差为：

$$Var(X)=p(1-p)N$$

如果样本数量 $N$ 足够大，二项分布近似正态分布。

#### 7.2.1.3　洛伦兹曲线

将样本 $n_1$，$n_2$，…，$n_I$ 按升序排列并绘制其累积分布，即得到洛伦兹曲线。洛伦兹曲线最初被用于评估人类群体的收入不平等性（Lorenz，1905），现已应用于包括生态学在内的许多领域。图中的对角线表示所有样本值都相等的假设（绝对平等线），而偏离这条参考线表示样本分布不均匀（图 7.3 的阴影区域），对于种群数据，这表示部分具有高丰度值的样本存在集中或聚集。

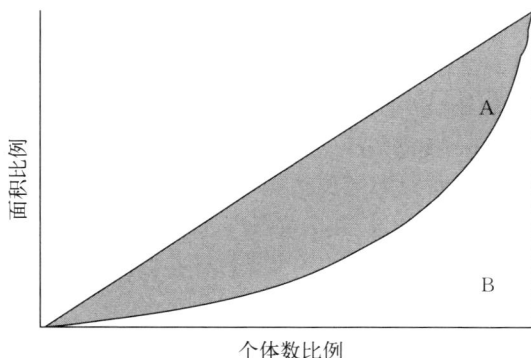

图 7.3　洛伦兹曲线的示意图，以累积的采样个体数量与累积的采样面积（占总数的比例）表示。阴影区域（A）是相对于均匀分布的偏离。基尼指数（G）可理解为区域 A 与 A+B 的面积的比值，其中 B 指洛伦兹曲线下的面积

许多指数均基于洛伦兹曲线的分位数，如社会经济学中常用的基尼指数（Gini index），定义为洛伦兹曲线和对角线之间面积的两倍，可表示为：

$$G=\frac{\sum_{i=1}^{I-1} i(I-i)(n_{i+1}-n_i)}{(I-1)\sum_{i=1}^{I} n_i} \qquad (7.2)$$

式中，$I$ 是样本数；$n_i$ 是第 $i$ 个样本的个体数。基尼指数介于 0（所有样本均等）和 1（所有个体都在一个样本中）之间。在北海鳕的研究案例中，基

尼指数始终较高，也能表明个体集中在少数几个站位（图 7.2c）。在最初的峰值之后，基尼指数自 1990 年以来有所上升，与 Lloyd 指数类似。

### 7.2.1.4　重心

重心可以根据丰度加权的平均位置计算（如 Murawski，1993）。例如，平均纬度表示为：

$$\overline{lat} = \frac{\sum_i lat_i \log(n_i)}{\sum_i \log(n_i)} \tag{7.3}$$

式中，$n_i$ 为站位 $i$ 的丰度。对于非零样本，以丰度的对数加权可提供平均位置的无偏估计（Rindorf 和 Lewy，2012）。同样方法也可以计算平均经度，即得到笛卡尔坐标中的平均位置，这一平均位置通常被称为空间分布的重心（$C$）。对于沿海岸线分布的种群，若海岸线的朝向非严格南北或东西方向，则通过旋转坐标系构建沿岸和离岸坐标轴是一种有用的处理方法（Nye 等，2009；Bell 等，2014b）。在图 7.2d 中，我们展示了北海大西洋鳕成鱼分布的平均纬度在 1983—2017 年的变化，可以看到其平均纬度随着时间的推移呈升高趋势，仅在 2010 年出现明显降低，对应当年英吉利海峡的高渔获量。在更早的时候 Perry 等（2005）也记录了大西洋鳕种群的北向迁移与北海水温升高有关。

### 7.2.1.5　地理散布

种群的地理散布可以根据所有个体到分布重心的平均距离 dist($i$，$C$）来度量（Murawski 和 Finn，1998）。种群所有个体到重心 $C$ 的平均平方距离为：

$$d^2 = \frac{\sum_{i=1}^{I} n_i [\text{dist}(i,\ C)]^2}{\sum_{i=1}^{I} n_i} \tag{7.4}$$

式中对所有站位 $I$ 求和。该距离 $d^2$ 以方差表示，是离散度的一种度量。我们看到北海鳕的 $d^2$ 有所增加（图 7.2e）。

根据二元正态分布可以计算种群数量的等值线椭圆，对于一个包含种群数量 $p\%$ 的等值线椭圆，其面积 $A_p$ 可以由下式估计：

$$A_p = C_p \sqrt{s_x^2 s_y^2 (1-\rho)} \tag{7.5}$$

式中，$C_p = \chi^2(2) p\pi$（自由度为 2、概率为 $p$ 的卡方统计量）；$s_x$ 和 $s_y$ 是 $x$、$y$ 方向的标准差；$\rho$ 是相关系数（Rindorf 和 Lewy，2012）。1983 年和 2017 年大西洋鳕成鱼的置信椭圆如图 7.4 所示，其分布重心（椭圆轴的交点）在 2017 年相对于 1983 年的参考位置向西北偏移。

### 7.2.1.6　核密度估计

基于二元正态分布的置信椭圆假设种群在任一轴上均为对称分布，但实际情况可能并非如此。如果种群的空间格局是不连续的，具有两个或多个集中区

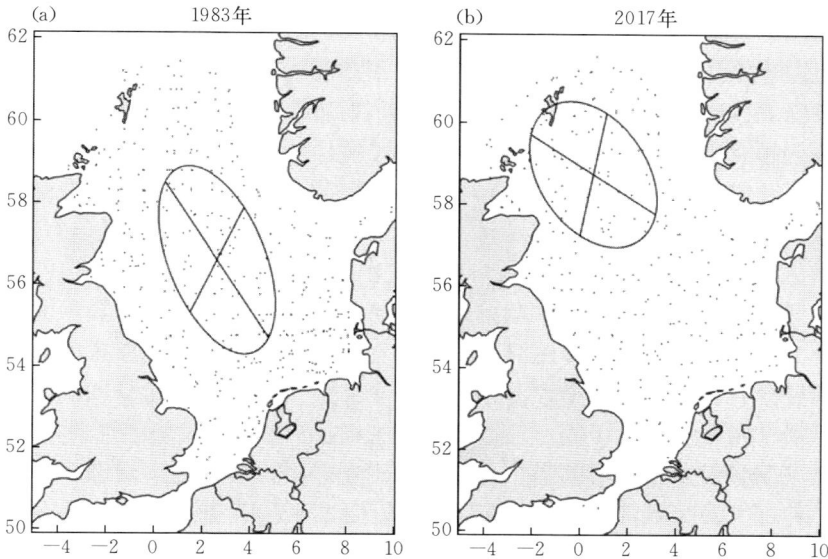

图 7.4  北海标准化科研调查中大西洋鳕成体分布重心在（a)1983 年和（b)2017 年的置信椭圆

域，计算种群分布时可以使用更通用的平滑方法，如克里金法。核密度平滑（Kernel Density Smoother）是一种非参数方法，计算了包含给定种群比例的最小区域，可以处理不规则的空间分布（Simonoff，1998）。选取的百分比中最小值表示种群分布的核心区域，其极限值即为分布重心。图 7.5 显示了 1983 年和 2017 年北海大西洋鳕成体的核密度估计值，其空间分布不对称，并在 2017 年变得不连续。根据种群百分比对应等值线内的累积面积，可以计算种群占据面积。在北海鳕的例子中，没有证据表明栖息地选择依赖于密度（盆地模型的预测）（见第 7.4.1.1 节）。相反，随着种群重心向北移动，其占据面积有所增加（图 7.2f）。出现这种模式是因为种群分布的后缘（北海南部）比分布前缘（北海北部）移动得更慢，实际上扩展了其空间分布。

## 7.2.2  气候和分布

上述方法都可以应用于成时间序列的丰度数据。随着近海逐渐变暖，许多种群在空间分布上发生了迁移（如 Perry 等，2005；Nye 等，2009）。例如，北美海洋鱼类种群，其分布重心的移动速度与气候速度（等温线变化的速率和方向）有关（Pinsky 等，2013）。Pinsky 等（2013）发现，总体而言气候速度大致解释了海洋生物分布重心变化中 40％的方差。从直觉上推断，在全球变暖的驱动下生物分布一般应向极地移动，这在许多案例中都可以观察到；然

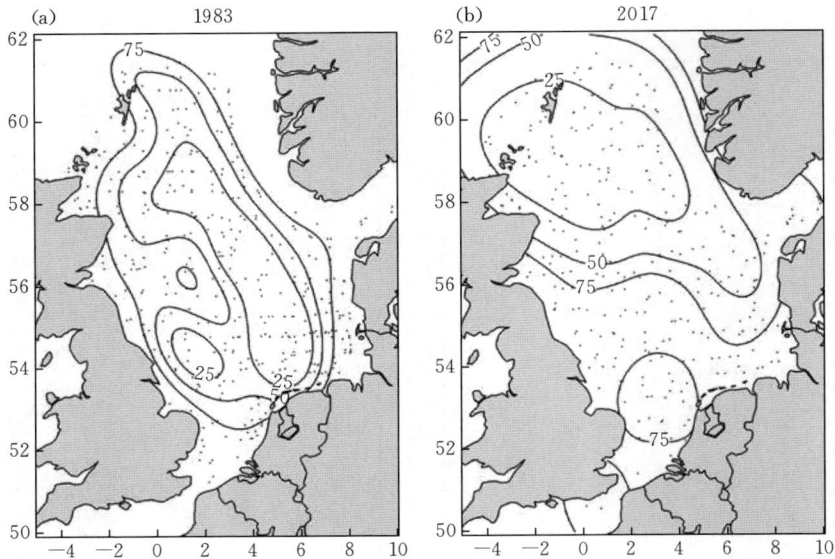

图 7.5　北海标准化科研调查中非零观测区域的大西洋鳕成鱼分别在（a）1983 年和（b）2017 年总丰度的核密度估计

而，诸如水文流态、地形限制以及其他因素可能会在不同区域尺度上产生更多样化的结果（Pinsky 等，2013）。其方差中未能解释的部分表明，其他驱动因素在分布变化中发挥着重要作用。这些因素可能包括资源可用性、栖息地因素、密度依赖性过程（Bell 等，2014b）和捕捞努力量的空间分布模式（Frank 等，2018；Adams 等，2018）等变化。

## 7.3　移动和散布模型

上文探讨的空间度量是实际分布模式的静态快照，为理解过去的变化提供了重要参考。但是仅根据这些空间度量，无法直接推断出任何表观分布变化的潜在原因，也（必然）不能用于预测未来的变化。为了完善这方面的分析，我们需要一个更加动态的方法，明确考虑生物的运动及其他相关因素。水生种群分布的变迁可能是在人为和自然因素驱动下种群死亡率变化的结果，也可能反映了种群的定向移动，后者也是对胁迫因子的一种响应。

我们首先考虑一种非常简单的算法来探索运动中随机选择的结果。假设生物在每个时间步长移动一定距离，由速度（V）和时间段长度（$\tau$）的乘积给出。我们以一维空间为例介绍其基本概念，其中假设生物以相等的概率沿正向或负向随机移动。因为在每一步中只能取两个离散性结果中的一个，所以我们可以用二项分布来描述这一过程。我们进一步假设，在任意时间的运动方向均与之前时间步长的运动方向无关（即在该过程中没有记忆效应）。图 7.6 展示了这类"随机游走"模型的结果。我们在一个初始点释放了 $N=25$ 个个体并跟踪其位置随时间的变化，观察它们在该过程中越发分散的分布（图 7.6a；另见注释框 7.2）。如果我们按照一定的时间间隔检查这个初始种群在空间域上的密度分布，就能看到种群从初始点源开始逐渐扩展，并接近钟形分布（图 7.6b）。事实上，当 $N$ 很大时，二项分布近似正态概率密度。我们也可以直观地看到分布的方差将随时间增加，如图 7.6b 中的例子所示。

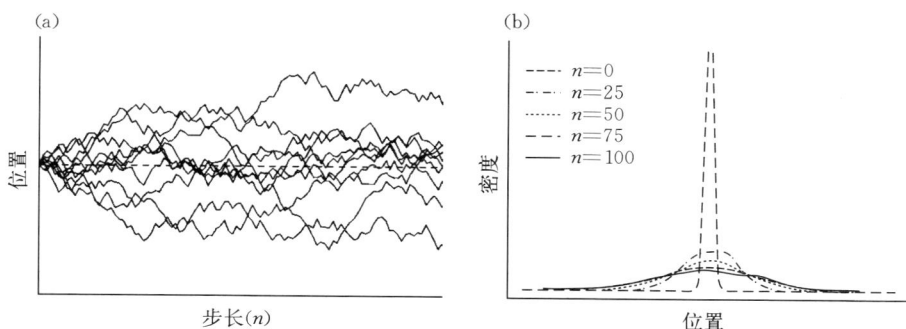

图 7.6　一维空间中的随机游走过程，图示（a）从一个点源释放的 25 个个体在 100 个时间步长后的结果，预期的平均位移为零（水平虚线）；（b）从一个点源释放的 1 000 个个体的位置在 5 个时间段（0 至 100 之间）的经验概率分布

---

## 注释框 7.2　一维随机游走

　　这里我们描述了一维空间中随机游走过程的基本要点。我们关注单个生物体的运动，它在每个步长（或时间间隔）中移动固定距离，并以相等的概率选择两个方向之一。在第 $n$ 个步长或时间间隔后，其在一维空间的位置仅取决于其先前位置和沿正向或负向移动的距离（$d$）：

$$x_{i,n}=x_{i,n-1}+d$$

　　所有个体的平均位置为：

$$\bar{x}_n = \frac{1}{N}\sum_{i=1}^{N} x_{i,n} = \frac{1}{N}\sum_{i=1}^{N}(x_{i,n-1}+d) = \frac{1}{N}\sum_{i=1}^{N} x_{i,n-1} + \frac{1}{N}\sum_{i=1}^{N} d$$

　　因为生物体在每一步以相等的概率选择两个方向之一移动，所以全部个体的平均位移为零，尽管任一个体都可能离开了点源。因此，全部个体位置的期望值不会随时间变化。下面我们关注的是个体的散布在连续的时间步长上的变化，因此需要计算所有个体的方差。一个变量的方差通常以该变量与其所有观测值的平均值之差的平方和计算。在我们的例子中，平均值为零，方差由下式给出：

$$x_{i,n}^2 = (x_{i,n-1} + d)^2 = x_{i,n-1}^2 + 2dx_{i,n-1} + d^2$$

因此有

$$\overline{x_n^2} = \frac{1}{N} \sum_{i=1}^N x_{i,n}^2$$

或

$$\overline{x_n^2} = \frac{1}{N} \sum_{i=1}^N (x_{i,n-1}^2 + 2dx_{i,n-1} + d^2) = \frac{1}{N} \sum_{i=1}^N x_{i,n-1}^2 + \sum_{i=1}^N \frac{1}{N} 2dx_{i,n-1} + \sum_{i=1}^N \frac{1}{N} d^2$$

由于所有位移的总和为零，因此该表达式的中间项为零，剩余项为：

$$\overline{x_n^2} = \frac{1}{N} \sum_{i=1}^N x_{i,n-1}^2 + \sum_{i=1}^N \frac{1}{N} d^2$$

即得方差为：

$$\overline{x_n^2} = \overline{x_{n-1}^2} + d^2 = nd^2$$

因此，方差将随着时间增加。

当然，我们知道大多数生物不会像上面的示例那样完全随机运动，实际上在散布过程中除了随机运动的可能性之外，我们通常也要考虑方向性分量。此外，到目前为止我们分析的个体数量为固定值，没有跟踪包含出生和死亡的种群动态。为了实现这一点，我们要在种群模型中引入输移（advection）和扩散（diffusion）来表示其移动。这类模型在生态和渔业文献中有很深的渊源。对于具有一维空间组分（$x$）的种群模型，其偏微分方程的基本形式为：

$$\frac{\mathrm{d}N}{\mathrm{d}t} = g(N)N + D\frac{\partial^2 N}{\partial x^2} - V\frac{\partial N}{\partial x} \tag{7.6}$$

式中，$g(N)$ 是种群（$N$）的单位平均变化率；$D$ 是扩散系数；$V$ 是速度系数。扩散组分反映随机散布，输移组分代表定向运动。图 7.7 展示了种群从空间中某一点处的扩散，其 $g(N)N$ 由 Ricker - logistic 模型给出，移动无方向性（无输移分量）。我们看到，种群密度还是随着个体分散从点源向两侧逐渐降低。一维空间分析为空间问题提供了一个简单的切入点，同时也可以作为沿海岸线或河流移动的有效近似。当然，一般而言我们需要至少两个维度来表征运动，这也很容易调整。在下一节中，我们将探讨与丰度梯度相关的方向性变化问题。

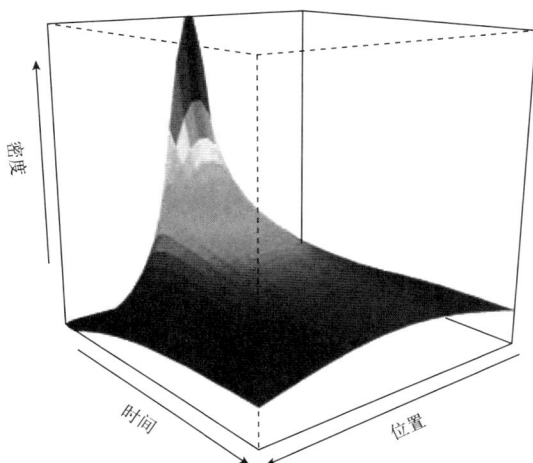

图 7.7 一维空间中 Ricker－logistic 模型在 100 个时间步长后的种群密度

# 7.4 空间种群模型

运动和扩散模型在离散和连续空间坐标系中均已有相关发展（参见 Kot，2001）。以离散空间方式表述的种群模型通常需要设置在一定时间段内个体在空间单元间的移动概率。这些概率可以反映个体移动的定向和随机散布组分。以连续空间方式表述的模型能够反映栖息地和其他要素的细节特征，也可以包含定向和随机的运动组分。这两种空间建模方式都可与离散或连续时间的种群模型相结合。在下文中，我们将重点介绍在渔业研究中使用的一些特定类别的空间种群模型。

## 7.4.1 连续时空模型

### 7.4.1.1 盆地模型

MacCall（1990）基于理想自由分布（ideal free distribution，IDF；Fretwell 和 Lucas，1970）的概念，开发了水生生物地理学动态模式的"盆地（basin）"模型。理想自由分布的基础假设为，栖息地斑块中生物的数量是该栖息地可用资源的函数，而生物能够判断每个栖息地的质量，并且选择在质量最高（"理想"）的斑块中觅食。我们进一步假设动物能够不受干扰地从一个斑块自由移动到另一个斑块。IDF 的概念借鉴了密度依赖性的栖息地选择理论，即认为种群规模和区域密度是影响栖息地选择的重要因素，决定了种群在栖息地间的相对分布（MacCall，1990）。关于密度依赖性栖息地选择，最常见的现象之一是

145

种群分布范围的扩张和收缩，还有随种群丰度变化对边缘栖息地利用的差异。

参照 MacCall（1990），我们首先采用了一个修改后的逻辑斯蒂模型作为进一步分析的起点。具体来说，我们可以修改第 3 章中探讨的逻辑斯蒂模型，以反映栖息地相关的生产力差异：

$$\frac{\mathrm{d}N_h}{\mathrm{d}t} = (\alpha_h - \beta_h N_h) N_h \qquad (7.7)$$

其中 $h$ 是栖息地编号，所有其他项的定义见第 3 章。我们可以将实际的单位平均增长率定义为：

$$g^*(N) = \frac{1}{N}\frac{\mathrm{d}N_h}{\mathrm{d}t} = (\alpha_h - \beta_h N_h) \qquad (7.8)$$

该值与栖息地 $h$ 的适宜性有关。图 7.8 中表示了两个栖息地（A 和 B）具有不同的单位平均增长率，呈现栖息地依赖性。这里我们假设两个栖息地的补偿系数 $\beta$ 相同（MacCall，1990）。这些线与纵坐标的交点表示两个栖息地的内禀增长率（分别为 $\alpha_A$ 和 $\alpha_B$），与横坐标的交点表示各个栖息地的平衡种群规模（$\alpha_A/\beta_A$ 和 $\alpha_B/\beta_B$）。

最初的 Fretwell - Lucas 理论假设，存在基础适宜性

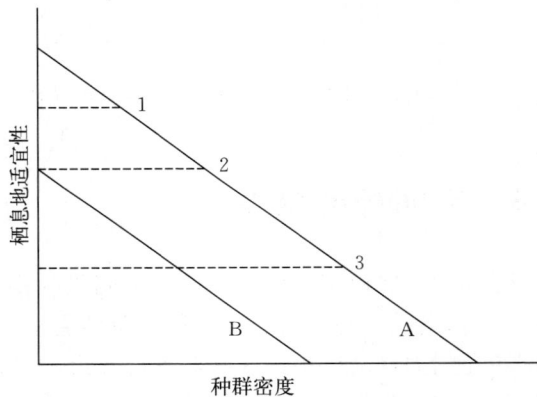

图 7.8　适宜性和承载力不同的两个栖息地 A 和 B。实线与虚线的交点代表理想自由分布下的种群密度及对应的适宜性。改自 MacCall（1990）

不同的多个离散栖息地，随着栖息地中个体密度的增加，密度依赖效应将导致实际适宜性降低。图 7.8 中的三条水平线代表了随着种群密度的提高，栖息地适宜性的相应下降，以实际的单位平均变化率表示。最初，个体占据了最适宜的栖息地（图 7.8 的虚线 1）；但随着种群密度的增加，这些栖息地的实际适宜性下降，其他以前不太适宜、未被占用的栖息地变得同样有吸引力，并被逐渐利用（虚线 2）。在理想自由分布之下，所有被占用的栖息地中实际的适宜性均相等（虚线 3）。基础栖息地适宜性可以理解为"适合度"或"繁殖价"，体现在各个栖息地种群内禀增长率的边际变化（MacCall，1990）。盆地模型是对连续变化的栖息地适宜性的形象描述（MacCall，1990）：如果栖息地适宜性（实际单位平均增长率）的图示中以向下表示增加，则可以将栖息地描述为连续的适宜性地理形貌，其形状类似于盆地（图 7.9）。根据理想自由分布，种

群将充满这个盆地，如同重力作用下的液体一样。全部栖息地的总承载能力由图 7.9 中的点状线表示，对应的种群平均变化率为零。在盆地的最深处，种群的单位平均变化率最高，代表着"理想"的栖息地。在我们的示例中，栖息地 B 位于盆地边缘，劣于栖息地 A（即外围栖息地 B 的两个分界点所界定的中间区域）。为简单起见，我们将盆地描述为固定的光滑表面，但实际上盆地可能具有不规则形貌，并且会随着时间而变化（MacCall，1990）。虽然盆地概念旨在用作类比，但它具有几个与实际种群分布相关的属性：

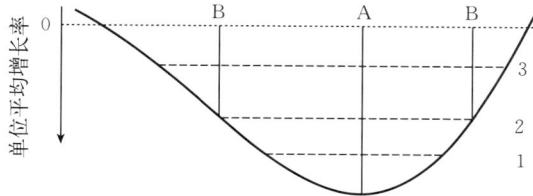

图 7.9 栖息地适宜性连续地理形貌的横切面。在理想自由分布下，实际适宜性在所有可用栖息地均相等。当单位平均增长率为零时（点状线），种群总规模达到其承载力水平。字母 A 和 B 以及数字 1～3 对应图 7.8 中的标注。改自 MacCall（1990）

（1）在盆地任意点的深度都代表了栖息地的基本适宜性；

（2）盆地边缘的陡峭程度反映了适宜性在不同栖息地之间的分布；

（3）在理想自由分布的条件下，盆地表面将接近水平；

（4）盆地的岸线定义了生物的分布范围；

（5）盆地内"液体"的深度与区域生物密度成比例，也是衡量栖息地适宜性的指标；

（6）"液体"总体积是与种群总数量相关的函数；

（7）无论在什么地方增加个体，对种群的影响均相同（无论在哪里加一滴水都会同等地提高水位）。

盆地模型预测，随着环境变化或捕捞导致的种群丰度下降，种群将趋于向最适宜栖息地收缩。生物经济理论预测，渔民将优先开发生产力最高的区域。因此，我们可以预期盆地模型所反映的状况与渔民行为之间会存在联系。种群中心（"液体"最深处）处单位努力捕获量（catch per unit effort，CPUE）的下降速度会慢于总丰度（盆地中液体的总体积）的下降速度。因此，该模型解释了为什么渔业资源被过度捕捞时 CPUE 仍能保持高位。同样地，当种群规模减小时，可捕系数仍可能增加。在第 11 章中，我们将更详细地探讨这一现象。

接下来，我们将在盆地模型的背景下考虑运动模式，更明确地探讨适宜性盆地如何被填充。MacCall（1990）修改了公式 7.6，将栖息地特异性的逻辑斯蒂模型与输移和扩散相耦合。在该研究中，输移项反映了种群朝向最适宜栖息地的定向运动。在 MacCall 的公式中，速度项由黏度系数（实质上是速度的倒数）代替，其完整模型为：

$$\frac{\partial N}{\partial t} = (\alpha_h - \beta_h N_h) N_h + D\frac{\partial^2 N}{\partial x^2} - v^{-1}\frac{\partial g^*(N)}{\partial x}\frac{\partial N}{\partial x} \qquad (7.9)$$

式中，$v$ 表示实际栖息地适宜性中单位梯度的流量，其他项的定义同前。这种结构引入了一个有趣的变化。要实现衡稳状态，输移项和扩散项必须平衡，这要求优质栖息地的较高生产力溢流至生产力较低的栖息地。高生产力栖息地作为源，而低生产力栖息地为汇。此时，平衡态的表面不再是图 7.9 所示的直线（点状线），而是在高生产力区域（最佳栖息地）较低，在边缘区域较高（回想在图 7.9 中，单位平均增长率越接近盆地底部越高）。

MacCall 考虑了多种不同的种群模型来改进逻辑斯蒂模型，以构建上述盆地模型的初始结构，其中包括第 3 章中介绍的 $\theta$-logistic 模型和 Ricker 亲体-补充量模型。我们在第 3.4.1 节中提到了 Ricker 存活函数，在第 9 章将再次见到这一模型。栖息地特异性的 Ricker 模型可以表示为：

$$R_h = \mathcal{E}_h \exp(a_h - b_h \mathcal{E}_h) \qquad (7.10)$$

式中，$R$ 代表由产卵量（$\mathcal{E}$）产生的补充量；$a$ 是低密度下的增长率（即栖息地的基础适宜性）；$b$ 是一个补偿系数。单位平均补充量以对数形式表示为：

$$\log\left(\frac{R_h}{\mathcal{E}_h}\right) = a_h - b_h \mathcal{E}_h \qquad (7.11)$$

该值可以作为栖息地实际适宜性的量度。根据 Ricker 模型，栖息地适宜性的退化与密度呈线性关系。若假设 $b_h$ 在不同生境之间保持不变，则能够得到一系列平行的单位补充量直线，类似于图 7.8 中逻辑斯蒂模型所示。密度的地理分布格局可以反映适宜性的地理格局。栖息地的基础适宜性（$a_h$）取决于一系列密度无关因素的组合，这些因素的最优组合将出现在物种分布范围的中心附近。

MacCall（1990）将盆地模型应用于美国和墨西哥西海岸的美洲鳀种群。加利福尼亚近海渔业合作调查（California Cooperative Oceanic Fisheries Investigations，CalCOFI）计划中开展的浮游生物调查积累了鳀仔鱼（和其他物种）的大量数据，并且美洲鳀仔鱼的丰度和分布呈现出特别大的动态变化范围，这为检验和应用密度依赖性栖息地选择理论提供了一个绝佳的机会。在该案例中，据估计其仔鱼生物量的变动范围在 1952 年的 2 万 t 到 1965 年的 70 万 t 之间［见 MacCall（1990）中的图 1.12 和图 1.13］。在低丰度水平时，鳀仔鱼仅分布于加利福尼亚湾南部和下加利福尼亚半岛附近的小范围内。在高丰度水平时，上述区域的仔鱼密度均有增加，且其分布沿着海岸以及向更深水域扩散，与盆地模型的预期一致。2011 年，该鳀种群因自然原因崩溃（没有渔业作业），其分布又收缩到近岸水域（MacCall 等，2016）。

在这一研究中，MacCall 使用了上述 Ricker 亲体-补充量模型，而不是逻辑斯蒂种群模型。其依据是使用早期仔鱼的丰度作为各个站位亲体丰度的指标，并使用亲体丰度来"绘制"适宜性盆地。MacCall 使用 CalCOFI 调查获得的仔鱼丰度时间序列拟合栖息地特异性的 Ricker 模型。在参数估计时需要假定适宜性是不随时间变化的。预测的栖息地适宜性等值线（图 7.10）与丰度处于不同水平时观察到的空间分布相吻合。除了栖息地的中心部分可能是滞留区外，

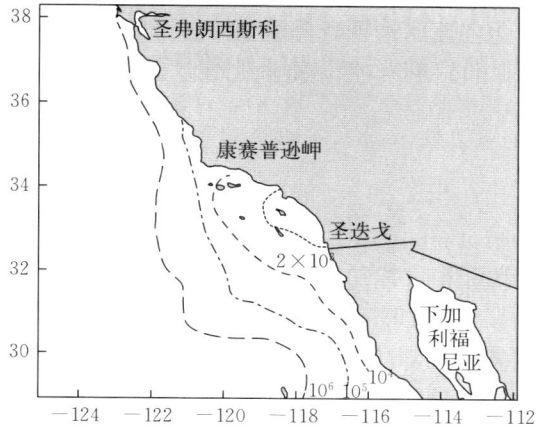

图 7.10 美洲鳀中心种群产卵场适宜性的估计等值线，其中仔鱼分布的表观性边缘对应亲体生物量从 2 000 t 到 100 万 t 的变化。改自 MacCall（1990）

估计的栖息地适宜性与水文参数没有明显的对应关系。可能鳀成鱼选择的产卵区域就是其仔鱼最初被滞留的近海水域。

注意在使用动物的实际分布来推断栖息地适宜性时存在循环论证的风险。如果我们假设亲体通过合理分布获得相同的繁殖成功率，则其实际分布将是栖息地适宜性的量度。然而这一假设难以严格检验，因为独立地测量栖息地适宜性或局部产卵成功率均极为困难。为了解决这个问题，Blanchard 等（2005）计算了北海大西洋鳕的温度依赖性生长率作为适宜度指数，并将温度作为栖息地适宜性的指标。通过使用独立的适宜度指标，Blanchard 等报告了在不同的底层温度下盆地模型的基本预测与观察到的北海鳕分布之间有良好的对应关系。

## 7.4.2 连续时间和离散空间模型

在水生种群连续时间离散空间模型中，最广为人知的类型可能是基于复合种群（metapopulation）概念的模型［参见 Kritzer 和 Sale（2006）中海洋的案例］。复合种群是存在于较大地理区域中的子种群集合（Hanski 和 Simberloff，1997）。子种群之间的交流使其不会形成分离的独立种群。不同子种群间是否

149

存在遗传学差异取决于子种群之间交流程度以及所检验基因标记的特异性。

#### 7.4.2.1 复合种群模型

Levins（1969）提供了一个研究复合种群动态的分析框架。在最简单的复合种群模型中，每个子种群的大小和维持时间均相等，在任何时间点仅存在达到局域承载力或空白（灭绝）两种状态。复合种群在灭绝和重建之间维持着动态平衡。假设子种群无论在什么位置均以相同的交换概率相连接。这个假设意味着子种群的实际空间排列并不重要。Levins 模型将被占据斑块的比例（$p$）表示为：

$$\frac{\mathrm{d}p}{\mathrm{d}t} = c(1-p)p - \varepsilon p \tag{7.12}$$

式中，$c$ 是个体从已占据斑块增殖新斑块的速率；$\varepsilon$ 是斑块中的灭绝率。这里，总的栖息地增殖率取决于被占据斑块（$p$）和未占据斑块的数量（$1-p$），而灭绝是占据斑块数量的线性函数。注意栖息地占据函数是二次函数，类似于逻辑斯蒂模型（但以斑块而不是种群中的个体数量来表示）。因此，Levins 模型对时间的解是 S 形曲线，其平衡状态由下式给出：

$$p^* = 1 - \frac{\varepsilon}{c} \tag{7.13}$$

为了使复合种群可以持续，要求 $c > \varepsilon$（图 7.11）。当 $c < \varepsilon$ 时，被占据斑块的比例为零；当 $c$ 大于 $\varepsilon$ 时，该比例逐渐增大。

相关研究在 Levins 模型的基础之上提出了几个变体。Gotelli 探讨的情境中，种群扩散不完全依赖于模型中被占据的斑块数量，而是可以获得外源输入。例如，假设我们要模拟一个近岸种群，其分布边界受水深的限制，同时与建模范围之外的深水种群之间存在联系。如果这个深水种群可以作为近岸种群的补充源，则有：

$$\frac{\mathrm{d}p}{\mathrm{d}t} = c^+(1-p) - \varepsilon p \tag{7.14}$$

式中，$c^+$ 是来自离岸种群

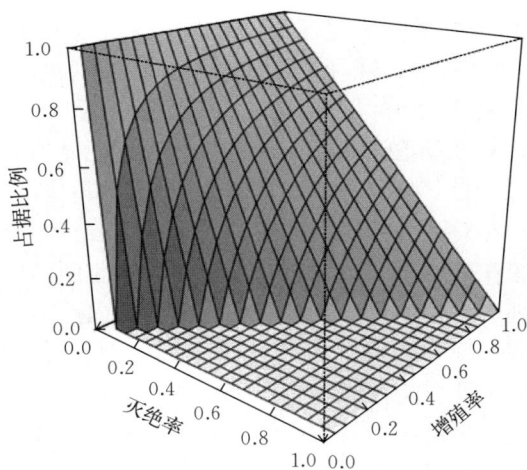

图 7.11 Levins（1969）中大西洋鳕复合种群模型的三维示意图，展示了不同的增殖率和灭绝率组合下占据栖息地的比例。改自 Smedbol 和 Wroblewski（2002）。灭绝-增殖平面（底面）上的等分线表示相等的增殖率和灭绝率。当增殖率小于灭绝率时，斑块占据比为零

个体的增殖速率；$\varepsilon$ 是斑块中的灭绝率。Gotelli 将此称为"繁殖体雨（propagule rain）"系统——来自外源的繁殖体洒落在复合种群区域的斑块上，其数量与被占据斑块的数量无关。这可以很好地类比于我们近岸-离岸种群的例子，即卵和幼体从离岸扩散并占据近岸斑块。该模型不再是逻辑斯蒂类型，而是一个没有拐点的渐近线。其平衡态为：

$$p^* = \frac{c^+}{c^+ + \varepsilon} \qquad\qquad (7.15)$$

Gotelli 繁殖体雨模型针对 Levins 模型中的定居组分提供了另一种结构。而 Hanski（1982）注意到灭绝可能不是被占据斑块数量的简单线性函数，提出了"核心-卫星"模型，其中灭绝分量也是二次的：

$$\frac{\mathrm{d}p}{\mathrm{d}t} = c(1-p)p - \varepsilon p(1-p) \qquad\qquad (7.16)$$

其中系数 $c$ 和 $\varepsilon$ 的定义同 Levins 模型。该模型的基本原理是随着 $p$ 增大，繁殖体更有可能到达所有斑块，灭绝事件将逐渐下降到零。因此，斑块占用率的增加产生了"救济"效果，而未占用斑块的数量随之下降。核心斑块可以提供繁殖体来补充卫星斑块。在这种结构之下，我们可以预期其平衡态为 $p^* = 1$，即所有斑块都被占据。

最初的 Levins 模型无疑具有重要的启发意义。随着 Gotelli 和 Hanksi 等提出了替代结构，更多的模型变体可以用于表述对于定居和灭绝的不同假设，而这些假设又可以基于观测进行检验。

Smedbol 和 Wroblewski（2002）利用 Levins 复合种群模型研究了大西洋鳕种群，其中产卵场以上述建模框架中的斑块表示。历史上，大西洋鳕的产卵场分布于纽芬兰和拉布拉多附近的一系列离岸浅滩（图 7.12）以及近岸海湾。Smedbol 和 Wroblewski 根据产卵时间和地点、生活史特征和遗传分析，识别了大西洋鳕可能存在的子种群。有研究在其产卵群体间检测到微卫星 DNA 等位基因频率的差异（Ruzzante 等，2000）。由

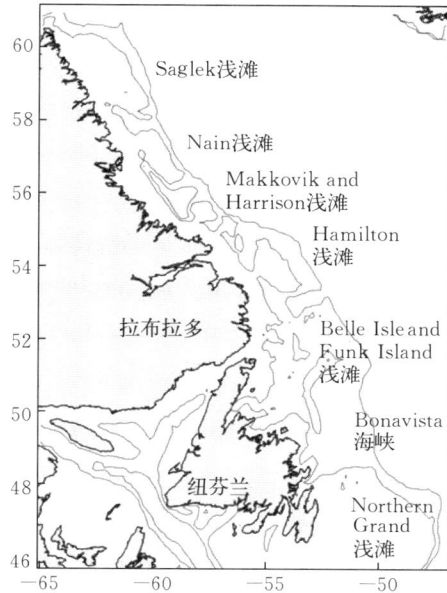

图 7.12　拉布拉多和纽芬兰地图，显示了推测的大西洋鳕离岸子种群分布的主要离岸浅滩（参见文中关于界定子种群的浅滩和其他地理特征的描述）

于微卫星 DNA 片段被认为是非编码的，因此等位基因频率的差异并非由自然选择引起。因此，需要在某些生命阶段有局部滞留过程或恋源性来维持子种群结构。众所周知，大西洋鳕有返回出生地洄游的习性。

根据上述标准，Smedbol 和 Wroblewski 划分了 5 个主要子种群：①Saglek、Nain 和 Makklovik and Harrison 浅滩，②Hamilton、Belle Isle and Funk Island 浅滩以及 Bonavista 海峡，③Northern Grand 浅滩，④拉布拉多湾，⑤东北纽芬兰湾（图 7.12；详细说明参见 Smedbol 和 Wroblewski，2002）。根据历史记录，Smedbol 和 Wroblewski 确定在大规模开发开始之前，大多数浅滩和海湾均被子种群占据，并将增殖参数设为 $c=$ 0.3。由于大西洋鳕的寿命为 $25\sim30$ 年，灭绝参数设置为 $0.03\sim0.04$/年（寿命范围的倒数），其假设是如果没有个体在生命周期内成功产卵，子种群将灭绝。在图 7.13 中，我们展示了在这些系数设置下 Levins 模型对时间的解（实线），其平衡状态的斑块占用率为 0.9。为了进行比

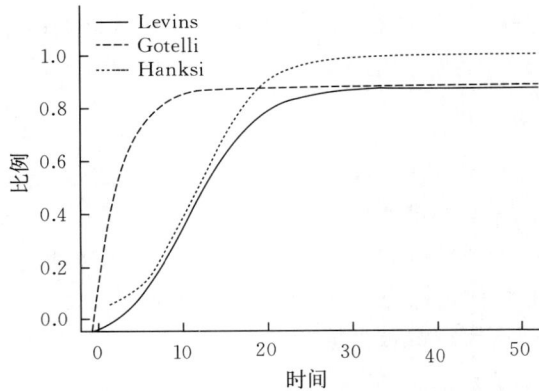

图 7.13 大西洋鳕复合种群在未开发状态时的 Levins 模型（实线，设 $c=0.3$，$\varepsilon=0.03$）Gotelli 繁殖体雨模型（虚线，设 $c^+=0.3$，$\varepsilon=0.03$）及 Hanksi 核心-卫星模型（点线）对时间的解

较，我们还展示了 Gotelli 繁殖体雨模型的结果，该模型设 $c^+$ 为 0.3，灭绝率为 0.03，与 Smedbol 和 Wroblewski 的分析一致。繁殖体雨模型不遵循 Levins 模型的 S 形曲线，而是迅速增加到其平衡值 0.909（图 7.13 中的虚线）。相反，Hanski 核心-卫星模型保留了基本的逻辑斯蒂结构，因此其对时间的解仍为 S 形，但平衡状态的斑块占用率为 1.0（图 7.13 中点状线）。

这些复合种群模型中可以很容易地加入其他组分，表示捕捞（Smedbol 和 Wroblewski，2002）或栖息地破坏（Kareiva 和 Wennergren，1995）等外部驱动因素带来的损失。我们将在第 13 章中进一步探讨相关主题。

### 7.4.2.2 空间显式产量模型

在第 3 章介绍的传统产量模型框架中，我们可以进一步探讨迁入和迁出的影响。假设一个种群包含两个子区域，每个区域子种群的内部动态可由逻辑斯蒂函数描述，则该系统可以表示为：

$$\frac{\mathrm{d}N_1}{\mathrm{d}t} = (\alpha_1 - \beta_1 N_1)N_1 - \delta_{12}N_1 + \delta_{21}N_2$$

$$\frac{\mathrm{d}N_2}{\mathrm{d}t} = (\alpha_2 - \beta_2 N_2)N_2 - \delta_{21}N_2 + \delta_{12}N_1 \tag{7.17}$$

式中，$\delta_{12}$是从区域 1 到区域 2 的迁移率；$\delta_{21}$从区域 2 到区域 1 的迁移率（Quinn 和 Deriso，1999；公式 10.4）。这对耦合方程与第 4 章中的捕食-被捕食模型（公式 4.5 和公式 4.6）类似，可以使用相同的方法进行分析。区域 1 子种群的等斜线为：

$$N_2 = \frac{1}{\delta_{21}}(\delta_{12} - \alpha_1 + \beta_1 N_1)N_1 \tag{7.18}$$

对于区域 2 有：

$$N_1 = \frac{1}{\delta_{12}}(\delta_{21} - \alpha_2 + \beta_2 N_2)N_2 \tag{7.19}$$

两条等斜线的交点表示两个子种群的联合平衡状态。在图 7.14 的示例中，区域 1 的子种群（$\alpha_1 = 1$，$\beta_1 = 0.05$）相对于区域 2 的子种群（$\alpha_2 = 2$，$\beta_2 = 0.2$）规模更大但生产力较低。在图 7.14a 中，两个区域的迁移率相等（$\delta_{12} = \delta_{21}$）。当迁移率较低时，平衡丰度非常接近没有迁移时的水平，在后者中这两个区域实际上形成了独立种群。随着迁移率的增加，两个区域的平衡丰度趋于一致，实际上成为一个融合的种群。

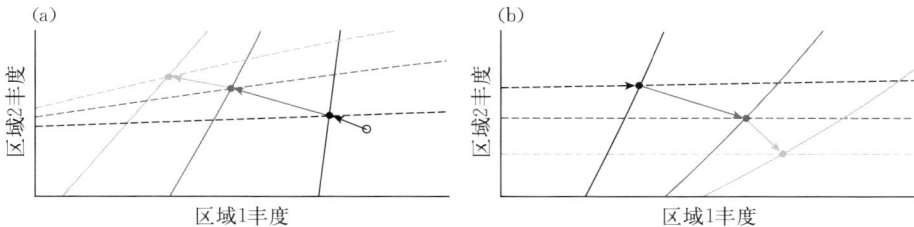

图 7.14　空间产量模型的等斜线（公式 7.18 与公式 7.19）。实线为区域 1 的等斜线，虚线为区域 2 的等斜线，线条灰度分别表示了三种情况。以圆点标记每对等斜线的交点，以箭头表示平衡丰度从一种情境到另一情境的变化。（a）相同迁移率情景，其中圆圈对应 $\delta_{12} = \delta_{21} = 0$，黑色线对应 $\delta_{12} = \delta_{21} = 0.1$，深灰线对应 $\delta_{12} = \delta_{21} = 0.5$，浅灰线对应 $\delta_{12} = \delta_{21} = 1$。（b）不同迁移率情景，其中黑色线为 $\delta_{12} = 0.1$，$\delta_{21} = 0.2$，深灰线为 $\delta_{12} = 0.01$，$\delta_{21} = 0.5$，浅灰线为 $\delta_{12} = 0.001$，$\delta_{21} = 1$

图 7.14b 显示了迁移率不相等的情景，相对于区域 1，规模较小、生产力更高的区域 2 的迁出率更高。同样地，在迁移率很低的情境下，平衡丰度非常接近没有迁移的水平。随着迁出率变得更为不等，区域 2 更明显地成为源，区域 1 更明显地成为汇（见图 7.14b 灰色等斜线）。在极端情况下（未显示），区

域 1 中的子种群可能不能自我维持（即 $\alpha_1 < \delta_{12}$），而完全依赖于区域 2 的迁入。

## 7.4.3 离散时空模型

### 7.4.3.1 时滞差分模型

水生生物在不同生命阶段的扩散过程可能呈现出明显的差异。对于许多水生物种，在浮游性卵和幼体阶段可以由洋流和环流输运，或作为被动粒子或通过主动行为与水文运输机制形成交互，后者更为常见。对于具有固着阶段的物种，这可能是唯一的扩散方式。对于其他物种，幼鱼和成鱼的主动游泳——包括局域性运动和定向洄游行为，对于扩散具有重要作用。因此，有必要在简单模型中考虑将生命周期划分为两个或多个年龄组或生命阶段，以反映不同的扩散模式（参见 Wing 等，1998；Fogarty，1998）。对于包含两个生命阶段（如成体前期和成体期）、两个子种群的种群，其基础的离散时空模型可以表示为：

$$N_{1,t+1} = (1-\delta_1)s_1 N_{1,t} + \delta_2 s_2 N_{2,t} + (1-\gamma_1)g_1(N_{t+1-r}) + \gamma_2 g_2(N_{t+1-r})$$
$$N_{2,t+1} = (1-\delta_2)s_2 N_{2,1} + \delta_1 s_1 N_{1,t} + (1-\gamma_2)g_3(N_{t+1-r}) + \gamma_1 g_4(N_{t+1-r}) \tag{7.20}$$

式中，$N_{i,t}$ 是时间 $t$ 子种群 $i$ 的成体数量；$\delta_i$ 是成体迁移的比例；$\gamma_i$ 是成熟前（包括卵和仔稚鱼）个体的迁移比例；$s_i$ 是成体的存活率。在公式 7.20 的两个表达式中，右侧的前两项代表成体的迁移和存活，而第三项和第四项中 $g_i$ ($N_{t-r}$) 是成体数量与不同来源补充量的函数。注意考虑到模型的一般性，$N_{t+1-r}$ 故意未加子种群下标，而代表两个群体的加权平均，反映其在繁殖期的混合（Fogarty，1998），其中 $r$ 是生殖的时间滞后。亲体-补充量关系考虑了幼体在子种群之间的输运，其公式中可能包含两个群体的丰度项，取决于关键生活史历程和密度依赖过程的发生时间。在这一基本结构下，复合种群模型可以基于种群数量而非占据斑块数量进行构建，在处理扩散过程时具备更好的灵活性。此模型可以融合繁殖体雨以及核心-卫星动力学等概念。Wing 等（1998）提供了时滞差分复合种群模型的一个有趣应用，其中两个子种群形成了一个共同的幼体库，并由水动力输运过程分配到两个子种群。这也可以看作是繁殖体雨模型的一种变体。

### 7.4.3.2 完整年龄结构模型

在许多种群中，迁移率取决于年龄或个体大小。游泳能力和速度往往与体长成比例，因此较大的个体可以进行更长距离的迁移。Quinn 和 Deriso（1999）提出了年龄结构的种群迁移方程：

$$N_{a+1,t+1,i} = s_{a,i}\left[N_{a,t,i}(1-\theta_{a,i \to j}) + N_{a,t,j}\theta_{a,j \to i}\right] \tag{7.21}$$

式中，$N_{a,t,i}$ 是年龄 $a$、时间 $t$、区域 $i$ 的种群数量；$\theta_{a,i \to j}$ 是从区域 $i$ 迁移到区域 $j$ 的比例；$s_{a,i}$ 是年存活率。注意这里假设迁移发生在年初。与第 2 章中的年龄结构模型一样，可以再用一个公式定义 1 龄个体的数量，以涵盖整个生命史周期：

$$N_{1,t+1,i} = s_{0,i} \sum_a f_{a,i} N_{a,t,i} \tag{7.22}$$

也可以使用密度依赖性的亲体-补充量函数反映这一过程（见第 9 章）。Quinn 和 Deriso（1999，第 10.1.3 节）展示了如何将这些公式相结合构建多区域矩阵模型。对于具有两个区域的简单情景，丰度向量 $N_t$ 表示各个区域中分年龄的个体数量。投影矩阵 $M$ 具有包含四个子矩阵的区块结构：

$$
\begin{bmatrix}
0 & f_{2,1} & f_{3,1} & 0 & 0 & 0 \\
s_{1,1}(1-\theta_{1,1}) & 0 & 0 & s_{1,2}\theta_{1,2} & 0 & 0 \\
0 & s_{2,1}(1-\theta_{2,1}) & s_{3,1}(1-\theta_{3,1}) & 0 & s_{2,2}\theta_{2,2} & s_{3,2}\theta_{3,2} \\
0 & 0 & 0 & 0 & f_{2,2} & f_{3,2} \\
s_{1,1}\theta_{1,1} & 0 & 0 & s_{1,2}(1-\theta_{1,2}) & 0 & 0 \\
0 & s_{2,1}\theta_{2,1} & s_{3,1}\theta_{3,1} & 0 & s_{2,2}(1-\theta_{2,2}) & s_{3,2}(1-\theta_{3,2})
\end{bmatrix}
\tag{7.23}
$$

对角线上的子矩阵设定了不进行迁移个体分年龄的生殖力和存活率，而非对角线区块设定了迁移个体的相应速率。投影矩阵设置好以后，就可以用来推算不同时间和区域的种群丰度，即 $N_{t+1} = M \times N_t$。利用第 2 章介绍的分析方法可计算其特征值、特征向量、敏感性和弹性。

表 7.1　包括两个区域和三个年龄组的迁移矩阵模型（公式 7.23）。其中 3 龄组为复合组，包含 3 龄及以上个体。通过调整幼体的存活率 $s_0$ 可获得稳定种群（$\lambda_1 = 1$），设区域 2 的幼体存活率是区域 1 的一半。第一个子表定义了各个年龄和区域的年存活率（$s_a$）、繁殖力（$f_a$）和迁移率（$\theta_a$）。种群投影矩阵包括四个 $3 \times 3$ 的子矩阵。第三个子表为种群五年后的预测。改自 Quinn 和 Deriso（1999）中的表 10.3

| | | 区域 1 | $S_0 = 0.211$ | | 区域 2 | $S_0 = 0.105$ | |
|---|---|---|---|---|---|---|---|
| | | 年龄 | | | 年龄 | | |
| | | 1 | 2 | 3+ | 1 | 2 | 3+ |
| | $S_a$ | 0.5 | 0.7 | 0.5 | 0.3 | 0.5 | 0.8 |
| | $f_a$ | 0 | 2 | 3 | 0 | 3 | 4 |
| | $\theta_a$ | 0.2 | 0.7 | 0.8 | 0.8 | 0.3 | 0.1 |
| $M$ | 年龄 | 区域 1 | | | 区域 2 | | |
| | 1 | 0 | 0.423 | 0.635 | 0 | 0.476 | 0.635 |
| 区域 1 | 2 | 0.4 | 0 | 0 | 0.4 | 0 | 0 |
| | 3+ | 0 | 0.21 | 0.1 | 0 | 0.21 | 0.05 |

（续）

| | | 区域1 | $S_0=0.211$ | | 区域2 | $S_0=0.105$ | |
|---|---|---|---|---|---|---|---|
| | | 年龄 | | | 年龄 | | |
| 区域2 | 1 | 0 | 0 | 0 | 0 | 0.079 | 0.106 |
| | 2 | 0.06 | 0 | 0 | 0.06 | 0 | 0 |
| | 3+ | 0 | 0.35 | 0.64 | 0 | 0.35 | 0.72 |
| | 年数 | 1龄 | 2龄 | 3龄+ | 1龄 | 2龄 | 3龄+ |
| | 0 | 100 | 50 | 20 | 100 | 50 | 20 |
| | 1 | 70 | 80 | 24 | 6 | 12 | 62 |
| | 2 | 94 | 31 | 25 | 8 | 5 | 92 |
| | 3 | 89 | 41 | 14 | 10 | 6 | 95 |
| | 4 | 89 | 40 | 16 | 10 | 6 | 94 |
| | 5 | 89 | 40 | 16 | 10 | 6 | 94 |
| 稳定年龄分布 | | 35.0% | 15.6% | 7.2% | 4.1% | 2.3% | 37.7% |
| 繁殖价 | | 7.9% | 17.1% | 23.5% | 7.9% | 18.2% | 25.2% |

表 7.1 中的示例以类似大西洋油鲱的物种为原型。区域 1 是近海育幼场，区域 2 是离岸索饵场。假设 1 龄和 2 龄个体在近海的存活率高于离岸水域；相反，在捕食者较少的离岸水域，假设成体（3 龄＋）的存活率更高。通过设置迁出率（$\theta_a$）使 1 龄鱼倾向于留在近海，2 龄鱼迁移到离岸水域，滞留于此并发育为成鱼。假设离岸水域成鱼的繁殖力略高于近海，以反映离岸水域有更好的摄食条件和更快的生长速度。假定产于离岸水域的卵有 75% 漂流到近海育幼场，因此投影矩阵右上角的元素非零。另外 25% 留在离岸水域的仔鱼，存活率是近海幼体存活率的一半。

初始条件中设近海和离岸群体各年龄的数量均相同，估算的种群向量迅速达到平衡，仔稚鱼集中在近海，成鱼集中在离岸水域（表 7.1）。离岸水域成鱼的成活率和生殖力较高，因此具有更高的繁殖价。近海 2 龄鱼具有次高的繁殖价，因为它们存活率高且可能迁移到离岸水域。注意，实际的仔稚鱼存活率要比示例中低几个数量级，而繁殖力要高一个数量级，但是由于这两项相乘得到生育力（公式 2.8），因此正负幂指数将抵消。仔鱼从离岸产卵场到近海育幼场的输运被认为是大西洋油鲱种群补充的重要决定因素（Checkley 等，1998）。每年输运仔鱼的比例可以作为随机变量来模拟鲱种群的年际变化。

# 7.5 小结

水生种群呈斑块状分布，这一现象对种群动态的实际影响在很大程度上取决于生物的运动和散布模式。被开发水生物种的异质分布特征对渔民的渔获策略的选取至关重要。当物种分布聚集在核心栖息地，并且集中分布区很容易被定位和开发时，可能给管理造成重大挑战。本章描述的模型类型为探讨空间结构化的种群动态提供了一个初始框架。

对于许多水生生物，产卵场和育幼场的位置是种群和子种群结构的关键决定因素，特别是在海洋环境中。在淡水环境，栖息地大小和系统类型（如湖泊、池塘、溪流、河流）当然能够影响运动和散布，对种群结构起关键作用。

子种群空间结构的维持似乎要求密度依赖性调控强于散布的作用。这一发现与物种交互作用的情况类似，即种群的稳定性需要密度依赖性强于种间相互作用。空间模型和第 2～5 章介绍的简单非空间模型之间有潜在的对应关系。由于它们都具有基础的二次方形式，前者结论中养护一半数量的种群等同在后者中保护一半的栖息地。

水生种群模型中空间过程的真实表述是一门不断发展的艺术，水生物种的运动和连通性的量化是其中特别大的挑战。空间显式模型应考虑子种群之间的交流及其规模、距离和分离程度的影响。我们了解幼体移动的一般趋势，但要完全描述复合种群的连通性，相应尺度上的扩散模式还不清楚。环流模型和粒子跟踪的最新进展可以帮助我们更好地理解幼体滞留机制。基因测序技术的进步使我们可以分析更多的样本并检测到更小的差异。空间显式模拟模型已经被开发，但连通性的参数化一直是个挑战。标记-重捕研究已成为渔业科学中的重要工具，广泛应用于估计种群规模、求算生长率以及确定运动和迁移模式（在适合标记的生命阶段）。最后一个用途为量化子种群之间的连通性提供了丰富的资料。很明显，上述每个问题都要求我们对动物行为有更多的了解。在许多方面，我们对栖息地选择、迁徙模式等诸多现象之下的行为机制的理解仍有待发展。资源开发可能对被开发物种的行为产生直接和间接影响，从而增加种群崩溃的风险。例如，选择性移除高龄、有经验的动物可能改变迁徙路径，这对资源衰退区域的补充具有至关重要的影响（Petitgas 等，2010；MacCall，2012）。

【扩展阅读】

Pielou（1969）针对种群的空间统计进行了简单易懂的介绍。有关随机游走过程的深入解析，请参阅 Denny 和 Gaines（2000；第 5 章和第 6 章）。Kot（2001）提供了种群生态学领域对空间模型的前沿研究。MacCall（1990）仍然是盆地模型和相关主题的标准参考资料。Gotelli（2008）和 Stevens（2009）在其生态学入门中提供了对复合种群理论的易读说明。Hanski（1998）对复合种群生态学进行了深入研究。有关海洋复合种群的示例，请参见 Kritzer 和 Sale（2006）。Quinn 和 Deriso（1999；第 10 章）阐述了空间种群模型在渔业中的应用。

# 第二部分
# 生态学生产过程

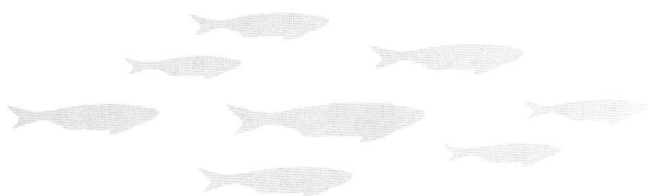

# 8 个体层次的生产

## 8.1 引言

生物体对能量的获取和转化是生态系统所有生产过程的核心。在本章中，我们将解析个体层次上的生产要素，并以生物能量学的方式对这些过程进行建模。这里，生产是指一个生物体产生新生物量的速率，而我们关注的是在质量守恒（能量的输入与损耗平衡）的约束条件下个体的能量收支。在描述个体生产的关键要素时我们将看到，异速过程非常普遍，在我们的探索中反复出现。异速性（allometry）研究的是生物过程和其他特征如何随体型大小而发生尺度性变化。代谢生态学关注的就是新陈代谢中基本的异速过程，现已成为生态学的一个快速发展的分支学科（Brown 等，2004；Brown 和 Sbling，2012）。在体型大小对新陈代谢重要性的长期研究基础上，我们可以将生物个体的生长分解为由简单的异速函数描述的相互关联组分。在许多渔业的应用中，个体生长的传统分析方式主要是将体长或重量表述为年龄的函数。而就本书的目标而言，我们应当侧重于生长的生物能量学，但可服务于不同目标的生长模型也有其重要价值。基于这方面的考虑，我们首先回顾 Ludwig von Bertalanffy（1938，1957）提出的有机体生长理论的起源。我们将看到，水生变温动物的个体生产很大程度上取决于水温，许多研究提出温度与个体生产的各组分之间呈非线性关系。鉴于全球迅速变暖及其对水生生态系统的影响，我们可以预见个体生产将发生巨大变化。

在个体水平上，生产过程明显地体现在个体重量随年龄的变化。美国东北部大西洋鲱的生长表明，各个年龄的体重在季节和多年时间尺度上存在巨大变化（图 8.1）。观测结果

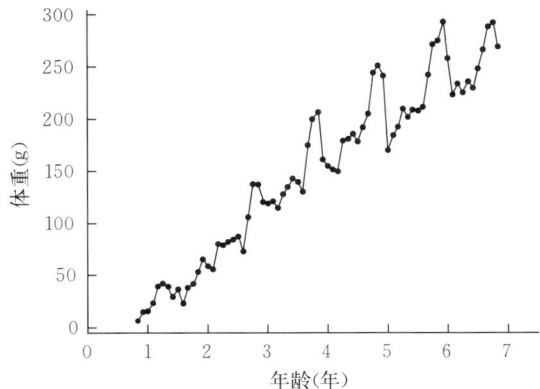

图 8.1 大西洋鲱各年龄的平均体重，数据来自美国东北海域商业渔业月度渔获物采样项目（NEFSC 未发表数据）

中鲱个体的平均体重反映了能量由食物摄入，经过代谢损耗和其他能量支出导致的损失，最后向身体生长和生殖生长的转化。观测中的鲱体重年龄结构清楚地表明了性腺发育的季节性模式以及秋季迅速产卵的特征（图 8.1）。下面我们将探讨水生物种生长过程的基本特征。

## 8.2 个体能量收支

在分析个体能量收支时，我们可以利用该领域长期以来建立的丰富研究方法（如 Brody，1945；Winberg，1960）。了解生态环境中动物生长的基本生理学过程，对于生产模型的开发及其在自然和水产养殖系统管理中的应用至关重要。

个体的生产可以表示为：

$$P = P_S + P_R = I - R_D - E_F - E_N \qquad (8.1)$$

式中，$P$ 是个体生产；$P_S$ 是身体生长；$P_R$ 是生殖产物的生产；$I$ 是摄食（食物消耗）；$R_D$ 是与新陈代谢相关的呼吸需求；$E_F$ 是固体废物（粪便）的排泄；$E_N$ 是含氮废物的排泄。注意上述所有项必须以相同的单位表示。呼吸需求可以进一步分为三个部分：维持生存所需的标准代谢（$R_S$），与游泳和其他活动相关的活动代谢（$R_A$），以及反映消化食物所需能量的特殊动力作用（specific dynamic action，$R_{SDA}$）。一般来说，上述各组分都是体重和环境因素的函数，而食物供应和温度是最突出的影响因素。生产表示为一种速率，通常以 kcal 或 kJ/d（1kcal＝4.184kJ）为单位。一旦采用能量的表示形式，个体生产的所有组分都需以相同的单位来衡量。在生物生产研究中，常常使用生物量（或碳）为单位进行测量，然后转换为能量单位。能流速率以 kJ/s（或 kW）为计量单位，也称为功率。

我们可以进一步将同化效率（assimilation efficiency，摄入食物中用于生长的比例）定义为：

$$A_e = \frac{I - E_F - E_N}{I} \qquad (8.2)$$

吸收效率（absorption efficiency）为：

$$A_b = \frac{I - E_F}{I} \qquad (8.3)$$

上述定义有助于我们将生长量度转化为代谢率过程。这些效率指标也可以用百分比表示。

在以下节中，我们将依次探讨公式 8.1 中的各项。我们首先从生物能量学的角度构建个体生长模型，然后再探讨生殖过程。由于个体生长模型在渔业科学中处于中心位置，我们非常详细地探讨了该主题（包括基于体重和体长的模型相关内容）。随后我们继续研究了摄食、呼吸、排遗和排泄过程，并构建包含这些过程的完整生物能量学模型。

## 8.3　生长

个体的能量摄入必须满足其代谢需求（Ursin，1979）。在代谢成本和其他能量消耗（如游泳）得到满足后，可用于生长和繁殖的能量称为"剩余"能量（Ware，1980）。许多鱼类和水生无脊椎动物表现出无限生长（indeterminate growth）——即在达到性成熟的年龄或大小后可以继续生长。然而，随着体型的变化，个体将能量更多分配给生殖的同时摄入率降低，通常会导致身体生长的速率下降。水生变温动物中无限生长模式通常有高可塑性的特征，具体取决于环境条件。为了说明鱼类个体生长[①]的不同模式，我们展示了两种同属物种——东太平洋黄鳍金枪鱼（*Thunnus albacares*）和西北大西洋蓝鳍金枪鱼（*Thunnus thynnus*）的各年龄的体重（Essington 等，2001）。黄鳍金枪鱼的寿命为 5～7 年，在整个生命周期中持续快速生长（图 8.2a）。相对的，蓝鳍金枪鱼的寿命要长得多，在较大年龄时其生长速度会降低（图 8.2b）。很明显，我们需要能够适配各种生长模式的模型。为了满足这一需求，我们首先检验以下形式的一般个体生长模型：

$$\frac{\mathrm{d}W}{\mathrm{d}t} = f(W) \qquad\qquad (8.4)$$

其中 $f(W)$ 是描述各年龄体重变化率的函数。该模型的一种可能的函数形式为（von Bertalanffy，1938，1957）：

$$\frac{\mathrm{d}W}{\mathrm{d}t} = \eta W^m - \kappa W^n \qquad\qquad (8.5)$$

等式右侧的第一项代表身体组织的积累（合成代谢），第二项表示由代谢活动的能量消耗造成的损失（有时称为分解代谢）。注意公式中的各项都采用了简单异速函数的形式。如果可以单独地估计同化效率（$A_e$），我们可以将合成代谢项除以 $A_e$，从而得到摄食率的估计值（如 Essington 等，2001）。注意 $A_e$ 也可以用于计算总生长效率（即生长与食物消耗的比率，通常以百分比表示）。

一般来说公式 8.5 没有解析解，除非指数 $m$ 和 $n$ 选取某些特定值。特别

---

① 一般来说，我们没有在整个生命周期测量各年龄的个体大小。实际上，我们通常根据某一时间捕捞获取的大量个体，利用截面数据推断生长模式。因此，我们的估计值包含生长的个体间差异。然而，通过测量鳞片、耳石或其他结构上的年龄标记（通常是"年轮"）之间的距离，也可以开展纵向研究。如果已知个体大小和年龄标记结构大小之间的关系，则可以反推个体的生长履历。因为相关研究的工作量很大，这种方法通常仅限于特定研究而难以用于大规模渔业分析。

的，若 $m=n=\varphi$，则有：

$$\frac{\mathrm{d}W}{\mathrm{d}t}=(\eta-\kappa)\ W^\varphi \tag{8.6}$$

其解析解为：

$$W_t=W_0+[(1-\varphi)(\eta-\kappa)\ t]^{\frac{1}{1-\varphi}} \tag{8.7}$$

式中，$W_t$ 是时间（年龄）$t$ 的体重；$W_0$ 是初始体重。该模型描述了个体体重随年龄增长的指数型变化。注意以该模型拟合体重-年龄的观测数据序列时，我们将无法分离出 $\eta$ 和 $\kappa$ 的值。特别的，当 $\varphi \rightarrow 1$ 时，其解析解为：

$$W_t=W_0\mathrm{e}^{(\eta-\kappa)t} \tag{8.8}$$

该模型形式没有渐近线，适用于呈现出明显无限生长模式的物种。有趣的是，虽然黄鳍金枪鱼的年龄-体重观测数据（图 8.2a）看起来似乎符合这一类型，但它实际上偏离了真正的指数生长，需要一个更复杂一些的模型来描述。

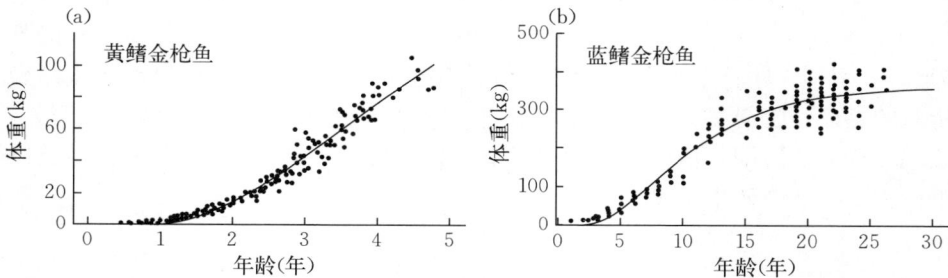

图 8.2 （a）黄鳍金枪鱼和（b）蓝鳍金枪鱼的各年龄体重（kg）以及拟合的 von Bertalanffy 生长曲线（改自 Essington 等，2001）

接下来我们将探讨异速指数不相等的情况。在个体生长模型的开发中，公式 8.5 中 $n=1$ 的情况受到特别关注。此时模型可以表示为以下形式（参见 von Bertalanffy，1938，1957；Richards，1959；Paloheimo 和 Dickie，1965）：

$$\frac{\mathrm{d}W}{\mathrm{d}t}=(\eta W^{m-1}-\kappa)\ W \tag{8.9}$$

假设 $m$ 可以取任意正值，该模型有时被称为广义 von Bertalanffy 函数（$m=2/3$ 时称为特化 von Bertalanffy 函数），其解析解为（见注释框 8.1）：

$$W_t=\left[\frac{\eta}{\kappa}-\left(\frac{\eta}{\kappa}-W_0^{1-m}\right)\mathrm{e}^{-(1-m)\kappa t}\right]^{\frac{1}{1-m}} \tag{8.10}$$

在该模型中，$(\eta/\kappa)^{1/(m-1)}$ 是极限或最大体重（设为 $W_\infty$）。由 $W_\infty^{1-m}=\eta/\kappa$，令 $h=(\eta/\kappa-W_0^{1-m})W_\infty^{m-1}$，$k=(1-m)\ \kappa$，上式可以简化为：

$$W_t=W_\infty(1-h\mathrm{e}^{-kt})^{\frac{1}{1-m}} \tag{8.11}$$

**注释框 8.1 广义 von Bertalanffy 生长方程的解**

我们从广义 von Bertalanffy 生长方程的基本形式开始推导：

$$\frac{\mathrm{d}W}{\mathrm{d}t} = (\eta W^{m-1} - \kappa)W$$

这是一个可分离的微分方程：

$$\frac{\mathrm{d}W}{(\eta W^{m-1} - \kappa)W} = \mathrm{d}t$$

注意该方程左侧的一般求解规则为：

$$\int \frac{\mathrm{d}x}{(a+bx^n)x} = -\frac{1}{an}\log_e\left(\frac{a+bx^n}{x^n}\right)$$

对应上式有 $a = -\kappa$，$b = \eta$，$n = m-1$。方程右侧有：

$$\int_{t_0}^{t} \mathrm{d}t = t - t_0$$

为了简化，我们设 $t_0 = 0$，由此模型变形为：

$$\frac{1}{\kappa\,(m-1)}\log_e\left(\frac{\eta W_t^{m-1} - \kappa}{W_t^{m-1}}\right) - \frac{1}{\kappa\,(m-1)}\log_e\left(\frac{\eta W_0^{m-1} - \kappa}{W_0^{m-1}}\right) = t$$

或

$$\log_e\left(\frac{\eta W_t^{m-1} - \kappa}{W_t^{m-1}} \cdot \frac{W_0^{m-1}}{\eta W_0^{m-1} - \kappa}\right) = \kappa\,(m-1)t$$

取反对数并整理，得到：

$$\eta - \frac{\kappa}{W_t^{m-1}} = \left(\eta - \frac{\kappa}{W_0^{m-1}}\right)e^{\kappa(m-1)t}$$

或

$$\frac{\kappa}{W_t^{m-1}} = \eta - \left(\eta - \frac{\kappa}{W_0^{m-1}}\right)e^{\kappa(m-1)t}$$

取倒数并整理之后，我们得到：

$$W_t = \left[\frac{\eta}{\kappa} - \left(\frac{\eta}{\kappa} - W_0^{1-m}\right)e^{-(1-m)\kappa t}\right]^{\frac{1}{1-m}}$$

该模型中，$(\eta/\kappa)^{1/(m-1)}$ 是个体大小的极限或上限。令 $W_\infty^{1-m} = \eta/\kappa$，$h = (\eta/\kappa - W_0^{1-m})W_\infty^{m-1}$，$k = (1-m)\kappa$，上式可简化为：

$$W_t = W_\infty(1 - he^{-kt})^{\frac{1}{1-m}}$$

不同 $m$ 值对应的曲线形状如图 8.3 所示（注意 $h$ 的符号会根据 $m$ 大于或小于 1 而变）。该模型可以描述黄鳍金枪鱼和蓝鳍金枪鱼各年龄的体重变化。在注释框 8.2 中，我们展示了 $m$ 不同取值下的模型形式，分别对应几种常见的生长函数。

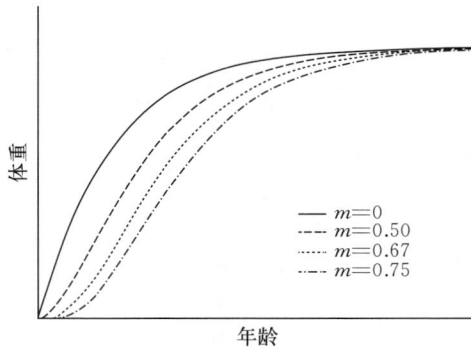

图 8.3　von Bertalanffy 生长方程描述的个体大小（体重）作为年龄的函数，
其中分解代谢指数设为 $n=1$，合成代谢指数 $m$ 范围为 0 至 0.75

---

## 注释框 8.2　von Bertalanffy 生长方程的特化形式

下面我们描述不同 $m$ 值对应的 von Bertalanffy 生长方程的特定形式。
当 $m=2/3$ 时，对应的特化 von Bertalanffy 生长曲线为：

$$W_t = W_\infty (1 - he^{-kt})^3$$

当 $m=0$ 时，对应单分子模型：

$$W_t = W_\infty (1 - he^{-kt})$$

该模型没有拐点。对于 $m=2$，对应模型为逻辑斯蒂模型：

$$W_t = \frac{W_\infty}{(1 + he^{-kt})}$$

当 $W_t$ 为最大体重的 1/2 时，个体生长率最高。最后，当时 $m$ 趋近于
1 时，对应模型变成 Gompertz 函数：

$$W_t = W_\infty e^{-he^{-kt}}$$

这是一条双指数曲线，在 $W_\infty/e$ 处有最大生长率。

---

## 8.3.1　体长生长

在实践中，渔业调查项目中往往以长度而非重量表示体型大小。渔业中大
规模年龄鉴定工作的主要目的是解析渔获物和种群的年龄结构。在大多数情况
下，这是通过两阶段采样项目完成的，首先在海上或码头采样开展大量的体长
测量，而后选取已测量的子样本进行年龄鉴定。

图 8.4 展示了几种长寿物种的体长-年龄关系，这些物种代表了不同类群、

体型和生活史模式。北极蛤（*Arctica islandica*）是已知的寿命最长的非集群性水生生物，其壳长小于 10 cm，渐近长度非常明显（图 8.4a；Kilada 等，2007）。高首鲟（*Acipenser transmontanus*）是最古老的鱼类之一，体长可达数米。有记录的最大个体于 1827 年在 Volga 河捕获，体长达 7.2 m。Semakula 和 Larkin（1968）提供了高首鲟年龄-体长的估计值，其样本来自加拿大不列颠哥伦比亚省 Fraser 河的鲑刺网渔业中的偶然捕获（图 8.5b）。夏威夷绿海龟（*Chelonia mydas*）的寿命据估计超过 50 年，背甲长度可超过 1m（Zug 等，2002；图 8.4c）。

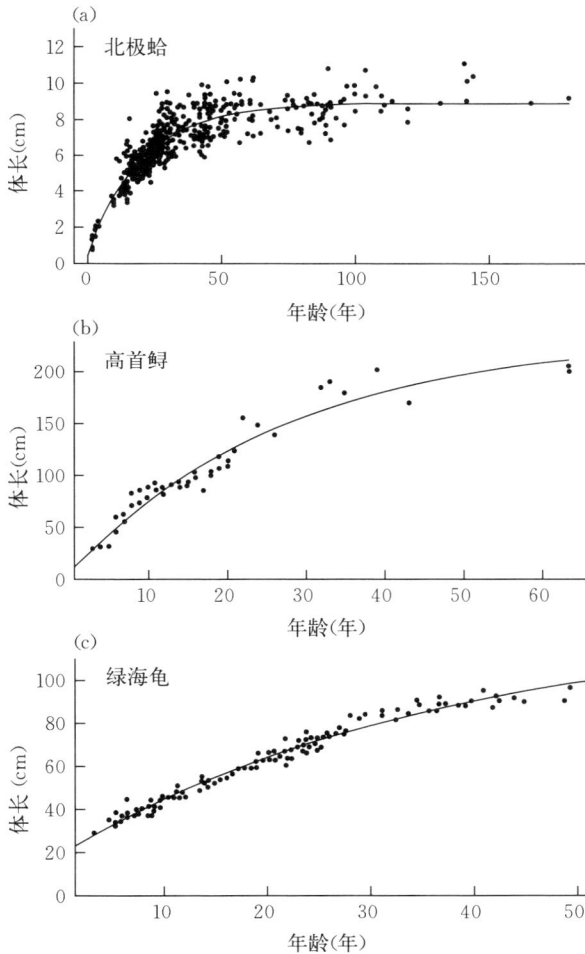

图 8.4　(a)Sable 浅滩北极蛤、(b)Fraser 河高首鲟和 (c)夏威夷近海绿海龟的体长生长。北极蛤数据由 Raouf Kilada 提供，高首鲟数据来自 Semakula 和 Larkin（1968），绿海龟数据来自 Zug 等（2002）

考虑到本节的目标，我们最终需要将年龄-体长关系转换为年龄-体重关系。一种转换方法是首先建立体重和体长之间的关系，然后将这一关系代入到年龄-体长模型中。观测表明，异速函数可以用于模拟长度（$l$）和重量（$W$）之间的关系，其形式为：

$$W = al^b \qquad (8.12)$$

在特定情况下，体型的线性维度（长、宽和高）维持了成比例的变化，即有 $b=3$，我们称之为等比（isometric）关系。注意体重与体长三次方的比率是一种常用的个体状况量度（通常称为 Fulton's K），而更一般化的分析中不要求 $b=3$，后者也有应用且限制更少。很多体重转换的体长模型中假设了 $b=3$ 的特定情况，因为在该约束条件下渔获量模型可以在一定程度上简化（如 Beverton 和 Holt，1957）。然而，对于很多物种，长度-重量指数的估计值确实偏离了 3。例如，美国东北部大陆架上 70 多个物种 $b$ 的平均估计值为 3.1。一般来说，我们不应该先验地假设 $b=3$。

我们可以预见体长-体重关系会存在季节性差异，这与食物可得性、捕食活动和生殖状况等因素有关。我们通常采用四季平均的体长-体重关系。图 8.5 展示的例子对产卵季节的鱼类的去性腺体重（somatic）与性腺重（gonadal）分别进行了分析。对于美国东北海域大西洋鲱，去性腺体重-体长关系指数的估计值为 3.07；有趣的是，在产卵季节捕获的样本中性腺重-体长关系的指数要高得多（为 4.19）。

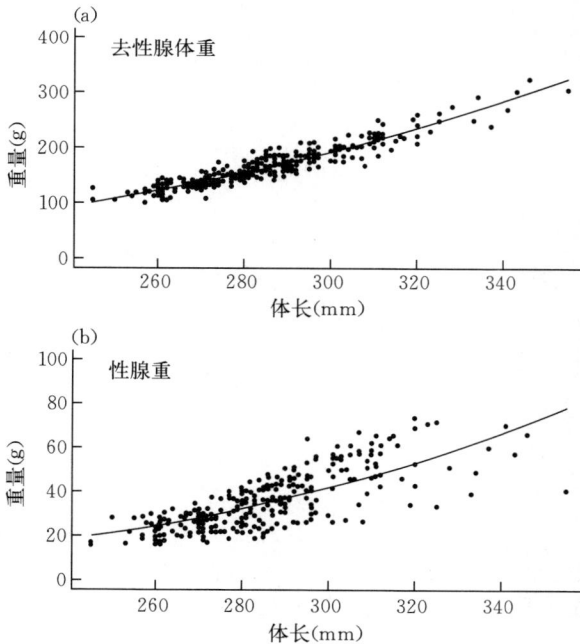

168

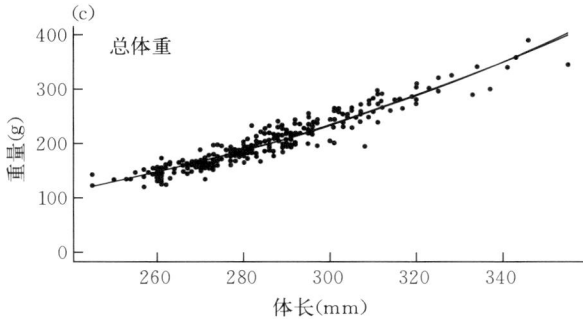

图 8.5 美国东北海岸大西洋鲱在产卵季节的体长与（a）去性腺体重、（b）性腺重和（c）总体重之间的关系（NEFSC 未发表数据）

性腺重随体长的变化幅度明显大于去性腺体重随体长的变化。这可能并不奇怪，因为该调查项目覆盖了繁殖之前、性腺迅速发育的时间段，导致了性腺重-体长关系较大的变化幅度。在繁殖季节，性腺占总体重的 17.2%，表明该物种对生殖的能量投入相当巨大。另外，总体重-体长关系指数为 3.19。

生长函数可以描述体长生长速度的逐渐下降，其最简单的表述形式之一为：

$$\frac{\mathrm{d}l}{\mathrm{d}t} = k(L_\infty - l) \tag{8.13}$$

式中，$l$ 是个体大小（体长）；$k$ 是生长系数；$L_\infty$ 是最大（渐近）体长。注意在该公式中，随着 $l$ 趋近 $L_\infty$，体长的变化率将逐渐接近零。该方程的积分形式可用于表示物种体长随年龄的变化，如图 8.4 所示。我们可以将体长-体重关系（公式 8.12）的导数和公式 8.13 相结合，求解以下等式：

$$\frac{\mathrm{d}W}{\mathrm{d}t} = \frac{\mathrm{d}W}{\mathrm{d}l} \cdot \frac{\mathrm{d}l}{\mathrm{d}t} \tag{8.14}$$

回顾链式法则，我们有 $\mathrm{d}x/\mathrm{d}t = (\mathrm{d}x/\mathrm{d}y)(\mathrm{d}y/\mathrm{d}t)$。然后我们得到：

$$\frac{\mathrm{d}W}{\mathrm{d}t} = a \cdot b \cdot l^{b-1} k(L_\infty - l) \tag{8.15}$$

另根据公式 8.12，我们有 $l = (W/a)^{1/b}$，上式可进一步改为：

$$\frac{\mathrm{d}W}{\mathrm{d}t} = k \cdot L_\infty a \cdot b \cdot \left(\frac{W}{a}\right)^{\frac{b-1}{b}} - k \cdot b \cdot W \tag{8.16}$$

令 $\omega = kL_\infty ba^{1/b}$，$\varphi = bk$ 并替换对应项，我们得到：

$$\frac{\mathrm{d}W}{\mathrm{d}t} = (\omega W^{(\frac{b-1}{b})-1} - \varphi)W \tag{8.17}$$

其解析解与公式 8.10 的形式类似。对于 $b = 3$ 的特定情况（等比形式），我们再次得到了特化 von Bertalanffy 模型。

或者，我们可以对公式 8.13 进行积分，得到：

$$l_t = L_\infty (1 - h e^{-kt}) \tag{8.18}$$

式中，$h = e^{kt_0}$，$t_0$ 是体长为零时的理论年龄。不同于基于体重的生长模型，该模型在低龄时没有表现出生长拐点。

我们可以将公式 8.18 与体长-体重关系（公式 8.12）相结合，构建基于体重的 von Bertalanffy 模型（公式 8.11）：

$$W_t = W_\infty (1 - h e^{-kt})^b \tag{8.19}$$

式中，$W_\infty = a L_\infty^b$。

## 8.3.2  季节性生长

个体生长模型在大多数应用中均以年为步长，但我们也可以在更小的时间尺度上构建生长模型。例如，目前已有很多季节性生长模型，采用三角函数表示年内生长（如 Pitcher 和 MacDonald，1973），其中一种可能形式（Hoenig 和 Hannamura，1990）为：

$$\frac{\mathrm{d}l}{\mathrm{d}t} = k(L_\infty - l)\left[1 - \vartheta \cos\left(\frac{2\pi}{\Omega(t - t_s)}\right)\right] \tag{8.20}$$

式中，$\vartheta$ 决定了振荡的幅度；$\Omega$ 是震荡周期；$t_s$ 表示相位。设初始条件 $l_0 = 0$，其解析解为：

$$l_t = L_\infty \left(1 - e^{-\left[k(t - t_0) - \left(\frac{k\Omega}{2\pi}\right)\sin\left(\frac{2\pi}{\Omega(t - t_S)}\right) + \left(\frac{k\Omega}{2\pi}\right)\sin\left(\frac{2\pi}{\Omega(t_0 - t_S)}\right)\right]}\right) \tag{8.21}$$

图 8.6 展示了体长-年龄变化轨迹的图示。当 $\Omega > 1.0$ 时，这一特定设置可能会导致体长的季节性缩减。对于在线性维度上（如全长）并未观测到缩减的情况，体长-年龄模型中的参数 $\Omega$ 必须作适当的限制。但同时，如图 8.1 所示的季节性体重缩减是完全可能的，在模型中必须加以考虑。

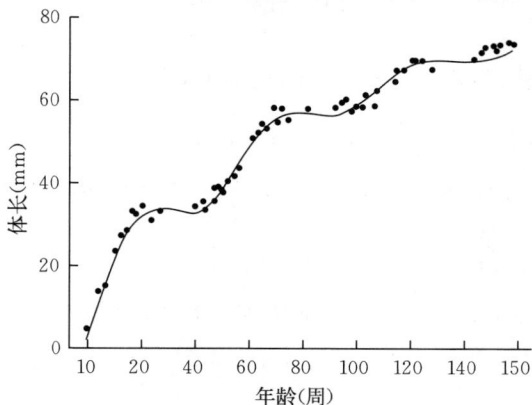

图 8.6  泰晤士河支流真鱥（*Phoxinus phoxinus*）的季节性生长（圆点所示）。拟合线表示 Hoenig 和 Hannumara（1990）的季节性生长模型。数据来自 Pitcher 和 MacDonald（1973）

对应公式 8.21 的季节性体重公式为：

$$W_t = W_\infty \left( 1 - e^{-k[t-t_0] - \left(\frac{k\Omega}{2\pi}\right)\sin\left(\frac{2\pi}{\Omega(t-t_s)}\right) + \left(\frac{k\Omega}{2\pi}\right)\sin\left(\frac{2\pi}{\Omega}(t_0-t_s)\right)} \right)^b \quad (8.22)$$

注意该模型并未涉及季节性生长模式的明确驱动机制，尽管温度和食物可得性是显见的关键因素。在 8.5 节，我们将探讨与温度建立显式关联的模型。

## 8.3.3 离散时间生长模型

目前为止，我们只考虑了使用微分方程来模拟生长。然而在某些情境中，我们想要用差分方程来近似连续时间模型。例如，我们往往会以年为步长（或在某些情况下为半年）来简化计算。当然在许多特定情境中，线性维度（如体长）的生长确实是不连续的。在下文中，我们将针对上述情况分别展开分析。

Paloheimo 和 Dickie（1965）提出了生物能量学生长模型的一种离散时间形式，其模型可以表示为：

$$\frac{\Delta W}{\Delta t} = I - L \quad (8.23)$$

式中，$\Delta W$、$I$ 和 $L$ 分别为某一时间段 $\Delta t$ 内的体重变化、能量摄入和能量损失。Paloheimo 和 Dickie（1965）建议将 Ivlev（1965；见第 4 章）的饱和消耗模型变体与异速能量损耗模型相结合，得到：

$$\frac{\Delta W}{\Delta t} = c_{\max}\left[1 - e^{-v'N'}\right] - \kappa W^n \quad (8.24)$$

式中，$c_{\max}$ 是最大消耗率；$v'$ 是转换效率的指标；$N'$ 是饵料密度。Paloheimo 和 Dickie（1965）进一步提出了以异速函数表述摄食的一种备选模型结构，实际上得到了公式 8.5 的离散时间形式。

在离散生长模型的其他应用中，相关研究将以个体数表示的种群时滞差分模型（如 Allen，1971；Clark，1976；见公式 3.33）和以生物量表示的种群模型（Deriso，1980；Schnute，1985）联系起来。年龄 $t+1$ 对应的体重可以表示为：

$$W_{t+1} = W_t + \rho(W_t - W_{t-1}) \quad (8.25)$$

其中 $\rho = e^{-k}$，显然相邻时间体重的增长随年龄增加而不断下降。在注释框 8.3 中，我们演示了体长增长相应表达式的推导步骤，公式 8.25 的推导与注释框 8.3 所示的过程相同。如果我们想要从补充年龄（$t=r$）开始跟踪体重的变化，则可以使用以下简单的递归关系：

$$W_t = W_r \frac{1 - \rho^{t-r+1}}{1-\rho} \quad (8.26)$$

我们将第 11 章中再遇到该表达式。

**注释框 8.3　离散性增量生长**

在这里，我们展示了如何修改 von Bertalanffy 体长生长模型（公式 8.18）以表示离散时间段内（通常为一年）体长增量的变化。我们可以将年龄 $t+1$ 时的体长表达为：

$$l_{t+1} = L_\infty (1 - he^{-k(t+1)})$$

根据上式以及之前 $l_t$ 的表达式，简单地以 $l_{t+1}$ 减去 $l_t$，即得到连续年龄的体长之差 $(l_{t+1} - l_t)$：

$$l_{t+1} - l_t = L_\infty (1 - he^{-(kt+k)}) - L_\infty (1 - he^{-kt})$$

该式可以进一步简化为：

$$l_{t+1} - l_t = L_\infty he^{-kt} (1 - e^{-k})$$

另一方面，我们可以将基本的体长-年龄模型重新整理为：

$$L_\infty - l_t = L_\infty he^{-kt}$$

将该式代入前面的表达式中，我们有：

$$l_{t+1} - l_t = L_\infty (1 - e^{-k}) - l_t + l_t e^{-k}$$

令 $\rho = e^{-k}$，并在等式的两边加上 $l_t$，即可将 $l_{t+1}$ 表示为 $l_t$ 的函数，可得：

$$l_{t+1} = L_\infty (1 - \rho) + \rho l_t$$

这也称为 Ford 生长方程（Ford，1933）。Walford（1946）的 $l_{t+1}$ 与 $l_t$ 关系图中，斜率为 $\rho$，截距为 $L_\infty (1 - \rho)$，并且若 $\rho$ 已知，则 $L_\infty$ 可以被估算出来。最后，从上述表达式中减去下式：

$$l_t = L_\infty (1 - \rho) + \rho l_{t-1}$$

简化可得相邻年龄生长增量的关系：

$$(l_{t+1} - l_t) = \rho (l_t - l_{t-1})$$

即二者也为线性关系，斜率为 $\rho$。

### 8.3.3.1　不连续生长

许多甲壳类动物（特别是龙虾、小龙虾、虾和蟹）属于极具价值和广受欢迎的渔业资源。甲壳类在蜕壳生长的过程中，旧的外骨骼脱落，通过吸收液体使身体在相对短的时间内膨胀，其后新的外壳变硬，定型为新的大小。

甲壳类的生长常以壳长或壳宽表示，可以表述为在一定时间间隔内（或称为蜕壳间期 intermolt duration）的蜕壳概率和每次蜕壳长度增量的函数。特别是在温带和寒带地区，蜕壳通常发生在确定的季节。甲壳类的生长可以用前几节中描述的经典连续生长模型来描述[①]。然而，相关研究也开发了专门的蜕壳过程模型，以反映在线性维度上甲壳类的生长本质上的不连续特性（相关综述参见 Wahle 和 Fogarty，2006；Chang 等，2012）。

一般来说，蜕壳间期和蜕壳增量都受到蜕壳前大小、温度，以及食物供应、种群密度和生物学条件（包括肢体丢失）等其他因素的影响。要从野外数据中估计蜕壳增量，通常需要大量个体的标志重捕信息，并且这些个体在标志放流后至少经历一个完整的蜕壳周期。

对于具有明确的季节性蜕壳期的类群（主要在温带-寒带系统中），以及表现出连续但非同步蜕壳模式的类群（在热带和亚热带系统中），确定蜕壳间期所采用的方法必然不同。描述蜕壳间期的常用函数形式包括多项式模型和指数模型（Wahle 和 Fogarty，2006；Chang 等，2012）。对于生活在季节性环境中的物种，更常见的方法是估计一定时间段内（通常是一年）的蜕壳概率。基于指数、多项式和逻辑斯蒂函数描述蜕壳概率的方法已有广泛使用（Wahle 和 Fogarty，2006；Chang 等，2012）。如果蜕壳概率能够被精确估计，也可以以其倒数来计算蜕壳间期。

我们可以构建一个离散生长模型，其中个体大小可以用矩阵形式表示：

$$
\begin{pmatrix} l_{1,t+\Delta t} \\ l_{2,t+\Delta t} \\ l_{3,t+\Delta t} \\ \vdots \\ l_{n,t+\Delta t} \end{pmatrix} = \begin{pmatrix} p_{1,1} & \cdots & \cdots & \cdots & \cdots \\ p_{2,1} & p_{2,2} & \cdots & \cdots & \cdots \\ \cdots & p_{2,3} & p_{3,3} & \cdots & \cdots \\ \vdots & \vdots & \vdots & \vdots & \vdots \\ \cdots & \cdots & \cdots & p_{n,n-1} & p_{n,n} \end{pmatrix} \cdot \begin{pmatrix} l_{1,t} \\ l_{2,t} \\ l_{3,t} \\ \vdots \\ l_{n,t} \end{pmatrix} \tag{8.27}
$$

其中转换矩阵主对角线上的元素（$p_{i,i}$）表示龙虾（图 8.7 以龙虾为例）在一定时间间隔内停留在同一分组的概率。注意式中 $\sum_{i=1}^{n} p_{ij} = 1$ 且 $1 \geqslant p_{ij} \geqslant 0$。主对角线下方的所有元素表示在时间间隔内个体大小增长的概率。为简单起见，在公式 8.27 中我们仅展示了在一定时间段内个体保持相同大小或进入下一长度组的情况（次对角线上的元素）。在该表述中，我们对一个时间间隔内的生长作了限制，使其仅能增加到下一个相邻体长组。此时，除主对角线和次对角线之外的所有元素都为零。我们可以通过在主要和次对角线之外加入非零元素，允许个体生长到非相邻的体长组。个体大小的缩减可以由主对角线上方的非零元素表示。注意主对角线的元素也表示了蜕壳概率估计值的补数。图 8.7 展示了该模型应用于美国大陆架外缘雌性美洲鳌龙虾（*Homarus americanus*）

---

① 注意在蜕壳之后，身体组织的构建和体重的总体增加并不是突然间断的。因此，连续时间模型可以适当地应用于年龄-体重模型。

的案例。标记重捕信息用于确定年蜕壳增量和蜕壳概率，以构建转换矩阵。图 8.7展示了壳长随时间的期望值，同时我们也可以很容易地表示各个年龄壳长的完整概率分布（Fogarty 和 Idoine，1998）。

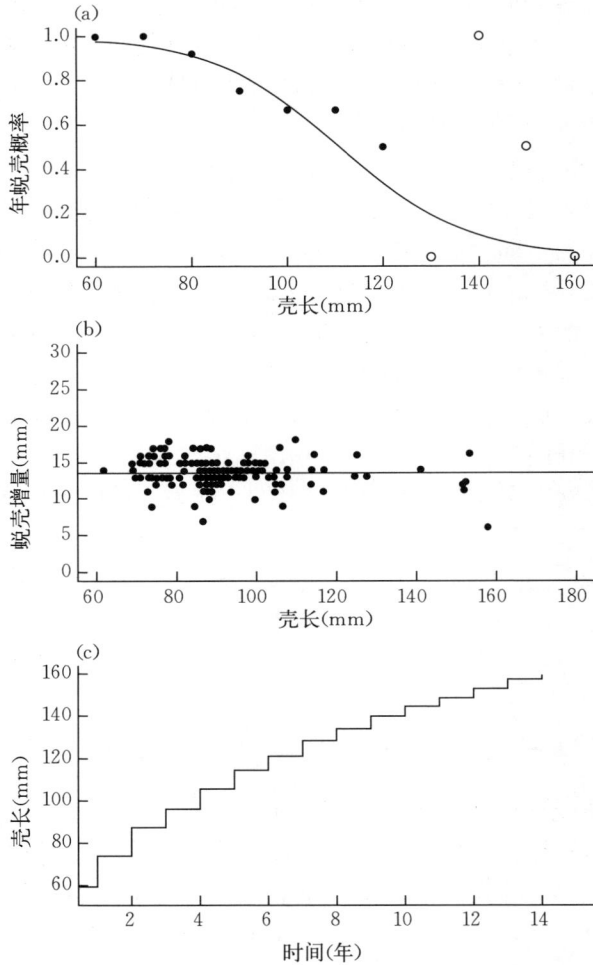

图 8.7　美洲螯龙虾的蜕壳过程模型。其中（a）不同长度的蜕壳概率，（b）预期的蜕壳增量，上述信息被用于确定（c）连续时间的预期壳长，其中时间为 0 时的初始壳长为 60mm。改自 Fogarty 和 Idoine（1998）

## 8.4　生殖过程

在前面的小节中，我们没有明确区分身体生长和生殖生长，仅简单地分析了总的个体大小。我们推断，生殖和其他因素的能量消耗会反映为身体生长的减少。同时也可以推测，对于某些物种，雌性和雄性的累积生殖成本的差异很大，将会导致其体型存在明显的性别二态性。我们可以用阿拉斯加北海狮（*Eumetopias jubatus*）的生长分析来说明一些要点（Winship 等，2001），该种雄海狮的体重达到雌海狮的两倍（图 8.8；Winship 等，2001）。在雄性争夺雌性和繁殖地的情况下，经常会出现性选择（sexual selection）。这些竞争占了雄性生殖能量消耗的很大一部分，而在竞争中大体型具有很大优势。相对于雄性，雌性趋近渐近体重的趋势更为明显，可能反映了雄性和雌性面临截然不同的选择压力。一般而言，我们可以预期，无论在种内和种间，性成熟后的生长模式均可以表现出多种形式。在下文中，我们描述的模型以性成熟年龄为分界点，将生长分为两个阶段。

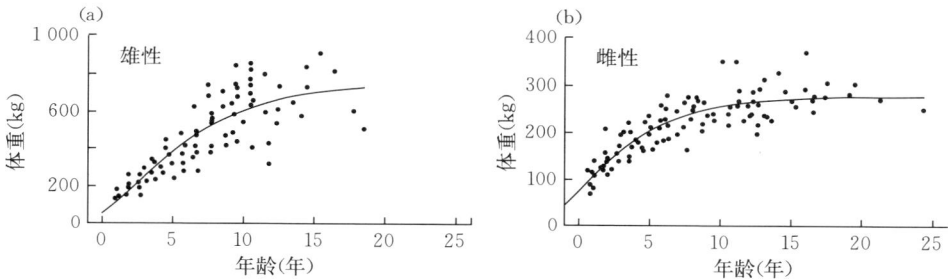

图 8.8 （a）雄性和（b）雌性北海狮的年龄-体重估计。改自 Winship 等（2001）

我们首先需要定义该分界点。对于个体而言，性成熟显然是一个二分过程（未成熟或成熟），尽管性成熟大小或年龄在个体间存在差异。通常，我们可以用性成熟曲线的方式反映这种差异（即随年龄变化的性成熟概率的累积分布）。采用逻辑斯蒂函数可以很容易地模拟这种关系：

$$p_m(a) = \frac{1}{1 + e^{-\alpha(a - a_{50\%})}} \tag{8.28}$$

式中，$p_m(a)$ 是年龄 $a$ 时的性成熟比例；$a_{50\%}$ 是半数个体达到性成熟的年龄；$\alpha$ 为斜率或称为形状系数。我们可以使用逻辑斯蒂回归从原始性成熟度数据中估计参数，该方法能够恰当地处理误差结构（性成熟度是服从二项分布的随机变量）。

为了说明该方法，我们回顾大西洋鲱的案例（图 8.9）。总体上，该种群中的个体在大约两年的时间跨度内依次达到性成熟。下文中我们将继续以体重为单位构建模型，同时也可以将繁殖力与体型（体长和体重）的测量指标联系起来，以表示与生殖过程的直接关联。我们还可以使用异速函数表述繁殖力和不同体型度量的关系。该案例中总体重与繁殖力关系的指数为 1.44，而通常假设体重与繁殖力关系的指数约为 1。此处得到的异速关系表明，对于该鲱种群，较大的雌性能够成比例地产生更多的卵。在一项涉及 45 种鱼类的荟萃分析中，Barnech 等（2018）指出，体重和繁殖力之间的关系是异速的，斜率为 1.24。这些结果表明了保护繁殖群体大个体雌性的重要性。

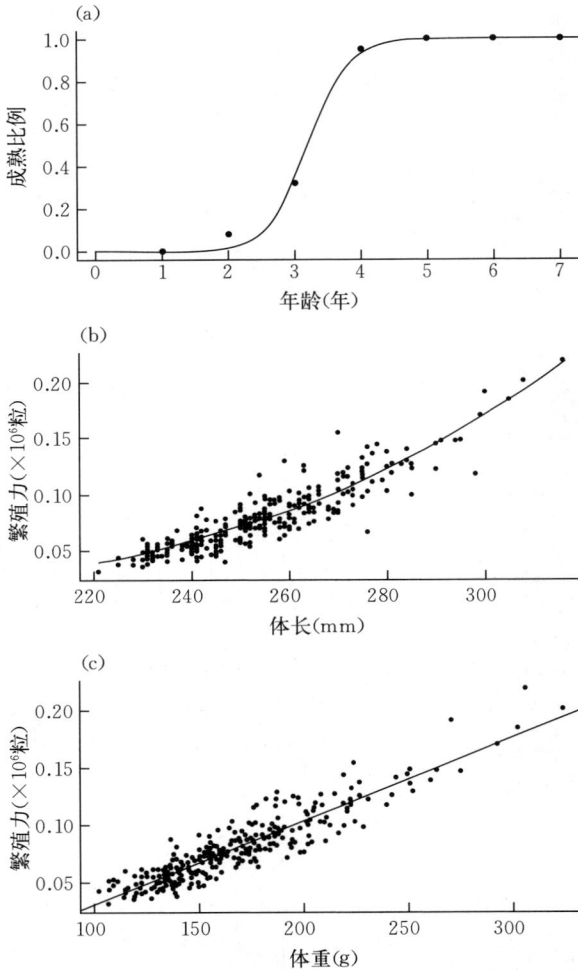

图 8.9　美国东北近海大西洋鲱（a）各年龄的性成熟、（b）繁殖力随体长以及（c）体重变化的估计（NEFSC 未发表数据）

## 8.4.1　区分身体生长和生殖生长

Day 和 Taylor（1997）开发了一个包含幼体与成体两阶段的生长函数，可以看作公式 8.6 基础上的修改：

$$\frac{\mathrm{d}W}{\mathrm{d}t}=p_\mathrm{s}(\eta-\kappa)W^\varphi \qquad (8.29)$$

其中 $p_\mathrm{s}$ 是用于身体（去性腺）生长的资源比例，所有其他项的定义同前。Day 和 Taylor（1997）设 $\varphi=2/3$，对应等比生长。对于幼体，有 $p_\mathrm{s}=1$，其解在形式上等同于公式 8.7，即该阶段体重呈指数增长。对于成体，有：

$$p_\mathrm{s}=\mathrm{e}^{-h'}(t-a_\mathrm{mat}) \qquad (8.30)$$

其中 $a_\mathrm{mat}$ 是性成熟年龄，$h'$ 控制了身体生长的相对能量分配（注意，公式 8.30 的值必然介于 0 和 1 之间）。对于较高水平的 $h'$，个体更接近确定性生长，即性成熟后个体大小的变化基本停止。对于生活史中的成体阶段，公式 8.29 的解为：

$$W_t=W_\mathrm{A}+\left[(1-\varphi)\ \frac{\eta-\kappa}{h'}(1-\mathrm{e}^{-h't})\right]^{\frac{1}{1-\varphi}} \qquad (8.31)$$

式中，$W_t$ 是时间（年龄）$t$ 时的体重，$W_\mathrm{A}$ 是性成熟体重。现在我们可以将幼体模型和成体模型合到一起，其结果如图 8.10 所示。Lester 等（2004）提出了一种相关的方法，探索其对涉及生长和繁殖之间权衡的最佳生活史策略的影响。

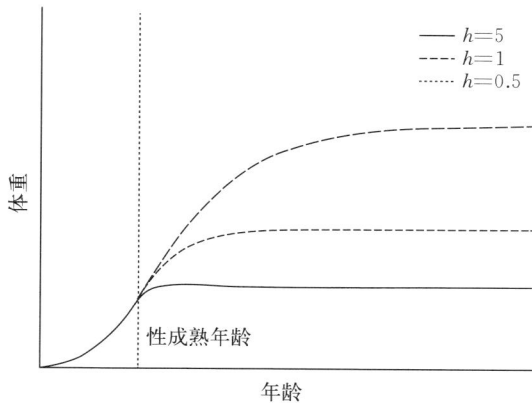

图 8.10　Day 和 Taylor 生长模型中成体生长参数 $h$ 取三个不同水平时对应的结果。该参数控制对身体生长和生殖生长的相对能量分配，$h$ 值越高表示对生殖的分配比例越大

## 8.5　温度依赖性生长

温度实际上影响到水生生物生物学和生态学的各个方面。例如，Elliot

（1975）通过不同水温条件下褐鳟的室内养殖实验，证明了温度对其饱食状态下生长的影响。我们注意到，在自然条件下食物的供应往往是有限的，而温度升高也增加新陈代谢需求，从而对生长造成影响。图 8.11 显示了在四个初始体重条件下，褐鳟的相对生长率 [$(1/W)$ $(\mathrm{d}W/\mathrm{d}t)$] 随温度的变化。该研究中的相对生长率是温度的非线性函数，在每个实验的体重组都有明显的最大值。相应的，我们有一个最适温度，超过该温度相对生长率将急剧下降。鉴于全球变暖之下水温不断升高，清楚了解温度对生长速率的影响具有

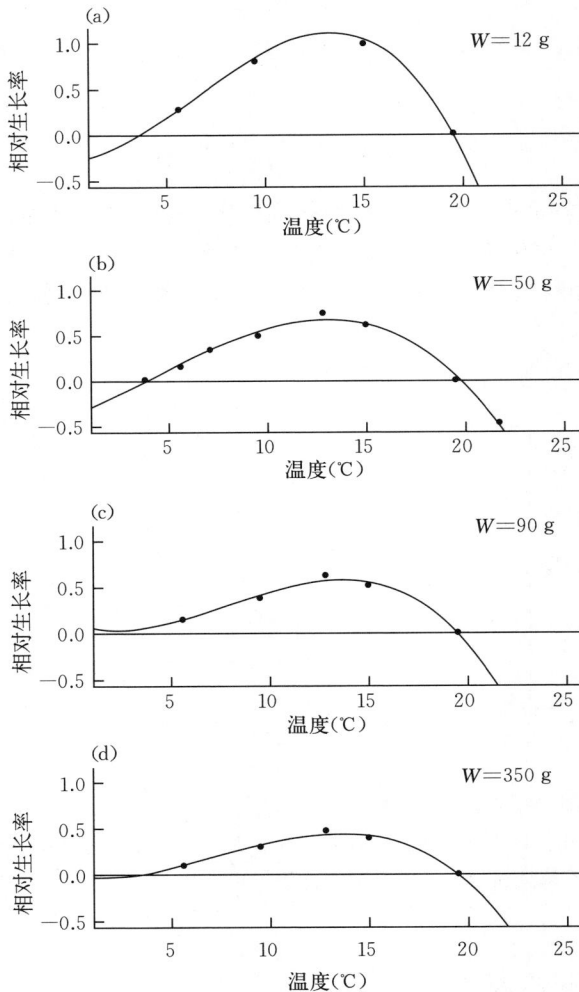

图 8.11　褐鳟的相对生长速率与温度的关系，其中初始体重分别为 （a）12g、
　　　　（b）50g、（c）90g 和 （d）350g（数据源自 Elliot, 1975）

特别重要的意义。生长率不仅影响个体的生产，也影响其对捕食的脆弱性、生殖产出和许多其他因素。下面，我们将举例说明如何将温度效应纳入经典的个体生长模型。在 8.6 节，我们将针对生物生产的各个过程更详细地探讨温度的效应。

有很多种方法可以修改 von Bertalanffy 生长方程以反映温度效应。例如，Mallet 等（1999）将 von Bertalanffy 生长系数 $k$ 表示为温度的函数：

$$k = k_{opt} \left[ \frac{(T-T_{min})(T-T_{max})}{(T-T_{min})(T-T_{max}) - (T-T_{opt})^2} \right] \tag{8.32}$$

式中，$k_{opt}$ 是最适温度（$T_{opt}$）时的 $k$ 值；$T_{min}$ 和 $T_{max}$ 是一个物种或种群能生长的最低和最高温度水平。曲线的形状取决于最适温度在 $T_{min}$ 和 $T_{max}$ 之间的相对位置。若最适温度更接近 $T_{min}$，则曲线的峰值靠前；若最适温度更接近 $T_{max}$，曲线峰值靠后。

Walters 和 Essington（2010）根据 von Bertalanffy 生长方程的生物能量表述形式，解析了温度依赖性生长问题：

$$\frac{dW}{dt} = \eta W^m f_I(T) - \kappa W^n f_M(T) \tag{8.33}$$

式中，$f_I(T)$ 描述了温度对生长中合成代谢分量的影响；$f_M(T)$ 描述了温度对分解代谢分量的影响。这两个函数都是基于 $Q_{10}$ 的概念定义的——即环境温度升高 10 ℃时生物过程的变化率。合成代谢分量的温度函数为：

$$f_I(T) = Q_I^{\frac{T-10}{T}} \left[ \frac{e^{-g(T-T_m)}}{1 + e^{-g(T-T_m)}} \right] \tag{8.34}$$

式中，$Q_I$ 是合成代谢的 $Q_{10}$ 系数；$T$ 是温度；$T_m$ 是摄食率下降到 $Q_I$ 对应预测值一半时的温度；$g$ 控制了当温度趋近 $T_m$ 时摄食减少的速率。Walters 和 Essington（2010）给出了 5 个物种 $Q_I$ 的经验估计值，其范围从 2.81 到 9.71。Walters 和 Essington（2010）采用了通常用于表述 $Q_{10}$ 的幂函数作为分解代谢过程的因子：

$$f_M(T) = Q_M^{\frac{T-10}{T}} \tag{8.35}$$

## 8.5.1 生理时间单元

我们可以采用完全不同的方法来研究如何将温度信息整合到生长模型中。如 Brander（1995）开发了一种简单但有效的方法，将年龄和温度观测相结合，构建了与生理过程紧密相关的混合时间尺度。为了阐述这种方法，我们展示了 5 个大西洋鳕种群的年龄与体重关系（图 8.12a），其生长函数（在本例中为 2～6 龄的简单指数模型）的变化趋势存在明显差异。这些生长模式基本上遵循纬向梯度，与水温紧密相关。然而，若以年龄和温度的乘积为横坐标，绘制其与平均体重的关系（图8.12b），则可以消除曲线高度反映的区域差异。这揭示了温度校正后生长模式的共性。

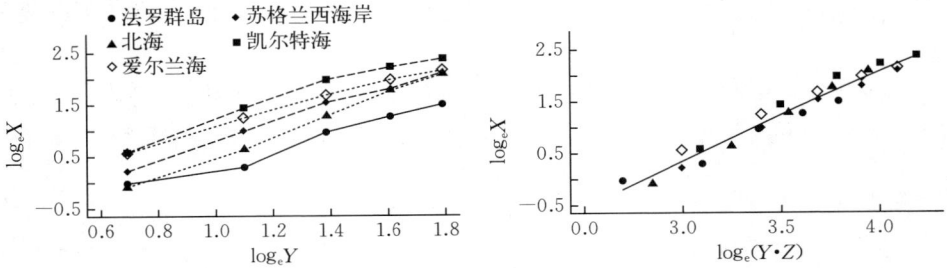

图8.12　(a) 五个大西洋鳕种群的年龄和体重（自然对数）之间的关系，以及 (b) 其年龄与平均环境温度的乘积和体重之间的关系。$X$ 代表体重（以 kg 为单位），$Y$ 代表年龄（以年为单位），$Z$ 代表温度（以℃为单位）（数据来自 Brander，1995）

　　另一种相关方法涉及农业和其他研究中常用的生长积温（growing degree-days，GDD；Curry 和 Feldman，1987）。根据这一指标，生长可以表示为一定时间间隔内累积温度之和的函数。生长积温通常定义为：

$$GDD = \sum_{i=1}^{n} (T_i - T_{min}) \tag{8.36}$$

　　式中，$T_i$ 是第 $i$ 天的温度；$T_{min}$ 是最低阈值温度，低于该值生长将停止。与 Brander 指数一样，生长积温可以直接替代生长模型中传统的时间度量。关于该方法在水生生物中的应用综述，请参见 Neuheimer 和 Taggart（2007）。

# 8.6　完整生物能量模型

　　在本节中，我们将更详细地论述个体生产的各个组分（摄入、代谢需求、排遗和排泄）。如前所述，经典的个体生长模型可以表示为能量摄入和损失共同作用的简单异速函数。如本章前言所述，完整生物能量模型基于可靠的生物学原理，满足质量平衡的约束条件。通过对模型的不同组分进行独立估计，该约束条件也使我们能够估算一些未知量。例如，我们可能想要根据摄入和各种来源的能量损失，估计生长函数。或者，若生长可以直接测算，我们可以求解达到生长观测值所需的消耗量。模型的计算过程遵循明确的顺序，即追踪了食物的消耗量，标准代谢、活动代谢以及特殊动力作用产生的能量损失，以及废物排出（图8.13）。

　　我们还可以根据独立估计的生长、饵料组成和热履历（thermal history）来估计食物摄入率，也可以根据关键代谢过程、热履历等信息来推算生长。这里我们将基于一个生物能量学模型——Wisconsin 模型开展探讨。该模型广泛应用

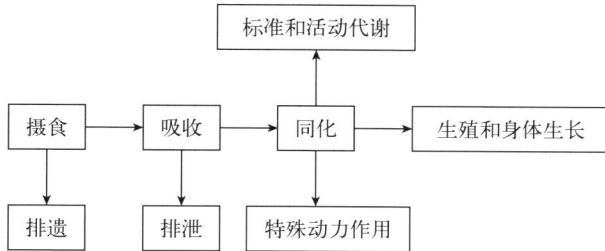

图 8.13　从食物摄入到身体和生殖生长的有序生物能量学过程的流程图

于水生生物研究，最近有更新并成为 R 语言的一个程序包 Fish Bioenergetics 4.0
(FB4)(Deslauriers 等，2017)。基于 Wisconsin 框架已开发了涉及 70 个物种的 100
多个生物能量学模型，现已完成分类汇编并可供使用（参见 fishbioenergetics. org）。
该软件具有用户友好的界面，有助于模型的应用以及对现有汇编资料的进一步
分析或新模型的创建。

## 8.6.1　摄食

Wisconsin 模型在最大摄食率的基础上，以消耗水平（$0 < p_1 < 1$）和温度函
数 $f_1(T)$ 为乘子进行调整，定义了摄食异速函数：

$$I = p_1 a_1 W^{b_1} f_1(T) \tag{8.37}$$

式中，$a_1$ 和 $b_1$ 是摄食的异速系数。乘子 $p_1$ 可以调整摄食水平，当 $p_1 = 1$
时，消耗量达到在给定个体大小和温度条件下的最大值。虽然 $p_1$ 可由用户指
定，但它也可以用作"调谐"参数，使模型在给定观测生长数据下达到整体
平衡。

目前，FB4 中的温度项可以使用四种函数形式，包括①指数函数，②穹形
(dome) 函数，也称为 Kitchell 函数，③双 S 形（double - sigmoidal）模型，
④三次多项式。Kitchell 函数（Kitchell 等，1974，1977）被认为适用于"暖
水"种，而 S 形函数（Thornton 和 Lessem，1978）被认为适用于"冷水"
种，特别是在较低温度下（Delauriers 等，2017）。该模型采用两个联合的逻
辑斯蒂函数描述了温度对摄食的效应，其中第一个函数的定义域是可进行摄食
的最低温度到某个最适温度，第二个函数对应的是最适温度到可进行摄食的最
高温度。

注释框 8.4 给出了各温度函数的具体形式，在图 8.14 中我们展示了这四
个函数的对应形状。考虑到模型不同的结构形式，我们对其进行了缩放使其尽
可能贴近。如果确实存在最适温度，指数模型当然无法反映摄食的衰减，而其
他三个模型均可以呈现对温度的非单调性响应，因此也都能够表示出相应过程

中存在最适温度，但其灵活性有所不同。最终的模型选择将基于可获取的适当实测数据，对不同的选择进行检验。

## 注释框8.4 Fish Bioenergetics 4.0 中的温度函数

Fish Bioenergetics 4.0 提供了几种不同的函数可供选择，以表示温度（$T$）对摄食和呼吸的影响。所有四个可选函数都可用于描述摄食，而呼吸过程目前只能选指数函数和 Kitchell 函数。这些函数的参数在摄食和呼吸中有所不同，在下文中我们以下标（$i$）来表示该差异。

（1）指数：指数乘子为：

$$f(T) = e^{Q_i T}$$

其中 $Q_i$ 是过程 $i$（摄食、排遗和呼吸）的 $Q_{10}$ 系数。

（2）Kitchell：Kitchell 乘子采用以下形式：

$$f(T) = \left[ \frac{T_{\max,i} - T}{T_{\max,i} - T_{\mathrm{opt},i}} \right]^X e^{\left[ X \left( 1 - \frac{T_{\max,i} - T}{T_{\max,i} - T_{\mathrm{opt},i}} \right) \right]}$$

其中 $T_{\max}$ 是摄食或呼吸停止的上限温度，$T_{\mathrm{opt}}$ 是最适温度，$X$ 由下式给出：

$$X = \left\{ \frac{\left[ \log_e Q_i (T_{\max,i} - T_{\mathrm{opt},i}) \right]^2}{400} \right\} \left\{ 1 + \left[ 1 + \left( \frac{40}{\log_e Q_i (T_{\max,i} - T_{\mathrm{opt},i} + 2)} \right)^{0.5} \right]^2 \right\}$$

（3）双逻辑斯蒂（双 S 形）：当温度等于或低于最适值时的"低位"逻辑斯蒂函数为：

$$K_{L,i} = \frac{c_{L,i} e^{\left[ G_{L,i} (T - T_{L,i}) \right]}}{1 + c_{L,i} (e^{\left[ G_{L,i} (T - T_{L,i}) \right]} - 1)}$$

其中 $T_{L,i}$ 是一个较低的水温，该值下温度依赖性乘子为相对最大速率的较小百分比 $c_{L,i}$。$G_{L,i}$ 由下式给出：

$$G_{L,i} = \frac{1}{T_{O,i} - T_{L,i}} \cdot \log_e \frac{0.98(1 - c_{L,i})}{0.02 \times c_{L,i}}$$

其中 $T_{O,i}$ 是摄食率达到最大值 98% 时的温度。

温度等于或高于最适值的"高位"逻辑斯蒂函数为：

$$K_{U,i} = \frac{c_{U,i} e^{\left[ G_{U,i} (T_{U,i} - T) \right]}}{1 + c_{U,i} (e^{\left[ G_{U,i} (T_{U,i} - T) \right]} - 1)}$$

其中 $T_{U,i}$ 是一个较高的水温，该值下温度依赖性乘子是相对最大速率的缩减比例 $c_{U,i}$。$G_{U,i}$ 由下式给出：

$$G_{U,i} = \frac{1}{T_{U,i} - T_{M,i}} \cdot \log_e \frac{0.98(1 - c_{U,i})}{0.02 \times c_{U,i}}$$

其中 $T_{M,i}$ 大于或等于 $T_{O,i}$，也是摄食率达到最大值 98% 时的温度。

> (4) 三次多项式：三次多项式的指数函数形式为：
>
> $$f(T) = e^{(a_1 T + a_{2,i} T^2 + a_{3,i} T^3)}$$
>
> 其中 $a_1$ 至 $a_3$ 均为系数。

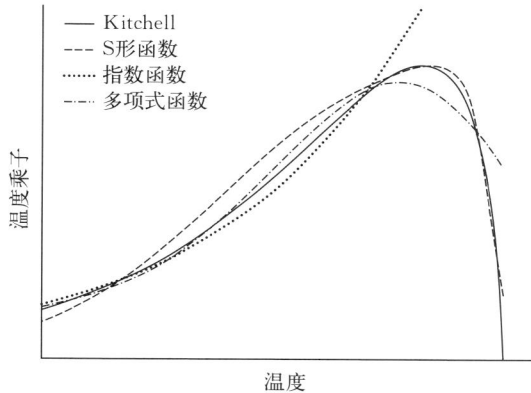

图 8.14　FB4 中使用的四种温度函数的形状，包括 Kitchell 函数、S 形函数、指数函数和三次多项式函数。在此示例中我们使用 Kitchell 模型作为基础，并调整其他函数使其尽可能接近此函数

## 8.6.2　呼吸

标准代谢和活动代谢的量化研究通常以耗氧量为测算指标，其估计值一般是通过实验室内呼吸计测量获得的。大量文献表明，水生生物的呼吸率与个体质量之间存在异速关系。呼吸速率可以根据耗氧率［$gO_2/(g \cdot d)$］直接测量，并标准化到 0 ℃下每克体重（BW）值。然后可以将耗氧量转换为能量单位，用于维持生物能量模型的整体平衡，当然这要求所有组分都采用共同的单位。耗氧到能量的转换中通常使用默认值 13.56 kJ/g $O_2$，尽管可以按类群分别估计以反映身体结构的差异。

Wisconsin 模型中设置的总呼吸率函数为：

$$R_T = a_R W^{b_R} f_R(T) \cdot A_R \tag{8.38}$$

式中，$a_R$ 和 $b_R$ 是异速呼吸项的系数；$f_R(T)$ 是呼吸的温度函数；$A_R$ 是反映活动水平（游泳）对呼吸影响的乘子。在 FB4 中，温度项可以用指数或 Kitchell 函数的形式表示。活动项可以设置为常数［通常是特定代谢项的固定乘子（Winberg，1960）］，也可以设为游泳速度和温度的函数：

$$A_R = e^{vV} \tag{8.39}$$

式中，$v$ 是系数；$V$ 是游泳速度（cm/s）。若在温度高于某临界温度时，游泳速度取决于体重，我们有：

$$V = a_{V^+} W^{b_V} f_V(T) \tag{8.40}$$

式中，$a_{V^+}$ 是温度高于临界温度时的截距项；$b_V$ 是与温度无关的幂指数。若温度低于某临界温度，游泳速度随质量和温度变化的函数可表示为：

$$V = a_{V^-} W^{b_V} f_V(T) \tag{8.41}$$

式中，$a_{V^-}$ 是温度低于临界值时的截距项；$b_V$ 定义同公式 8.40。最后，游泳速度也可以按照代谢率的一定比例设置（Winberg 系数），尽管该比例常数可能存在相当大的不确定性。

为了完成代谢损失项的计算，我们还需要考虑特殊动力作用（Specific Dynamic Action，SDA）。SDA 是指基础新陈代谢以外的能量消耗，由食物消化、吸收和转化所导致。在 FB4 中，SDA 设置为：

$$SDA = s_R(I - E_F) \tag{8.42}$$

式中，$s_R$ 是同化能量对应的一定比例，其值通常在 0.15～0.20。在 FB4 已汇编的生物能量学模型中，其平均值为 0.16。

### 8.6.3　排遗和排泄

排泄和排遗均可造成能量损耗，在模型中通常作为摄食和温度的函数。其中排遗可表示为：

$$E_F = p_F I \cdot f_F(T) e^{a_F \cdot p_I} \tag{8.43}$$

式中，$p_F$ 是已摄入食物被排出的比例；$a_F$ 是排遗对摄食水平的依赖系数；$p_I$ 是相对最大摄入量的比例，为待估算系数，用于平衡能量收支。排泄的表达式与之相似：

$$E_N = p_N(I - E_F) \cdot f_N(T) e^{a_N \cdot p_I} \tag{8.44}$$

式中，$p_N$ 是排泄造成能量损失的固定比例，$a_N$ 是排泄对摄食水平的依赖系数。排泄和排遗的温度依赖项均可采用幂函数形式。另外，针对难以消化的饵料，还可以对模型进行调整（Deslauriers 等，2017）。

### 8.6.4　捕食者和被捕食者的能量密度

为了使模型符合热力学定律和质量平衡约束，我们需要采用一种通用的能量单位（energy currency）。荟萃分析表明，鱼体组织的能量值可以表示为体重的异速函数，后者又以干重的百分比计量：

$$E_D = a_E DW^{b_E} \tag{8.45}$$

式中，$E_D$ 是能量密度（J/g 湿重）；$a_E$ 和 $b_E$ 是异速关系系数；$DW$ 是样品的干重百分比（如Hartman和Brandt，1995；Johnson 等，2017）。注意在高纬度地区能量密度通常会随季节变化，这与生产力的季节性波动有关。在Brey 等（2010）近期完成的一项汇编中，包含了细菌、植物和动物在内的3 000多种水生物种的体重、元素组成和能量密度的估计值（参见 http://www.thomas-brey.de/science/virtualhandbook），对相关研究极具价值。

### 8.6.5 伊利湖鲈模型

在 Kitchell 等（1977）的经典研究中，作者分析了伊利湖鲈的生物能量学，跟踪了从仔鱼开始定栖到 5 龄的生长。这里我们使用 FB4 汇编中该研究的原始参数来重现相关分析。该模型运行的时间步长为天，模拟起始于 Kitchell 等（1977）估计的仔鱼定栖时间。假设当年生个体只摄食无脊椎动物，在生活史的第二年饵料中无脊椎动物和鱼类各半，而更高龄鱼仅摄食鱼类。另外假设 2 龄及以上的鱼均已性成熟。参照伊利湖西部内湾的水温数据序列，在每一年的模拟中均设温度遵循相同的季节循环。摄食和呼吸项的温度函数选用 Kitchell 模型。模拟的体重-年龄关系和温度时间序列如图 8.15 所示，体重的变化轨迹清楚地显示了生长的季节性，特别是对于较低年龄，但没有迹象表明各个年龄组将接近渐近体长。

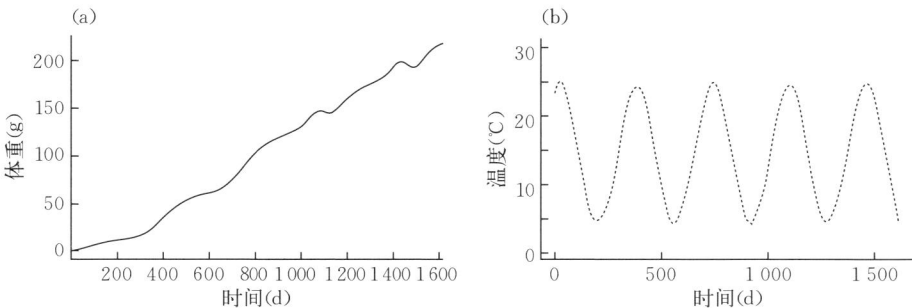

图 8.15 （a）伊利湖黄金鲈（*Perca flavescens*）从仔鱼定栖（设时间为 0）起的生长模拟和（b）模型中相应的温度序列。该分析使用 Fish Bioenergetics 4.0 软件

## 8.7 代谢生态学

体重和温度对水生生物的代谢过程至关重要，这一点贯穿本章。耦合了温度校正项的异速函数可以很好地表征个体生产的主要组分，对于海洋、河口和淡水物种具有普遍的意义。在水生生物学中，对这些问题的探索有着深厚的传统。代谢生态学（Brown 等，2004；Brown 和 Sibly，2012）拓展了相关研究

的范畴，涵盖了更广泛和丰富的生物类群，旨在将代谢过程作为理解生态学过程的核心。本章涵盖的问题为这一基本观点提供了重要支持。

一个更聚焦（和有争议）的问题是，对于代谢生态学中普适的异速函数，以温度校正后其指数项在广泛的生物类群之间是否具有共同的期望值（Brown和Sibly，2012）。根据生态学代谢理论（MTE），该指数的期望值符合"四分之一尺度规则"，其值为 0.75。当以单位质量表示时，该指数的期望值为 −0.25(Brown 和 Sibly，2012)。

Essington 等（2001）分析了 37 种鱼类种群的生物能量学或污染物示踪分析信息，发现两种分析得到的指数 $m$ 平均值为 0.80，且示踪分析得到的估计值要高于生物能量学分析。仅从生物能量学分析获得的平均估计值较低，为 $m=0.70$。也就是说，从两种信息源中得到 $m$ 的范围包含了异速理论的期望值。

Essington 等（2001）还估计了损失函数的参数，发现对于上述两类分析，指数 $n$ 的平均值为 1.0，高于代谢理论的期望值 0.75。对于这个问题，Essington 等（2001）考虑到由于生殖产出和运动造成的能量损失，一旦将这些因素包含在内就会导致 $n$ 值偏高。

与其他包含不同类群的资料汇编一样［参见 Sibly 等（2012）的论述］，我们发现实际观测与 MTE 中指数的期望值存在一些偏差。尽管如此，这仍是很有价值的工作，通过检验大尺度模式在什么程度上可能（或不会）呈现，可以帮助我们聚焦在统一原理上。值得注意的是，这些汇编通常更多包含对高龄成鱼的估计，而关于仔鱼和早期幼鱼阶段的信息不太常见。

## 8.8　小结

渔业和生态学研究中常用的个体生长模型可以围绕简单的异速函数构建，这些函数代表了体重的累积增加（合成代谢）以及包含呼吸、消化和排泄等效应的代谢损耗项。从生物能量学的角度来看，体重是这些模型中响应变量的合理选择，因为它可以很容易地转换为能量。然而，渔业文献中许多生长模型以体长表示，因此我们展示了如何在基于长度和基于体重的生长模型之间进行转换。我们还阐述了基本模型框架的扩展，以纳入季节性生长。我们进一步论述了甲壳类动物不连续生长的特殊情况，该类群包括全球捕捞和养殖渔业中许多最为重要的经济物种。

温度几乎影响了水生生物的生物学和生态学的各个方面。我们展示了如何在传统个体生长模型的基础上进行改进，以反映温度效应。我们进一步描述了与生理学相关的温度时间尺度方法，该时间尺度可直接用于生长模型。

考虑各个生产过程组分的"完整"生物能量学模型是上述问题的自然延伸。对于渔业系统，最广为人知和应用的生物能量学模型可能是 Wisconsin 模型——Fish Bioenergetics，现在已发展到第四个版本。通过加入质量平衡约束，生物能量学方法为估计生产过程的组分提供了重要途径，否则这些组分可能难以获得。

最后，我们探讨了代谢生态学的主题。在代谢过程中的异速关系指数具有一般性的共同值，学者们正在试图解析产生该尺度定律（scaling laws）的可能机制。许多荟萃分析表明，以温度校正后代谢与体重关系指数的期望值为 0.75。在新陈代谢研究中发现，许多单位质量的代谢关系指数约为 $-0.25$。针对水生物种（主要是鱼类）信息的分析表明，这些指数的估计值接近（但并非完全等于）其期望值。

## 【扩展阅读】

Pitcher 和 Hart（1982；第 4 章）描述了鱼类营养、生长和生产。Wootton（1998）提供了与鱼类种群生产相关极其翔实的探讨。*Fish Bioenergetics*（Jobling，1994）仍然是这一领域的权威资料，很值得参考。在 Quinn 和 Deriso（1999）中可以找到生长和繁殖力模型的综合分类表，以及相关估计方法的重要信息。

# 9 世代和种群层次的生产

## 9.1 引言

当我们从个体层次的生产问题上升到种群层次的过程时，将面对生态学中的一个核心问题和挑战——生态调控的本质及其对种群稳定性和恢复力的影响。在前面的章节中，我们已经发现补偿过程能够作为种群动态中重要的稳定机制。这一机制对于理解种群对外界压力——包括渔业开发——的响应尤为重要。在本章中，我们将在前述补偿问题的基础上更进一步，将重点放在作用于补充、个体生长和繁殖产出的特定调节机制上。

下文中，我们将采用 Russell（1931）提出的经典框架来表示水生种群的生产过程。种群生物量（$B$）的变化可以描述为增长和损失的总和：

$$\frac{\mathrm{d}B}{\mathrm{d}t}=补充+生长-死亡+迁入-迁出 \tag{9.1}$$

在第 2 章和第 3 章中的年龄结构矩阵模型部分，我们已介绍过补充的概念。在本章中，我们将深入探究补充的潜在过程以及如何将特殊的调节机制纳入这些模型中。在第 8 章中我们描述了个体生长，现在需要将其扩展到种群层次，并考虑补偿生长过程的潜在重要性。同样地，第 2 至 4 章探讨了死亡（或其反面，生存）；在本章中，我们将重点关注死亡的两个组分：自然死亡（包括疾病、捕食等）和捕捞死亡。第 7 章探讨了子种群迁入和迁出的重要作用；在本章中，我们将研究封闭种群。本章首先探究了世代生产的问题（即确定世代的初始丰度后，生长和死亡引起的生物量变化），之后在生长和死亡的基础上加入补偿过程，以拓展我们研究的范畴，涵盖种群层次的生产。

### 9.1.1 水生种群的补偿和调控

理解种群调控及其对渔业水生种群生产的意义，一直是渔业科学研究的重点，其中早期生活史阶段的重要过程最受关注。如果没有某种形式的种群调控，就不可能有可持续的平衡产量。Ricker（1954）以及 Beverton 和 Holt（1957）为理解补偿过程在补充动态中的作用做出了开创性贡献，为渔业科学的丰富研究传承提供了条件。对于补充后群体，密度依赖性生长、繁殖和死亡也可能是极为重要的调控过程（Rothschild 和 Fogarty，1998；Fogarty 和

O'Brien，2016；Andersen 等，2015）。

在环境驱动的变异性之下，实证性地识别种群调控过程本质上非常困难，这是生态学家的共识。特别是很多鱼类和无脊椎动物种群补充的变异性很高，理解这些受开发物种的种群动态是尤为棘手的问题。同时，种群估计中观测误差是难以避免的，这很容易掩盖任何潜在的补偿过程，增加了问题的难度（Walters 和 Ludwig，1981）。由于补充过程中通常存在高水平的变异性，为了理解水生物种补偿过程的本质，在研究中必须聚焦潜在的调控机制，综合监测、模拟和详细的地点特异性分析等方法（Rose 等，2001）。我们强烈支持这一开放观点，并尝试展示如何将其应用于种群层次的生产评估。如果没有深入理解其中的潜在机制和变异性的来源，基本上很难或根本不可能诠释补充量与产卵量或亲体生物量的关系。

# 9.2　世代生产

一个世代是指一定时间和一定区域内出生的同一批个体，其生产量取决于生长与死亡的交互作用。在本章中，我们将按照惯例以生物量来表示世代生产，而生物量可以很容易地转换为能量单位（见第 8 章）。一个世代在任一时间的总重量均取决于其初始数量、不同死亡过程造成的损失以及世代中个体的平均体重。在下文中，我们将在前述生长分析的基础上进行扩展，以包含密度依赖过程，然后进一步探讨死亡组分。另外，在探讨种群层次的生产时（第 9.3 节），我们还将回顾本节中生长和死亡率的分析。

## 9.2.1　生长

我们在第 8 章中对个体生长进行了广泛的探讨。在世代生产的情景中，我们必须将生长估算扩展到由生长导致的整个世代的总重量变化。我们可以通过将一定时间间隔内世代的平均生物量乘以个体生长率，获得该时间段的生产量（见第 9.2.3 节）。我们还将考虑种群规模对个体生长的可能影响，尽管这在世代（和种群）生产的评估中很少提及。在第 8 章中我们看到，食物的可得性能够在很大程度上影响生长，而种内竞争是影响每个个体食物可得性的一个关键因素。关于这一因素的重要性，在早期一些小型淡水池塘的放养实验中已经显现了很有说服力的证据（如 Swingle，1950；另见 Weatherley，1972 和 Wootton，1998 对该主题和相关问题的全面综述）。Swingle（1950）关注了在高放养密度下生长迟缓的现象，并指出由捕食者和被捕食者组成的混合养殖系统可以有效解决这个问题。捕食者通过摄食作用减少了被捕食者的种内竞争，如果可以维持被捕食者和捕食者之间的适当平衡，则可以让养殖池塘的整体产量实现优化。我们将在第 15 章探讨平衡渔获这一一般性话题。为了说明种群规模对生长的潜在影响，我们检验了乔治浅滩黑线鳕的年龄与平均体重关系。该种群的规模曾维持了数十年，但在 1960 年代承受了远洋船队的过度捕捞，种群受到很大扰动并发生了急剧变化。在 1965 年后的世代规模急剧减少，对应 2 龄黑线鳕的平均体重增加了大约 50%（图 9.1）。尽管不能忽视其他环境因素的作用，但很明显世代丰度的影响值得仔细推敲。

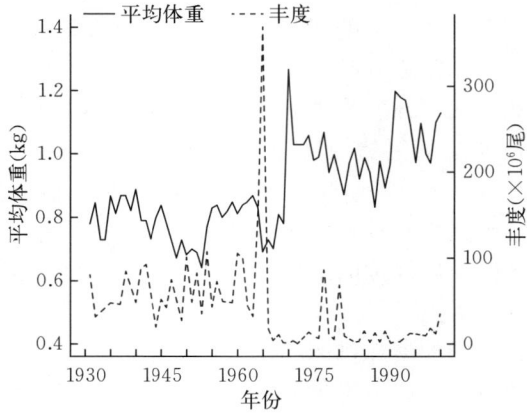

图 9.1　乔治浅滩 2 龄黑线鳕的平均体重（kg）和估计丰度（×10⁶ 尾）的变动趋势。数据来自 Clark 等（1982）和 NEFSC 未发表资料

Beverton 和 Holt（1957）很早就在其开创性论文中探讨了密度依赖性的个体生长。其后 Walters 和 Post（1993）评估了种群密度作用下食物供应对个体体长生长的影响（另见 Lorenzen 和 Enberg，2002）。对第 8 章介绍的生长模型进行修改就可以反映种群规模的影响，其中最简单的表述形式可能是：

$$\frac{\mathrm{d}W}{\mathrm{d}t} = (\eta W^{m-1} - \kappa)W - \delta N \qquad (9.2)$$

式中，$\delta$ 是一个系数；$N$ 是世代丰度；所有其他项的定义见第 8 章。这里，我们选择了特化 von Bertalanffy 生长模型来探讨在一定世代丰度水平下个体年龄-体重关系的变化。上式的解析解为：

$$W_t = W_\infty (1 - he^{-(k+\delta N)t})^{\frac{1}{1-m}} \qquad (9.3)$$

图 9.2 展示了三个世代丰度水平下体重随年龄变化的例子，其中密度会影响生长速度。不同的世代丰度水平会导致渐近大小的改变（参见 Walters 和 Post，1993；Lorenzen 和 Enberg，2002）。注意如果生长速度足够慢，个体在其生命周期内将无法达到渐近大小，从而对渐近大小造成衍生影响。

在理解鱼类种群调控方面，密度依赖的个体生长的重要性仍然未被充分认识（Lorenzen 和 Enberg，2002）。Andersen 等（2017）指出，密度依赖性生长和成熟等补充后调控过程的相对重要性，可能与种群空间范围的相关因素有紧密关联。在这方面，海洋和淡水生态系统可能存在很大差异。大多数淡水种群占据的区域具有明确边界且通常相对封闭。相比之下，海洋种群往往占据的区域更广阔、更开放。在生活史后期出现的密度依赖过程对管理具有重要意义；在这种情况下，针对较大年龄组的鱼群进行捕捞并不是最优方案（Andersen等，2017）。

生长率的变化可能与许多因素有关，包括食物可得性和/或整个系统生产力的变化以及种内食物竞争加剧。根据这些变化是否与密度依赖性或非密度依赖性因素相关，适当的管理响应方案可能有明显不同。因此，我们有必要对补偿性生长给予更多关注。

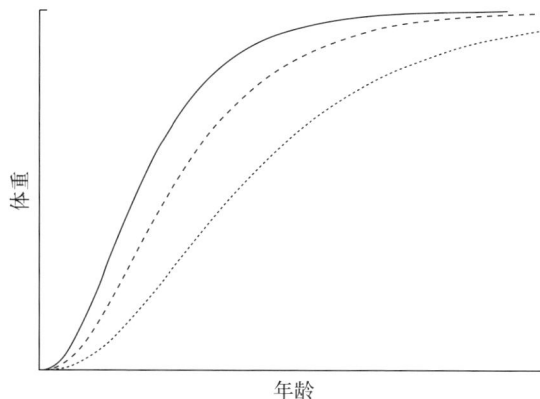

图 9.2　三个密度水平下密度依赖性个体生长模型反映的年龄-体重关系

## 9.2.2　死亡

我们已经在多个章节看到了死亡在种群动态中的作用，包括第 2 章和第 3 章中对简单模型的探索，以及第 4 章中进一步对捕食和寄生/疾病等因素的分析。本节我们将进一步扩展这方面的探讨，分析不同来源的死亡率及其估计与量化。传统的单物种方法通常将死亡分为两个部分，自然死亡和捕捞死亡。多物种模型进一步将自然死亡区分为捕食死亡和"其他"死亡。我们希望促进相关研究尽可能地将自然死亡进一步划分为特定组分，包括疾病和不利环境条件的影响。在以下例子中，我们得到的最为重要的经验是，自然死亡绝不是恒定的。

我们首先注意到总死亡率在很大程度上取决于体型大小。图 9.3 显示了一些海洋鱼类种群的年瞬时死亡率与其体型大小的关系（Peterson 和 Wroblewski，1984）。注意该

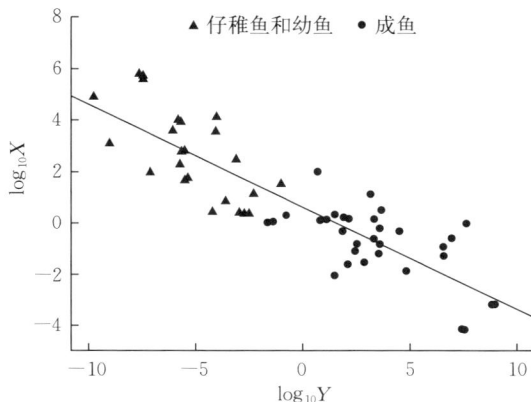

图 9.3　海洋鱼类年瞬时死亡率的对数与干重对数的关系。X 代表瞬时死亡率，Y 代表干重（以 g 为单位）[对数函数均以 10 为底（$\log_{10}$），改自 Peterson 和 Wroblewski，1984]

荟萃分析中显示，仔稚鱼和幼鱼阶段的死亡率非常高。

在本章的余下部分，我们将使用一个通用框架来表示不同来源的死亡率。由特定因素（捕食、疾病、捕捞等）导致的间时死亡率（finite rate of mortality）定义为一定时间段内由该因素导致的死亡数量与该时间段起始时的数量之比，可以理解为概率。间时死亡率不能直接相加（每个个体只能死于一个直接致死因素）。例如，当在一定时间段内存在两种来源的死亡时，我们有：

$$P(m_T) = P(m_1) + P(m_2) - P(m_1)P(m_2) \qquad (9.4)$$

式中，$P(m_T)$ 表示该时间段所有死亡来源导致的总死亡概率。如果存在三个致死因素，$P(m_T)$ 的表达式变为：

$$P(m_T) = P(m_1) + P(m_2) + P(m_3) - P(m_1)P(m_2) - P(m_1)P(m_3) -$$
$$P(m_2)P(m_3) + P(m_1)P(m_2)P(m_3) \qquad (9.5)$$

以此类推。我们可以很容易地将间时速率转换为瞬时速率。如果致死因素分别独立起作用，则瞬时死亡率是可以累加的。此处我们设时间间隔足够小，因此个体遭受一种以上死亡原因的可能性可以忽略不计。瞬时总死亡率（$Z$）可表示为：

$$Z = -\log_e [1 - P(m_T)] \qquad (9.6)$$

如果死亡率的来源不是独立的，就会出现一个微妙的（也更难以解决的）问题。因疾病或衰老而虚弱的个体可能更容易受到捕食、极端环境条件等的影响。遗憾的是，我们很少有足够的信息来将这些因素分离。这个问题在供体控制模型（donor control models）的捕食情境中已得到了明确认识，其中捕食者更倾向于摄食脆弱的个体，这些个体即使不被捕食也会因疾病或衰老等原因而死亡（Pimm，1982）。

### 9.2.2.1　捕食死亡率

因捕食造成的间时死亡率可以表示为某时间间隔内被捕食的个体数量与该时段起始数量之比。在第 12 章中我们将探讨多物种模型，该模型可以估计捕食死亡率和种群数量。在许多较小的淡水系统中，可以使用非致死性的采样方法对种群进行直接计数。在较大的淡水和海洋系统中，则需要采用独立于渔业和依赖于渔业的一系列不同采样方法体系，其中包括基于网具、水声设备和其他采样工具的标准化调查，以及大规模的标记重捕研究。这里不对采样方法进行系统阐述，只要知道我们可以获得定期的丰度估计就够了（参见 Hilborn 和 Walters，1992；Quinn 和 Deriso，1999）。

为了说明饵料生物被捕食死亡率的估算要点，我们将重点聚焦一个高度简化的案例，其中包含单一捕食者与单一饵料生物，且所有大小或年龄组的捕食者对饵料生物具有相同的偏好。在第 12 章中，我们将放宽这一限制，以包含多种捕食者与饵料生物，而且捕食者对不同物种、大小或年龄组的饵料生物具有不同的适宜性函数。按照惯例，我们将瞬时捕食死亡率系数 $M2$ 表示为：

$$M2 = \frac{I\psi N_{\text{pred}}}{N_{\text{prey}}} \tag{9.7}$$

式中，$I$ 是捕食者的单位平均摄食率；$\psi$ 是饵料生物对捕食者的适宜性系数；$N_{\text{pred}}$ 是捕食者的种群数量；$N_{\text{prey}}$ 是捕食者可利用的饵料生物数量。单位平均摄食率（或食物供应）可以通过多种方法获得，包括基于 von Bertalanffy 生长系数和同化效率指标的估计方法（Essington 等，2001；Aydin，2004；Temming 和 Herrmann，2009；Walters 和 Essington，2010；Wiff 等，2015；见第 8 章），结合生活史参数和室内实验的经验估计法（Pauly，1986；Palomares 和 Pauly，1998），经典生物能量学方法的扩展分析法（Kitchell 等，1974；Deslauriers 等，2017），以及结合野外观测中饵料组成与数量以及室内实验中胃排空率的多物种评估模型估计法（例如，Anderson 和 Ursin，1977；Sparre，1991；Magnusson，1995）。我们将在第 12 章继续探讨多物种评估模型。根据广义 von Bertalanffy 生长模型的合成代谢项（见公式 8.5），我们有（Essington 和 Walters，2001）：

$$I = \frac{\eta W^m}{A_e} \tag{9.8}$$

在图 9.4a 中，我们展示了东白令海黄线狭鳕（*Gadus chalcogrammus*）被同类所捕食生物量的估计值（相关估计基于完整多物种模型；Holsman 和 Aydin，2015；J. Ianelli 私人交流）。狭鳕的最低年龄组因种内捕食而损失的生物量最大（Holsman 和 Aydin，2015）。无论是对于种内还是种间捕食，许多物种均呈现出低龄、体型小的个体脆弱性更高的特点。图 9.4b 显示了由同种成鱼摄食导致的 1 龄狭鳕瞬时捕食死亡率的估计值。

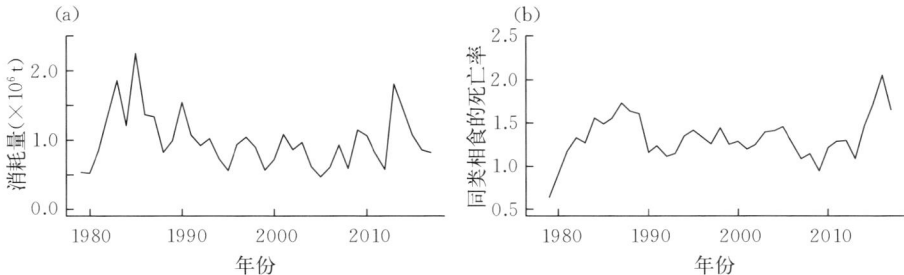

图 9.4 （a）东白令海黄线狭鳕被同种成鱼捕食的消耗量和（b）同种捕食导致的 1 龄狭鳕瞬时捕食死亡率的估计值（J. Ianelli，私人交流）

#### 9.2.2.2 寄生/疾病

我们之前提到，由疾病引起的死亡会导致种群丰度在短时间内发生剧烈变化。针对第4章描述的1988年东英吉利PDV暴发事件，相关研究根据目击概率校正了直接观测的死亡海豹数量，估算该疾病导致的间时死亡率为0.48（Grenfell等，1992），转化为瞬时死亡率是0.65。

威廉王子湾的太平洋鲱贡献了一个有趣的研究案例。该海湾太平洋鲱在1992—1993年冬季暴发了病毒性出血性败血症（由viral hemorrhagic septicemia virus，VHSV引起），导致太平洋鲱成鱼生物量急剧下降（Marty等，2003；图9.5）。而在这次流行病暴发之前，1998年"Exxon Valdez"号油轮漏油事故给该海域造成了强烈扰动，但二者的因果关系尚不明确。相关部门在1994年设立了一个监测项目以追踪随后的发病率，主要采用了宏观病理学（可见病变等）和组织显微镜检方法（Marty等，2003）。这项工作揭示了VHSV和*Icthyophonus hoferi*仍存在，后者也是一种病原体，与多种严重的动物流行病有关，曾造成北大西洋的鲱种群大量死亡（Sindermann，1970）。Marty等（2003）开发了存活率（间时死亡率的补值）的一种估计方法，其中包括基准存活率为$s_0$，并将不同疾病的流行性指数向量（$x_{i,t}$）和经验性的致死系数向量（$c_i$）相结合合作为乘子：

$$s_t = s_0 \left( 1 - \sum_{i=1}^{n} c_i x_{i,t} \right) \quad (9.9)$$

这里注意随一种或多种疾病流行性指数的增加，存活率呈线性下降。取$-\log_e(s_t)$，可以将存活率转换为瞬时死亡率。图9.5b展示了威廉王子湾太平洋鲱疾病死亡率的估计值（Marty等，2003）。

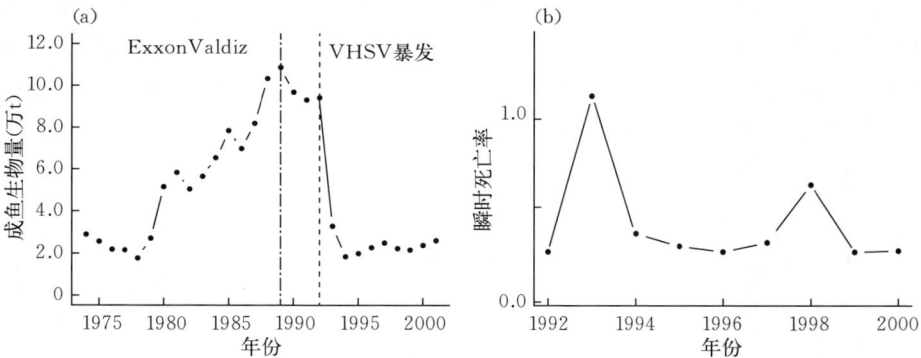

图9.5 （a）威廉王子湾太平洋鲱成鱼生物量（万t）的变动趋势。垂直点状线表示1998年"Exxon Valdez"油轮漏油事故的时间。垂直虚线表示1992年病毒性出血性败血症（VHSV epizootic）的暴发。（b）1992—2000年疾病导致的死亡率估计（Marty等，2003）

### 9.2.2.3 其他死亡

前面我们重点关注了两种来源的自然死亡，二者均已在很多水生生态系统中被深入研究，并且可以进行量化评估。但并非所有自然死亡的可能来源都能被监测——在排除已知的死亡因素后，仍然有需要考虑的"残余"自然死亡。在多物种模型中，通常将总瞬时死亡率（$Z$）划分为三个部分：其他死亡（$M1$）、捕食死亡（$M2$）和捕捞死亡（$F$）。在这里，疾病被认为包含在其他死亡率的范畴之中。我们看到，与疾病相关的死亡率可能是高度不稳定的，在某些案例中可能导致种群规模发生灾难性变化。通常认为构成 $M1$ 的死亡因素还包括致死性缺氧和极端环境条件。缺氧或有害藻类暴发常与大规模鱼类死亡事件相关联，这在地方媒体多有发现和报道。通常这些报道发生在淡水或河口水域，因为这些地方靠近人口密集地区，很容易被注意到。在离岸水域此类事件较少被观测到，但其影响同样重要。在 1882 年，美国东北部大陆架边缘发生了一件特别引人注目的事件（Cushing，1982a）：脊项弱棘鱼（*Lopholatilus chameleonticeps*）发生了大规模死亡，据报道有多达 100 亿条鱼死亡（Marsh 等，1999，引自 Collins，1884）。尽管这一事件距离海岸较远，如此大规模的死亡仍可以被渔船和其他航运船舶观察到。该事件被认为是拉布拉多大陆架极冷水团入侵中大西洋湾的近海水域造成的（Marsh 等，1999）。关于自然死亡率 $M1$ 组分的取值，相关研究几乎一致地（可以理解地）将其设为一个固定的值。然而，我们显然必须考虑到 $M1$ 的主要组分可能发生剧烈变动，并且在某些情况下会导致灾难性的突发死亡。

## 9.2.3 估算世代产量

在上文的基础上，现在我们可以估算水生物种在世代层次的生产量。这里，我们将世代作为整体，分析生长对应的身体组织总合成量（即世代总产量），以及死亡率导致的衰减，计算世代净产量。在下文中，我们将主要基于总死亡率开展分析，而不将死亡率区分为不同来源。根据 Ricker（1946）的瞬时生长模型框架，一个世代生物量的变化率可以表示为：

$$\frac{dB}{dt} = \frac{d(N \cdot W)}{dt} = N\frac{dW}{dt} + W\frac{dN}{dt} \qquad (9.10)$$

式中，$N$ 是世代中的个体数量；$W$ 是个体重量。公式 9.10 右侧的第一项表示生长分量，第二项表示死亡分量。回顾我们之前描述的 $dW/dt$（第 8 章）和 $dN/dt$（第 2 章）的表达式，并注意生物量显然是个体数量和重量的乘积（$B = N \cdot W$）。对于生长速率（$G$）和死亡率（$Z$）恒定的简单情景，我们可以将这两项合并，得到：

$$\frac{dB}{dt} = (G - Z)B \qquad (9.11)$$

其解析解由下式给出：

$$B_t = B_0 e^{(G-Z)t} \qquad (9.12)$$

当 $G > Z$ 时，世代生物量在整个生命周期内呈指数增长。根据公式 9.12，单位时间间隔（如一年）内的平均生物量为：

$$\bar{B} = \frac{B_0}{G-Z}[e^{(G-Z)t} - 1] \qquad (9.13)$$

世代生产量（$P$）的变化率可以表示为：

$$\frac{dP}{dt} = \frac{dB}{dt} - W\frac{dN}{dt} = N\frac{dW_t}{dt} \qquad (9.14)$$

我们关注公式 9.14 的最后一项，并在一定的时间间隔内积分，得到：

$$P = \int_{t_1}^{t_2} N_t \frac{dW_t}{dt} dt \qquad (9.15)$$

注意，积分项包含 $N_t$，即我们需要考虑在积分的时间段内死亡导致的个体数量变化（这里再次假设迁入和迁出可以忽略不计或抵消）。公式 9.15 中的导数项显然表示生长分量。若在某时间段内世代呈指数性生长和死亡，则其生产量可以很简单地表示为：

$$P = G\bar{B} \qquad (9.16)$$

其中平均生物量项由公式 9.13 给出。这种计算方法通常被称为瞬时生长率法。

在实践中，我们经常使用群体现存量和个体体重的实测值，估计离散时间间隔中一个世代的数量和生长。我们可以用各个时间段内平均个体数量与体重增量的乘积之和，代替公式 9.15 中的积分：

$$P = \sum_t \bar{N}_t \Delta w \qquad (9.17)$$

这被称为增量求和法（Crisp，1984）。其数学上的等价表达式可以写为：

$$P = \sum_t \Delta N \bar{w}_t \qquad (9.18)$$

其中 $\Delta N = N_t - N_{t+1}$。这被称为增量移除法。注意，因为我们使用的是各时间段内个体数量和个体体重变化的直接实测值，所以实际生产量的估计值隐含地包含了所有补偿过程对于生长和死亡的效应。

Waters（1999）在明尼苏达州 Valley Creek 开展了一项有趣的生产量分析，揭示了 20 年间物种更替和种群生产量的异常变化模式。Waters（1999）利用标记重捕实验估计了鲑鳟类的种群密度，以两年采样调查所获样本鳞片上的年轮判定年龄，并基于年龄鉴定法估计生长速率。最后，使用 Ricker 瞬时生长-死亡率公式（公式 9.16）估算生产量。在 1965 年研究开始时，该溪流的鱼类群落呈现明显的低多样性特征，优势种为美洲红点鲑（*Salvelinus fontinalis*）。有记录的其他鱼类仅有黏杜父鱼（*Cottus cognatus*）和溪七鳃鳗（*Lampetra appendix*）。自 1966 年开始，一系列洪泛事件通过对栖息地的扰动等途径，对当地红点鲑种群产生了强烈影响。在洪水的帮助下，虹鳟（*Oncorhynchus mykiss*）在 1967 年首次从私人池塘进入了溪流。1971 年，褐鳟入侵，最终取代了溪流中的红点鲑和虹鳟（图 9.6a）。与上述三种鱼类生产量的显著变化趋势不同，其生产量/生物量的比率则相对稳定（图 9.6b）。这一现象在其他水体中也经常能观察到（Waters，1977）。总体而言，褐鳟的生产量/生物量比值（*P/B*）略低于红点鲑和虹鳟。然而，随着褐鳟优势度的提高，这三个物种总生产量的估计值有所增加。这一过程中清晰的物种更替顺序似乎与最初的栖息地扰动密切相关，然而最终结果是褐鳟获得优势地位，这与该物种在北美洲和其他地方被引入或自然入侵后的结果一致（Budy 和 Gaeta，2017）。褐鳟往往比它们所取代的物种体型更大、更具攻击性，意味着该物种可能具有竞争优势。

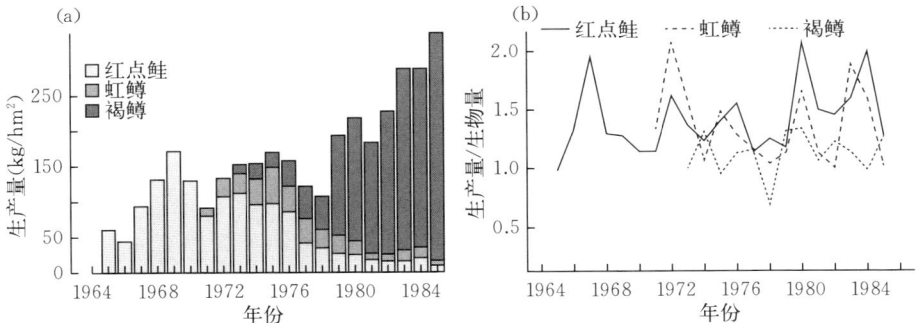

图 9.6　（a）明尼苏达州 Valley Creek 三种鲑鳟类的年生产量变化，以及（b）其生产量-生物量比值的变动趋势。数据来自 Waters（1999）

# 9.3　种群生产

　　种群当然是由多个世代共同组成的。在世代生产的分析中，我们没有考虑新补充群体进入种群的动态过程，而是根据观测或假设的补充量计算了世代产量。因此我们有必要明确考虑补充过程，才能对种群层次的生产有更动态的理解。我们可以利用上述对个体生长和死亡的分析，并进一步结合补充过程，完整地评估种群层次的生产。

　　对于许多水生物种来说，补充是生产过程中最主要和最易变的组分。补充被定义为一个世代存活到特定生命阶段或年龄的个体数量。一个种群产生的活性卵的初始数量在各种形式的死亡作用下数量逐渐衰减，最终只有少量存活到补充阶段。补充过程反映了外部驱动机制与种群内部稳定（补偿）机制的交互作用，其中前者包括影响种群特征参数的捕食作用与环境中的物理驱动因素。

许多水生种群的补充具有高度可变性，对这一现象的认知引发了对一个关键问题的激烈争论，即种群的繁殖产出与其补充量之间是否存在密切关系。这个问题显然对管理具有重要意义。种群生产的活性卵为补充提供了初始条件，对于封闭的种群，补充量不可能超过活性卵的产出量。从这个意义上说，产卵量和补充量之间毫无疑问地存在结构性关系。然而，补充前阶段生长率和死亡率的变化强烈地影响了存活到补充阶段的个体数量。考虑到许多硬骨鱼的繁殖策略（高繁殖力和很少的亲代投资来保障幼体存活），当生长率和死亡率发生变化时，补充量将不可避免地呈现高度可变性（Fogarty 等，1991）。从这个角度来看，问题不在于产卵量和补充量之间是否存在某种形式的基本关系，而在于这一关系的变异性如何，这取决于种群特征参数与过程的变异性及其在补充前作用的时间范围。例如，死亡率非常低水平的变动也会造成补充量很高的可变性。这并不意味着产卵量和补充量之间的基本结构关系可以被忽略，也不表示我们不需要保证种群有足够的产卵量。

我们可以利用英格兰西北部溪流 Black Brows Beck 褐鳟的长期研究计划来说明一些关键点（Elliot，1994）。这项工作为研究该物种的补充过程提供了一个独特的机会。在这个相对较小的溪流中可以高分辨率精确地采样，而在很多大型渔业生态系统中这是无法实现的。Elliot（1985，1994）测量了产卵量及后续一系列生命阶段的个体数量。我们可以清楚地追踪随着时间的推移，从鱼卵开始到后续各个生活史阶段变异性水平的增长趋势（图 9.7）。产卵量与 5 月、6 月的 0+龄幼鱼（parr）数量之间关系的变异性水平相对较低，该结果也清楚地表明补偿过程作用于生活史的初早期（图 9.7a）。如果进一步检验产卵量与次年 8 月、9 月同一世代的 1+龄个体数量之间的关系，则可以发现存活到这一阶段的个体数量存在更高的变异性（图 9.7b）。最后，将时间跨度延长至从鱼卵期到第 3 年 5 月、6 月的 2+龄个体，二者之间的关系显示出了更高的变异性（图 9.7c）。随着时间的推移，环境效应对存活率的累积影响导致了在不同生命阶段的变异性逐渐增大，最终掩盖了产卵量在整个过程中的重要作用。因此，关键问题是理解补偿过程的性质以及外源压力对种群的影响。

在下文中，我们将考虑补充模型的确定性"框架"，表示不同的补偿机制，同时探索相关方法，以理解和分析导致补充量变异性水平较高的过程。

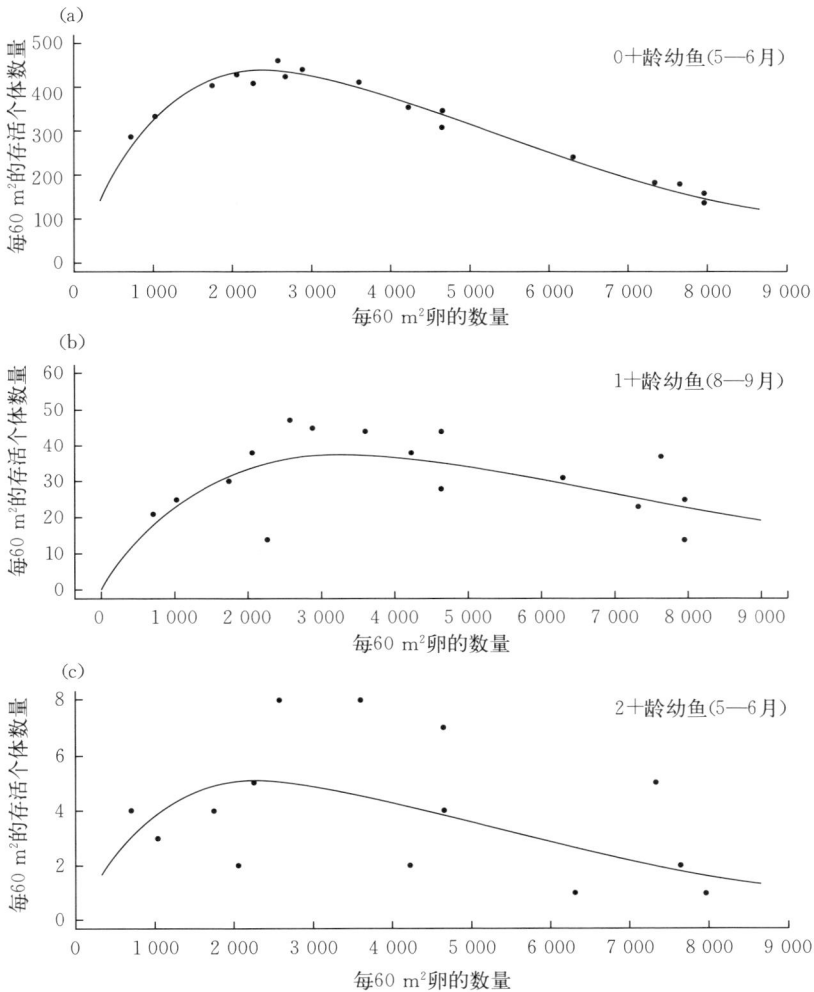

图 9.7 褐鳟群体在三个相邻的生活史阶段的存活个体数量与初始产卵量的关系。数据来自 1967—1983 年 Black Brows Beck，3 个生活史阶段为：出生当年 5—6 月的 0＋龄幼鱼，出生后次年 8—9 月的 1＋龄幼鱼，出生后第 3 年 5—6 月的 2＋龄幼鱼

### 9.3.1 确定性补充模型

水生种群的经典补充模型结构各异，但其建模的核心概念均是种群特征参数与过程的补偿效应。在下文中我们将阐述补充模型的发展，它们分别体现了不同形式的补偿过程，包括世代内的密度依赖性死亡、成体对后代的同种相

食、补充前群体的密度依赖性生长及其对被捕食可能性的影响以及生物能量学过程等。我们还将考虑补偿过程对种群整体产卵量的作用。

尽管本节并未涵盖补充前阶段的所有可能补偿与调控过程，但已经包含了最常见补充模型的潜在机制。在下文中，我们将按照模型的发展历程，举例说明不同补充模型中隐含的生物和生态过程，并根据活性卵的产出量与相应补充量的关系进行阐述。这一视角与渔业补充理论的起源在许多方面有共同之处（Ricker，1954；Beverton 和 Holt，1957）。在鱼类种群生产中需要特别考虑生殖过程的重要性，这也是 Jakobsen 等（2016）专著中的一个中心主题。然而，实践中我们通常需要根据成体生物量构建实际繁殖产出的近似指标。如果二者的关系是线性的，则产卵群体生物量就可以作为替代指标。Rothschild 和 Fogarty（1998）针对产卵量与成体生物量呈简单线性关系这一假设，探讨了假设不成立的可能影响。

### 9.3.1.1 零模型（Null model）

在本章中，我们将把非密度依赖性模型作为零假设，即对于封闭种群，活性卵产量和补充量之间的关系是一条经过原点的直线。需要强调的是，合理的零模型不是一条水平线，因为这表明产卵量和补充量无关。按逻辑推论，这也意味着在没有产卵的情况下也能产生补充量。采用这种无效的零模型显然会给种群带来高风险（如 Fogarty 等，1992，1996）。

对于一个封闭的种群，一个世代的个体数量（$N$）只会随着时间的推移而下降。我们从这一简单的过程开始构建模型：

$$\frac{\mathrm{d}N}{\mathrm{d}t} = -\mu N \tag{9.19}$$

该微分方程的解由下式给出：

$$N_t = R = Æ\,\mathrm{e}^{-\mu t} \tag{9.20}$$

式中，$N_t$ 是补充群体的数量（以下简写为 $R$）；$Æ$ 是活性卵的数量；$\mu$ 是补充前阶段的瞬时死亡率；$t$ 是繁殖和补充之间的时间间隔。也就是说，$R$ 是从卵到补充阶段的存活比例与 $N_0$ 的乘积，这代表产卵量和补充量之间的简单线性关系，其斜率为 $\mathrm{e}^{-\mu t}$（图 9.8）。对于封闭种群，这种关系当然是通过原点的。对于复合种群，由于子种群之间存在个体交换，其关系可能不通过原点（如汇种群可以受到源种群的援助）。

补充零模型意味着补充量没有受到限制，可能得到种群无限增长这种不切实际的预测。我们可以很容易地对非密度依赖性补充模型进行扩展，包含各种补偿过程对补充前阶段生长、繁殖和生存的影响。我们可以认为补充模型不仅仅是对产卵量-补充关系的探索性描述，也是围绕不同补偿机制，对特定生物学假设的可检验性阐述。

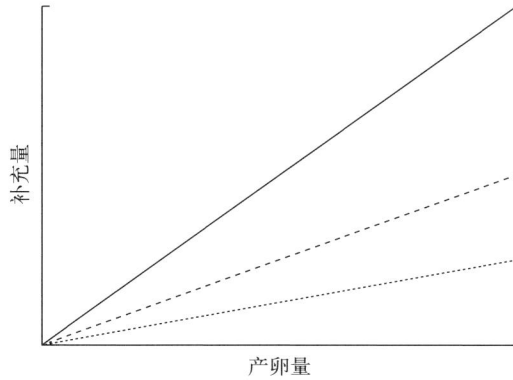

图 9.8 非密度依赖性模型描述的补充量与产卵量之间的关系。图中对应了三个水平的非密度依赖性死亡率

### 9.3.1.2 世代内竞争

当一个世代内的个体竞争有限资源（食物、空间等）时，密度依赖性死亡可能至关重要。在这方面，一项关于欧洲鲽（*Pleuronectes platessa*）从仔鱼定栖到生活史第一年的研究非常具有启发性。Beverton 和 Iles（1992）汇总了东北大西洋 15 个地点 0 龄鲽鱼的死亡率估计值。图 9.9 展示了其中最长期的研究，即瑞典 Gullmar 湾欧洲鲽的死亡率随世代密度的变化。显然，死亡率随着世代规模的增加而呈线性增加。

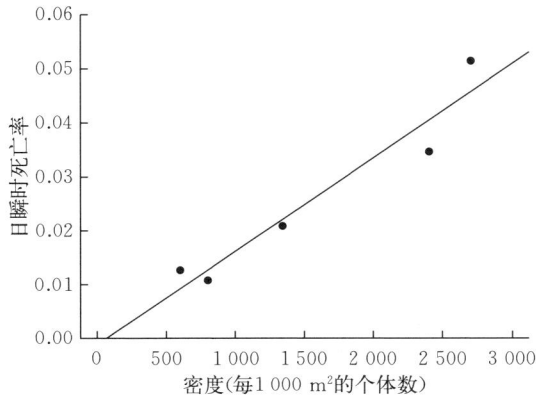

图 9.9 瑞典 Gullmar 湾 0 龄欧洲鲽的密度依赖性死亡率（Beverton 和 Iles，1992）

我们可以扩展上述简单的零模型，来反映死亡率随着世代密度的增加而线性增加，即以 $\mu=(\mu_0+\mu_1 N)$ 替换 $\mu$，其中 $\mu_0$ 是非密度依赖的瞬时死亡率，$\mu_1$ 是密度依赖性死亡率的系数（Beverton 和 Holt，1957）。世代衰减率的模型可

以表示为：

$$\frac{\mathrm{d}N}{\mathrm{d}t} = -(\mu_0 + \mu_1 N) N \tag{9.21}$$

注意该模型简单地表明了世代规模的单位平均变化率（$\mathrm{d}N/N\mathrm{d}t$）随着世代规模（$N$）的增加呈线性下降。由于公式 9.21 与逻辑斯蒂模型（公式 3.8）具有相同的二次型，我们可以在改变系数的符号后，如注释框 3.2 中所述通过分部积分法来求解。其解即为著名的 Berverton - Holt 模型：

$$R = \left[ \frac{1}{E} e^{\mu_0 t} + \frac{\mu_1}{\mu_0} (e^{\mu_0 t} - 1) \right]^{-1} \tag{9.22}$$

其中 $R$ 即为补充量（$N_t$）。令 $b = \mu_1/\mu_0 (e^{\mu_0 t} - 1)$，该公式可简化为：

$$R = \left[ \frac{1}{E} e^{\mu_0 t} + b \right]^{-1} \tag{9.23}$$

再令 $a = e^{\mu_0 t}$，上式可进一步简化为：

$$R = \left[ \frac{a}{E} + b \right]^{-1} \tag{9.24}$$

该模型描述了产卵量和补充量之间的渐近关系。图 9.10a 显示了曲线的一般形式及其随非密度依赖性死亡率的增加而发生的变化。该死亡率增大的效果是使曲线向下移动并减小原点处的斜率。图 9.10b 显示了改变密度依赖性死亡率的影响。

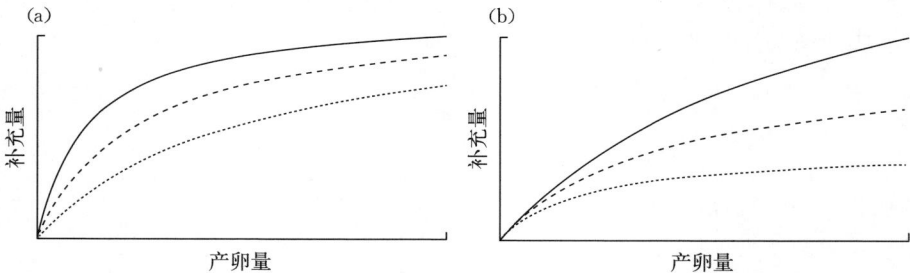

图 9.10　Beverton - Holt 模型描述的产卵量与补充量关系，图中分别对应三个水平的
　　　　　（a）原点处斜率参数，和（b）密度依赖性死亡系数

我们进一步指出，种内捕食也可能产生这种一般的模型形式。在本章中，我们将这种渐近形式称为补偿性补充模型，并将其与"过度补偿"模型区分开来，在后者中补充量实际上会随着产卵量的增加而下降。当然，不同作者对这些术语的定义有所差异。

### 9.3.1.3　种内捕食（Cannibalism）

在许多鱼类种群中，种内捕食已被证明是一种重要的种群调节机制（Dominey 和 Blumer，1984）。鱼类种群具有随个体发育而发生食性转换的特性，成鱼可能会摄食同种幼体。相关研究提出了一个假设，如果摄食幼鱼所获得的能量超过繁殖成本，则种内捕食可能在种群的能量转换中发挥重要作用［参见 Longhurst（2010）的综述］。某些鱼类，尤其是鳕科鱼类（gadoids），明显表现出高水平的种内捕食。我们再次使用白令海黄线狭鳕的例子来说明一些关键点。图 9.11 显示了由种内捕食造成的 1 龄狭鳕死亡率与成体生物量之间的关系，可以看到二者之间存在明显的线性关系。

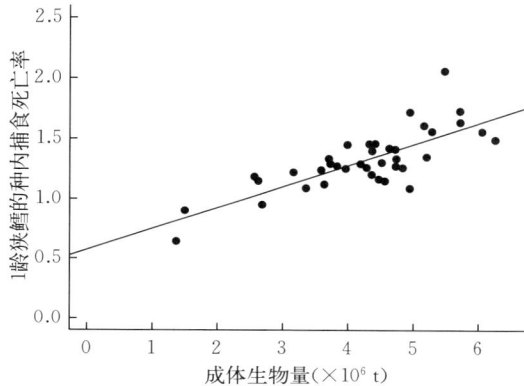

图 9.11　白令海东部 1 龄黄线狭鳕的种内捕食死亡率与成体
生物量的关系（J. Ianelli 私人交流）

为了表示成体对补充前群体的种内捕食，我们令 $\mu = (\mu_0 + \mu_2 S)$，模型可以表示为：

$$\frac{\mathrm{d}N}{\mathrm{d}t} = -(\mu_0 + \mu_2 S)N \qquad (9.25)$$

式中，$\mu_2$ 是"亲体相关"死亡系数（Harris，1975）；$S$ 是成鱼群体的数量（通常是生物量）。注意 $S$ 在积分中被作为常数。在这里，世代的单位平均变化率随成鱼群体数量增加而线性下降。成鱼群体中的一些组分，如体型、年龄较大的个体，可能对种内捕食的作用更大。因此，在使用成鱼群体数量指标时，应尽可能地反映上述情况（Link 等，2012）。

公式 9.25 的解为：

$$R = Æ \, \mathrm{e}^{-(\mu_0 + \mu_2 S)t} \qquad (9.26)$$

上式可以进一步简化为：

$$R = a \, Æ \, \mathrm{e}^{-bS} \qquad (9.27)$$

其中 $a = \mathrm{e}^{-\mu_0 t}$，$b = \mu_2 t$。该补充方程会呈现丘状曲线。随着非密度依赖性死亡率增加，曲线同样会下移，原点处斜率随之减小（图 9.12a）。随着补偿性死亡率的增加，曲线下移且弯曲更为明显（图 9.12b）。

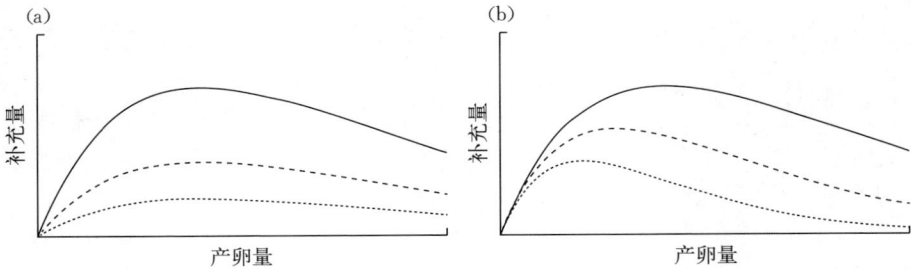

图 9.12　Ricker 模型描述的产卵量与补充量关系，图中分别对应三个水平的（a）原点处斜率参数和（b）补偿性死亡系数，假设产卵量与亲体量成正比，即 $E \propto S$

#### 9.3.1.4　个体大小依赖性过程

补偿性补充模型中可以加
入随个体大小变化的死亡率，
以反映补偿性生长和死亡的交
互作用。若小个体更容易被捕
食，则密度依赖性因素会通过
影响生长，改变越过易被捕食
窗口期所需的时间，对补充产
生直接影响［参见 Houde
(2016) 的综述］。特别是当捕
食者与被捕食者个体大小的比
值相对较低时，个体大小会对
被捕食脆弱性产生关键影响

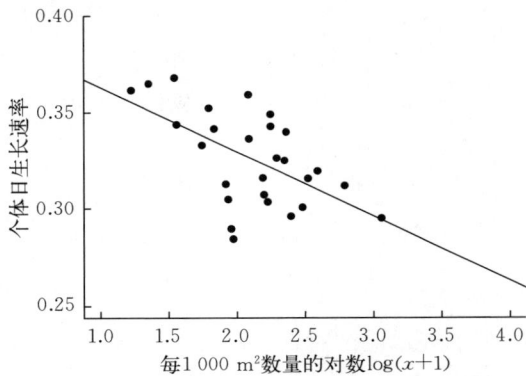

图 9.13　南方蓝鳍金枪鱼仔鱼的个体生长速率与世代密度的关系（Jenkins 等，1991）

(Miller 等，1998)。因此，即使死亡率本身与密度无关，生长的密度依赖性效应可能对存活率产生潜在的重要影响。图 9.13 展示了南方蓝鳍金枪鱼（*Thunnus maccoyi*）仔鱼的密度依赖性生长（Jenkins 等，1991）。

在补充前阶段，我们可以直接模拟生长过程及其与死亡的交互作用。以个体体重表示的生长模型为：

$$\frac{dW}{dt} = g(W) \tag{9.28}$$

其中 $g(W)$ 是个体生长的补偿函数。若死亡率与个体大小相关，则有：

$$\frac{dN}{dt} = -\mu(W)N \tag{9.29}$$

将公式 9.29 除以公式 9.28，有：

$$\frac{dN}{dW} = -\frac{\mu(W)}{g(W)}N \tag{9.30}$$

即得到世代规模的变化率随体重变化的函数。Werner 和 Gilliam（1984）已经针对该模型进行了探讨。在没有进一步设定函数 $\mu(W)$ 和 $g(W)$ 前，我们无法确定基于个体大小的补充模型的函数形式。然而，如果生长速率取决于世代中的个体数量并且死亡率与密度无关，那么补充函数通常是补偿性的。强世代（个体数量多）的生长更慢，因此有更长时间停留在易受捕食（高死亡率）的补充前期。

Shepherd 和 Cushing（1980）的模型中，$g(W) = G^*/(1+N/K)$，其中 $G^*$ 是最大生长速率，$N$ 是世代中的个体数量，$K$ 是与食物丰度相关的常数。研究进一步假设死亡率 $\mu$ 与密度无关。当 $N=K$ 时，生长速率恰好是其最大值的一半。在公式 9.30 中分离变量，可以将模型写为：

$$\frac{dW}{W} = -\frac{G^*}{\mu} \frac{dN}{\left[1+\dfrac{N}{K}\right]N} \tag{9.31}$$

其解析解为：

$$\log_e\left(\frac{W_1}{W_0}\right) = -\frac{G^*}{\mu} \log_e\left[\frac{(K+E)N_1}{(K+N_1)E}\right] \tag{9.32}$$

其中，产生的活性卵的数量（$E$）是公式 9.31 右侧的积分下限。两侧取指数，并令 $A = \exp\left[-\left(\dfrac{\mu}{G^*}\right)\log_e\left(\dfrac{W_1}{W_0}\right)\right]$，重新排列后模型变为：

$$R = \frac{AE}{1+(1-A)E/K} \tag{9.33}$$

即得到总产卵量和补充量之间的渐近关系〔这里补充量指存活到某特定体重组的个体数量 $R = N(W_1)$，见图 9.14〕。

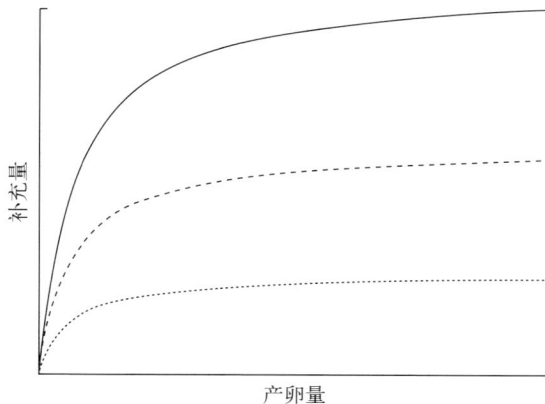

图 9.14　Shepherd - Cushing 模型描述的产卵量与补充量关系，图中
　　　　对应三个水平的参数 $K$，即生长的密度依赖性程度

### 9.3.1.5 补偿性繁殖产出

前文中我们关注了生活史早期阶段的密度依赖性（或种群大小依赖性）死亡率，作为影响补充动态的一种补偿机制。然而，影响补充的重要补偿作用并不局限于这一阶段（Rothschild 和 Fogarty，1998；Fogarty 和 O'Brien，2016；Andersen 等，2015）。例如，在种群数量较大时，食物资源可能会受限，性成熟个体分配给繁殖的能量可能会减少。若平均繁殖力随着产卵群体生物量的增加呈指数下降，则有：

$$f = c \cdot e^{-dS} \tag{9.34}$$

式中，$c$ 是产卵群体生物量（$S$）处于很低水平时的平均繁殖力；$d$ 是繁殖力随生物量增加而下降的速率。Craig 和 Kipling（1983）研究的 Windermere 湖白斑狗鱼（*Esox lucius*）案例符合该模型形式（见图 9.15；注意繁殖力取对数尺度）。我们进一步假设补充前阶段的存活率与密度无关，可以将补充模型写成：

$$R = c' \mathcal{E} e^{-dS} \tag{9.35}$$

其中 $c' = ce^{-\mu t}$。注意 $f$（公式 9.34）和 $S$ 的乘积即为产卵量。该模型与 Ricker 模型在形式上相似，但产生的机制大大不同。

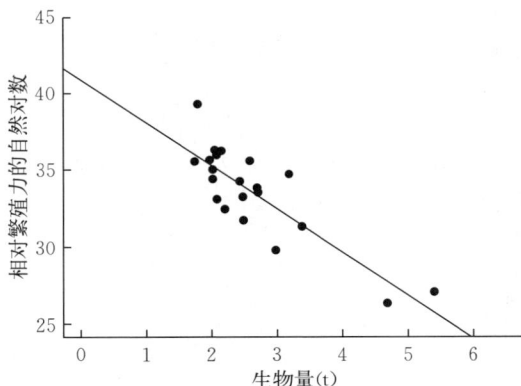

图 9.15　Windermere 湖白斑狗鱼的相对繁殖力与种群生物量的关系（Craig 和 Kipling，1983）

Ware（1980）将过度补偿的产卵量模型与补充前期的补偿性存活函数相结合，构建了一个灵活的三参数补充模型。根据生物能量学原理，Ware 假设平均性成熟体重随种群成鱼数量的增加以及单位平均食物供应的减少呈指数下降，从而导致产卵量的相应下降。Ware 将产卵量和产卵群体生物量之间的关系表示为：

$$\mathcal{E} = c'' S e^{-d''S} \tag{9.36}$$

其中 $c''$ 和 $d''$ 是常数。Ware 随后将这一亲体依赖性繁殖力模型与补充前期的密度依赖性死亡率（Beverton - Holt 型）相结合，得到：

$$R=\left[\frac{e^{\mu_0 t}}{c''Se^{-d's}}+\frac{\mu_1}{\mu_0}(e^{\mu_0 t}-1)\right]^{-1} \qquad (9.37)$$

该式简单地用公式 9.36 替换了公式 9.22 中的 $N_0$。我们令 $\beta'=(\mu_1/\mu_0)(e^{\mu_0 t}-1)$，$\alpha'=e^{\mu_0 t}/c$，可以将公式 9.37 进一步简化为：

$$R=\left(\frac{\alpha'e^{d's}}{S}+\beta'\right)^{-1} \qquad (9.38)$$

该补充函数中参数 $d''$ 分别取几个不同水平时对应的形状如图 9.16 所示。该模型可以表示从过度补偿（Ricker）到渐近线（Beverton - Holt）形式的一系列形状。

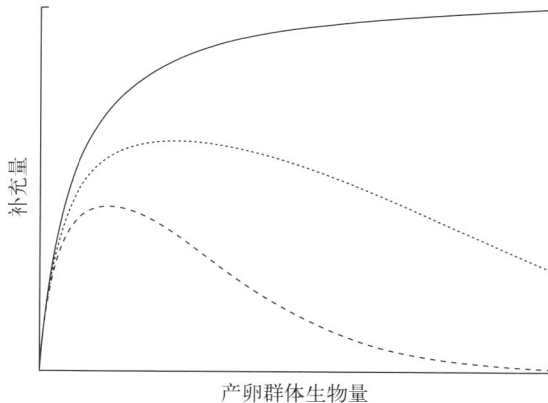

图 9.16　基于生物能量学的产卵群体生物量-补充量模型（Ware，1980）

当然，这方面有许多不同的生物学机制组合和对应的模型形式。本节仅是指出了几种潜在机制，并阐述如何将它们结合起来以模拟补偿性的补充过程。理解其潜在过程的本质可以为相应的补充函数的形式提供重要启示。

## 9.3.2　补充量的变异性

前文中我们对亲体-补充量关系的探讨主要关注了不同的补偿机制，这些机制使得种群对于捕捞和其他自然与人为压力具备一定的恢复力。然而，这种双变量的确定性关系显然无法反映生物在多变水生环境中的全部可能模式。对于许多水生种群而言，由此产生的补充量变异性不仅仅是噪声，同时也反映了这些物种的繁殖策略。这是决定许多水生物种种群动态的核心问题。

第 9.3.1 节中描述的模型将补充量仅作为产卵量的函数，没有明确考虑生物和非生物环境等其他方面的影响。然而，如前所述，补充量是极其多变的，受到外源性驱动因素的显著影响。大多数硬骨鱼类（以及许多已开发的水生无脊椎动物）都有如下关键特征：产卵量巨大（Rothschild，1986），孵化后亲代的抚育投资很少或没有，以及卵和仔鱼随海流环境广泛扩散，这必然导致大多数卵死亡。Rothschild 认为，这种总体生殖策略的一系列特征可以看作在空间和时间多变环境中的"采样"过程。如果足够数量的后代遇到有利的生存条件，就算后代的总死亡率非常高，它们仍有可能接替成体种群。关于硬骨鱼"异常高"繁殖力的可能决定因素，Longhurst（2010）提供了进一步的重要见解，其中包括后代的种内捕食在种群能量转化中的作用。关于此类物种补充变异性原因的相关假设，可参见 Houde（2016）的系统综述。

在下文中，我们将简要回顾处理补充变异性问题的两种主要方法。其一是扩展补充模型，纳入环境协变量，以期将补充量的总体变化分离为可界定的不同来源；其二是将补充作为一个随机过程，将其中的关键参数（特别是补充前的死亡率）视为随机变量。这样我们获得的是一定产卵量水平下补充量的概率分布，而不仅是点估计。对该问题的全面分析性研究超出了本书的范围，但是我们可以通过模拟研究获得一些重要见解。最后要注意，本节主要关注了高繁殖力物种，而对于低繁殖力、种群规模小的物种，补充的随机性会有很大不同。许多海洋哺乳动物和其他大型水生脊椎动物都属于后面这一类。对于因人为或自然扰动而衰退的种群，出生和死亡数量的偶然变化（种群特征参数的随机性）可能对种群动态产生重要影响（见 Fogarty，1993b）。这也是保护生物学中的一个关键问题。

### 9.3.2.1　包含环境协变量的补充模型

如果影响补充的特定环境因素可以被识别和量化，我们就可以适度谨慎地将其纳入亲体-补充量公式中。作为对传统补充模型的扩展，这种方法受到了相当多的关注［参见 Hilborn 和 Walters（1992）的综述与警示］。此方法在应用中需围绕针对潜在解释变量效应的特定假设，而不能作为大规模数据挖掘的方法。原则上，很多潜在的环境变量都可以被纳入这类分析中，而某些变量单独来看可能只是碰巧显得很重要。同时由于很多变量是自相关的，分析中有效误差自由度可能远低于名义上的水平，使得问题更加复杂。

我们可以通过简单的扩展，在补充模型中加入额外的物理或生物环境变量：

$$R = f(E)\,e^{\sum_i \delta_i X_i} \tag{9.39}$$

式中，$\delta_i$ 是第 $i$ 个环境因子 $X_i$ 的系数。我们将环境效应表示为偏离均值的异常项，其均值为零，则补充乘数项的期望值为 1。为了进一步说明，我们将回顾 Hare 等（2010）研究中温度对美国东海岸大西洋黄鱼（*Micropogonias undulatus*) 补充的影响。中大西洋湾 (Mid‑Atlantic Bight，MAB) 是大西洋黄鱼分布范围的北部边界。如果考虑温度对其补充的影响，我们可能预期 MAB 黄鱼的补充量和生产力将随温度升高而增长。

Hare 等 (2010) 使用了包含温度协变量的 Ricker 型补充函数，并假设误差服从对数正态分布：

$$R = aSe^{-bS+\delta T} \tag{9.40}$$

我们在示例中重新分析了 Hare 等的数据，留用最近五年的数据来测试模型的预测能力。图 9.17 展示了时间序列前段补充量的观测值与预测值 (prediction) 的对比，以及最后五年补充量的样本外预报值 (out‑of‑sample forecast)。尽管后五年的数据没有用于拟合模型，但基于前期时间序列数据的预报与实际观测非常一致 (图 9.17)。

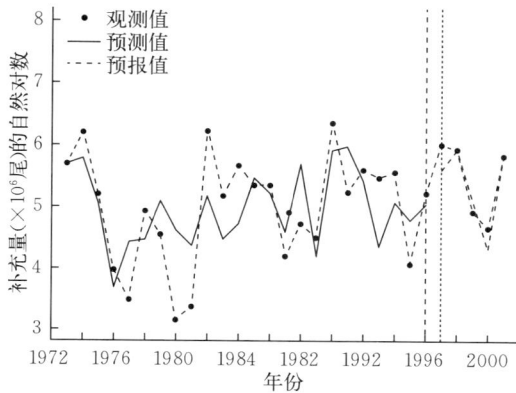

图 9.17　大西洋黄鱼补充量的观测值与基于包含环境协变量的 Ricker 模型的预测值 (1972—1996) 和样本外预报值 (1996—2001)

### 9.3.2.2　随机补充模型

我们也可以采用另一种完全不同的方法处理补充的变异性，即考虑外源驱动下补充前死亡率和/或生长率变化的影响。我们将其称为环境随机性。对于小型种群，一定时间间隔内死亡数量的偶然变化 (种群特征参数随机性) 可能无法归因于任何特定的环境驱动因子，但对于濒危物种是必须考虑的重要因素。在下文中，我们将探讨最简单的情况，仅考虑含环境随机性的零补充模型 (与密度无关)。

为了说明其分析过程，我们以不列颠哥伦比亚 Skeena 河红大麻哈鱼的经典研究作为示例 (Shepard 和 Withler，1958)，该案例经常用于说明鱼类种群补充变异性的可能幅度 (Hilborn 和 Walters，1992)。在其观测范围内，补充量随着成鱼群体数量的增加而越发分散 (图 9.18)。基于该数据序列，我们不能拒绝亲体量与补充量之间无密度依赖性关系的零假设，这在图 9.18 显示为一条经过原点的直线 (这里以数据的中位数表示)。Sissenwine 和 Shepherd (1987) 提出以亲体‑补充关系图中数据的中位等分线作为一种定义零补充模型的实用性方法，以应对亲体补充关系变异性高和形式难以界定的情况。我们还展示了如何通过在亲体‑补充平面中划区，获得给定成鱼群体数量范围内补充量概率分布的经验估计 (图 9.18 虚线)。Hilborn 和 Walters (1992) 演示了如何使用这些信息来获得亲体-补充关系的非参数（或无模型）描述。

基于上述补充模型，我们如何解释随着种群成体数量的增加，补充变异性不断增大的显著关联模式？我们首先假设死亡率是非密度依赖性的，为服从正态分布、无自相关性的随机变量（即所谓的白噪声过程）。死亡率正态分布的假设可参考中心极限定理（Central Limit Theorem，见 Hilborn 和 Walters，1992；Fogarty，1993b）。如果在补充前阶段死亡系数存在随机变化，我们可以将总体

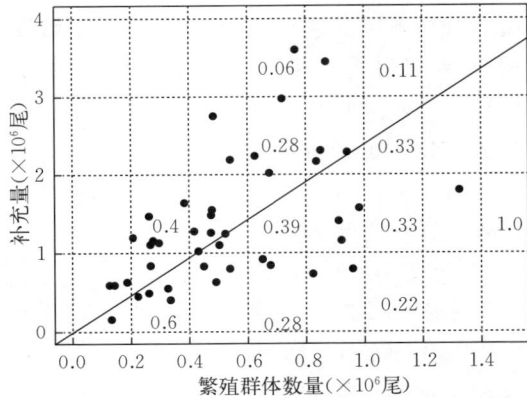

图 9.18　Skeena 河红大麻哈鱼的补充量与产卵群体数量关系。实线是数据的中位等分线。虚线将亲体-补充平面进行分区，以计算给定成体种群规模范围内的补充量概率分布。数据来自 Shepard 和 Withler（1958）

死亡率看作是较短时间间隔内随机变量的累积总和。若时间间隔相对较长且各间隔内死亡率相互独立，则总体死亡率将呈正态分布。中心极限定理也适用于更一般的情况，包括非独立平稳过程（参见 Fogarty，1993b）。

在公式 9.20 中，若将 $\mu$ 作为正态分布的随机变量，我们得到的存活率 $e^{-\mu}$ 呈对数正态分布（正态随机变量的指数为对数正态分布）。这里我们关注各产卵量水平对应补充量的概率分布。因此将存活率乘以一个常数（不同的 $E$ 值），得到的乘积还是服从对数正态分布［参见 Fogarty（1993a，b）的分析性结果］。我们可以针对给定水平的平均补充前死亡率及其方差，评估不同产卵量水平对应补充量的对数正态概率分布（见图 9.19）。其条件概率分布显然都是正偏态的，且随着产卵量的增加，补充量的散布程度也逐渐增加，与我们在 Skeena 河红大麻哈鱼案例中看到的结果一致。此外，该模型中补充量均值偏高，是确定性模型估计值的 $e^{\sigma_\mu^2/2}$（见注释框 9.1）。我们还发现，尽管补充量的绝对方差随着产卵量的增加而增加，但相对变异性（以变异系数表示）是恒定的（注释框 9.1）。Fogarty（1993a）提供了 Ricker 和 Beverton-Holt 等其他补充函数的分析结果。

偶然出现的强世代（对应图 9.19 中分布曲线的尾部）对于种群维持可能很重要。这种变动可能使种群在多变环境中得以维持，这构成了"储备"效应的概念（Chesson，1984）。需要认识的是，捕捞可以通过压缩雌性的年龄分布、减少生命周期的繁殖机会，破坏这种机制（Fogarty，1993a；Longhurst，

2002；Beamish 等，2006）。若仅考虑完全确定性过程，这种观点是无法体现的。同时，这也表明了维护稳健的年龄结构的必要性。

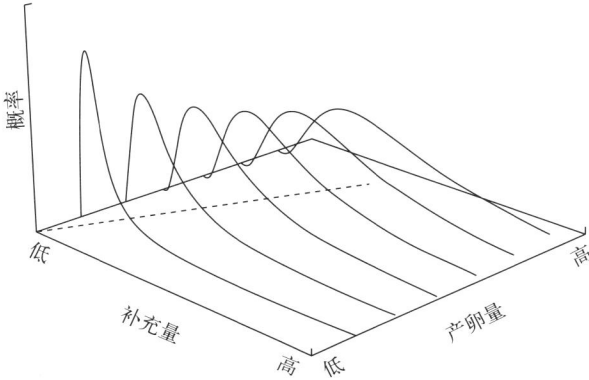

图 9.19 零补充模型中不同产卵量水平下补充量的条件概率分布

---

### 注释框 9.1 非密度依赖性随机补充模型

假设补充前死亡率是非密度依赖的且服从正态分布。根据非密度依赖的零补充模型，对于给定的产卵量水平 $N_0$，补充量将服从对数正态分布：

$$P(R \mid E) = \frac{R^{-1}}{E} \exp\left[\frac{-(\log(R/E) + \bar{\mu})^2}{2\sigma_\mu^2}\right]$$

式中，$\bar{\mu}$ 是与密度无关的平均死亡率；$\sigma_\mu^2$ 是其方差（Fogarty 等，1991；Fogarty，1993a，b）。图 9.19 显示了几个产卵量水平下的分布曲线形状。

如果死亡率呈正态分布的假设成立，则给定总产卵水平下的平均补充量为：

$$R = E\, e^{-\bar{\mu} + \sigma_\mu^2/2}$$

我们可以看出随机情景下的补充量将高于确定性情景下的补充量。对给定产卵量水平，补充量的方差为：

$$V(R) = E^2 e^{-2\bar{\mu} + \sigma_\mu^2}(e^{-2\bar{\mu} + \sigma_\mu^2} - 1)$$

可以预见，随着补充变异性的增大，种群面临的风险会更高。在上述条件下，如果死亡率存在大幅波动，补充量可能会偶然性下降，甚至降至极低水平。注意，补充量方差的表达式中包含产卵量，是总产卵量平方的函数。因此，我们预期在零模型中，具有较高产卵量的种群在补充量上也将表现出较高的绝对变异性。

在零补充模型中，补充量的相对变异性可以用变异系数（CV）来度量：

$$CV(R) = (e^{-2\bar{\mu}+\sigma_{\mu}^2} - 1)^{1/2}$$

## 9.4　小结

渔业科学对生产过程的主要关注点与种群生态学的其他领域不同，在后者中种群数量是分析的关键变量。本章介绍的相关内容将作为第 11 章的基础，届时我们将在捕捞策略的背景下继续探讨世代和种群水平的生产。我们扩展了前述章节中对个体生长和死亡的分析，以期为理解补偿过程提供广阔视野。

要理解鱼类种群对捕捞的响应，不仅需要准确计算其有效繁殖产出，还需要了解在生命周期不同阶段中补偿机制的相对重要性。我们强调应将补充量作为种群总产卵量而不是产卵群体生物量的函数，目的是鼓励监测和研究计划的进一步发展，以扩展我们对生殖过程的理解〔参见 Jakobsen 等（2016）的探讨〕和改进对有效繁殖产出的评估。

我们着重介绍了几种明确的补偿机制，这些机制是补充过程模型的基础，也最终决定了补充量。我们也展示了研究者如何围绕着不同机制获取相关证据，这类信息可以为选择适当的确定性补充模型"框架"提供依据。如我们所见，许多不同的机制可以产生相似形状的补充曲线。补充曲线可以分为两大类：补偿机制导致的渐近型补充曲线和过度补偿机制导致的丘状补充曲线。这两个类型会对管理策略和物种动态产生截然不同的影响。Fogarty 和 O'Brien（2016）提供了关于其他一些机制的更多信息，并探讨了本书因篇幅有限而未涵盖的多阶段过程。

综上所述，我们应认识到，水生物种往往产卵量很大，且亲本产卵后对后代的抚育投资很少甚至没有，因此补充量存在较高的变异性。在此背景下出现的一个主要问题是，即使生长和死亡率变异性的水平很低，也可以导致补充量呈现高水平的变异性。补充的变异性应被视为许多水生物种生活史策略不可或缺的一部分，而不仅仅是"噪声"。在早期生活史阶段，对生长和存活有利的环境条件会导致强补充世代，由此形成的"储备"效应——即某些年份的高补充量可以使种群在补充量较低的时期得以维持（Fogarty，1993a）——是维持种群持续的一个重要因素。一种潜在的重要机制可能是"盈量逃逸（escape in numbers）"，即捕食者无法与其丰度成比例地捕食早期生命阶段个体（有关饱和功能性摄食响应的讨论，请参见第 4 章）。有些种群具有高、低丰度交替出现的稳定状态，强世代也为这些种群从低丰度状态回到高丰度状态提供了一种途径。

# 【扩展阅读】

　　我们强烈推荐 Wootton（1998）的研究，其对鱼类种群生产过程的论述是极为重要的参考资料。Cushing（1995）概述了海洋鱼类种群的生产和种群调节。Quinn 和 Deriso（1999）全面论述了补充模型（该书第 3 章）和个体生长（该书第 4 章），另见 Hilborn 和 Walters（1992；第 7 章和第 13 章）。这两本书都很好地阐述了拟合补充模型和生长模型时的参数估计问题。

# 10 生态系统层次的生产

## 10.1 引言

在本章中，我们将继续从种群向群落以及生态系统进行探索。除了持续追踪多物种种群的困难之外，生态系统的视角还带来了一系列新的挑战。首先，我们有时需要将不同物种划分成组，特别是对于较低营养级。这不仅是为了降低研究的复杂性，也是因为功能组具体组成物种的数据通常是缺失的。第二个挑战是，影响不同营养级的生态过程不同，其空间和时间尺度差异巨大，如浮游生物的寿命可能是几天，影响其生产的过程可能作用于几十千米的尺度；而鱼类的寿命是几年，活动范围是几百到几千千米（图 10.1）。若在较大尺度上取平均，则影响浮游生物的重要过程可能被过滤掉；而要在浮游生物相应的精细尺度上对鱼类种群进行描述和建模，通常是不可能实现的。

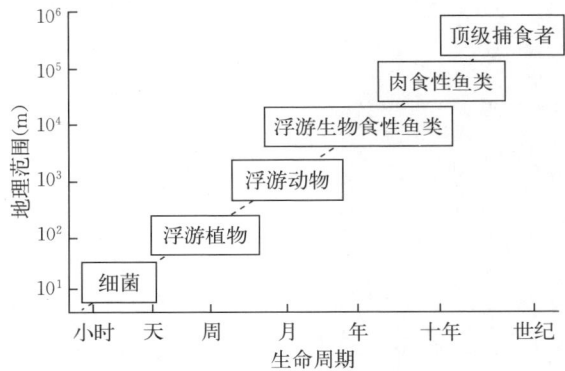

图 10.1　水生生物的时间和空间尺度。地理范围对应个体在其生命周期内的生活范围，而不是物种分布的地理范围。该图改自"Stommel diagram"

"基于个体大小"的方法指出，大多数生物过程都与个体大小密切相关，因此可以按个体大小而非物种对生物量进行分析，从而描述重要的生态系统过程。在某个时间点，生物量在不同个体体长或体重组中的分布称为粒径谱（见第 6.5 节）。个体大小结构的动态模型描述了生物量从一个分组到另一个分组的转换，对传统基于物种或分类学的方法作了重要补充。如第 8 章所述，个体层次的生产中明显体现出了基本的异速增长原理，这也是粒径谱方法的基础。在生态系统过程中，捕食也能表现出较强的异速变化规律。

"基于物种"的方法关注重要物种的种群动态，对目标种的动力学进行详细描述，而将营养级更高或更低的其他生物进行简并，作为边界条件。相对

214

的，"以营养级为中心（trophocentric）"的方法也在物种层面上进行了简并，但反映了所有营养级的一定细节。该方法强调从低营养级到高营养级的能量输运，以及在不同生态层次捕食对生产的调节作用。由于体型大小与营养级密切相关，因此基于个体大小的方法和基于营养级的方法有很多共同点，但前者考虑的是逐渐递增的个体大小，而后者关注的是食物网的拓扑结构。

基于物种的方法和基于个体大小/营养级的方法可以作为对生态系统的两个独立视角，适用于不同的研究情景（图 10.2）。基于物种的方法适用于理解物种层次的变异性（如数量年际变化），而营养级方法适用于理解生态系统的长期（几十年）变化。生态系统模型是否可以同时展现这两种视角，仍然是一个尚待解决的问题。就算现代计算机可以处理所有必要的计算，但以生态模型代替真实生态系统开展研究总有一定的风险。在机制性的"端到端"模型（end‐to‐end model）中，

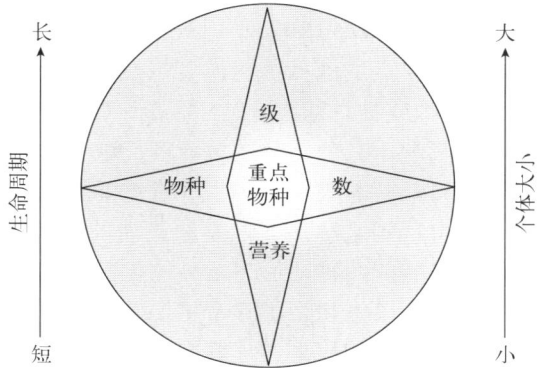

图 10.2　生态系统模型的关系图示。其中菱形表示了模型包含物种或营养级的数量。多物种模型通常包含许多的物种但较少的营养级，而基于个体大小的模型可能包括所有营养级但不区分物种。模型可同时考虑的物种数量和营养级受到数据和模型不确定性的限制（见 deYoung 等，2004）

如何将低营养级（如浮游生物和底栖生物）的精细模型与高营养级（如鱼类和其他顶级捕食者）的简并模型更好地耦合，是当前研究中的一个重要挑战。

本章将首先简要介绍食物网，然后阐述生态系统的线性化模型和质量平衡模型方法。第 8.2 节介绍了生物个体的能量收支，而本章将该概念扩展到各个营养组分（物种、功能群等）的能量收支和组分之间的能量流动。我们将分析质量平衡模型的背后机制，为第 13 章中渔获模型的研究做铺垫，然后探讨如何在模型中直接纳入生物地球化学因素。湖沼学和海洋学中的许多低营养级模型都采用了这种方法，如何将其扩展到完整生态系统模型是目前一个非常活跃的研究领域。最后，我们将探讨以生物量谱表征生态系统的模型方法。

## 10.2　食物网

食物网是生态系统的基本结构要素。食物网中的物种通过营养相互作用联

系在一起，这些相互作用控制着生态系统的总体生产力水平。为了描述生态系统的特征，我们可以首先将食物网图形化，并使用一些简单的描述性统计量表征其结构。食物网所包括的物种数和分类学阶元的简并程度通常取决于所探究的具体问题，没有研究可以对食物网进行全面完整的描述。尽管如此，这些研究仍然提供了对食物网结构的重要见解。陆生和水生生态系统食物网的相关研究汇编可以在线获取，为食物网特征的比较分析提供了重要机会。

我们以 Yodzis（1998）研究中非洲西南部本格拉洋流系统为例，说明食物网的一些要点。该食物网模型包括从细菌和浮游植物到海洋哺乳动物和海鸟的 29 个物种或物种组（$S'$）。Yodzis 特别关注了其中保护动物和渔业之间可能的相互影响；其分类学的解析度反映了这种倾向，即对高营养级生物的分类细致，而对低营养级则采用了非常低的解析度。我们通过构建营养关系的简单图示，就可得到生态系统内能量流动的基本路线图。在图 10.3 中，我们展示了食物网结构的两种图形表示方法，其中图 10.3a 是传统的按营养级排列的层次描述方式。该图包含了 5 个主要营养级，需要根据每一物种或分类学类群的摄食组成，使用加权平均计算其营养级位置。在水生生态系统中，大多数物种特别是高营养级物种，都从多个营养级获取食物资源。鱼类生命周期中所摄食饵料种类的广度极大，对应从幼鱼到成鱼阶段个体体型发生的巨大变化。许多鱼类的仔鱼以浮游植物和小型浮游动物为食，在进入幼鱼阶段后，食物中将包含更多样化的饵料生物，如浮游生物、底栖生物以及个体更大的底层和中上层鱼类。肉食性鱼类通常会维持混合摄食策略，但随着体型的增大，食物中鱼类

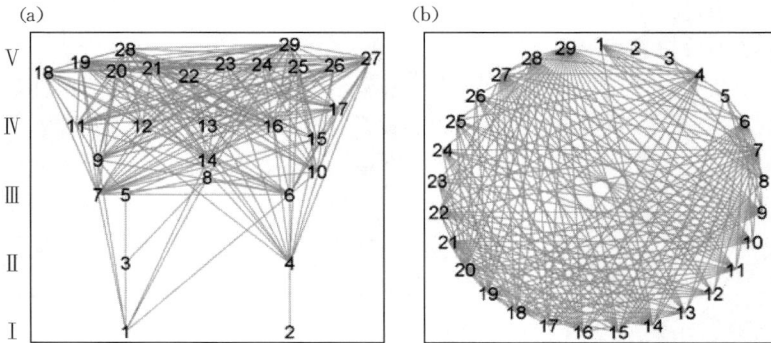

图 10.3 本格拉洋流系统食物网示意图。其中包含 29 个节点：①浮游植物，②底栖滤食性动物，③细菌，④底栖肉食性动物，⑤小型浮游动物，⑥中型浮游动物，⑦大型浮游动物，⑧胶状浮游动物，⑨鳀，⑩沙丁鱼，⑪圆鲹，⑫光鱼，⑬灯笼鱼，⑭虾虎鱼，⑮其他中上层动物，⑯马鲛，⑰鲐，⑱其他底栖鱼，⑲鳕，⑳鱿鱼，㉑金枪鱼，㉒梭鱼，㉓黄姑鱼，㉔鲥，㉕锤形石首鱼，㉖鲸和海豚，㉗鸟类，㉘海豹，㉙鲨。罗马数字表示营养级。

的比例逐渐增加。许多鱼类都具有杂食性摄食策略，尤其是从整个生命周期来看，杂食性非常习见。

尽管这里选择本格拉食物网的例子中物种数量并不是非常丰富，但仍然很难通过食物网清楚表示每一条能流路径。在某些情况下，环形排布的食物网可能在识别网络连接方面更具优势（图 10.3b）。在圆周上更容易跟踪某一节点到所有其他节点的链接，比在层级图示中纠缠重叠的相互作用路径更清晰。然而，在物种十分丰富的食物网中，不论哪种方法都很难清楚表示所有这些营养联系，图示法仅能让人感受到食物网的复杂性。

本格拉食物网中有 203 条营养链接（L），我们可以把这个数字与全部可能的链接数进行对比，实际上食物网的连通性（connectivity）即定义为观测的链接数与全部可能链接数之比。一个常用的连通性量度为 $C = L/(S'(S'-1)/2)$。食物网也可以用矩阵形式表示，其最简单的形式是由 1 和 0 组成的对称矩阵，表示物种或分类群（$S'$）之间是否存在相互作用。主对角线上的元素表示自链接（表示自食性），此处不做探讨，因为我们感兴趣的是物种之间的相互作用。因为矩阵是对称的，我们只需要计算主对角线上方或下方的相互作用出现次数，这也反映在了上述连通性度量的分母上。根据该指标，本格拉食物网的连通性为 0.5。为了比较分析该结果，Link（2002a）汇总了一系列相关陆地和水生食物网的平均统计数据，以及另外 12 项全面反映了食物网组成（包括所有营养级）的研究。后者中，食物网中的物种（节点）数量从 12 个到 182 个不等，链接数在 36 到 2 366 之间，连通性估计值在 0.43 至 0.66 之间。本格拉食物网的连通性与其中物种数相似的其他食物网的估计值是相似的。连通性分析让我们能够更深入地理解第 6 章中探讨的稳定性和复杂性问题［见 Pimm（1982）的综述］。一般来说，在一定的连通性水平上，随着物种数量的增加，系统稳定的可能性急剧下降。如果能够获得相互作用强度的估计值，可以对该问题开展更为深入的探讨。

## 10.3 能量的流动与利用

植物利用太阳能摄取必需的营养盐并将二氧化碳转化为有机物质，构成了食物网的基础。在水生生态系统中，单细胞浮游植物构成了营养金字塔的基础，而在较浅的淡水和海洋环境中，阳光能够直射水底，多细胞植物也可为生态系统贡献初级生产力。在水生环境中，光照强度、营养盐水平和温度等强烈影响着初级生产力。无论是淡水或海洋生态系统中，初级生产力均在赤道附近最高，随着纬度的增加而逐渐下降［见 Ware（2000）综述］。光合作用主要利用了波长在 400～700 nm 的阳光（即光合有效辐射，*photosynthetically* active radiation，PAR）。PAR 的卫星图显示，在沿海和海洋环境中光合有效辐射水平在低纬度地区最高（图 10.4a）。一般而言，初级生产力最高的区域通常出现在近岸水域和大陆架（通常为 200m 以浅的水域）以及上升流海域（图 10.4b），因为在上升流和陆地径流等水动力过程的驱动下，这些水域的营养盐浓度最高。此外，在整个地球尺度上大气沉降对于营养盐分布也有重要影响。

初级生产力可以分为新生产力和再生生产力，两者之间有着重要的区别。新生产力利用自真光层之外新进入的营养盐供应植物生长，这些营养盐主要通过水动力过程从深海输运而来，而在淡水、内陆和近岸水域，陆地径流也可能是重要的营养盐来源。相应的，再生生产力利用的营养盐来自细菌分解有机物而形成的营养盐循环。这种再生生产经过了微生物食物网（Azam 等，1983），由于该过程涉及两个或更多额外的营养传递步骤，所以很大部分能量被消耗，而未贡献于高营养级生物的生长。小型光合自养生物［微微型浮游生物（<2 μm）和微型浮游生物（2～20 μm）］是微生物食物网中使用再生营养盐途径的重要组分，而以硅藻为主的较大浮游植物（20～200 μm）利用新营养盐，并在牧食/捕食食物网中被摄食。总体而言，再生生产力在水生食物网中占主导地位。Steele 等（2007）估计，乔治浅滩的新生产力约占总初级生产力的 30%，而在英吉利海峡的一项更早的分析中，Steele（2001）发现该比例只有约 15%。Iverson（1990）认为，鱼类生产量主要依赖于牧食/捕食食物网中的新生产力，这对不同生态系统的生产力水平估计具有重要影响。

初级生产通过高营养级物种的消费（C）和生产（P）过程流经食物网，这些物种又可划分为不同营养组分。在一个营养组分所消耗的食物中，向较高营养级消费者传递的比例（P/C）称为营养效率或生长效率。营养效率通常约为 10%，但因不同营养组分而异，在较低营养级之间可能高达 20%～30%。沿着营养金字塔向上，生物的个体大小和营养级逐渐增加，而由于营养效率的制约，总生产量逐渐降低。

生物体的能量含量可以用弹式量热法（bomb calorimetry）测量，而能量流通（能流）可用 kcal 或 kJ/单位时间表示。碳是有机物质的基本组成部分，可以用来代替无法直接观察的能流概念（Steele，2001）。利用换算系数可以在不同计量单位之间进行转换，其简单近似值为 10 kcal≈1 g 碳≈10 g 湿重。第 8 章提到的网站（http://www.thomas-brey.de/science/virtualhandbook/）综合整理了不同物种的转换系数。低营养级浮游生物之间的能量传递可以用营养盐为单位更好地进行衡量，如磷往往是许多淡水生态系统生产力的限制因素，而氮是世界许多海域生产力的限制因素。由于碳、氮和磷在生物体中的比例大致恒定，因此氮和磷可以作为能量流动的指标。

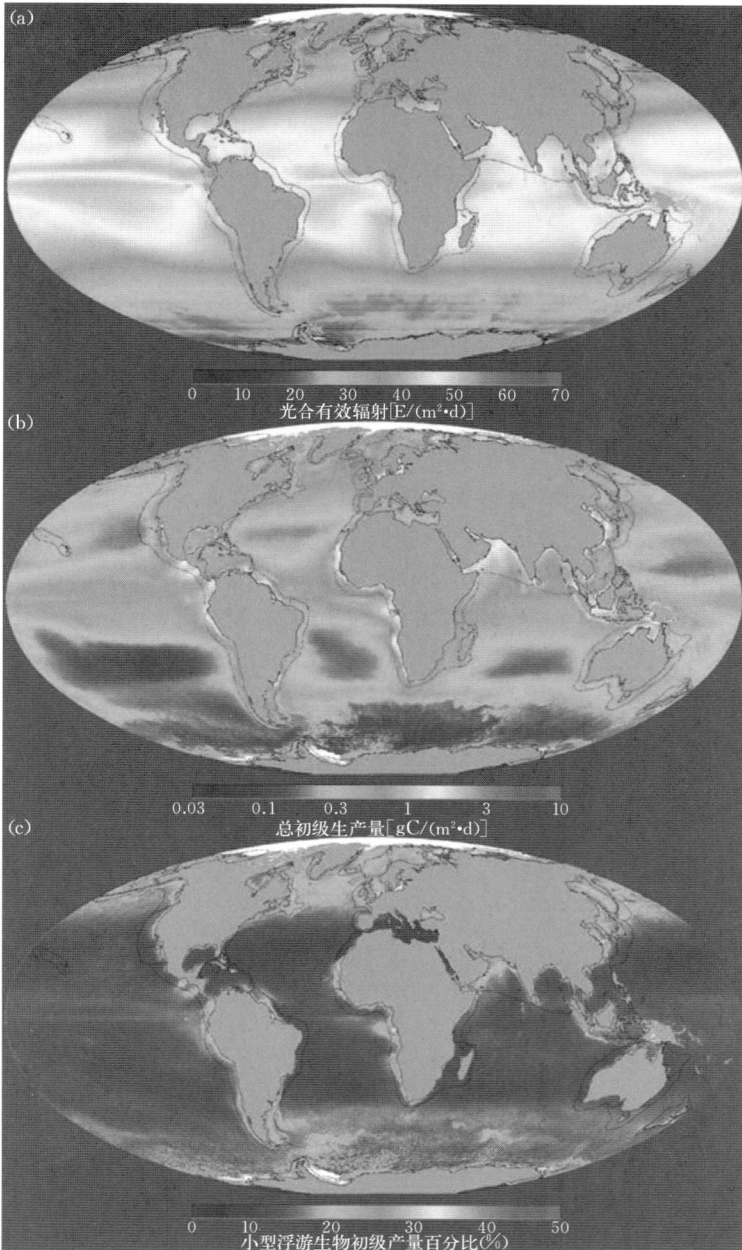

图 10.4  全球光合有效辐射估算 [E 为爱因斯坦 (Einstein)，表示光子所
含能量的单位。1 mol 光子的能量称为 1E] (a)，总初级生产量
(b)，海洋生态系统中小型浮游生物初级产量的百分比 (c)。数
据由 Kim Hyde 提供

如果无法直接测量生产量和消费量但可以估算生物量，则可以根据相关研究汇总的生产量与生物量之比（$P/B$）和消费量与生物量之比（$Q/B$）进行估算。这些比值可以从 www. ecobase. org 等来源获取，也可以根据异速生长原理进行推导估算（如 Ware，2000）。$P/B$ 和 $Q/B$ 的值与体重的关系符合第 8 章中阐述的 1/4 尺度规则，即其异速生长关系的指数为 $-0.25$，而截距项存在种间差异，随生活史和其他特征而变化。

# 10.4　线性网络模型

如第 1 章所述，水生生态系统的能量流模型有着很长的发展史。Lotka（1925）在其开创性著作《物理生态学要义》（*Elements of Physical Ecology*）中，提供了一个分析水生食物网的研究框架。在早期代表性研究中，Hardy（1924）以北海的大西洋鲱为重点物种构建了复杂的海洋食物网。Clarke（1946）在乔治浅滩构建了一个高度简并的模型，以追踪系统的能量流动。Lindeman（1942）对威斯康星州 Mendota 湖的研究中，构建了第一个详细的淡水生态系统能量收支模型，对水生生态学的发展做出了开创性贡献。该能量收支模型涵盖了食物网所有基本组分，包括水层和底栖能流途径以及细菌分解其他组分构成的营养盐循环。

## 10.4.1　上行计算

本章关注了营养功能组分（物种、功能群等）水平的生产力，区别于第 8 章中的个体生产过程。营养功能组分是食物网的基本构成模块，而不同功能组分间的能量流动是我们主要关注的问题。要定量描述能量收支，需首先明确每个营养功能组分 $i$ 的输入和输出（Steele，1974）。根据质量平衡假设，在一定营养效率 $e_i$ 下，各功能组分的输出与输入应相符。每个营养功能组分的消耗和生产（$P_i$）之间的平衡可以用以下线性方程组表示：

$$P_i = e_i(\sum_j b_{ij}P_j + x_i) \qquad (10.1)$$

式中，$b_{ij}$ 是生产量 $P_j$ 被组分 $i$ 消耗的比例；$x_i$ 表示组分 $i$ 的固定外部输入或输出速率。该公式表示能量由功能组 $j$ 流向功能组 $i$。

该方程组可由初级生产开始依次求解，估算最高营养级的生产量。考虑到食物网中的循环结构以及数学表述的方便，公式 10.1 可以变形为：

$$\frac{P_i}{e_i} - \sum_j b_{ij}P_j = x_i \qquad (10.2)$$

或以矩阵形式表示为：

$$M \times P = X \qquad (10.3)$$

式中，矩阵 $M$ 的对角线值为 $1/e_i$；非对角线值为 $-b_{ij}$，表示从第 $j$ 列到第 $i$ 行的转换。非对角线元素的列和为 1，因为每个营养功能组分的能量均按一定比例流向其他组分（除非它是终端功能组分）。列向量 $P$ 为各个功能组分的生产量，$X$ 是代表外部输入的向量。如果 $M$ 和 $X$ 已知，则可以通过求逆矩阵计算 $P$：

$$P = M^{-1} \times X \qquad (10.4)$$

为阐述该计算过程，我们以北海食物网作一个简单示例（见图 10.5）。该例子中矩阵 $M$ 如表 10.1 所示，上行计算结果如表 10.2 所示。由于随着营养级上升的生产量衰减，渔业产量仅为初级生产力的 0.42%。即便如此，Steele 发现这仍需要相对较高的营养效率才能使食物网维持平衡。

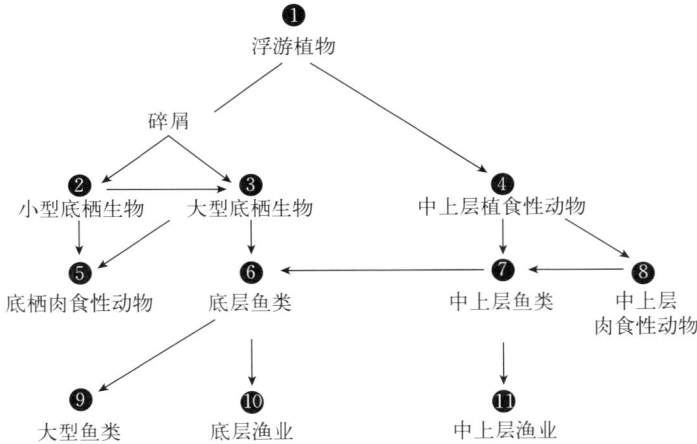

图 10.5　北海食物网示意图（Steele，1974）。图中每个节点的编号对应表 10.1 至表 10.3 中的编号

**表 10.1　北海食物网的能流矩阵 $M$**（食物网结构如图 10.5 所示）。**数字代表的营养功能组分或节点如表 10.2 所示。对角线元素为 $1/e_i$，即营养效率的倒数；非对角元素为 $-b_{ij}$，即组分 $j$（列）的生产量流向组分 $i$（行）的比例**

| 节点 | 1 | 2 | 3 | 4 | 5 | 6 | 7 | 8 | 9 | 10 | 11 |
|---|---|---|---|---|---|---|---|---|---|---|---|
| 1 | 1.0 | 0 | 0 | 0 | 0 | 0 | 0 | 0 | 0 | 0 | 0 |
| 2 | −0.08 | 4.0 | 0 | 0 | 0 | 0 | 0 | 0 | 0 | 0 | 0 |
| 3 | −0.12 | −0.5 | 4.35 | 0 | 0 | 0 | 0 | 0 | 0 | 0 | 0 |
| 4 | −0.80 | 0 | 0 | 5.0 | 0 | 0 | 0 | 0 | 0 | 0 | 0 |
| 5 | 0 | −0.5 | −0.67 | 0 | 7.69 | 0 | 0 | 0 | 0 | 0 | 0 |
| 6 | 0 | 0 | −0.33 | 0 | 0 | 10 | −0.5 | 0 | 0 | 0 | 0 |

（续）

| 节点 | 1 | 2 | 3 | 4 | 5 | 6 | 7 | 8 | 9 | 10 | 11 |
|---|---|---|---|---|---|---|---|---|---|---|---|
| 7 | 0 | 0 | 0 | −0.25 | 0 | 0 | 10 | −1.0 | 0 | 0 | 0 |
| 8 | 0 | 0 | 0 | −0.75 | 0 | 0 | 0 | 6.67 | 0 | 0 | 0 |
| 9 | 0 | 0 | 0 | 0 | 0 | −0.24 | 0 | 0 | 1.0 | 0 | 0 |
| 10 | 0 | 0 | 0 | 0 | 0 | −0.76 | 0 | 0 | 0 | 1.0 | 0 |
| 11 | 0 | 0 | 0 | 0 | 0 | 0 | −0.5 | 0 | 0 | 0 | 1.0 |

表 10.2　北海食物网中各个组分的生产量与消耗量。营养功能组分如图 10.5 所示，
假设初级生产者和终端节点的营养效率为 1。表中生产量根据公式 10.4 计算，
设初级生产为 100 个单位，食物网矩阵见表 10.1；消耗量根据等式 10.2 计算，
摄食矩阵见表 10.3

| 节点 | 组分 | 营养效率 | 生产量 | 消耗量 |
|---|---|---|---|---|
| 1 | 浮游植物 | 1.00 | 100 | 100 |
| 2 | 小型底栖生物 | 0.25 | 2.00 | 8.00 |
| 3 | 大型底栖生物 | 0.23 | 2.99 | 13.00 |
| 4 | 中上层植食性动物 | 0.20 | 16.00 | 80.00 |
| 5 | 底栖肉食性动物 | 0.13 | 0.39 | 3.00 |
| 6 | 底层鱼类 | 0.10 | 0.13 | 1.30 |
| 7 | 中上层鱼类 | 0.10 | 0.58 | 5.80 |
| 8 | 中上层肉食性动物 | 0.15 | 1.80 | 12.00 |
| 9 | 大型鱼类 | 1.00 | 0.03 | 0.03 |
| 10 | 底层渔业 | 1.00 | 0.10 | 0.10 |
| 11 | 中上层渔业 | 1.00 | 0.29 | 0.29 |

## 10.4.2　下行计算

另一种食物网计算方法是自上而下的，相关研究通常关注较高营养级，且渔业产量是食物网决定性的输入变量。这时每个功能组分的消耗量 $C_i$ 成为状态变量：

$$e_i C_i = \sum_j d_{ij} C_j + y_i \qquad (10.5)$$

式中，$e_i$ 是生态效率；$d_{ij}$ 是捕食者 $j$ 的摄食组成；$y_i$ 是外部输出或渔业产量。该公式表示能量由功能组分 $i$ 流向功能组分 $j$。若能从胃含物数据中获取生态效率和摄食组成信息，则可通过求解方程组估算未知的消耗量，包括支撑渔业产量所需的初级生产量。公式 10.5 也可以变形，以矩阵形式表示为：

$$D \times C = Y \tag{10.6}$$

式中，**D** 是正方矩阵，其主对角线值为 $e_i$，非对角线值为摄食组成 $d_{ij}$（表 10.3）。消耗量向量同样可通过求逆矩阵获得。表 10.2 列出了北海的例子中消耗量的估计。实际研究中，每个营养功能组分的参数情况不同，有的仅能获取上限或下限，需要利用目标函数寻找最佳拟合（Vezina 和 Platt，1998）。在公式 10.5 的基础上进一步细化，就能构建 Ecopath 模型的主方程（见第 13.3 节）。Ecopath 最初由 Polovina（1984）开发，目前已得到广泛应用。

表 10.3  北海食物网的下行矩阵（**D**）。节点对应于表 10.2 中列出的功能组分，对角线元素为营养效率（$e_i$），非对角线元素表示捕食者（列）摄食的饵料（行）组成比例。每列的非对角元素的总和为 −1，因为摄食比例的总和必为 1

| 节点 | 1 | 2 | 3 | 4 | 5 | 6 | 7 | 8 | 9 | 10 | 11 |
|---|---|---|---|---|---|---|---|---|---|---|---|
| 1 | 1 | −1 | −0.92 | −1 | 0 | 0 | 0 | 0 | 0 | 0 | 0 |
| 2 | 0 | 0.25 | −0.08 | 0 | −0.33 | 0 | 0 | 0 | 0 | 0 | 0 |
| 3 | 0 | 0 | 0.23 | 0 | −0.67 | −0.77 | 0 | 0 | 0 | 0 | 0 |
| 4 | 0 | 0 | 0 | 0.2 | 0 | 0 | −0.69 | −1 | 0 | 0 | 0 |
| 5 | 0 | 0 | 0 | 0 | 0.13 | 0 | 0 | 0 | 0 | 0 | 0 |
| 6 | 0 | 0 | 0 | 0 | 0 | 0.1 | 0 | 0 | −1 | −1 | 0 |
| 7 | 0 | 0 | 0 | 0 | 0 | 0 | −0.23 | 0.1 | 0 | 0 | −1 |
| 8 | 0 | 0 | 0 | 0 | 0 | 0 | −0.31 | 0.15 | 0 | 0 | 0 |
| 9 | 0 | 0 | 0 | 0 | 0 | 0 | 0 | 0 | 1 | 0 | 0 |
| 10 | 0 | 0 | 0 | 0 | 0 | 0 | 0 | 0 | 0 | 1 | 0 |
| 11 | 0 | 0 | 0 | 0 | 0 | 0 | 0 | 0 | 0 | 0 | 1 |

由于 $eC = P$，因此这两种方法的结果是一致的（参见表 10.2）。通过重新表述捕食者 $j$ 的摄食组成，也可以看出两种方法的等价性：

$$d_{ij} = \frac{b_{ij}P_i}{\sum_k b_{kj}P_k} \tag{10.7}$$

该公式表示了对于捕食者 $j$ 而言，来自功能组分 $i$ 的通量相对于所有其他功能组分通量之和的比例。在大多数情况下，$b_{ij}$ 或 $d_{ij}$ 中有一个是已知的，或两者各有一部分已知。

通过计算水生生态系统中能流或碳通量，可以为食物网各组分潜在生产力的估算提供有用信息。这些估算值可以作为人类可利用渔业产量的上限，我们将在第 13 章中开展进一步探讨。注意上述对食物网的分析结论是有条件的，因为计算结果依赖于对食物网组分及其之间链接的设定。此外，网络模型的主要局限在于采用了质量平衡假设，不能反映食物网结构随时间的变化。要反映时间动态，一种方法是在不同时间段分别拟合网络模型，以反映食物网组分的变化。该方法已被用于重建早期食物网，反映人类捕捞对鱼类和海洋哺乳动物造成影响之前的结构（Steele 和 Shumacher，2000）。而要模拟食物网从一个时间段到下一个时间段的变化，则需要构建动态模型，我们将在第 10.7 节和第 13.3.2 节中再探讨这个问题。

# 10.5　生物地球化学模型

上述简单网络模型通常不会直接从营养盐的供应开始追踪整个水生食物网的生产路径。相对的，生物地球化学模型则以营养盐组分为起点，但早期应用侧重于低营养级，通常终结于浮游动物组分。近年来，计算能力的增强为更全面地展示从营养盐到顶级捕食者的完整食物网提供了可能，这类模型称为"端到端"（end-to-end，E2E）模型，其性能正在稳步增长。本节简要介绍了生物地球化学模型，而对 E2E 模型的完整阐述超出了本书的范围，我们以乔治浅滩生态系统为例展示此类模型的早期形式。

## 10.5.1　低营养级模型

营养盐（N）-浮游植物（P）-浮游动物（Z）模型是一种常用模型，用于研究营养盐和植食性在浮游植物种群动态中的相对重要性（Steele 和 Henderson，1981，1992）。Franks 等（1986）研究了如下形式的模型：

$$\frac{\mathrm{d}P}{\mathrm{d}t}=\frac{V_m NP}{K_s+N}-mP-ZR_m\ (1-\mathrm{e}^{-\Lambda P})\qquad(10.8)$$

等号右侧的三项分别表示营养盐吸收、死亡率（$m$）和浮游动物的摄食。营养盐吸收由双曲线关系描述，其最大值为 $V_m$，半饱和常数为 $K_s$。浮游动物摄食遵循 Ivlev 函数，其最大值为 $R_m$，摄食常数为 $\Lambda$（Ivlef 函数在第 4 章介绍功能性摄食响应关系时有提及）。营养盐吸收和浮游动物摄食都涉及饱和函数，为模型提供了密度依赖性补偿。浮游动物方程为：

$$\frac{\mathrm{d}Z}{\mathrm{d}t}=\gamma ZR_m\ (1-\mathrm{e}^{-\Lambda P})-g'Z\qquad(10.9)$$

上式包含摄食收获与生长效率 $\gamma$ 的乘积，以及由死亡率 $g'$ 控制的线性衰减。最后，营养盐方程为：

$$\frac{\mathrm{d}N}{\mathrm{d}t}=-\frac{V_m NP}{K_s+N}+mP+g'Z+(1-\gamma)\ ZR_m(1-\mathrm{e}^{-\Lambda P})\ (10.10)$$

其中包含了营养盐被吸收导致的损耗、浮游生物死亡导致的增加以及浮游动物摄食但未同化的部分。由于在这个简单的模型中没有更高营养级，所有未利用的食物都会转化回到营养盐。

对该方程组进行数值积分，可以得到 $N$、$P$ 和 $Z$ 随时间的动态变化，四阶 Runge - Kutta 方法是最常用的数值积分算法。局部稳定性分析（见注释框 6.2）表明其平衡点是不稳定的。因为该模型是一个封闭系统，系统呈现周期性波动，其阻尼程度取决于初始条件。由 N→P→Z→N 循环构成的正反馈导致了这种不稳定性。

Miller（2004）对该 NPZ 模型进行了微小调整，能够模拟衰减的春季水华现象（图 10.6）。在其研究中，浮游动物的生长效率（$\gamma$）低于 Franks 等（1986）所用的数值，每天有 2% 来自下层的营养盐混合，并包含 50% 的排泄损耗，这些改动使系统可以达到稳定。由于存在营养盐的混合和排泄的损耗，系统不再是封闭的，而平衡点变成了一个稳定点。这个简单的 NPZ 模型可以进一步扩展，通过添加显式的碎屑组分，包含排泄损耗的

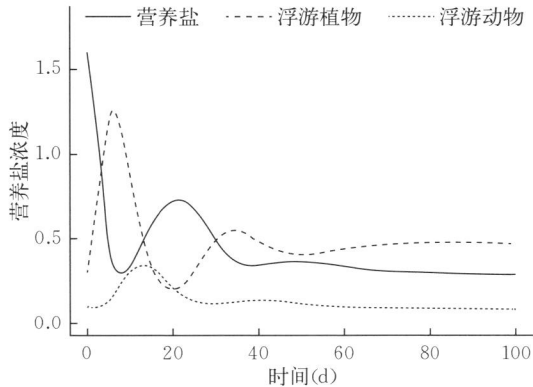

图 10.6　营养盐-浮游植物-浮游动物生态系统的生物地球化学动力学模型（Miller，2004）

积累和营养盐的再生过程。这个一维模型也可以嵌入环流模型中，以包含对流和扩散过程。最后，模型中还可以添加高营养级以反映对浮游动物的摄食以及能量向鱼类和渔业的传递，如下文描述的端到端模型所示。

## 10.5.2　端到端模型

端到端（E2E）生态系统模型是一个发展迅速的研究领域。如引言中所述，低营养级生物与鱼类和其他高营养级生物涉及的时间和空间尺度差异很大，协调这些不同尺度是一个巨大的挑战。在 E2E 模型的早期发展中，Steele 等（2007）开发了一个相对简单的网络模型，追踪乔治浅滩食物网从氮（硝酸盐和铵盐）到鱼类的生产过程（图 10.7）。该研究为低营养级和高营养级分别建立了子模型，在低营养级网络中以氮为关键变量，对应其营养盐组分；在高营养级网络中以碳为关键变量，低营养级网络也包含微生物食物网。两个子网络模型的连接点包括中型浮游动物（低营养级）和肉食性浮游动物（高营养级）间的连接，以及底栖动物（低营养级）和肉食性底栖动物间的连接（高营养级）（图 10.7）。模型分析中可使用第 10.4.1 节中介绍的上行系统基本算

法，首先对低营养级网络进行求解，然后以该结果作为初始条件求解高营养级网络。对于后者使用下行算法（第 10.4.2 节），根据三个鱼类功能组分（底栖动物食性组、浮游生物食性组和鱼食性组）的摄食组成数据，对高营养级网络进行自上而下的估算。

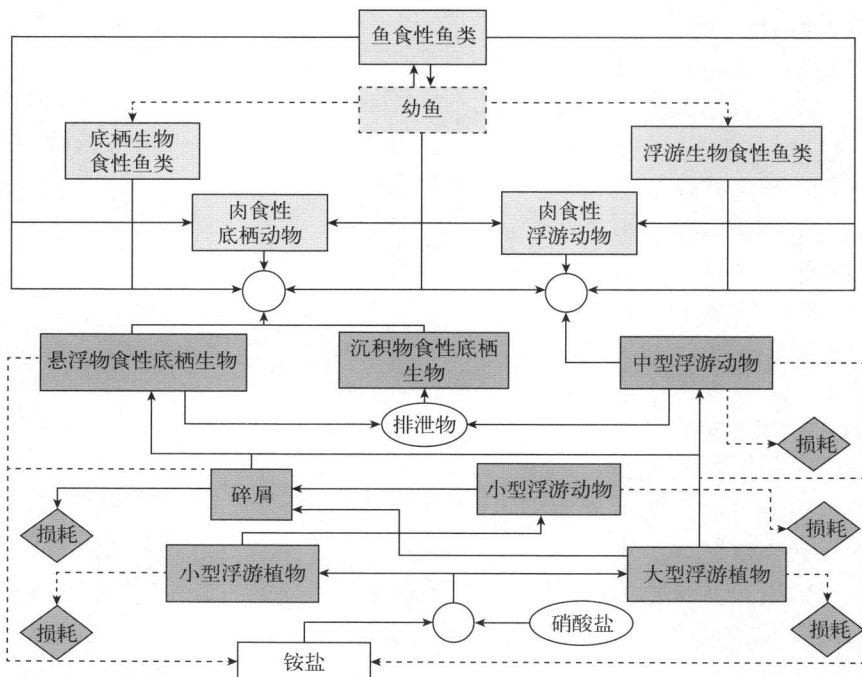

图 10.7 包含高营养级和低营养级子网的乔治浅滩食物网模型。低营养级食物网包含微生物循环，以氮为关键变量，箭头表示营养盐自下而上流向浮游生物和底栖生物。高营养级子网包括牧食/捕食食物网，箭头表示自鱼类向下层浮游生物和底栖生物的摄食。两个子食物网在浮游生物和底栖生物处交汇

这种一般化的方法可以考虑不同营养级食物网在时间和空间尺度上的差异，解决了本章开始时指出的一个问题。对于低营养级食物网，乔治浅滩被划分为三个具有季节性变化的空间区域，分别具有不同水动力特征：近岸混合良好的浅层水区域、具有明显夏季温跃层的外部区域和中间过渡区域。这种划分可以更好地反映该海域水体混合和营养盐再生特征的季节性显著差异，这些特征对生产过程具有深远影响。研究在一年内划分了三个时段（冬季、夏季和秋-冬）以反映光照和水体混合水平的差异。对于高营养级食物网，空间分辨率设置为该浅滩尺度，在时间上以十年尺度开展分析，开始于 1963 年东北渔业科学中心开展标准化科研调查之后。该调查除了获取物种的丰度和种群组成

数据外，还收集了摄食组成数据和水文信息。研究的时间段划分为 1963—1972
年、1973—1982 年、1983—1992 年和 1993—2002 年，在这四个十年期间，出现
了营养盐状况和捕捞压力的重要变化，以及与北大西洋涛动（NAO）相关的环
境条件变动（Steele 等，2007）。在 1960—1971 年期间，NAO 处于负相位，其特
点是温度和营养盐（尤其是硝酸盐）水平较低，这与拉布拉多洋流侵入缅因湾
和乔治浅滩有关。在第一个十年期间，在缅因湾深水区发现了较低的硝酸盐水
平（Townsend 等，2006）。这一时期估算的鱼类群落总消费量也远远低于随后
的几个时期（图 10.8）。在这
一方面，E2E 模型能够用于
探究营养盐动态和生产力之
间的联系，为理解水生生态
系统中上行控制机制提供了
重要途径。在气候变暖的影
响下，温跃层将会加强，从
深水输送营养盐所需的能量
将增加，因此表层水中的新
营养盐将减少。当前许多研
究预测，在气候变化下水生
生态系统的新生产力将下降，
而再生生产力的主导地位将
增强。反过来，这可能导致高营养级生产力的降低。

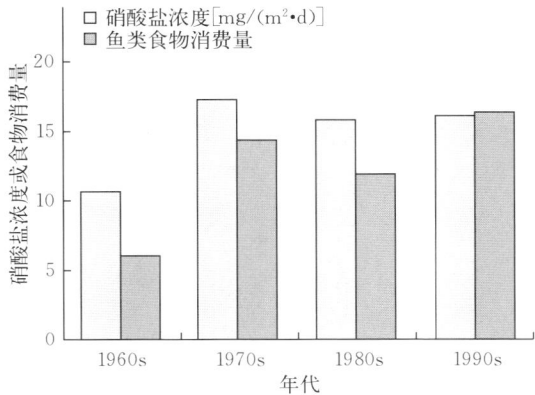

图 10.8　缅因湾硝酸盐浓度 Townsendet 等，2006）和乔
治浅滩的鱼类总消费量（J. Collie，未发表）

## 10.6　生物量谱

我们在第 6.5 节介绍了按体型大小对个体进行分析的方法，该方法可以从
群落水平扩展到生态系统的所有类群（Kerr 和 Dickie，2001）。如 Sheldon 等
（1972）根据在全球海洋表层和特定区域深度剖面采集的样品，构建了直径为
$1 \sim 100$ μm 的浮游植物粒径谱。该研究发现浮游植物总体密度随纬度和深度的
变化是可预测，若按对数递增的粒径进行分组，各组内的相对密度大致相等。

根据浮游植物的观测结果，Sheldon 等（1972）提出了一个假说，认为粒
径谱可以进一步扩展，涵盖从细菌到鲸在内所有大小的生物，并搜集了支持该
假说的初步证据。通过在一定个体大小范围内（如浮游植物）测量生物的现存
量，可以构建粒径谱并估计其他粒径范围内的生物密度。Sheldon 和 Kerr
（1972）给出了一个有趣（搞笑）的例子，估计了尼斯湖水怪的种群密度。

由于种群生产率与体型大小成反比（Sheldon 等，1972；图 13），因此可

以将各个粒径组的现存资源量分别转化为生产量。在一篇后续论文中，Sheldon等（1977）利用这种基于个体大小的关系，根据鱼类产量估算了缅因湾和北海的初级生产量。反过来，他们又根据初级生产量的数据估计了秘鲁上升流地区的鱼类生产量。这些估计值与当时开展的独立测量结果一致，开创了利用生物量谱估计生态系统生产量的方法。

在介绍生物量谱的近期应用之前，我们先回顾其数学原理。承接6.5节，我们假设种群数量和个体体重之间存在幂函数关系：$N = k_1 w^{-b}$。在等比重量区间 $w$ 到 $aw$ 的总数量可通过积分获得：

$$N_{\text{tot}}(w, aw) = \int_w^{aw} k_1 w^{-b} \mathrm{d}w = \left| \frac{k_1 w^{1-b}}{1-b} \right|_w^{aw} = \frac{k_1(a^{1-b}-1)w^{1-b}}{1-b} \quad (10.11)$$

当 $b=2$ 时，该丰度谱的斜率为 $-1$。若测量的是生物的质量而非数量，则由生物量 $B=Nw$，可得生物量谱为：

$$B_{\text{tot}}(w, aw) = \frac{k_1(a^{1-b}-1)w^{2-b}}{1-b} \quad (10.12)$$

若 $b=2$，生物量在等比（对数）的体重区间中的分布应该是相等的，Sheldon等（1972）率先指出了这一点。通过将 $B_{\text{tot}}(w, aw)$ 除以 $w$ 可得到标准化生物量谱，其形式与丰度谱相同，斜率也为 $-1$。

研究者通过在许多大型湖泊中大量采样，构建了包含藻类到鱼类的完整生物量谱。这些生物量谱的斜率非常相近，变化范围在 $-1.11 \sim -1.02$。如 Sprules（2008）发现安大略湖和马拉维湖的标准化生物量谱极为相似，尽管两个湖泊的地质、化学和生物特征存在很大的差异。安大略湖是一个地质学上年轻（<10 000年）的温带湖泊，其物种相对较少，并且许多是新近入侵种。相反，马拉维湖位于非洲大裂谷，是一个地质学上古老（1 000万～2 000万年）的热带湖泊，拥有500～1 000种鱼类，其中大多数是特有种（见Allison等，1996）。尽管二者具有这些内在差异和不同扰动历史，但它们的生物量谱在统计学上没有显著差异（图10.9）。在不同时间和不同湖泊观测结果的一致性证

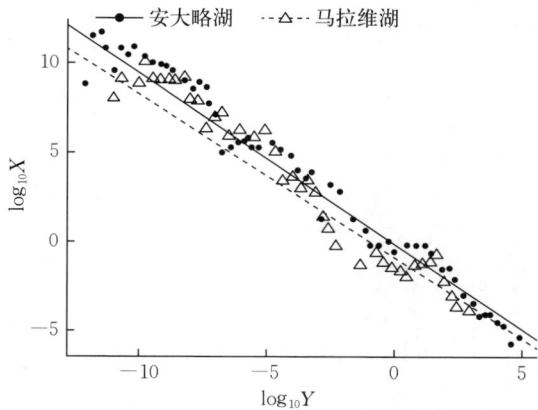

图10.9 安大略湖和马拉维湖的标准化生物量谱。计算中取年平均值，$X$ 代表谱密度，$Y$ 代表个体质量（以 g 为单位）。改自 Sprules（2008）

明，粒径谱是水生食物网的一种保守属性，源自其以个体大小为基础的高度结构化特征（Sprules，2008；Yurista 等，2014）。太阳辐射和营养盐的输入决定了初级生产的速率，而初级生产通过消耗、生长、成熟和繁殖过程在食物网中传递，所有这些过程都取决于个体大小。

标准化粒径谱的一致性一定程度上是双对数转化的结果，这种转化使不规则数据变得平滑，尽管特定类群的生物量形成了明显的峰值（注意图 10.9 中安大略湖和马拉维湖都有偏离了简单线性的数据点）。粒径谱的这种曲线性不仅仅是对不同类群使用了不同采样设备的结果：根据粒径谱理论，拱形是由各个营养级的生态学比例关系产生的，其间距反映了捕食者-被捕食者的个体大小比例，而这种比例在水生食物网中趋于一个恒定值（Kerr 和 Dickie，2001）。该理论的一个实际结果是，我们应该预期特定类群的粒径谱呈拱形而非严格的线性。

正如 Sheldon 等（1977）率先提出的，一个营养功能组的生物量谱可用于预测其他功能组的生物量。Jennings 和 Blanchard（2004）使用这种方法，从估算初级生产量开始，估计了在渔业开发之前北海鱼类的生物量，并将开发前的生物量谱与拖网调查的实际生物量谱进行了比较（图 10.10）。预测生物量谱和观测生物量谱的斜率存在差异，表征了由于捕捞而造成的大型鱼类数量缺失。

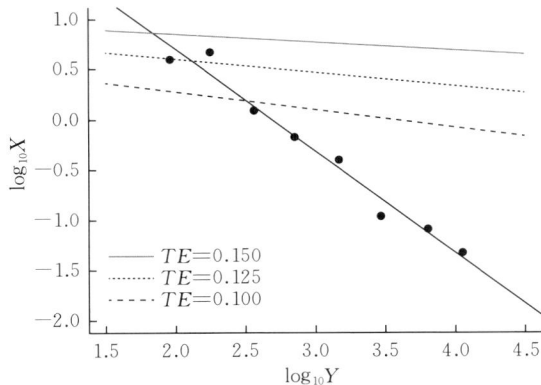

图 10.10　渔业开发前北海的预测生物量谱。其中初级生产力设为每年 1 956 g 湿重，捕食者-被捕食者质量比为 390∶1。图中展示的三个生物量谱对应营养传递效率（TE）为 0.100、0.125 和 0.150。2001 年观测的北海鱼类群落生物量（圆点）和拟合生物量谱（实线，$M^{-1}$，M 代表个体质量）作为比较。X 代表生物量，Y 代表个体质量（改自 Jennings 和 Blanchard，2004）

# 10.7　动态生态系统模型

网络模型的线性方程组可以通过以下方式转换为时变方程组：

$$\frac{\mathrm{d}B_i}{\mathrm{d}t} = \alpha_i B_i - \sum_j a_{ij} B_i B_j - m_i B_i \tag{10.13}$$

上式与多物种 Lotka‐Volterra 方程很相似（公式 5.1），但以各个营养功能群的生物量（$B_i$）代替了个体数量作为状态变量。其中 $\alpha_i$ 是增长率；$a_{ij}$ 代表营养功能组 $j$ 对 $i$ 的捕食死亡率；$m_i$ 是其他来源（如疾病）的自然死亡率。这组线性微分方程可以表征偏离先前稳定状态时食物网的变化方向，但由于公式的线性设定，每个营养功能组将会无限制地增加或减少。

如第 4 章中的两物种模型一样，需要在一个或多个方程中加入密度依赖性，模型才会存在平衡解。Walters 等（1997）在模型中引入了索饵场的概念，将捕食率设为捕食者丰度的渐近函数（见第 4 章）。这种方法被用于将 Ecopath 的线性方程转换为 Ecosim 的动态方程，我们将在第 13 章进一步探讨。

# 10.8　小结

生态系统模型可以基于个体大小、物种或营养关系进行构建。无论哪种方式，生态系统的质量平衡模型都可以转化为动态模型。线性网络模型追踪了食物网中的能量流动。食物网模型可以上行求解，从基层开始计算一定初级生产力水平可以支持多少捕食者；相反，这也可以下行求解，计算支持一定渔业产量所需的初级生产力，以满足顶级捕食者的摄食需求。这两种方法是互补的。通过将质量平衡方程转化为耦合微分方程组，可以使其反映动态。如第 4 章所述，需要在一个或多个组分中引入密度依赖性，使系统达到稳定。营养盐‐浮游植物‐浮游动物模型已广泛用于研究营养盐和植食对浮游植物种群动态的相对重要性。通过将 NPZ 模型与高营养级模型耦合，可以构建端到端的营养动力学模型。

## 【扩展阅读】

更多有关食物网及其特征的描述，请参见 Pimm（1982）。Pascual 和 Dunne（2006）的合著介绍了食物网和网络理论之间的联系。McCann（2012）从动力学系统的角度探讨了这个问题。Kerr 和 Dickie（2001）提供了对生物量谱的权威阐述。

# 第三部分
# 渔获模型与渔获策略

# 11  世代和种群层次的渔获效应

## 11.1  引言

在本章中，我们将探索单物种渔获模型的不同结构形式。在过去的半个多世纪里，围绕这一主题涌现出了大量极为重要的文献，其中包括 Beverton 和 Holt（1957）以及 Ricker（1958）早期的开创性工作，以及 Baranov（1918）、Hjort 等（1933）、Thompson 和 Bell（1934）和 Graham（1935）等极具影响力的先驱研究。与理论上的重要发展相同步，渔业科学家开发了一整套种群数量与结构评估的分析方法，将相关概念转化为实践。这些方法旨在从渔业数据和独立调查等来源中尽可能地提取信息，其方式往往非常巧妙。一些著作通过整本书阐述了这一主题［Quinn 和 Deriso（1999）提供了百科全书式的阐述］，我们自然不能在一个章节中囊括如此大量的工作。但是，我们将聚焦理论的核心要点，探索在一般资料中往往不太关注的问题，以期为相关文献提供补充。我们鼓励读者查阅该领域的经典著作，包括 Ricker（1975）、Gulland（1983）、Hilborn 和 Walters（1992），以及最近的一些专著（如 King，2013；Ogle，2015）。按照本书的总体目标，我们将采用一个新的视角，将人类视为水生生态系统的组成部分。

与陆地生态系统不同，在水生系统中，捕捞活动发生在一种相对不透明的介质中。通常情况下我们无法直接对种群进行计数，也不能直接观察到捕捞过程的影响。相反，我们必须根据渔获的特征与数量以及从各种独立于渔业调查项目中获取的信息，进行科学推断。在许多时候，资源开发利用的历史要远早于对种群与渔业的科学研究历程。即使在有些时候并非如此，一般而言捕捞也没有以受控的方式执行，来加强我们关于捕捞对种群数量与结构影响的理解，尽管有强烈的科学理由这么去做（Walters，1986）。历史上，渔业的发展是食物需求和食物安全、社会和经济因素以及保护需求共同作用下的结果，在这个过程中涉及复杂的权衡，需要谨慎评估并做出选择。

严格控制开发的极少数例子之一来自小型鱼类的室内研究。我们再回顾第三章中描述的 Silliman 和 Gutsell（1958）的经典研究。之前我们关注的是这项长期实验中未开发的对照组，现在我们将研究处理组，该组在实验过程中有针对性地移除成年孔雀花鳉（图 11.1）。在最初的 40 周里，实验种群在没有开发的条件下得以增长；在接下来的两年半时间里进行了受控移除，目标开发率分别设为 25％、10％、50％和 75％。该实验解析了在不同开发率下种群数量下降和恢复的幅度和形式（图 11.1a）。为降低所施加渔获水平的瞬态影响，我们仅关注实验中各个开发率之下最后六周的平均生物量和产量水平，结果得到了产量和开发率之间的圆顶形关系（图 11.1b）。渔获产量在种群生物量和开发率的某个中间水平达到最大值。我们将参考该项实验结果反映出的信息，在本章后续内容中构建针对实际应用的种群渔获模型。

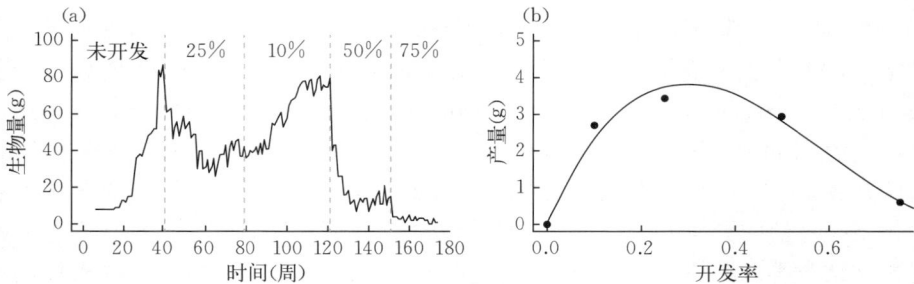

图 11.1　四个不同移除水平下孔雀花鳉的种群开发实验（Silliman 和 Gutsell，1958），图中展示了（a）实验过程中的种群轨迹，（b）产量与目标开发率之间的关系。产量的估计值代表每个开发方案下最后 6 周的平均值

## 11.1.1　人类作为一种捕食者

在捕食强度和被捕食者的大小组成上，渔民与自然捕食者有明显不同（如 Fowler，2009；Darimont 等，2015）。这种差异在产业化渔业中尤为显著，而在手工渔业中差异通常较小。渔民的开发率通常高于其他捕食者，并且集中在个体较大的捕捞对象上。事实上，传统的管理实践通常关注对较大个体的捕捞，使其达到或超过实现最大产量需要的大小或年龄。总体上，因为这些特征，Darimont 等（2015）将人类称为"超级捕食者"。人类选择性地移除较大个体可能导致被开发的渔业资源产生基因上的变化（如 Conover 和 Munch，2002；Reznick 和 Ghalambor，2005；van Wilk 等，2013），造成生长减缓和性成熟提前。此外，如果个体较大且有繁殖经验的雌鱼所产下的后代具有较高的存活率，则选择性地移除较大成熟个体可能导致繁殖产出减少［参见 Jakobsen 等（2016）及其参考文献］。一般而言，海洋生态系统中个体较小的鱼类和无脊椎动物的繁殖价值低于体型较大和年龄较高的个体。相比之下，自然捕食者通常从饵料生物种群中捕食较小（低龄）的个体。

捕捞过程涉及搜索时间和处理时间，这可以与自然捕食者进行对比。搜索过程要用到渔民获得的本地生态认识，在这方面与其他捕食者有明显的相似之处。同时渔民还能应用日趋复杂的遥感技术（包括水声和卫星图像），在较大空间尺度上定位捕捞目标。在这方面，渔业超越了任何类似的自然捕食过程，几乎可以不受限制地进行目标定位和捕捞，这引发了人们的担忧。另一方面，捕捞过程还包括渔获物的船上处理，因此处理时间也是渔业的一个重要环节，这与自然捕食者的情况相同。但随着船上分拣和处理技术的日臻成熟，这种情况也在发生改变。有趣的是，尽管人们早就认识到了这些问题（如 Hilborn 和 Walters，1992；Clark，1985），但面向管理的模型和应用几乎总是将人类视为 I 型捕食者，即认为目标物种的渔获率与其丰度成正比。在本章中我们将看到，这一设置所代表的含义对于理解被开发水生种群对渔业生产的响应具有重要影响。

在本章和随后的章节中，我们将以捕捞努力量作为关注目标，因为它对渔获产量、捕捞模式与成本、投入控制的管理方案以及生态效应等均具有重要意义。在渔业管理中，特别是在制定配额等产出控制策略时，人们更普遍地关注了捕捞死亡率，而没有明确考虑与之相关的捕捞努力量水平。瞬时捕捞死亡率（$F$）是一个非常有用的抽象概念，但它不是一个直接可观测的量。Rothschild（1977）指出，在最广泛的定义上，$F$ 是捕捞努力量、种群规模和时间的函数。许多常规的渔业研究均假设 $F$ 与捕捞努力量成简单的正比关系，而没有明确考虑种群规模或密度对捕捞过程的影响。我们将在本章后面探讨这一假设的意义。渔民根据当地资源的丰度和经济因素，在捕捞努力量及其空间分布上做出选择，这最终在渔获产量、捕捞成本与利润、对栖息地影响，以及对非目标物种（包括受保护物种和濒危物种）的兼捕等关键方面起到了决定性作用。当我们从生态系统角度考虑渔业时，捕捞努力量是一个不可或缺的量，值得重新强调。

### 11.1.1.1 人类作为谨慎的捕食者？

Slobodkin（1972）提出了自然捕食者"谨慎捕食"的概念，指出谨慎的捕食者能够有效地将摄取的饵料转化为自身的后代，并避免饵料种群的耗竭。这一概念引发了关于谨慎捕食是否产生了一定形式群体选择的争议（Maynard - Smith 和 Slatkin，1973）。Slobodkin（1974）澄清了他对谨慎自然捕食者的观点，强调其关注的是被捕食者的特征而不是仅仅是数量。他特别强调，选择繁殖价值较低的被捕食者（通常是小个体或衰老个体；见第 2 章）可以避免群体选择机制的产生。对于人类捕食者，也有一系列类似需要考虑的因素。在缺乏适当的激励/抑制结构或法规的情况下，个体渔民会寻求渔获量的最大化，而所有渔民的共同行为将导致公地悲剧（the tragedy of the commons；Hardin，1968）。资源经济学家仔细考虑了建立个人产权的作用，以避免渔民为获得最大渔获量而进行无节制的竞争。Slobodkin 对被捕食者个体繁殖价值的观点同样具有重要意义。传统的渔业管理策略倾向于选择性地移除个体更大、年龄更高的捕捞目标，可能会因为移除高繁殖价值的个体最终适得其反。人类的谨慎捕食需要综合考虑被捕食者的数量和生态/进化质量，以维持种群的恢复力。

# 11.2　世代层次的渔获效应

我们首先在第 8 章中相关概念的基础上，探讨单个世代在其生命周期内提供的渔获。这需要从一定数量的个体进入种群（补充）开始，跟踪该世代的成员在其生命过程中的存活、生长和成熟。为了简化问题，下文将在单位补充量的基础上表述结果。我们区分了自然原因和人为捕捞对不同年龄或大小的个体造成的数量损耗，并进一步探讨了繁殖群体中各年龄和体长组的数量。通过对一个世代的所有年龄组加和并除以补充量，我们就得到了单位补充量渔获量（yield‐per‐recruit，YPR）和单位补充量产卵量（egg production‐per‐recruit，EPR）［或以单位补充量的产卵群体生物量（spawning biomass‐per‐recruit，SPR）代替］。

## 11.2.1　单位补充量的渔获量

我们首先探讨如何根据鱼类的生长和死亡率特征，计算一个世代的总产量。单位补充方法的理论依据是，世代数量以难以预测的方式逐年变化，或者完全未知，因此单位补充分析并不涉及补充量的信息，但根据确定或假定的世代规模，该方法就能够为如何管理世代的产量提供指导。这种方法让渔业管理者能够比较首次捕捞年龄和捕捞强度的不同组合对世代产量的影响。

### 11.2.1.1　连续时间模型

如第 8 章所述，一个世代的生产力取决于个体的生长和死亡模式。一个世代在其生命过程中总产量的表达式为：

$$Y = \int_{t=t_r}^{t_\infty} F_t N_t w_t \mathrm{d}t \tag{11.1}$$

式中，$t_r$ 是渔业的补充年龄；$F$ 是瞬时捕捞死亡率；$N$ 是世代中的个体数；$w$ 为体重。各年龄的平均体重与相应数量的乘积即为该世代的生物量（$B_t = N_t w_t$）。Beverton 和 Holt（1957）为上式给出了一个精巧解法，其中假设等速的 von Bertalanffy 生长（见第 8.3 节）：

$$w_t = W_\infty (1 - \mathrm{e}^{-k(t-t_0)})^3 \tag{11.2}$$

以及世代数量随着年龄的增加呈指数衰减：

$$N_t = N_{t_r} e^{-Z(t-t_r)} \tag{11.3}$$

其中 $Z = F + M$。指数项表示存活率，取值范围在 $0 \sim 1$。

俄国著名的渔业科学家 Fydor I. Baranov 在更早一些的时间使用了一个简化的个体生长函数求解了公式 11.1（Baranov，1918），但不幸的是他的工作在西方鲜为人知（Ricker，1975）。注意如果平均体重随着年龄的增长而达到渐近线，而世代的个体数量呈指数下降，则世代的生物量通常会在中间年龄出现峰值（图 11.2）。在该点之后，死亡率造成的损失超过了个体生长带来的产量增加。如果此时该世代能够被立即全部捕获，则其总产量将达到最大。生物量曲线峰值出现的年龄可以通过求解下式得到：

$$\frac{dB}{dt} = N \frac{dw}{dt} + w \frac{dN}{dt} = 0 \tag{11.4}$$

即使用链式规则来确定生物量峰值时的年龄。我们将公式 11.2 和 11.3 代入公式 11.4 中，以分别表示个体生长率和世代衰减率，并求解得到：

$$t_m = t_0 + \frac{1}{k} \log_e \left( 1 + \frac{3k}{Z} \right) \tag{11.5}$$

其中 $t_m$ 是一个世代生物量最大的年龄（Quinn 和 Deriso，1999）。当然，在实践中不可能在达到最佳产量的年龄时立即捕获世代中的所有个体，但在水产养殖中这样做是完全可能的。对于后者，我们还必须考虑经济因素（如饲料成本、贴现率等），以确定最佳开捕年龄（如 Bjørndal，1998）。

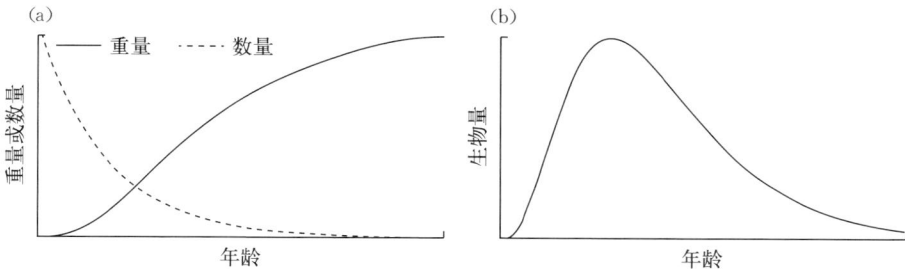

图 11.2　在恒定的开发率下，（a）世代中个体数量和平均体重随年龄的变化，以及（b）生物量（各年龄对应数量和体重的乘积）随年龄的变化

要得到公式 11.1 的解析解需要一些约束条件。特别的，我们将仅考虑"刀刃型"补充的情况，即世代中的所有个体在相同年龄（$t_r$）受到渔业的作用，该年龄之后的死亡率不变。单位补充量产量的表达式为（见注释框 11.1）：

$$\frac{Y}{R} = F \cdot W_\infty \left[ \frac{1}{Z} - \frac{3e^{-kt_r}}{Z+k} + \frac{3e^{-2kt_r}}{Z+2k} - \frac{e^{-3kt_r}}{Z+3k} \right] \tag{11.6}$$

我们可以探索不同的死亡率和渔业补充年龄对单位补充量渔获量的影响，以确定产生最大的单位补充产量的组合。图 11.3 显示了捕捞死亡率和 $t_r$ 同时变化的结果。

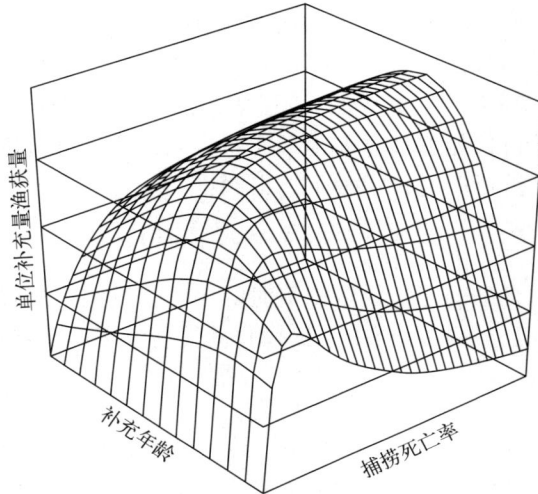

图 11.3 单位补充量渔获量与捕捞死亡率和补充年龄的函数关系。模型中假设"刀刃型"补充，图中水平切面表示产量的等值线

---

### 注释框 11.1 Beverton - Holt 单位补充量渔获量模型

Beverton 和 Holt（1957）将指数死亡率与 von Bertalanffy 生长模型相结合，给出了世代产量问题的解析解。他们指出，存活至补充阶段的鱼类数量是自然死亡率 $M$ 的函数：

$$R = N_0 e^{-Mt_r}$$

式中，$R$ 是渔业的补充量；$N_0$ 是年龄为 $t_0$（此处设 $t_0 = 0$）时的初始鱼类数量；$t_r$ 是渔业的补充年龄。在补充到渔业之后，能够存活到 $t$ 龄的个体数可以表示为：

$$N_t = R e^{-(M+F)(t-t_r)}$$

注意我们假设了一种所谓的"刀刃型"选择模式——达到一定年龄后所有个体都受到渔业的作用。由此得到渔获量模型为：

$$Y = F \int w_x R e^{-(M+F)(t_r)} dx$$

其中所有项的定义如前所述。前面提到，Beverton 和 Holt 采用了 von

---

Bertalanffy 生长模型表述年龄与体重的关系：

$$w_t = W_\infty (1 - e^{-k(t-t_0)})^3$$

括号中的项可以展开，得到：

$$w_t = W_\infty (1 - 3e^{-k(t-t_0)} + 3e^{-2k(t-t_0)} - e^{-3k(t-t_0)})$$

将该式代入渔获量模型并求解，得到：

$$\frac{Y}{R} = F \cdot W_\infty \left[ \frac{1}{Z} - \frac{3e^{-kt_r}}{Z+k} + \frac{3e^{-2kt_r}}{Z+2k} - \frac{e^{-3kt_r}}{Z+3k} \right]$$

其中一些（可忽略的）项已被省略。该模型可以写成更紧凑的形式：

$$\frac{Y}{R} = F \cdot W_\infty \sum_{n=0}^{n=3} \Omega_n \left[ \frac{e^{-nkt_r}}{Z+nk} \right]$$

其中 $\Omega_n$ 是虚拟变量，并有 $\Omega_0 = 1$，$\Omega_1 = -3$，$\Omega_2 = 3$ 和 $\Omega_3 = -1$。Beverton-Holt 方法能得到 $Y$ 的解析解，但要求渔业具有"刀刃型"选择性，并且 von-Bertalanffy 模型的幂函数系数必须为 3。

### 11.2.1.2 离散时间模型

我们可以基于公式 11.1，给出广义的离散时间模型：

$$Y = F \sum \overline{N_a} \overline{w}_a \tag{11.7}$$

这里我们以平均值表示各个年龄组的世代数量和个体体重（此处用下标 $a$ 表示）。在实践中，时间尺度为年的数据通常是较容易获取的。根据指数衰减模型，利用随机过程一阶矩的标准公式可以计算各年龄的平均数量。这需要我们对一年时间段内世代衰减的表达式进行估算和求解。首先考虑最简单的情况，假设总死亡率在所有年龄均不变，则 $a$ 龄的个体在一年中的平均数量可以由以下公式给出：

$$\overline{N}_a = \int_0^1 N_a e^{-z} da = -\frac{1}{Z} [e^{-z} - 1] N_a \tag{11.8}$$

式中，$N_a$ 是 $a$ 龄开始时存活的数量。如果将该表达式代入产量模型中并重新整理，则得到年龄组 $a$ 的产量为：

$$Y_a = \frac{F}{Z} [1 - e^{-z}] N_a \overline{w}_a \tag{11.9}$$

总死亡率可以分解为 $Z = F + M$，我们假设在一个无限小的单位时间内，死亡只能由捕捞或自然原因造成。公式 11.9 被称为 Baranov 渔获量方程。注意方括号中的项是存活比例的补数，也即表示了在一定时间（年龄）内种群死亡的比例。$F/Z$ 表示了因捕捞造成的死亡占总死亡的比例。这一比值与括号内项的乘积是捕捞从种群中移除个体的比例（年开发率）。将该乘积再乘以对应年龄组的生物量，即得到该年龄组的产量。一个世代在其生命周期中能够提供的总产量是各个年龄组产量的总和。在下文中我们将扩展这些结果，反映在捕捞过程中由渔具选择性产生的年龄特异性死亡率。

与连续时间模型相比，离散时间公式在设置渔获量方程的时候具有更大的灵活性。特别是我们不需要设定个体生长函数，而可以使用根据经验得到的各年龄平均体重的估计值。除了生长曲线的形状更为灵活之外，这也使我们能够表示由于密度或环境因素的作用，世代中各年龄平均体重随时间的变化。在不同的种群数量和/或环境条件下，对各年龄平均体重的经验估计会给出不同的结果，通过对比这些结果可以探讨种群和/或环境效应的影响。

同样的，该模型也不再局限于"刀刃型"选择性假设。我们可以将年龄特异性的捕捞死亡率组分拆分为两个部分，总捕捞死亡率（$F$）和偏选择因子（$p_a$），后者代表了不同年龄对捕捞脆弱性的差异。这一表述与渔业捕捞过程有更直接的联系。不同渔具类型具有不同的选择性曲线，其选择系数取决于渔具的作业特性。对于拖曳式渔具（网具），囊网的网目尺寸对渔具所捕获个体的大小具有重要影响。当然，渔具的性能也高度依赖于网具设计中的其他结构特征。其他类型的渔具也有类似的情况。通常使用逻辑斯蒂型曲线表示拖网的选择性：

$$p_l = \frac{e^{-(a-bl)}}{1+e^{-(a-bl)}} \tag{11.10}$$

式中，$l$ 是渔获物的体长；$a$ 和 $b$ 是系数。图 11.4a 中展示了几种囊网网目尺寸对应的选择性曲线示例。将这些估计值从体长（或其他体型大小的测量值）转换为年龄，就可以得到年龄选择性系数 $p_a$，这将用在公式 11.12 中。

不同大小的鱼被刺网截留的概率通常是圆顶形的，我们经常采用正态概率密度函数来表示这种类型渔具的截留曲线：

$$p_l \propto \exp\left[\frac{-(l-\bar{l})^2}{2\sigma^2}\right] \tag{11.11}$$

式中，$\bar{l}$ 是截留个体的平均大小；$\sigma^2$ 是其方差。较小的个体可以穿过网具，而较大的鱼不被渔具缠住的概率较高，因此截留率也会下降（图 11.4b）。

研究刺网和陷阱等定置渔具的捕捞过程时还需要考虑渔具的浸水时间。当

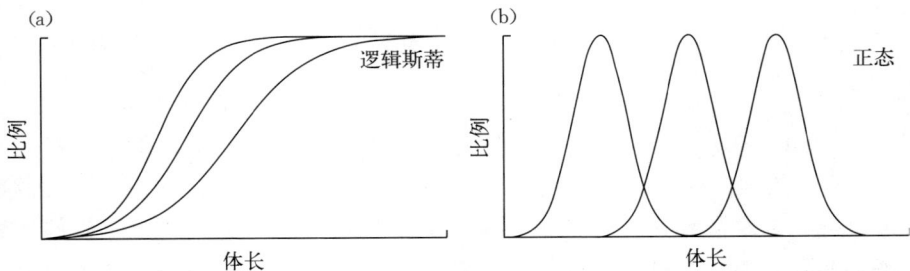

图 11.4 （a）拖网渔业和（b）刺网渔业中三种网目尺寸的截留概率与个体大小的函数关系

浸水的时间较长时，单个的渔具单元可能会饱和，导致捕获量与浸水时间可能不成简单的正比关系（如 Fogarty 和 Addison，1997）。相对的，一般认为大型拖曳渔具的捕获量与实际捕捞时间直接相关。

陷阱是渔业中使用的一种主要渔具类型，捕捞对象包括甲壳类动物、腹足类、头足类和鱼类等许多类群。虽然陷阱类渔具捕捞的渔获物在全球渔业产量中所占的比例相对较小，但在经济价值方面所占的比例往往相当高。此外，除了在深水渔业中渔获物可能受到气压创伤（barotrauma）之外，如果被陷阱和某些钓具捕获的动物不符合尺寸限制或其他规定，在被带到水面释放后通常可以存活。因此，原则上陷阱和钓具捕捞作业的结果可以被更好地控制，尽管个体在释放后可能非常容易受到自然捕食者的攻击。

在一定的选择性下，所有年龄组的总产量可表示为：

$$Y = \sum_{a=a_{\min}}^{a=a_{\max}} \left\{ \frac{p_a F}{p_a F + M} [1 - e^{-(p_a F + M)}] \right\} N_a \overline{w}_a \quad (11.12)$$

式中，$a_{\min}$ 是被捕获的最小年龄，$a_{\max}$ 是最大年龄。将上式除以进入渔业的补充量（可以设为任意值），即得到单位补充量的渔获量。公式 11.12 中大括号内的项同样表示年开发率（$u$）。我们将在第 11.5 节中展示这种方法的应用，作为冰岛鳕完整年龄结构模型的一部分。

根据公式 11.12 可以绘制产量与捕捞死亡率的关系曲线，该图衍生出了所谓的生物学参考点（biological reference point）。若产量曲线中存在边界清晰的峰值，则可将单位补充量渔获量最大值对应的捕捞死亡系数称为 $F_{\max}$。如果捕捞强度超过 $F_{\max}$，则被称为生长型过度捕捞，因为这相当于放弃了该世代的一部分潜在产量。也就是说，$F_{\max}$ 是在一定选择性模式下，使给定补充量产生最大产量的捕捞死亡水平。当自然死亡率很高时，单位补充量渔获量曲线可能没有明显的最大值（图 11.5a）。在这种情况下，我们可以使用 $F_{0.1}$ 作为参考

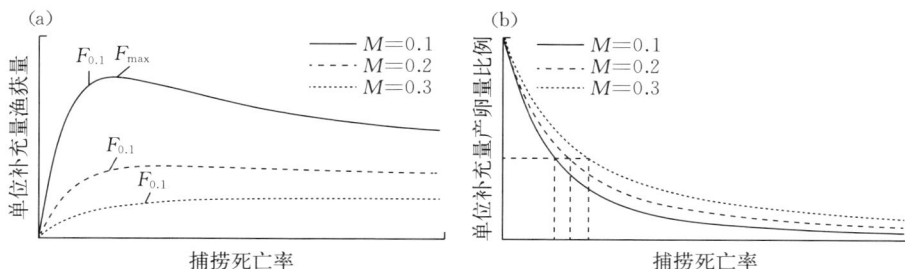

图 11.5　在三个自然死亡率（$M$）水平下，（a）单位补充量的渔获量和（b）单位补充量的产卵量（相对最大值的比例）随捕捞死亡率的变化。图（b）中的直线表示单位补充量最大产卵量的 40% 参考水平（以对应未捕捞状态下的比例表示）

点，其定义为单位补充量渔获量曲线上切线斜率等于原点处曲线斜率 10％的点（Gulland 和 Boerema，1973）。虽然选择 10％比较主观，但实践证明这很有效并已被广泛使用。此外，当产量曲线存在明确的最大值时，$F_{0.1}$ 参考点也很有用，仍然可以作为定义明确的参考点。在典型单位补充量渔获量模型的曲线上（图 11.5a），$F_{0.1}$ 一般远远低于 $F_{max}$，但只会使单位补充量的产量略有下降。

## 11.2.2 单位补充量的产卵量和产卵群体生物量

单位补充量渔获量分析只代表了不同渔获策略对种群影响的部分视角。特别是，它没有考虑渔业对种群繁殖力的潜在影响。只考虑产量最大化的局限性是显而易见的——使一个世代产量最大化的捕捞死亡水平很有可能导致种群繁殖潜力的大幅衰退。我们可以通过加入种群繁殖生物学信息来拓展上述分析，以估计一定补充量水平下的预期产卵量水平（$Ɛ$）。一个世代在一生中的产卵量由下式给出：

$$Ɛ = \sum_{a=a_{min}}^{a_{max}} m_a v_a f_a N_a \tag{11.13}$$

式中，$m_a$ 是种群中 $a$ 龄的性成熟比例；$f_a$ 是成熟雌性各年龄的平均繁殖力；$v_a$ 是 $a$ 龄雌性产生卵子的存活力（见第 2 章）。我们可以使用逻辑斯蒂函数的形式，方便地表示出年龄和成熟度之间的关系：

$$m_a = \frac{1}{1 + e^{-\psi(a - a_{50\%})}} \tag{11.14}$$

式中，$m_a$ 是在 $a$ 龄时的性成熟比例；$a_{50\%}$ 是一半个体成熟对应的年龄；$\psi$ 是斜率系数。将上式除以初始补充量，就可以得到单位补充量的产卵量（EPR）。最大 EPR 总是出现在捕捞死亡率为零时，并且随着捕捞死亡率的增加而衰减（图 11.5b）。如果产卵不是发生于各个时间段的开始，则要在计算中减少各龄的种群数量，以反映当年产卵前的数量损失（Gabriel 等，1989）。在第 9 章中我们提到，繁殖力随年龄变化的详细信息可能难以获取，此时备选方法是用各年龄的平均体重代替公式 11.13 中的 $v_a f_a$ 项。

EPR 分析可以与补充量模型相结合，估算种群能够维持的最大捕捞死亡率。若要种群自身实现替代，要求单位补充量终生产卵量的倒数不超过 EPR 曲线在原点处的斜率（见 Sissenwine 和 Shepherd，1987）。如果捕捞死亡导致终生 EPR 低于该阈值，则可以预测种群将会灭绝。单位补充量下产卵量或产卵群体生物量的生物参考点通常以相对于未开发水平的百分比表示，取值范围一般在 20％～40％。图 11.5b 显示了以 40％作为参考点的结果。

## 11.3 生物量动态模型

一个种群在给定时间段的总生物量显然是其各年龄（或大小）生物量水平的总和。本节我们将探讨生物量动态模型（Hilborn 和 Walters，1992），该模型将种群总生物量合并处理，不区分年龄、个体大小或其他种群结构特征。我们将直接在第 3 章内容的基础上构建模型，注意其中以种群数量（或密度）作为关键变量。Graham（1935）率先将这种一般模型策略应用于被开发种群，Schaefer（1954，1957）、Pella 和 Tomlinson（1969）以及 Fox（1970）开展了更全面的模型开发。这类模型具有简化的结构，将补充、生长和自然死亡率合并为一个函数，并为理解捕捞对被开发种群的影响提供了启发式的有益指导。

我们之前探讨的生态模型关注了种群数量的变化，而本节将转向对生物量的分析——从渔民的角度来看，渔获物的重量（和经济价值）是更为重要的。按照其最简单的形式，这类模型只需要产量和捕捞努力量的信息。许多渔业中都记录了捕捞努力量的信息，如前文所述，这些信息与渔获的作用机制有直接的关联。在捕捞强度的量化和标准化过程中，需要仔细考虑渔船和渔具的属性（相关方法见 Quinn 和 Deriso，1999；第 1 章）。此外，捕捞技术和经验等人类的属性显然也会影响渔获率。

生物量动态模型通常被称为"剩余产量"模型，其基本假设是，当种群数量处于较高水平时，种内的资源竞争会相应增强，导致个体生长和/或生殖产出降低，此外种内相互作用导致的死亡率可能升高。我们在介绍逻辑斯蒂模型时提到，种群增长率在最大种群规模的一半时最高，而在未开发的均衡水平时为零。剩余产量就是指通过减少种内相互作用而增加的生产量。因此，"剩余"一词表示了非常特殊（和局限）的含义。特别是，它并不是指若不进行捕捞就会以某种方式留存下来的生产量。相反，在这一情景下，开发利用是额外生产量的产生机制，否则这些生产量是不存在的。

### 11.3.1 连续时间模型

最早的生物量动态模型是在逻辑斯蒂模型的基础上，以连续时间形式直接扩展而得（Schaefer，1954，1957）。我们首先给出模型的一般形式：

$$\frac{\mathrm{d}B}{\mathrm{d}t} = g(B)B - h(E, B) \tag{11.15}$$

式中，$B$ 是种群生物量；$E$ 是标准化捕捞努力量。公式 11.15 的右侧包含两个组分，其中 $g(B)$ 表示种群生物量的单位平均变化率，另一个组分

$h(E，B)$ 表示与捕捞努力量和种群生物量相关的捕捞，这一项也是产量的表达式，即 $Y=h(E，B)$。广义函数 $g(B)$ 表示补充、自然死亡和个体生长对种群单位增长率的综合贡献。为了保持简洁和连贯性，我们将使用与第 3 章中相同的符号，但注意此处对这些参数的解释有所不同——它们不仅表示出生率和死亡率的效应，而且加入了个体生长率的因素。在第 11.4 节中，我们将介绍区分以上过程的模型，其中分别设置了生长、死亡和补充函数。

对于渔获模块，我们使用资源经济学中著名的 Cobb-Douglas 生产函数的一种形式：

$$h(E，B)=Y=q \cdot E^\omega B^\gamma \qquad (11.16)$$

式中，$q$ 是可捕系数（单位努力量下渔获效率的度量）；$\bar\omega$ 和 $\gamma$ 是形状系数。该模型的应用可参见 Hannesson（1983）和 Tsoa 等（1985）。当系数 $\bar\omega$ 小于 1 时，表示努力量的饱和或拥塞。系数 $\gamma$ 与密度依赖的捕捞脆弱性有关。若给定标准化的捕捞努力量和种群生物量信息，我们可以估算捕捞模块的参数。模型的线性化形式为：

$$\log_e Y=\log_e q+\bar\omega \cdot \log_e E+\gamma \cdot \log_e B \qquad (11.17)$$

这种形式下可以进行多元回归分析。为了简化本章剩余部分的内容，我们假设 $\bar\omega=1$，但同时需要认识到努力量的饱和拥塞有时可能很重要。当能够获取捕捞努力量和生物量的信息时，应该直接检查该假设。为了说明非线性渔获函数如何影响种群稳定性，我们将检验捕捞效率随种群密度或丰度而变化的假设，即 $Y=qEB^\gamma$。在这些条件下，单位捕捞努力量的渔获量可以表示为：

$$\frac{Y}{E}=q B^\gamma \qquad (11.18)$$

Hilborn 和 Walters（1992）区分了渔获量变化的三种主要类型，分别对应指数 $\gamma$ 的不同取值：超稳定（hyperstability，$0<\gamma<1$）、成比例（proportionality，$\gamma=1$）和超耗竭（hyperdepletion，$\gamma>1$）（见图 11.6）。若在种群总体数量下降时，单位努力量的产量保持相对较高，则称为超稳定性。如果渔民总是能够定位渔获生物聚集的高密度区域，就会产生这种现象。尽管这种模式通常发生于中上层集群鱼类中（如 Csirke，1998），但利用公式 11.17～公式 11.18 的分析已经在一些底层鱼类中发现了超稳定性的证据（Harley 等，2001）。在能够形成大型繁殖集群的物种中也发现了这种现象。注意超稳定性的概念与第 7 章中描述的 MacCall 盆地模型存在紧密关联。成比例性对应相对均匀的分布模式，由种群的扩散过程所维持。当部分的种群相对而言不会受捕捞的作用时，就会出现超耗竭性（参见第 4.2.5 节中庇护所在捕食过程中的作用）。超稳定性问题特别值得关注，因为这会造成种群突然、意外崩溃的风险（见第 11.3.1.2 节）。

Clark（1982，1985，2010）提出了一个相关的概念，将被开发物种的密度表示为种群丰度或生物量的幂函数。Clark 进一步合理地假设，渔民将聚集在高密度（和/或高收益率）的地点进行捕捞。他划分了四种"聚集类型"，其中三种可以与 Hilborn 和 Walters 的分类相对应：Clark 的 I～III 型分别对应超耗竭、成比例和超稳定性。Clark 提出的第四种类型是假设聚集程度在所有丰度水平下都保持不变。

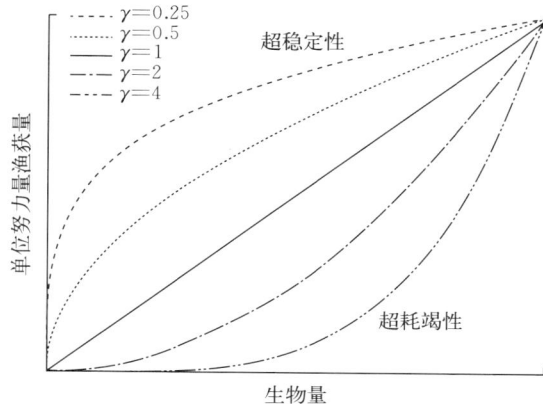

图 11.6　单位捕捞努力量渔获量与种群生物量的函数关系。图中的示意性曲线由幂函数 $Y/E = qB^\gamma$ 生成。当 $\gamma=1$ 时，单位努力量产量和种群生物量之间成比例关系；当 $\gamma<1$ 时，得到超稳定性曲线，其中 $Y/E$ 在生物量下降时保持相对较高水平；当 $\gamma>1$ 时为超耗竭，其中 $Y/E$ 随生物量水平降低下降得更快

### 11.3.1.1　线性渔获函数

为了便于阐述，我们将首先考虑一个简单模型，其中假设种群内部动态符合逻辑斯蒂函数和线性渔获函数。为了体现不同生产力水平和不同渔获策略的相互作用，我们在图 11.7 中展示了三个生产力水平下的逻辑斯蒂种群模型，以反映外力（如环境/气候因素）对种群内禀增长率的影响（图 11.7 的抛物线）。我们进一步在其上叠加了渔获函数（虚线），并分析种群生产函数和渔获函数的交点。

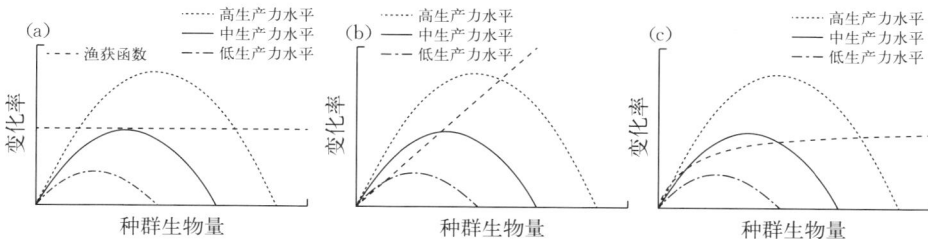

图 11.7　种群变化率和种群生物量之间的关系，显示了三种内禀增长率水平下逻辑斯蒂生产函数和渔获函数（虚线）之间的交叉点。其中的渔获函数分别为（a）恒定产量、（b）成比例（线性）的渔获率和（c）非线性渔获率

虽然起始的案例非常简单，但它对于探讨资源的稳定性具有非常重要的意

义——即试图持续移除恒定的生物量作为渔获产量。我们使用了一个斜率为零的线性渔获函数（即目标移除量不随种群生物量而变化），其模型为：

$$\frac{\mathrm{d}B}{\mathrm{d}t}=(\alpha-\beta B)B-Y \tag{11.19}$$

其中 $Y$ 为固定值，不随时间变化。在平衡时我们有：

$$Y=(\alpha-\beta B)B \tag{11.20}$$

根据二次方程的求解公式，可知在以下生物量水平上存在两个可能的平衡点（注意 $\beta$ 在该表达式中为负数）：

$$\frac{-\alpha\pm\sqrt{\alpha^2-4\beta Y}}{2\beta} \tag{11.21}$$

我们以三个环境依赖性的逻辑斯蒂函数为例展示这一结果，注意代表渔获函数的水平直线与生产力最高的逻辑斯蒂曲线在两个点相交（图 11.7a）。在较高种群生物量水平的交点是全局稳定点；相对的，较低生物量水平的交点是不稳定的平衡点，任何将种群生物量降低到该交点以下的扰动都将导致种群崩溃。因此，不随时间变化的恒定渔获政策是一种非常危险的策略，会给种群带来高风险。在图 11.7a 中，中等水平（中间的线）逻辑斯蒂函数和水平渔获函数的交点位于种群动力学曲线的峰值处，代表了一个高度不稳定（而且难以维持）的情况。环境扰动可能使生产力下降，如果这种状态持续，最终将导致物种灭绝。最后，对于生产力最低的情景，我们看到逻辑斯蒂模型和渔获直线之间不存在交点，因此种群将崩溃。

这里我们想要体现的是未识别或未响应资源生产力状态变化的可能结果。如果种群生产力实际上已经下降，而管理者仍按照生产力没有变化的假设进行操作，则在我们认可的可持续渔获政策之下仍可能出现种群崩溃，这样的结果将是完全出乎意料的。

在图 11.7b 中，我们也表示了三种环境状况，同时考虑一种固定渔获率的策略。渔获函数以通过原点、斜率为 $qE$ 的直线表示，对应 Hilborn 和 Walters 所划分的成比例性以及 Clark 的 II 型聚集特征。图 11.7b 中逻辑斯蒂曲线和渔获直线的相交之处均为稳定平衡点。其模型为：

$$\frac{\mathrm{d}B}{\mathrm{d}t}=(\alpha-\beta B)B-qEB \tag{11.22}$$

这也是 Schaefer 在其极具影响力的论文中探讨的情景。Schaefer 模型的平衡生物量（$B^*$）可表示为：

$$B^*=\left(\frac{\alpha-qE}{\beta}\right) \tag{11.23}$$

平衡状态下的产量-努力量关系为：

$$Y^* = qE\left(\frac{\alpha - qE}{\beta}\right) \tag{11.24}$$

产生最大可持续产量（maximum sustainable yield，MSY）的努力量水平为：

$$E_{\text{MSY}} = \left(\frac{\alpha}{2q}\right) \tag{11.25}$$

最大可持续产量为：

$$Y_{\text{MSY}}^* = \frac{\alpha^2}{4\beta} \tag{11.26}$$

当前 MSY 已被写入国家和国际法规，为世界各地的渔业管理奠定了基础。MSY 也可以宽泛地定义为在时间上可持续的最大平均产量，不限于特定的模型。在实践中，许多替代指标被用于表征 MSY，其中一些完全不依赖模型。长期以来，MSY 概念一直饱受质疑，因为人们担心这一捕捞水平不一定是可持续的，或从更广泛的生态、社会和经济角度来看并不可取（例如，Gulland，1969；Larkin，1977；Sissenwine，1978；Clark，1990）。在一个典型的犀利评论中，Ricker（1963）指出，"……任何非常接近最佳产量的尝试通常都很危险而不实用"。因此，现在的生物学参考点通常要通过预防性缓冲来降低种群的风险。

图 11.8 展示了 Schaefer 模型在天鹅龙虾（*Panulirus cygnus*）渔业中的应用（Penn 等，2015）。该渔业从 1945 年开始一直通过投入控制（努力量限制）进行管理，直至 2014 年转为产出控制（个人可转让配额），其捕捞努力量受到严格限制以防止过度捕捞。鉴于对该种群的有效管理，该渔业获得海洋管理委员会（Marine Stewardship Council）的首个可持续管理认证。图 11.8a 显示了产量和捕捞努力量（$\times 10^6$ 次收笼）随时间的变化趋势；产量和捕捞努力量之间的关系如图 11.8b 所示。该案例中，在过度捕捞可能导致产量下降之前，捕捞努力量就得到了谨慎的控制。关于该渔业在不断变化的社会、经济和生态条件下的管理历史，请参见 Penn 等（2015）。

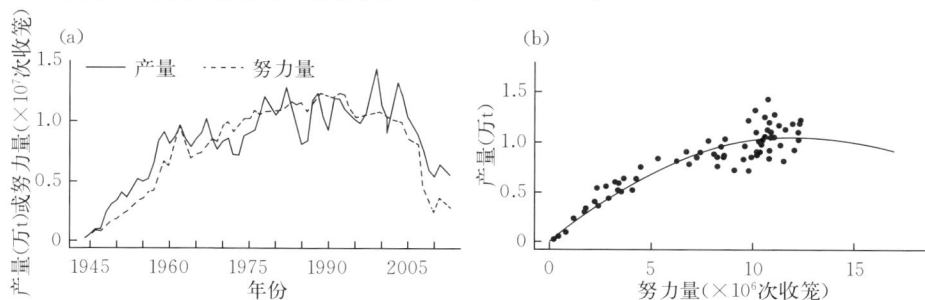

图 11.8 天鹅龙虾的（a）产量和捕捞努力量；（b）产量和捕捞努力量的关系。数据来自 Penn 等（2015）

### 11.3.1.2 非线性渔获函数

现在我们来考虑公式 11.16 所示的非线性渔获函数。如图 11.7c 所示，在高生产力水平下存在一个稳定交点。在中等生产力水平下有两个交点，其中高生物量处为稳定平衡点，低生物量处则为不稳定平衡点；如果生物量下降到较低交点以下，种群就会崩溃。若种群处于低生产力状态，则不存在交点，可以预测种群将崩溃。

下面我们将探讨非线性渔获率的效应，并展示在超稳定性情境下可能产生的回弯形产量曲线（见图 11.9）。其完整模型为：

$$\frac{dB}{dt} = (\alpha - \beta B)B - qEB^\gamma \tag{11.27}$$

为了确定生物量曲线回弯的拐点（图 11.9b），我们根据平衡态下捕捞努力量和生物量之间的关系：

$$E = \frac{1}{q}\left(\frac{\alpha - \beta B}{B^{\gamma-1}}\right) \tag{11.28}$$

设 $dE/dB = 0$ 并求导可得，在拐点处有 $B = \alpha(1-\gamma)/\beta(2-\gamma)$。由此可知，在一定的捕捞努力量水平下，存在两个平衡生物量和产量水平，包括一个稳定点（图 11.9b 和 c 中实线上的点）和一个不稳定点（虚线所示）。

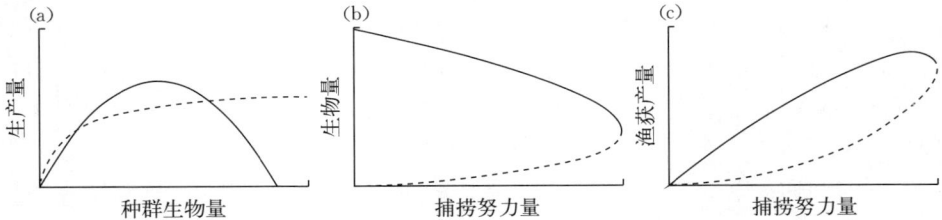

图 11.9 （a）生产量模型（实线）与非线性渔获函数（虚线），（b）种群生物量与捕捞努力量之间的关系，以及（c）产量与捕捞努力量的关系

### 11.3.1.3 退偿性生产函数

上文探讨的种群生产函数在形式上都是补偿性的，现在我们考虑反映退偿性动态的种群模型（见第 3 章），并研究捕捞对退偿性种群的影响。为了简单起见，我们将再使用线性渔获函数，并假设其经过原点。如第 3 章所述，种群生产函数在低种群规模处存在一个拐点。这里我们将展示临界退偿的情景，即在低种群规模下生产量可能为负，并在其上叠加了三个渔获强度水平（图 11.10）。使用以下模型可以简单地反映退偿效应：

$$\frac{dB}{dt} = (\alpha - \beta B)\left(\frac{B}{B_{crit}} - 1\right)B - qEB \tag{11.29}$$

式中，$B_{crit}$ 是生产量为负的种群生物量临界值。注意当 $B = B_{crit}$ 时，第二个括号中的项为零。当 $dB/dt=0$ 时，捕捞努力量和生物量之间的关系为：

$$E=\frac{1}{q}\left[(\alpha-\beta B)\left(\frac{B}{B_{\mathrm{crit}}}-1\right)\right] \tag{11.30}$$

求解上式可得其交点，方法如第 11.3.1.2 节中所述。我们同样能够得到类似于图 11.9c 中回弯的产量曲线，但其产生的机制大不相同。

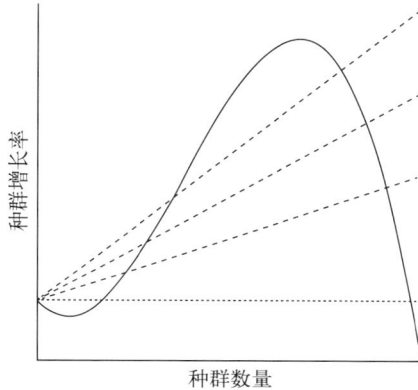

图 11-10　退偿性种群模型，图示种群增长率曲线（实线）与 4 个捕捞努力量水平的交点（虚线）

## 11.3.2　离散时间模型

尽管渔业产量模型最初是以微分方程的形式构建的，但目前差分方程形式的模型应用也很常见。对于生活在季节性环境变化下的生物，差分方程可能更为适用。如前几章中所述，它们也可能表现出比低维微分方程更丰富的动态特征。

### 11.3.2.1　生物量动态模型

离散时间的生物量动态模型通常以连续时间模型的欧拉近似来表示，基本模型结构为：

$$B_{t+1}=B_t+g(B_t)B_t-u_tB_t \tag{11.31}$$

式中，$g(B_t)$ 是生物量的函数；$u_t$ 是开发率。为保证移除量不能超过生物量，这里我们使用了开发率（捕捞所移除的种群比例），其取值范围在 0～1。年剩余产量（annual surplus production，ASP）可以表示为：

$$ASP=B_{t+1}-(1-u_t)B_t \tag{11.32}$$

也就是在相邻时间下种群生物量的变化加上在该时间段移除的产量。该值并不依赖于生产函数的具体形式，因此具有广泛的适用性。Walters 等（2008）强烈推荐将年剩余产量作为评估种群状况的关键诊断变量，开展常规监测。将 Pella-Tomlinson 的广义生产模型代入公式 11.31，我们得到：

$$B_{t+1}=B_t+(\alpha-\beta B_t^{\theta-1})B_t-u_tB_t \tag{11.33}$$

式中所有项的定义如前所述。此时的平衡生物量为：

$$B^* = \left[ \frac{1}{\beta}(\alpha - u^*) \right]^{\frac{1}{\theta - 1}} \tag{11.34}$$

该公式中 MSY 对应的生物量、开发率和产量的表达式（见注释框 11.2）与连续时间模型的结果类似。

### 注释框 11.2　离散 Pella - Tomlinson 模型的管理参考点

在第 3 章中，我们引入了包含广义生产函数的 $\theta$ - 逻辑斯蒂模型（Gilpin 和 Ayala，1973）。Pella 和 Tomlinson（1969）在更早时候提出了一种应用于渔业的广义产量模型。最初的 Pella - Tomlinson 模型是连续时间形式的，这里我们将针对公式 11.33 所示的离散时间模型，分析其管理参考点。

平衡状态下产量-开发率之间的关系为 $Y^* = uB^*$，其中 $B^*$ 由公式 11.34 给出。当 $\theta > 1$ 时，我们有：

$$Y^* = u \left( \frac{\alpha - u}{\beta} \right)^{\frac{1}{\theta - 1}}$$

获得最大持续产量的捕捞努力量水平为：

$$u^*_{MSY} = \alpha \left( 1 - \frac{1}{\theta} \right)$$

最大可持续产量为：

$$Y^*_{MSY} = \alpha \left( \frac{\alpha}{\theta\beta} \right)^{\frac{1}{\theta - 1}} - \beta \left( \frac{\alpha}{\theta\beta} \right)^{\frac{\theta}{\theta - 1}}$$

当 $\theta = 2$ 时，我们就得到了 Schaefer 模型的参考点。当 $\theta < 1$ 时，系数 $\alpha$ 和 $\beta$ 的符号与上述各表达式相反。注意 $\theta$ 不能等于 1，但是当 $\theta \to 1$ 时，我们有：

$$B_{t+1} = B_t + (\alpha - \beta\log_e B_t)B_t - u_t B_t$$

这就是离散时间形式的 Fox（1970）产量模型，其平衡生物量为：

$$B^* = \exp\left( \frac{\alpha - u}{\beta} \right)$$

平衡产量和开发率之间的关系为：

$$Y^* = u \left[ \exp\left( \frac{\alpha - u}{\beta} \right) \right]$$

最大可持续产量对应的开发率即为 $u^* = \beta$。将这一结果代入平衡产量-开发率关系，得到最大可持续产量：

$$MSY^* = \beta \left( \exp\left( \frac{\alpha}{\beta} - 1 \right) \right)$$

## 11.4 时滞差分模型

下面我们将介绍具有简单年龄结构的离散时间种群渔获模型，即时滞差分模型。该模型可以看作是一个桥梁，衔接了上一节中探讨的非年龄结构模型和下一节中要介绍的完整年龄结构模型。我们在第 3 章中介绍了简单的时滞差分模型（见公式 3.37），其中包括存活和补充，但不涉及个体的成长，现在可以在此基础上结合描述生长的特定子模型。Deriso（1980）率先开发了这种方法，随后 Schnute（1985）对其进行了进一步拓展。该模型中 $t+1$ 时刻的种群生物量定义为：

$$B_{t+1} = \sum_{a=r}^{\infty} w_a N_{a,t+1} \tag{11.35}$$

式中，$w_a$ 是年龄 $a$ 时的平均体重；$N_{a,t}$ 是年龄 $a$ 和时间 $t$ 的种群数量。我们可以将这个表达式分解为补充组分和补充后组分：

$$B_{t+1} = \sum_{a=r+1}^{\infty} w_a N_{a,t+1} + w_r N_{r,t+1} \tag{11.36}$$

式中，$w_r$ 是补充群体在 $r$ 龄时的平均体重。如果我们假设年龄和体重之间呈单分子函数关系（见第 8 章），则相邻年龄的体重可以表述为：

$$w_a = W_\infty (1-\rho) + \rho w_{a-1} \tag{11.37}$$

其中 $\rho = e^{-k}$。如果将 $w_{a-1}$ 表示为 $w_{a-2}$ 的函数，并代入方程 11.37，则在简化后可得：

$$w_a = (1+\rho) w_{a-1} - \rho w_{a-2} \tag{11.38}$$

上式即为年龄-体重的二阶差分方程。在下文中将介绍的 Deriso 模型中，初始条件设为 $w_{r-1} = 0$。

另一方面，存活率（$s_t$）可以用至少两种方式表示。如果捕捞死亡和自然死亡在一年当中均有发生，我们可以沿用前文的方法，将存活率表示为 $s_t = e^{-Z_t}$，其中 $Z_t$ 是总瞬时死亡率。

反之，如果捕捞死亡仅发生在一定时间段的开始或结束的相对较短时间内，而自然死亡在所有时间均有发生，则有：

$$s_t = s'(1-u_t) \tag{11.39}$$

式中，$s'$ 是"自然"存活率（假定为常数）；$u_t$ 是年开发率。这里开发率还是以 $u = 1 - e^{-qE}$ 的形式表示。将这些组分代入公式 11.36，得到：

$$B_{t+1} = \sum_{a=r+1}^{\infty} [(1+\rho) w_{a-1} - \rho w_{a-2}] s_t N_{a-1,t} + w_r N_{r,t+1} \tag{11.40}$$

也可以表示为：

$$B_{t+1} = \sum_{a=r+1}^{\infty} (1+\rho) s_t w_{a-1} N_{a-1,t} - \sum_{a=r+2}^{\infty} \rho s_t s_{t-1} w_{a-2} N_{a-2,t-1} + w_r N_{r,t+1} \tag{11.41}$$

将上式对应项转化为生物量，我们有：

$$B_{t+1} = (1+\rho)\, s_t B_t - \rho s_t s_{t-1} B_{t-1} + f_B(B_{t+1-r}) \qquad (11.42)$$

式中，$f_B(B_{t+1-r})$ 是描述成体生物量与补充量关系的函数。该公式描述了生物量如何随时间变化。在平衡时有 $B^* = B_{t+1} = B_t$，求解该式可得（Quinn 和 Deriso，1999）：

$$B^* = \frac{f_B(B^*)}{(1-\rho s^*)(1-s^*)} \qquad (11.43)$$

图 11.11 中展示了该模型应用于乔治浅滩的黄尾鲽（*Limanda ferruginea*）的研究案例。这里我们使用了由种群资源评估得到的生物量估计值（NEFSC，2008）和单独的生长参数估计，并利用过程误差和观测误差估计方法来拟合结果。过程误差法假设模型的所有偏差都源于各种形式的错误模型设置（包括结构不确定性、缺少重要因素、随机变化等）。观测误差法假设潜在模型是准确已知的，模型偏差来源于测量误差（包括随机误差和系统误差）。

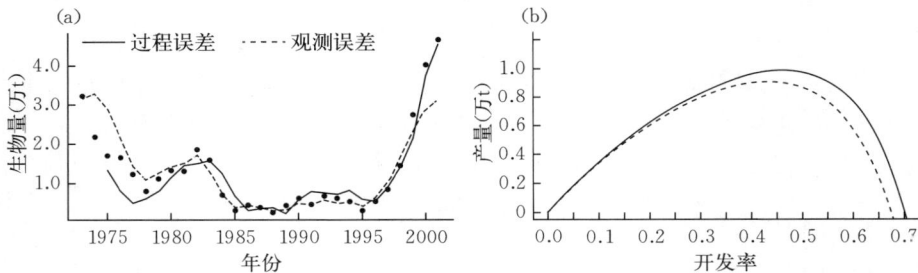

图 11.11　乔治浅滩黄尾鲽种群的时滞差分模型：（a）时间序列的拟合，（b）平衡渔获曲线

## 11.4.1　复杂动态

本节我们要探讨的是，对于差分方程形式的简单渔获模型，渔业开发如何影响其动力学特征。我们已经看到，在未受开发的种群中离散时间模型可以产生复杂动态，捕捞活动会改变这个结论吗？

我们首先给出一个简单的生物量动态模型的例子。在没有捕捞的情况下，种群内禀增长率（$\alpha$）的增大将导致种群经历经典的周期加倍，最后进入混沌状态（见第 3 章）。然而对于被开发的种群，这种动态特征可能被根本性改变。在没有种群结构的模型中，开发率的增大可以抑制或消除复杂动力学的呈现。图 11.12a 所示的分岔图中，在没有开发的情况下，种群数量呈现混沌波动，但随着捕捞努力量的增大而逐渐稳定。相应的产量随着开发率变化的分岔图见图 11.12b。在该例子中，复杂动力学的表现与种群实际增长率（$\alpha-u$）的大小相关。随着捕捞努力量的增大，开发率升高而实际增长率下降，可能导致种群从复杂动态向稳定动态转变。生物量动态模型中显然没有体现种群结构，从另一角度也可以看作该模型反映了（年龄或个体大小的）非选择性捕捞策略对种群动态的影响。

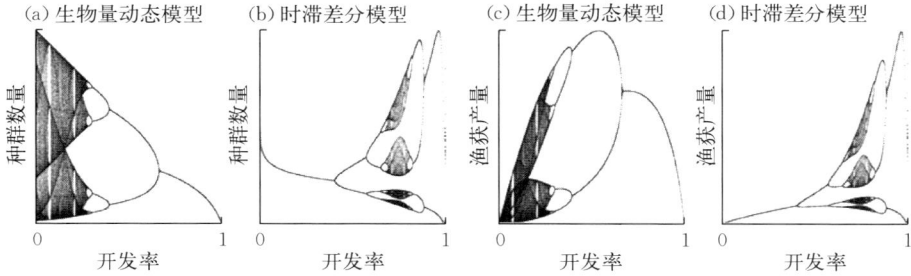

图 11.12 （a）生物量动态模型和（b）时滞差分种群模型中种群生物量随成体开发率变化的分岔图，以及（c）生物量动态模型和（d）时滞差分种群模型中产量随成体开发率变化的分岔图

在具有简单年龄结构且捕捞仅作用于成年个体的时滞差分模型中，我们注意到，捕捞努力量的增大可能导致系统动态变得不稳定（图 11.12c，d；见 Basson 和 Fogarty，1997；Fogarty 等，2016）。在该情境中，在低渔获率下种群保持了稳健的年龄结构，即使内禀增长率相对较高，种群也是稳定的。然而，随着开发率的增大和年龄结构的简化，复杂的动态显现出来（Fogarty 等，2016）。但如果幼鱼和成鱼都受到捕捞，这种情况就会发生变化——事实上这类似生物量动态模型中的非选择性渔获策略。在这种情况下，捕捞导致补充曲线在起点处的斜率降低，我们将看到与非年龄结构模型相近的结果。

## 11.5 完整年龄结构模型

我们可以将本章和前几章中的内容联系起来，构建一个包含完整年龄结构的种群模型。这里涉及亲体-补充量关系、单位补充量的渔获量和产卵生物量分析，将这些信息相结合，就可以用于开发完整年龄结构模型（Sissenwine 和 Shepherd，1987）。我们需要种群的亲体-补充关系参数，以及单位补充量的产量和产卵量（或产卵群体生物量）等信息。以 Ricker 模型为例，补充模型可以表示为：

$$\log_e\left(\frac{R}{E}\right)=\log_e a-b\,E \tag{11.44}$$

式中，$R$ 是补充量；$E$ 是产卵量；$a$ 和 $b$ 是参数（见第 9.3.1 节）。对上式求解 $E$，可得：

$$E=\frac{1}{b}\log_e\left[a\left(\frac{E}{R}\right)\right] \tag{11.45}$$

注意括号内的表达式包含 $E/R$（单位补充量的产卵量，EPR）。我们可以计算出不同捕捞死亡率水平对应的 EPR，并利用上式预测各捕捞死亡水平下的总产卵量。同样，对于 Beverton - Holt 模型，我们有：

$$R = \frac{a\,\mathcal{E}}{1+b\,\mathcal{E}} \qquad (11.46)$$

求解$\mathcal{E}$，我们得到：

$$\mathcal{E} = \frac{1}{b}\left[a\left(\frac{\mathcal{E}}{R}\right)-1\right] \qquad (11.47)$$

上式也显式包含了$\mathcal{E}/R$。对于其他亲体-补充模型，也可以很容易地导出类似的表达式。

一旦确定了给定捕捞死亡水平对应的总产卵量，就可以通过简单的等式$R=\mathcal{E}/(\mathcal{E}/R)$得到相应的补充量，以及通过等式$Y=(Y/R)R$得到平衡产量。

我们以冰岛鳕的数据为例来说明这些步骤，其中使用单位补充量的渔获量和产卵群体生物量代表 EPR（图 11.13a），并估算了该种群的 Ricker 亲体-补

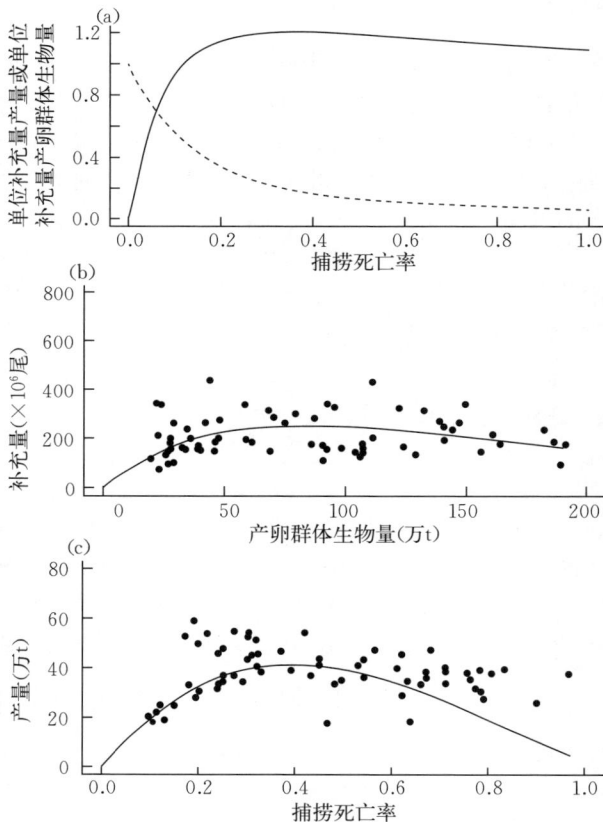

图 11.13  冰岛大西洋鳕的年龄结构种群模型，模型基于（a）单位补充量的产量和产卵群体生物量，以及（b）亲体-补充关系，得到（c）产量-捕捞死亡率关系。注意图（c）中的曲线不是对观测数据（点）的拟合，而是根据单位补充曲线（图 a）和亲体补充函数（图 b 实线）的预测

充关系（图 11.13b）。结合上述的亲体-补充关系和单位补充量的产量和产卵群体生物量信息，我们得到了总产量曲线（图 11.13c），并将该种群的实际（非平衡）产量轨迹叠加在平衡产量曲线之上。

# 11.6　随机环境变化下的捕捞

在本章中，我们到目前为止关注的都是确定性模型，没有明确考虑环境的随机变化。在第 9 章对补充过程的探讨中，我们看到水生生物个体生长和存活的调控过程均可能受到随机环境事件的强烈影响，特别是在其生活史早期阶段。因此，随机模型可以更真实地表示补充过程。在使用随机模型时，我们关注的是结果的概率分布，而不是定点的预测。随机渔获模型也包含了离散时间和连续时间形式，对渔业种群随机微分方程的全面分析与讨论超出了本书的范围［见 Sissenwine 等（1998）的综述］。一般而言，与确定性模型相比，随机产量模型对最大可持续产量和相关参考点的估计比确定性模型更为保守。在下文中，我们提供了一个离散时间随机渔获模型的数值分析示例，并关注了开发率的提高导致准灭绝的可能性。种群变异性和渔获压力之间的潜在相互作用使这种风险大大增加。

## 11.6.1　离散时间模型

随机差分方程可以通过数值方法进行评估，这为相关分析提供了相当大的灵活性。在某些情况下，详尽的解析性方法也是可行的，参见 Bousquet 等（2008）和 Bordet 和 Rivest（2014）。

这里我们考虑 Ricker‐logistic 型生产函数：

$$B_{t+1} = B_t e^{[(\alpha + \varepsilon_t) - \beta B_t]} - u_t B_t \qquad (11.48)$$

其中 $\varepsilon_t$ 是平均值为 0，方差为常数，服从正态分布的随机误差项。注意随机性存在于指数项中，因此我们得到了乘性的误差结构。与前文一样，产量表示为开发率 $\mu$ 和生物量的乘积。

我们特别感兴趣的是随机变异对种群状态的影响，以及在环境驱动的不同变异水平下，种群准灭绝的概率。这里的准灭绝概率是指种群平均数量下降至未捕捞状态 20% 以下的可能性，当然这里也可以选择其他的阈值水平。图 11.14 中展示了随机模拟的结果，其中随机正态概率分布 $\varepsilon_t$ 的标准差（sd）取了 3 个不同水平。在这些模拟结果中，当变异性水平 sd 从 0.5 增加到 1.0 时，准灭绝的概率显著增大。

## 11.6.2　低频变动和气候变化

在本小节中，我们将探讨气候变化导致的方向性环境变化问题，其完整

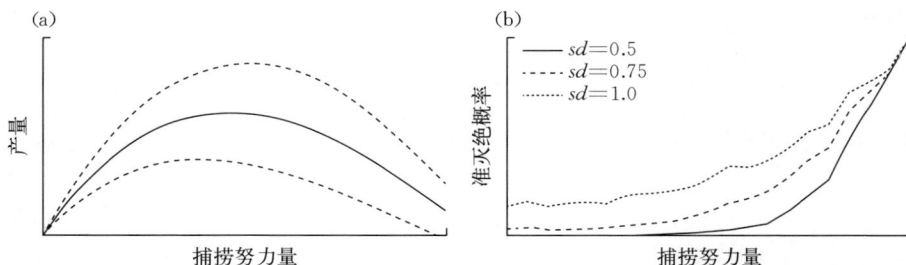

图 11.14　随机 Ricker－logistic 模型中（a）产量随捕捞努力量的变化（平均值±标准差），（b）准灭绝概率（种群数量减少到未开发生物量的 20％以下）随捕捞努力量的变化（努力量缩放至 0～1），其中标准差的变化范围为 0.5～1.0

的变化模式一般呈现在几十年的时间尺度上，表现为一种低频的变动形式。在人类温室气体排放不断增加的情况下，可以预期未来气候变化将强烈改变海洋物理结构，对海洋生态系统和人类社会产生直接影响。我们需要将这些变化与人类活动的其他影响，如捕捞、污染和沿海开发导致的栖息地丧失等，结合在一起考虑。气候变化可能与其他人类导致的变化相互作用，改变海洋生态系统的基本生产力特征。气候变化可能会加大很多地方的捕捞和其他人为活动对海洋生物资源造成的压力，但在特定地区也可能会提高某些种群的生产力。现在人们非常重视温带海洋系统中气候变化的原因和后果（如 Harvell 等，2002；Helmuth 等，2002；Barnett 等，2005；Drinkwater，2005；Sutto 和 Hodson，2005），以应对未来生态系统结构与功能的变化。

相关研究与将不同气候变化情景加入渔业生产模型，探讨了温度条件变化的可能后果。例如，Fogarty 等（2008）参照政府间气候变化专门委员会（Intergovernmental Panel on Climate Change，IPCC）所定义的特定气候变化场景，研究了温度升高对缅因湾鳕预期产量的影响。所选择的 IPCC 场景基于对人口与经济增长、技术发展以及能源使用模式的预测，代表了不同温室气体排放水平下的未来状态。IPCC 的 A1 fi 场景，假设化石燃料继续主导世界能源利用模式，导致温室气体排放量稳步增加，到 21 世纪末达到 30 Gt/年。相对的，IPCC 的 B1 为减排情景，到 21 世纪末排放量将略低于 10 Gt/年。Fogarty 等（2008）考虑了三个全球环流模型的集成，同时采用了第 11.5 节所述的完整年龄结构模型描述缅因湾鳕的动态，并且在其中纳入了预测的底层温度对个体生长和补充的影响。随着水温的升高，该种群的补充量减少而个体生长加快，对产量的影响反映了两方面的相互作用。在 B1 和 A1 fi 排放情景下，水温相对于基线水平分别大致升高了 1 ℃和 2 ℃，导致预计产量下降以及最大产量对应的捕捞死亡率下降（图 11.15）。相对于历史基线水平，

1 ℃的升温将导致最大产量下降约 21％，而 2 ℃的升温预计将导致最大产量下降 43％。在较高的温度水平下，当捕捞死亡率超过 $F=1.3$ 时，预计该种群将濒临灭绝，而当温度上升仅 1 ℃时同样的捕捞强度是可持续的（尽管远不是最佳的）。这些结果定性地表明，温度上升时渔业的产量和韧性都将有所下降，特别是在高排放情景的升温水平下。这给我们的重要启示是，必须关注气候和捕捞强度的交互效应，而不能单独考虑各自的影响。

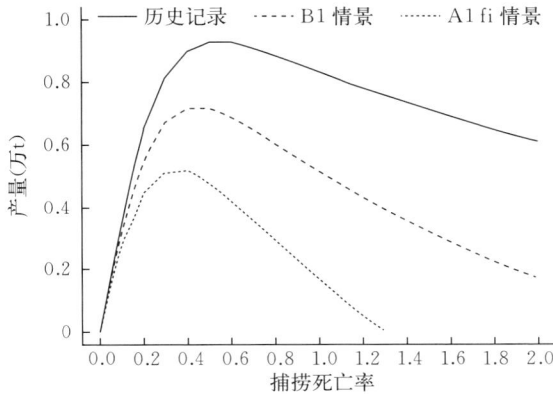

图 11.15 缅因湾大西洋鳕产量与捕捞死亡系数之间的关系，图中的线分别表示 1982—2003 年平均底层温度（实线）、IPCC B1（虚线）和 A1 f1（虚线）情景下的预期产量。场景描述见正文（Fogarty 等，2008）

## 11.7 小结

在本章中，我们尝试对单物种渔获模型的传统方法进行补充，探讨全局稳定性结果之外的动态特征。在具有非线性渔获函数的模型中，很可能出现多重平衡态（稳定和不稳定点）。在实践中，大多数渔业管理方案至少隐含地假设渔业种群具有良好的稳定平衡特征。如果该假设不成立，那么种群可能会呈现突然的变化（包括崩溃），而且是完全出乎意料的。超稳定性问题可能比通常认为的更为普遍。我们主张更直接地将捕捞努力量视为一种驱动因素，因为它对渔业种群、栖息地和非目标物种的偶然捕获具有深远影响。在估计捕捞死亡率时，假设 $F$ 和捕捞努力量之间存在线性关系可能有误导性。

生物量动态模型为理解捕捞对渔业种群的影响提供了重要的启发性指导。当种群结构未知时，生物量动态模型可能是唯一的选择。Ludwig 和 Walters（1985）表明，与更复杂的模型相比（其参数不确定性可能成为一个重要问题），生物量动态模型可以提供更稳健的管理参数估计。时滞差分模型在生物

257

量动态模型和完整年龄结构模型之间架起了一座桥梁。尽管该类模型需要估计额外的参数，但这些参数通常具有明确的生活史意义，其中一些可以独立估计并在分析中设为固定值，以减少需要估计的参数数量。动态库模型将单位补充产量/产卵量与亲体-补充量模型相结合，以获得平衡产量曲线。这些单物种模型可用于估计生物学参考点，以进一步评估种群状况。

与前几章一样，我们研究了离散时间模型中可能出现的复杂动态特征，并表明在参数空间的一定区域中，由渔业种群差分方程模型得到的种群数量和产量可能与连续时间模型明显不同。离散时间生物量动态模型和时滞差分模型在动力学特性方面也存在很明显的差异。在生物量动态模型中，渔业开发可能使种群更稳定，而在时滞差分模型中则可能使种群不稳定，这取决于捕捞是仅作用于补充后个体还是更宽泛的年龄/个体大小。

需要认识到，捕捞发生在随机变化的环境中，而在随机性胁迫背景下，我们应该考虑预防性的管理措施。种群崩溃的可能性随着开发率和环境变异性的增大而升高。最后，我们指出，气候变化对管理的有效性提出了重要挑战。这通常表现为低频率的胁迫，如果没有被识别或在管理中没有考虑到其对种群生产力的影响，就可能造成严重问题。气候变化和捕捞压力可能协同作用，破坏被开发种群的稳定性。

## 【扩展阅读】

单物种渔获理论的基础在经典渔业文献中已经得到了很好的阐述。Beverton 和 Holt（1957）最近已再版，这仍然是重要的信息宝藏，非常值得参考。该作品不仅具有历史意义，还深入地探讨了本章中的许多主题，并涵盖了更广泛的内容。Ricker（1958，1975）和 Gulland（1983）同样是相关主题的经典文献，更近一些的著作 Hilborn 和 Walters（1992）以及 Quinn 和 Deriso（1999）也是宝贵的参考资源。King（2013）提供了渔业评估模型的入门介绍。

# 12  群落层次的渔获效应

## 12.1  引言

第 11 章中探讨的渔获模型适用于研究单一物种的动态，但目标物种与群落和生态系统中其他物种的相互作用没有体现。Mangel 和 Levin（2005）认为，群落生态学是基于生态系统的渔业管理（EBFM）的基础，具有核心的重要性。虽然还有许多生态要素需要考虑（见第 13 章），但以群落生态学作为 EBFM 的基本框架，在提供措施性渔业管理建议方面具有一定的优势。群落层次模型通常具有中等复杂性，易于调整以解决具体的管理问题。此外，我们可以探讨是否可利用生态系统的涌现特征来制定管理策略从而简化问题，这些涌现特征是不能通过孤立地检验系统的各个部分而推断出的属性。例如，一个群落的整体生物量或生产量可能比其组成物种的生物量或生产量更为稳定和可预测。物种之间的相互作用可能导致其出现协变模式，在群落水平上趋于稳定。因此我们可以探讨，将管理重点放在更高的生态组织层次（如群落），是否比种群/亚种群层次更有优势？这种策略可能带来哪些风险？我们将针对受技术和/或生物相互作用的物种群组探究这些问题。

在本章中，我们将探讨技术和生物相互作用对已开发水生生物群落动态的影响。其中，技术相互作用（technical interactions）是因为不同物种被相同的渔具所捕获而产生的，而生物相互作用（biological interactions）是因为物种间通过竞争和捕食相互影响而导致的。在多物种混合渔业中，了解共存物种对资源开发的动态响应至关重要。一个物种对渔业的响应取决于许多因素，如其对捕捞的敏感性（susceptibility）（即可捕性，catchability）和生活史特征。对捕捞的敏感性取决于目标物种的形态和行为属性，以及渔民对经济激励的响应行为。不同物种和物种组响应的差异反过来又是决定水生群落整体对渔业开发响应的关键因素。

## 12.2  混合渔业中的技术相互作用

渔业中同时捕捞多个鱼种在现实中很常见。在这些渔业形成的联合生产系统中，单一的捕捞投入（捕捞努力量）能得到多种产出（多鱼种混合渔获），其渔获物组成与物种分布模式、渔具选择性特征、渔民的选择以及被捕捞物种的行为有关。这种单一投入对混合鱼种中渔获组成和捕捞死亡率的可控性必然存在一定局限，也就是说我们难以有效调控单个物种的目标捕捞死亡率水平。对这一问题的详细研究表明，这在渔业资源管理中是既普遍存在又难以解决的（如 Squires，1987；Scheld 和 Anderson，2016）。成功的渔民也是优秀的博物学者，他们无疑可以在一定程度上控制渔获物的组成，特别是在有适当激励的情况下。然而，在混合渔业中这不可避免地会对整个鱼类集群产生附带影响，在管理中必须加以考虑。

在下文中，我们将概述处理技术相互作用的两种主要方法：世代模型和生物量动态模型。这些模型中假设技术相互作用具有重要作用，而群落种间的生物相互作用很小或不存在。两者都是第 11 章中渔获模型的自然拓展。

## 12.2.1　混合物种世代模型

在第 11 章中描述的单物种世代模型之上，通过适当的修改，可用于探讨混合物种渔业中的许多问题。在这种情景下，尽管可以构建连续时间模型，但离散时间模型具有更好的灵活性，因此我们将主要关注后面一种方法。Murawski（1984）开创了混合物种的单位补充量渔获量模型（YPR），将这一类模型方法变得更为泛化，不仅考虑了多个物种，还考虑了多种作业类型（另见 Pikitch，1987）。由于不同物种的补充水平存在差异，因此需要按照不同的补充模式对结果进行一定的缩放。Murawski（1984）基于科研调查船数据，通过对不同物种分别设置补充倍率来解决该问题。如果可以估计总补充量，则该模型可以直接用于计算每个物种的产量以及整个集群的总产量。由于每个物种的补充量随时间变化，因此需要一种动态方法，对产量和产卵量（或产卵群体生物量等指标）的估计进行定期更新。在单种作业方式下，物种 $i$ 的产量可通过在单物种模型的基础上修改得到：

$$Y_i = \sum_{a=a_{\mathrm{rec}}}^{a_{\max}} \left( \frac{p_{ia}q_i E}{p_{ia}q_i E + M_i} \left[ 1 - \mathrm{e}^{-(p_{ia}q_i E + M_i)} \right] \right) \times N_{ia} \overline{w}_{ia} \quad (12.1)$$

式中的参数以物种（$i$）和年龄（$a$）为下标。对于每个物种 $i$，$p_{ia}$ 是各年龄的渔业选择性因子，$q_i$ 是可捕系数，$E$ 是标准化捕捞努力量，$N_{ia}$ 是年龄为 $a$ 的存活个体数，$\overline{w}_{ia}$ 是年龄 $a$ 个体的平均体重。对年龄的求和项包含了从渔业的补充年龄（$a_{\mathrm{rec}}$）到最大年龄（$a_{\max}$）。由于该公式中没有种间的相互作用，我们可以单独评估每个物种并将结果简单地相加，以获得总渔获产量。

同样，通过对公式 11.13 进行简单修改，可以评估各个物种的单位补充量产卵量：

$$\mathcal{E}_i = \sum_{a=a_{\mathrm{rec}}}^{a_{\max}} m_{ia} v_{ia} f_{ia} N_{ia} \quad (12.2)$$

其中对于每个物种 $i$，$m_{ia}$ 是种群中年龄 $a$ 个体的性成熟比例，$f_{ia}$ 是各年龄的繁殖力，$v_{ia}$ 是各年龄卵子活力的衡量指标。在许多研究中，繁殖力数据是缺失的，我们可以使用产卵群体生物量作为替代指标。

由于不同物种在市场上具有不同的经济价值，因此最大渔获产量（重量）并不意味着渔业收益或利润最大化，价格差异和相关因素是渔民在选择捕捞策略时的主要决定因素。在经济因素方面，总收入为产量和单位重量价格的乘积，净收入为总收入与捕捞成本之间的差额。成本又可以分为固定成本和变动成本，其中固定成本包括对船只、渔具和其他渔业活动必需品的资本投入；变动成本包括在持续作业中对燃料、鱼饵和其他材料的需求，与捕捞努力量的高低相关。对于混合鱼种、单一作业的渔业，变动成本下的净收益可表示为：

$$\pi = \sum_{i=1}^{n} (q_i P_i B_i - C_e) E \tag{12.3}$$

式中，$P_i$ 是物种 $i$ 的单位渔获量价格；$C_e$ 是单位捕捞努力量的变动成本。

Jacobson 和 Cadrin（2008）将混合物种世代模型应用于美国东北部的底层鱼类。这里我们仅展示 Jacobson 和 Cadrin 所研究物种集群中的一部分，即新英格兰底层鱼类混合渔业的三个支柱物种：大西洋鳕、黑线鳕和黄尾鲽。尽管在东北海域底层鱼类群落的某些物种间存在较强的生物相互作用（Tsou 和 Collie，2001；Curti，2012），三个目标物种在补充后阶段个体间的相互作用相对较弱。我们根据 Jacobson（2009）报道的三个物种平均补充水平进行了分析，其结果呈现了几个重要结论。其中，$E_{0.1}$ 对应的捕捞努力量水平在三个目标物种间存在很大差异（图 12.1a）。在给定的捕捞努力量下，三个物种的目标开发水平不可能同时实现。当产卵群体生物量降至未捕捞状态的 40% 时（即 $SPR_{40\%}$），对应的捕捞努力量阈值在三个物种间也存在很大差异（图 12.1b），表明相同的捕捞努力量对不同种群造成的风险不同。最后，与总产量曲线不同，总利润（此处为变动成本净收益）函数是圆顶形的，最大利润出现于较低捕捞努力量水平，低于单物种的生物学参考点（图 12.1c）。因此，在经济上应采取更保守的开发强度。

## 12.2.2 混合物种生物量动态模型

在本节中，我们扩展了第 11 章中介绍的生物量动态模型，以反映渔获集群中共存物种间的技术相互作用。鱼类集群中单物种产量模型的一般形式是：

$$\frac{dB_i}{dt} = (\alpha_i - \beta_i B_i^{\theta-1}) B_i - q_i E B_i^{\gamma_i} \tag{12.4}$$

式中，$q_i$ 是特定渔业（和渔具类型）中各个物种的可捕系数；$E$ 为捕捞努力量。与第 11 章中阐述的单物种模型一样，我们希望模型具有一定灵活性，可以反映非对称的生产力函数和非线性的渔获函数。关于后者，在缺乏捕捞努力量信息和/或补充性生物量数据时，可能需要使用观测的产量代替渔获函数。

图 12.2 展示了三个假设鱼种构成渔业的例子，其中每个鱼种的生产量都

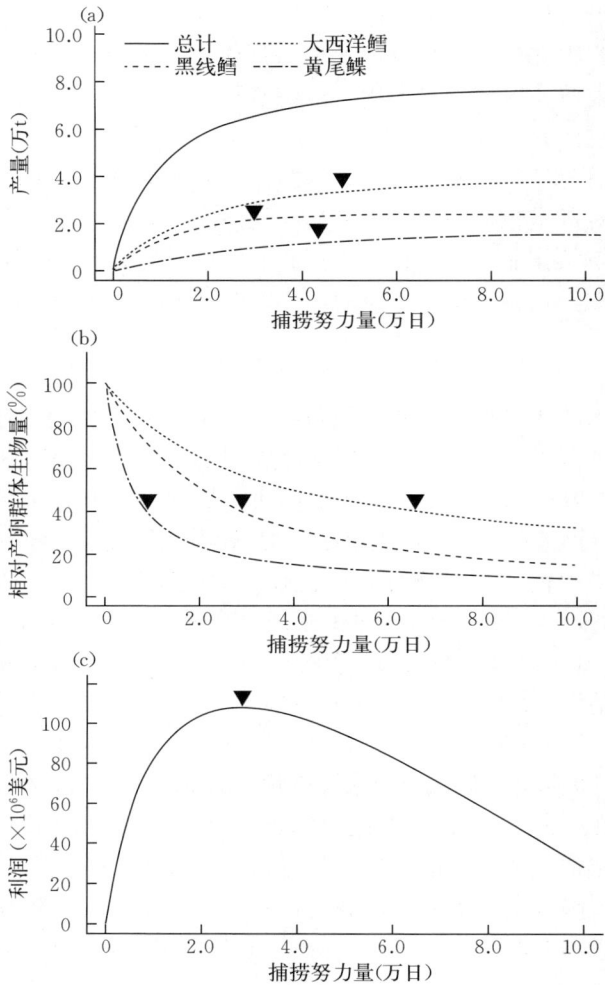

图 12.1　多物种技术相互作用模型预测的美国东北部大西洋鳕、黑线鳕和黄尾鲽的（a）
　　　　产量、（b）产卵群体生物量和（c）总利润（基于 Jacobson，2009）。箭头分别
　　　　代表（a）每个物种的 $E_{0.1}$，（b）SPR$_{40\%}$，以及（c）利润峰值（$E_{0.1}$ 对应于 $F_{0.1}$，
　　　　参见第 11.2.1 节）

服从逻辑斯蒂函数（$\theta=2$）。一定捕捞努力量下的总产量是该水平上单个物种
产量的总和，但需注意此时总生产量曲线不再是简单的二次函数。此外，由于
每个鱼种都有各自对应最大产量的捕捞努力量水平，因此捕捞死亡系数目标值
的选择变得很复杂。注意在这个例子中，如果我们设置的捕捞努力量水平使物
种 2 或物种 3 的产量最大化，则将导致物种 1 灭绝（图 12.2a）。如图 12.2b 所
示，总收益曲线和最佳捕捞策略可能受不同鱼种相对价格的影响而发生改变。

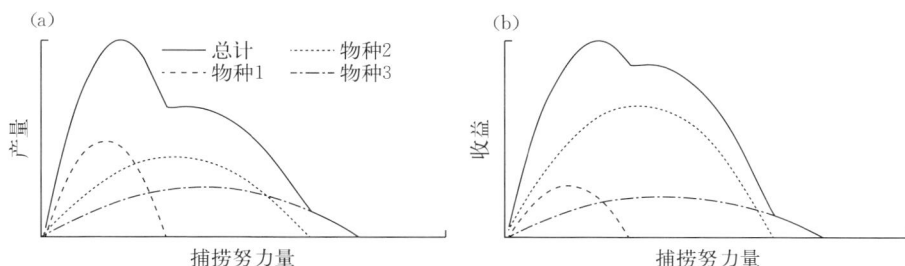

图 12.2 （a）集群中共存物种间无生物相互作用时，单物种产量和总产量随捕捞努力量变化的函数；（b）不同物种具有价格差异时的总收益曲线，其中物种 2 和物种 3 的市场价格分别是物种 1 的 3 倍和 1.5 倍

由于不同物种的价格差异，渔民会有经济动机（尽可能）去捕捞价值最高的物种，并可能抛弃低值物种。

## 12.2.3 识别易危物种

前几节的分析表明，在混合渔业管理中需要了解集群中各个物种对于捕捞的相对脆弱性（vulnerability）。一般而言，我们不可能同时实现集群中每一个物种的目标开发率，除非实施额外的保护措施，否则在混合物种渔业中生产力水平较低的物种将很容易被过度开发。种群的内禀增长率是反映脆弱性的一个关键指标（Musick，1999），该指标是一种种群统计学特征，与繁殖生物学（性成熟年龄和大小、繁殖力）、个体生长（最大体长、生长率）及其他因素相关。对于已开发的水生物种，现有大量信息可为判断生物对捕捞的脆弱性提供参考。Fenchel（1974）构建了一个异速增长函数，描述了从单细胞生物到大型脊椎动物的内禀增长率与体重之间的关系。Fenchel 指出对于不同类群该函数具有共同的指数-0.25，但截距项存在差异。已开发水生生物的渔业、种群和生活史信息等数据集广泛存在且易于获得（如 FishBase，RAM II），为其风险量化提供了良好条件。如 Myers 等（1999）估计了 230 多种被捕捞鱼类的最大繁殖率（内禀增长率的一种指标）。

### 12.2.3.1 生产力-敏感性分析

结合生产力（productivity）和敏感性（susceptibility）的属性分析已被用于评估水生生物开发的相对风险 [见 Hobday 等（2007）及其参考文献]。许多变量均与物种的生产力和敏感性紧密相关，这些变量的组合可以用作物种及其属性的脆弱性分类评分。其中，生产力属性包括内禀增长率、最大体型、寿命、性成熟年龄、繁殖力、自然死亡率和个体生长率（von Bertalanffy 模型中的 $k$）等变量。敏感性评分中涉及的变量包括与可捕性相关的诸多因素，如物种密度指数、物种分布-捕捞努力量重叠度、与渔具选择性因素相关的体型以及目标物种的集群和洄游/运动模式等行为，此外还包括收益和/或利润率等。脆弱性评分可表示为：

263

$$V_i = \sqrt{(P-P_0)^2 + (S-S_0)^2} \qquad (12.5)$$

其中 $P_0$ 和 $S_0$ 标定了此二维坐标系的原点，脆弱性评分是生产力（$P$）和敏感性（$S$）评分之间的欧氏距离。利用该方法，Patrick 等（2010）对美国所属水域 133 种海洋物种的脆弱性进行了评分，其中使用了从 1（高生产力）到 3（低生产力）三个类别的生产力得分，以及从 1（低敏感性）到 3（高敏感性）的敏感性得分。图 12.3 展示了按两个轴排列的 5 个物种得分，其中物种 A、B 和 C 沿脆弱性平面的等分线排列，其脆弱性（风险）由高到低。物种 D 和 E 具有相同的风险水平，但物种 D 具有较高生产力和敏感性，而物种 E 具有较低生产力和敏感性。

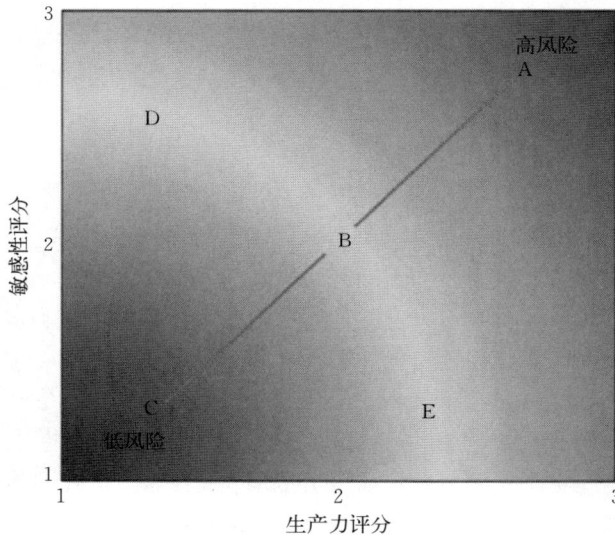

图 12.3　渔获物种的生产力-敏感性二维图。两坐标轴表示生产力从高（1）到低（3），敏感性从低（1）到高（3），评分基于对一系列物种生产力和敏感性指标的分类性评估（见正文）。改自 Hobday 等（2007）和 Levin 等（2008）

### 12.2.3.2　最终威胁指数

Burgess 等（2013）根据单位捕捞努力量渔获量（CPUE）、内禀增长率和种群规模等指标，构建了单一或多作业方式下混合物种渔业的预测性威胁指数（threat index，T）。研究中首先要确定每个物种的脆弱性评分，使用前述的定义，该指数可以表示为：

$$V_{ik,t} = \frac{Y_{i,t}}{r_i N_{i,t} E_{k,t}} \qquad (12.6)$$

其中下标表示物种（$i$）和作业（$k$），这里的"作业"（fleet 或 métier）定义为以特定渔具在一定时间和空间内捕捞特定物种集群的捕捞活动。$r_i$ 是逻辑斯蒂方程中种群的最大增长率。注意我们可以将表达式中的 $Y_i/N_i$ 分离出来并以 $q_{ik}E_k$ 代替，由此可得，脆弱性指数也可以表示为 $V_{ik}=q_{ik}/r_i$。因此，可捕性最高、内禀增长率最低的物种，脆弱性也将最高，此时 $q$ 也表示敏感性，而 $r$ 表示生产力指数。

为了构建预测指数，Burgess 等识别了"关键"物种作为参考标准。关键物种是指因价值高而受高强度捕捞，可捕性高而生产力低，并且其资源枯竭将导致渔业关闭的物种。任一物种的威胁指数都是相对于渔业中的关键物种定义的。在评估中，首先计算在作业 $k$ 中捕获的每个物种的脆弱性得分，然后计算其与关键物种脆弱性得分的比率，最后根据作业方式 $k$ 中关键物种的渔获量相对于其在所有 $m$ 个作业中的总渔获量的比值进行加权：

$$T_{i,t} = \sum_k \left[ \left( \frac{V_{ik,t}}{V_{k,t}^{key}} \right) \cdot \left[ \frac{Y_{kk,t}^{key}}{\sum_m Y_{km,t}^{key}} \right] \right] \tag{12.7}$$

前面提到，对于服从逻辑斯蒂增长模式的种群，若捕捞死亡率超过种群内禀增长率，则该种群将灭绝（见第 11.3.1.1 节）。当种群数量为未开发平衡态的一半时，其生产量将达到最高。根据以上假设，当 $T_{i,t} \geq 2$ 时，种群将面临灭绝的风险。Burgess 等（2013）进一步提出了过度捕捞的高风险（$1 < T_{i,t} < 2$）、中风险（$0.5 < T_{i,t} \leq 1$）和低风险（$T_{i,t} \leq 0.5$）参照点。该研究表明，威胁指数可以成功地预测西太平洋和中太平洋金枪鱼和旗鱼渔业的未来风险。该渔业中涉及 8 个物种，其中两个目标种价值较高，作为评估的关键物种。最终威胁指数成功地预测了这些种群的未来状况，其中一些预测提前了几十年。

## 12.3 简并生物量动态模型

简单的生物量动态模型用于评估单个种群，在全球有广泛应用（Prager，1994），同时这类方法也适用于多鱼种渔业中简并物种组的评估。尽管这种简并模型主要是为了弥补数据的有限性和/或应对生态系统的复杂性（Ralston 和 Polovina，1982；Sugihara，1984），但在更一般化的意义上，它能够隐含地处理种间相互作用（Brown 等，1976），因为物种组整体生物量的变动轨迹综合了捕捞和物种相互作用对各组分的影响。这里我们利用第 11.3 节中构建的方程，将单物种生物量动态框架应用于简并物种模型。这种方法已应用于许多物种（如 Brown，1976；Mueter 和 Megrey，2006）以及一些较大物种集合的子集（如 Sparholt 和 Cook，2010；Fogarty 等，2012）。更多示例请参阅 Bundy 等（2012）。

在许多热带和亚热带渔业中，渔获物组成多样，单个物种很难分离和/或鉴别。这种情况下，除简并物种组模型外，其他方法均难以应用。泰国湾混合鱼种拖网渔业就是这样的一个例子，其拖网渔业捕获超过 120 个物种，其中很大一部分在上岸统计中没有确定到种。Pope（1977）基于这种渔业开发了最早的多物种产量模型。Chotiyaputta 等（2002）使用简并物种的 Gompertz – Fox（$\theta \to 1$）产量模型，对 1967—1995 年期间该海湾渔业进行了重新分析（图 12.4）。

在这些简并分析中，生活史策略各异的不同物种仅由简并物种组的总生物量表示，因此我们必须再考虑单个物种的潜在衰退风险。若有可能，应采用第 12.2.3 节中描述的脆弱性和威胁性的分析方法评估其风险。在管理中也须

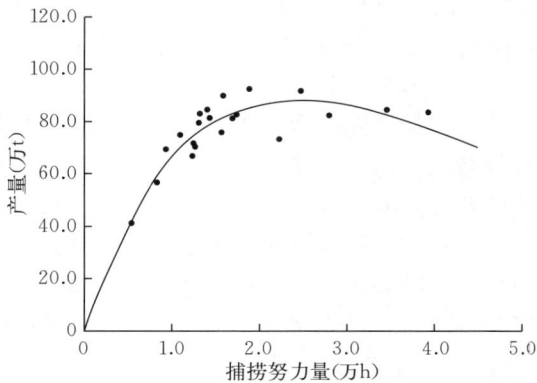

图 12.4　1966—1995 年泰国湾鱼类合计总上岸量的捕捞努力量-产量拟合曲线（改自 Chotiyaputta 等，2002）

采取预防性措施，以避免物种集合中任何物种的准灭绝（见第 11 章）。

## 12.4　多物种生物量动态模型

下面我们探讨明确表述物种之间相互作用的模型。一些重要的早期文献（如 Walter 和 Hoagman，1971；Pope，1977；May 等，1979）采用了这种方法，将简单多物种模型应用于已开发鱼类群落的研究。

### 12.4.1　连续时间模型

本节将探究种间相互作用的不同函数形式，并展示这些函数可以产生的多样化动态，包括多稳态的涌现。我们首先介绍简单线性相互作用，然后探讨包含非线性相互作用的模型。

#### 12.4.1.1　线性相互作用

我们可以对基本的生物量动态模型框架进行扩展，在渔业水生群落的简单模型中包含种间相互作用。该模型可以表示为：

$$\frac{\mathrm{d}B_i}{\mathrm{d}t} = (\alpha_i - \beta_i B_i^{\theta-1})B_i + \sum_{j \neq i}^{n} a_{ij} B_j B_i - q_i E_i B_i^{\gamma_i} \qquad (12.8)$$

其中 $a_{ij}$ 是物种 $j$ 对物种 $i$ 的影响，其他各项的定义与前文相同。按其定义，竞争者之间相互作用项为负，捕食者对被捕食者的作用也为负，而被捕食者对捕食者的作用为正。应注意，公式中捕食者不仅仅依赖于模型中包含的饵料物种，它们也可以隐含地从未指定的"其他饵料"中获得能量（$\alpha_i$）。为了便于阐述，这里设置 $\theta = 2$ 和 $\gamma = 1$。通过将所有物种的变化率设为零，可以得

到物种 $i$ 的平衡生物量：

$$B_i^* = \frac{1}{\beta_i}\Big[\alpha_i - q_i E_i + \sum_{j\neq i}^{n} a_{ij} B_j\Big] \tag{12.9}$$

显然，平衡生物量不仅受到捕捞死亡率的影响，还受到种间相互作用的影响。以平衡时的渔获产量作为剩余产量，即有：

$$Y_i = (\alpha_i - \beta_i B_i)B_i + \sum_{j\neq i}^{n} a_{ij} B_j B_i \tag{12.10}$$

将公式 12.10 对 $B_i$ 求导，可得物种 $i$ 最大可持续产量（$MSY_i$）对应的捕捞努力量水平：

$$E_{MSY_i} = \frac{1}{2q_i}\Big[\alpha_i + \sum_{j\neq i}^{n} a_{ij} B_j\Big] \tag{12.11}$$

而物种 $i$ 的 $MSY$ 为：

$$MSY_i = \frac{1}{4\beta_i}\Big[\alpha_i + \sum_{j\neq i}^{n} a_{ij} B_j\Big]^2 \tag{12.12}$$

上述表达式表明，在计算某个物种的 $MSY$ 和 $E_{MSY}$ 时，必须考虑与之相互作用物种的生物量水平。因此，平衡产量或捕捞努力量水平不再是固定值，而是随着捕捞压力和相互作用物种生物量的变化而变化。在单物种模型中，种间相互作用隐含在参数 $\alpha$ 和 $\beta$ 中，假设是恒定的，不随时间变化。然而从上述公式中可以清楚地看出，当一个物种的丰度因捕捞或生态系统的其他变化而发生变化时，其他物种的生产力和潜在产量也将发生变化。在公式 12.10 中对所有物种同时求解，可以进一步估计鱼类群落的总产量和相应参考点（Gislason，1999；Collie 等，2003）。

图 12.5 给出了以上模型结果的一个图示，表示了捕食者-被捕食者的两物种系统。对于二次函数的产量模型，我们可以看到被捕食者产量曲面是捕捞努力量或死亡率的对称函数，与捕食者和被捕食者的捕捞强度均相

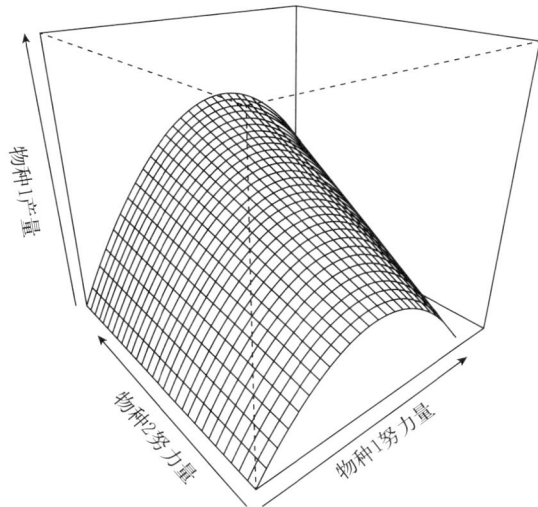

图 12.5　被捕食者（物种 1）产量曲面，作为捕食者（物种 2）和被捕食者自身捕捞压力的函数。结果出自多物种 Schaefer 型产量模型，假设线性种间相互作用和渔获函数

关。该模型预测，在一定的被捕食者捕捞压力水平下，其产量随着对捕食者捕捞强度的增加而增加。

### 12.4.1.2 非线性捕食作用

第 12.4 节中探讨的多物种产量模型具有全局稳定平衡点，其值取决于每一个物种捕捞死亡率的共同作用。第 4.2.4 节提到，模型中包含非线性捕食项将会导致多重平衡态，在这种情况下，捕食率的变化会导致捕食者-被捕食者系统在不同稳定状态之间快速切换。本节中我们将展示，在具有多重平衡态的系统中，捕捞死亡率的变化可以使系统从一个平衡态转为另一个平衡态，导致人为作用下的稳态转换（regime shifts；Collie 等，2004）。

下面我们将非线性的摄食功能响应项引入多物种产量模型。为简单起见，这里仅关注捕食，假设种间竞争可以忽略不计。模型表示为：

$$\frac{dB_i}{dt} = (\alpha_i - \beta_i B_i^{\theta-1})B_i + \frac{a_{ij}B_jB_i^{\omega}}{1 + \sum_{i \neq j}d_{ij}B_i^{\omega}} - q_iE_iB_i^{\gamma} \qquad (12.13)$$

式中，$a_{ij}$ 捕食者 $j$ 对物种 $i$ 的消耗率；$d_{ij}$ 是总体的饵料适宜性系数；$\omega$ 是一个形状参数。当物种 $j$ 是物种 $i$ 的捕食者时，$a_{ij}$ 为负数，而若表示被捕食者对捕食者的影响，该值为正。若对于所有物种 $j$，均有 $\omega=1$ 且 $d_{ij}=0$，我们将得到捕食者的线性功能性摄食响应。当 $d_{ij}$ 不为零且 $\omega=1$ 时，我们得到一个 II 型功能响应；当 $d_{ij}$ 不为零且 $\omega=2$，则为 III 型响应。捕食者耗费一定时间开展搜索可能会遇到多种被捕食者，而捕食不同物种的难易有所不同。捕获和消化一种饵料生物所需的时间将会影响捕食其他饵料生物的可用时间。

在 III 型功能响应的情形中，系统可具有多个稳定平衡点（图 12.6a），Collie 和 Spencer（1993）通过在 Steele - Henderson 模型（公式 3.25）中增加了捕捞项

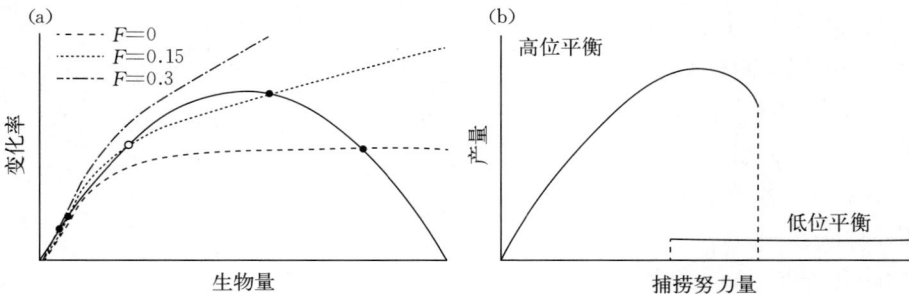

图 12.6 （a）被捕食者生产率曲线（实线）与人类捕捞和自然捕食死亡率之和曲线（虚线）的叠加图。三条虚线分别表示捕捞和捕食率的三个水平，服从 III 型功能性响应。对于中等水平的捕捞压力（点线），系统存在三个平衡点（高位稳定点、中间不稳定点和低位稳定点）；（b）产量曲线的变化。圆点和圆圈分别表示稳定和不稳定的平衡点

证明了这一点。当捕捞死亡率和捕食死亡率均较低时，系统在被捕食者生物量较高时存在一个全局稳定平衡点。当捕捞死亡率和捕食死亡率均较高时，捕捞曲线与被捕食者产量曲线存在单一交点，并且在低生物量水平下达到稳定平衡。在中等水平的两种死亡率下，系统可能出现两个稳定平衡点（图 12.6a）。该模型估算的产量曲线表明，随着捕捞努力量的增加，我们一开始有逐渐升高的平衡产量曲线，然后经过一个平衡产量可能较高，也可能较低的区间，最后进入一个低水平的产量区间（图 12.6b）。垂直虚线表示该变化的阈值，此处捕捞死亡率的小幅增加可能会使系统从高平衡点转向低平衡点。

## 12.4.2 离散时间模型

如第 6 章所述，多物种模型也可以用耦合差分方程表示，这种方法可能更适合所处环境有明显季节性变化的物种。随着模型复杂性的增加，离散时间模型也可能比连续时间模型更容易处理。在一定的参数空间范围内，多物种差分方程可以得到与相应微分方程类似的结果。然而，如我们在前面多次看到的，差分模型也可能表现出相当复杂的动态和不稳定性。下面我们将探讨离散多物种产量模型和时滞差分模型在物种及功能群水平上的应用。

### 12.4.2.1 多物种产量模型

在实际应用中通常使用时间步长为一年的欧拉近似来求解微分方程（公式 12.13），得到相应的离散时间模型：

$$B_{i,t+1} = B_{i,t} + (\alpha_i - \beta_i B_{i,t}^{\theta-1})B_{i,t} + \frac{a_{ij}B_{j,t}B_{i,t}^{\omega}}{1+\sum_j d_{ij}B_{i,t}^{\omega}} - u_{i,t}B_{i,t} \quad (12.14)$$

此处我们在渔获模块中使用了年开发率（$u_{i,t}$），其他各项的定义与之前相同。

Uchiyama 等（2016）应用这种一般形式的离散时间多物种模型，研究了白令海的 7 种底栖鱼类，其中对黄线狭鳕、太平洋鳕（*Gadus microcephalus*）和箭齿鲽（*Atheresthes stomias*）三种鱼类进行了分别处理，而将其余四种鱼类，刺黄盖鲽（*Limanda aspera*）、多耙双线鲽（*Lepidopsetta polyxystra*）、太平洋拟庸鲽（*Hippoglossoides elassodon*）和黄腹鲽（*Pleuronectes quadrituberculatus*）合并为鲽类。模型的输入包括从科研调查船和渔获量统计得到的生物量估计数据。Uchiyama 等（2016）应用了多物种生物量动态模型和时滞差分模型（见第 12.4.2.2 节），对这些鱼种进行了详尽分析，特别是黄线狭鳕的模型包含了额外的种群结构。这些模型中均采用Ⅲ型功能性摄食响应。摄食组成信息和多物种估计模型为该系统中捕食者-被捕食者相互作用的重要性提供了证据，据此 Uchiyama 等能够直接计算出捕食造成的生物量损耗。在这里我们仅展示基于黄线狭鳕总生物量和Ⅰ型响应的简化模型结果。Uchiyama 等建议，采用Ⅰ型响应的简单模型结构对于参数估计而言更易于处理。为了便于说明，我们展示了基于过程误差公式和最大似然估计的模型结果。这个简单的多物种产量模型能够反映这些物种种群数量变动轨迹的主要特征（图 12.7）。然而必须注意，捕食项等一些参数的估计具有很大的不确定性（Uchiyama 等，2016）。Oken 和 Essington（2015）的模拟研究表明，将多物种产量模型应用于时间序列观测数据时，观测误差和环境可变性的共同作用很容易掩盖潜在的捕食者-被捕食者动态，并使参数估算变得复杂。Oken 和 Essington（2015）在模拟中发现，当捕食作用集中于被捕食者的幼鱼时，更适合采用这些简单模型进行分析。

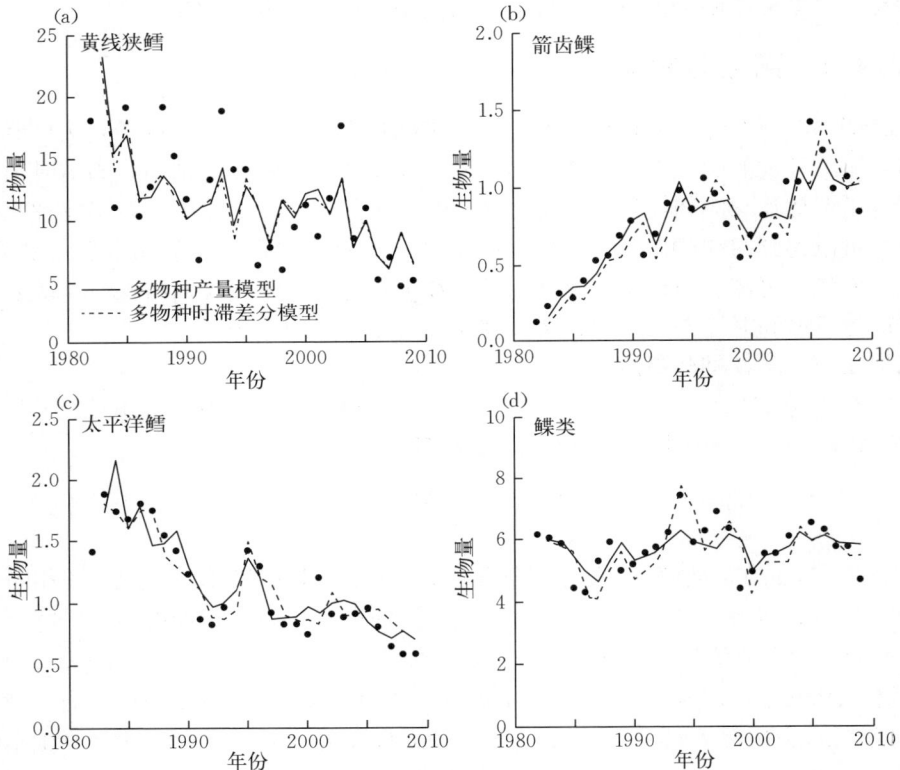

图 12.7　基于科研调查船数据估计的白令海鱼类生物量（圆点）以及多物种产量模型（实线）和时滞差分模型（虚线）的拟合结果，其中物种包括（a）黄线狭鳕、（b）箭齿鲽、（c）太平洋鳕和（d）鲽类（数据由 Tadayasu Uchiyama 提供，结果来自最大似然法拟合的过程误差模型）

### 12.4.2.2　多物种时滞差分模型

下面我们考虑在时滞-差分模型结构上进一步扩展，以反映种间相互作用特别是捕食的效应。采用时滞差分形式使模型能够解析年龄结构，区分出捕食对补充前个体和完全补充个体的影响。模型最简单形式为：

$$B_{i,t+1}=\vartheta_{i,t}B_{i,t}+w_{i,r}\sum_j h(B_{i,t+1-r},B_{j,t+1-r}) \qquad (12.15)$$

式中，$\vartheta_{i,t}$ 是物种 $i$ 补充后个体生长和存活的结合项；$w_{i,r}$ 是物种 $i$ 补充个体在年龄 $r$ 的体重；$h(B_{i,t+1-r},B_{j,t+1-r})$ 是补充函数，包含了对补充前个体的捕食。在第 11 章提到的单物种时滞差分模型中，个体的生长以"单分子生长函数"（monomolecular growth function）表示。这里我们首先从生长方程开始，在多物种模型中引入较简单的时滞结构。补充后个体的存活取决于三个方面——捕捞死亡、摄食死亡和其他原因导致的自然死亡，其中其他原因的自然死亡率通常设为一个恒定值。若个体的生长速度是恒定的，生长-存活组分可以很方便地表示为：

$$\vartheta_{i,t}=\exp\left[ g_i - q_iE_t - M1_i + \sum_j a_{ij}B_j \right] \qquad (12.16)$$

式中，$g_i$ 是物种 $i$ 的瞬时生长率；$M1_i$ 是补充后个体除被捕食外其他所有自然原因导致的自然死亡率。公式 12.16 中的最后一项表示摄食对物种 $i$ 补充后个体的影响，相互作用项 $a_{ij}$ 的符号表示作用的性质，捕食者对被捕食者的影响为负，而被捕食者对捕食者的影响为正。另外，如果所有年龄组个体的平均体重均为已知，且生长服从单分子函数，则补充个体的生长-存活项可以表述为：

$$\vartheta_{i,t}=s_{i,t}\left[ \frac{W_{i,\infty}(1-\rho_i)+\rho_i}{\overline{w}_{i,t}} \right] \qquad (12.17)$$

式中，存活项（$s_{i,t}$）包含了捕食、非捕食自然死亡和捕捞效应的总和；$W_{i,\infty}$ 是物种 $i$ 的渐近体重；$\overline{w}_{i,t}$ 是补充后个体的平均体重；$\rho_i$ 参见公式 11.37（Hilborn 和 Walters，1992）。如果不能获得种群补充后阶段的平均体重，我们可以通过扩展单物种的模型 11.42，在存活和补充项中反映由于被捕食造成的损失（Uchiyama 等，2016）。例如，Ricker 模型（Hilborn 和 Walters，1992）可以扩展为多物种补充函数，公式为：

$$R_{i,t}=a_iB_{i,t-r}\,\mathrm{e}^{-b_iB_{i,t-r}+\sum_j a_{ij}B_{j,t-r}} \qquad (12.18)$$

其中所有变量的定义如前所述。我们将这种简化的时滞-差分结构模型应用于白令海案例研究，结果如图 12.7 所示。与简单的产量模型相比，多物种时滞-差分模型对太平洋鳕和小口鲽类的拟合度显著提高，对黄线狭鳕的拟合效果几乎相同，而对箭齿鲽的拟合显著变差。对于箭齿鲽，时滞-差分模型中出现了非常强的自回归效应，导致模型的预测出现了一年期的偏移（另见 Uchiyama 等，2016）。

### 12.4.2.3　功能群模型

在涉及许多物种的情况下，模型需要估计的参数数量会变得非常庞大。如第 5 章所述，大多数涉及成对物种相互作用的多物种模型中，隐含地假设了捕食者和竞争者在各自的集群中独立发生作用，并且对目标物种的影响是加性的。该假设当然难以反映真实情况，但要处理非独立性可能需要引入更多的参数，而且也很难确定需要的函数形式以及估计相关参数。

这里我们探讨一种功能群方法，作为第12.3节中所述的所有物种简并模型与第12.4节中描述的多物种详细模型的中间类型。现有研究大多将功能群定义为分类上相似的物种组或营养功能组（如Gaichas等，2012）。采用合适数量的功能群建模，参数估算的问题将会较易处理，而高阶相互作用也可以包含在功能群的简并生物量之中。Bell等（2014a）指出，营养功能群内的相互作用一般强于组间的相互作用。

在上述白令海的例子中，鲽类实际上被作为一个功能群。这种方法有广泛的应用，也即利用公式12.14或公式12.15中所描述的模型形式，以功能群代替单个物种进行分析。Ralston和Polovina（1982）在夏威夷群岛深水渔业的一项经典研究中，基于鱼类渔获量组成的聚类分析识别了四个功能群。Ralston和Polovina以功能群拟合了产量模型，该模型比单物种产量模型更好地符合了数据。事实上，这是简并产量模型的应用中经常呈现的结果，也被援引为支持模型应用的一个因素。Ralston和Polovina没有发现证据表明功能群之间存在相互作用，因此他们最终拟合了一个包含所有物种的产量模型。该研究中功能群间缺少相互作用的原因推测为水深梯度的影响，即各个功能群占据了不同的深度区域。

Bohaboy（2010）模拟了乔治浅滩鱼类群落中10种经济和生态上有重要意义的鱼类，将其按分类学关系和营养功能分别划分了功能群。其中营养功能群包括鱼食性者［白斑角鲨（*Squalus acanthias*）和斑点白鳐（*Leucoraja ocellata*）］，虾食性者［大西洋鳕、银无须鳕（*Merluccius bilinearis*）、猬白鳐（*Leucoraja erinacea*）］，底栖生物食性者（黑线鳕、黄尾鲽和美洲拟鲽）和中上层浮游生物食性者［大西洋鲱和鲭（*Scomber scombrus*）］。虾食性功能群大量摄食大型浮游动物，但其中个体较大的鳕和银无须鳕也表现出较强的鱼食性，会捕食浮游生物食性功能群。与无相互作用的模型相比，多物种功能群模型有着更好的拟合（Bohaboy，2010）。

在种间相互作用的影响下，一个营养功能群的平衡产量将会取决于其他营养功能群的渔获率。在本例中，虾食性者和中上层浮游生物食性者的产量由于其摄食相互作用而产生关联。虾食性者的产量随着其饵料生物渔获量的增加而下降，当浮游生物食性者的渔获率较高时，虾食性者的产量在较低的渔获率下取得最大值（图12.8）。相反，浮游生物食性者的产量随其捕食者渔获率的增加而上升。当虾食性者的渔获率处在中等水平时，浮游生物食性者的产量将在较低的渔获率下取得最大值，因为此时渔业与虾食性者群体不再构成竞争。若虾食性者的渔获率维持在较高水平，该群体将枯竭，不再影响浮游生物食性者的渔获量（见图12.8）。

多物种模型的评估结果通常会得到比其单物种模型更高的最适渔获率。相对于不考虑种间相互作用的模型，在本例的多物种模型中，若没有捕捞浮游生

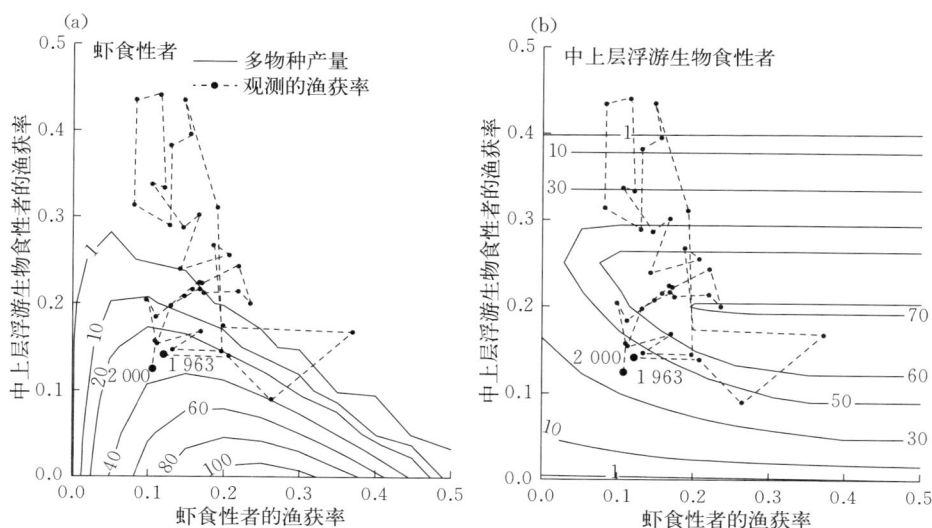

图 12.8　虾食性者（a）和中上层浮游生物食性者（b）的平衡产量等值线（×10³ t）。图中任一点对应两功能组渔获率的一个组合，圆点表示观测到的渔获率。鱼食性和底栖生物食性者的渔获率维持在单物种 $F_{MSY}$ 的 1/2（数据由 Erin Bohaboy 提供）

物食性者，则捕食者的最大产量将在较高的渔获率下获得；或反过来，若没有捕捞捕食者，饵料生物的最大产量也将在更高的渔获率下获得。然而要得到最大渔获量，两个功能群的渔获率都应相对较低，但渔获率的观测数据表明，在历史上中上层浮游生物食性者曾被过度捕捞。

## 12.5　复杂动态

在前面的章节中，我们展示了即使单一物种的差分方程模型也可能出现复杂的动态。相对的，连续时间模型在少于三个物种的低维模型中不会表现出这些类型的复杂动态，除了在某些特殊情况下。在第 6 章中，我们演示了只包含三个物种的食物网模型可以表现出混沌动力学特征。例如，具有非常简单相互作用项的共位群内捕食模型可以产生很复杂的种群动态（如 Tanabe 和 Namba，2005），而在水生食物网中共位群内捕食显然非常普遍（Irigoien 和 Roos，2011）。由于大多数鱼类在个体发育过程中食性会发生明显转换，基于生活史阶段的多物种模型研究通常需要考虑整个生命周期中的杂食性模式。共位群内捕食（IGP）是一种特殊的杂食性形式，其中顶级捕食者也会大量摄食基础资源物种。为了探究渔业如何影响 IGP 系统中的复杂动力学特征，我们将再次探讨第 6 章中介绍的 Tanabe – Namba 模型（见公式 6.6），并考虑了捕捞顶级捕食者的生态效应。该模型以生物量表示为：

$$\frac{\mathrm{d}B_1}{\mathrm{d}t} = \left[\alpha_1 - \beta_1 B_1 - a_{12}B_2 - a_{13}B_3\right]B_1$$

$$\frac{\mathrm{d}B_2}{\mathrm{d}t} = \left[a_{21}B_1 - d_2 - a_{23}B_3\right]B_2 \qquad (12.19)$$

$$\frac{\mathrm{d}B_3}{\mathrm{d}t} = \left[a_{31}B_1 + a_{32}B_2 - d_3 - qE\right]B_3$$

在三个开发水平下对该方程组进行的数值积分表明，随着顶级捕食者捕捞强度的增加，种群入侵的发生频率逐渐增大（图 12.9）。在该三个物种构成的系统中，对基础资源物种和中间消费者捕食压力的释放，将影响系统关键的下行调控机制。若只有顶级捕食者存在市场需求，其资源将被捕捞耗尽，而低营养级物种将逐渐占据优势，而渔业经济收益必将逐渐下滑。

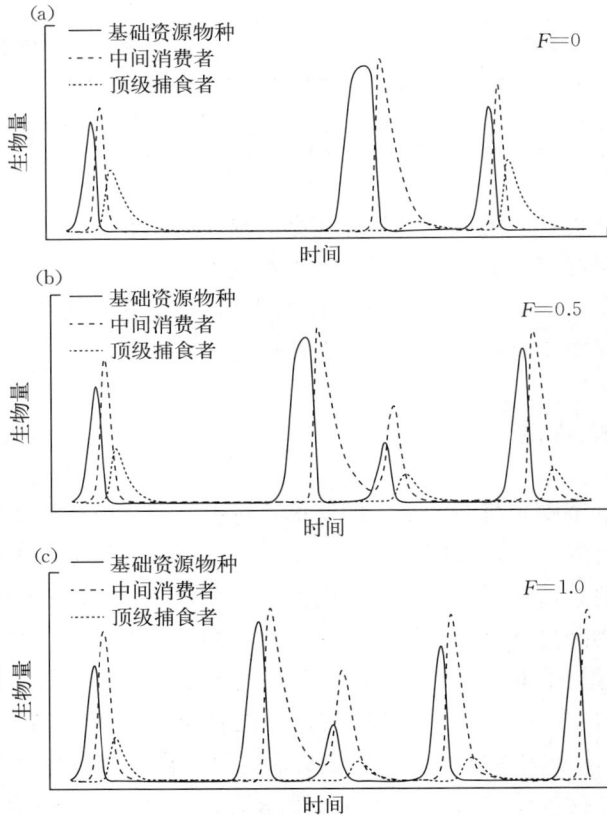

图 12.9　三个资源开发水平下（$qE=F=0$、0.5 和 1.0），共位群内捕食模型的动态。该模型包含基础资源物种、中间消费者和顶级捕食者三个物种，后者捕食两个较低营养级物种

## 12.6 随机环境变动下的渔获

如第 11 章所述，加入随机变动可能显著改变模型对种群变动轨迹和产量的预测。随着环境变动的加强，偶然事件导致种群数量下降的可能性增加，准灭绝的可能性也将增大，该结果可以用概率分布的形式表示，而不是点的预测。这些认识同样适用于多物种系统，更进一步的，作用于单个物种的偶然事件可以通过直接和间接途径对整个群落产生影响。此外，环境变化可能驱动系统的稳态转化，使得多物种系统中随机变化变得更加复杂。前文提到，非线性的功能性摄食响应会使多物种集群存在多个稳定状态。这里我们将进一步探讨随机性对种群水平上持续变化的影响，特别是自相关性随机变异的效应。

Steele 和 Henderson（1984）展示了环境扰动如何导致了鱼类丰度在数十年间的变化。Collie 和 Spencer（1994）在此基础上进行了扩展，分析了两个物种的捕食者-被捕食者系统。其模型包含一对耦合的一阶微分方程，描述了被捕食者（$B_1$）和捕食者（$B_2$）生物量的变化率：

$$\frac{\mathrm{d}B_1}{\mathrm{d}t} = (\alpha - \beta B_1)B_1 - \frac{cB_2B_1^2}{D^2 + B_1^2} - q_1E_1B_1$$

$$\frac{\mathrm{d}B_2}{\mathrm{d}t} = B_2\left(\frac{gB_1^2}{D^2 + B_1^2} - MB_2\right) - q_2E_2B_2 \tag{12.20}$$

其中被捕食者方程基于逻辑斯蒂模型，其内禀增长率为 $\alpha$，密度制约参数为 $\beta$。假设捕食符合 Ⅲ 型功能性响应，其最大消耗率为 $c$，半饱和常数为 $D$（见公式 3.25）。捕食者的生产量取决于被捕食者丰度，其增长率为 $g$，死亡率为 $M$ 控制的二次项。Collie 和 Spencer 研究了仅捕捞被捕食者的情景，尽管捕食者也会被捕捞但并不影响该分析得到的主要结论。通过对公式 12.20 进行数值积分，可以模拟捕食者-被捕食者系统的时间动态，其中的捕食者死亡率中可引入随机变动，使 $M_t = M_0 + \nu_t$，而 $\nu_t = \rho\nu_{t-1} + \varepsilon_t$，其中参数 $\rho$ 是一阶自相关系数，$\varepsilon$ 是标准正态随机偏差（Steele 和 Henderson，1984）。

如果没有环境的变化，在一定的参数范围内两种物种都能达到稳定的平衡态（图 12.10a）。然而当在模拟中加入自相关性随机变化时，在数十年时间尺度上，捕食者-被捕食者系统在较高和较低平衡点之间出现迅速转换（图 12.10b）。此外，被捕食者的波动比捕食者大得多，因为捕食者丰度的微小变化会导致被捕食者种群的大幅涨落。两个稳定的平衡态可以看作吸引域，种群状态在两者之间交替变化。捕食者种群的暴发导致被捕食者水平转换到低平衡点，而捕食者丰度的降低则使得被捕食者丰度达到较高的稳定平衡点。在确定性（deterministic）模型中，一旦种群被胁迫至一个低丰度平衡点，如果没有其他种群的补偿，它可能再也无法摆脱该低丰度水平。但在随机环境情景下，偶然事件提供了一种摆脱低丰度吸引域的可能途径。此外，自相关环境变动和捕捞压力两方面会产生相互作用，导致种群生物量发生急剧变化。

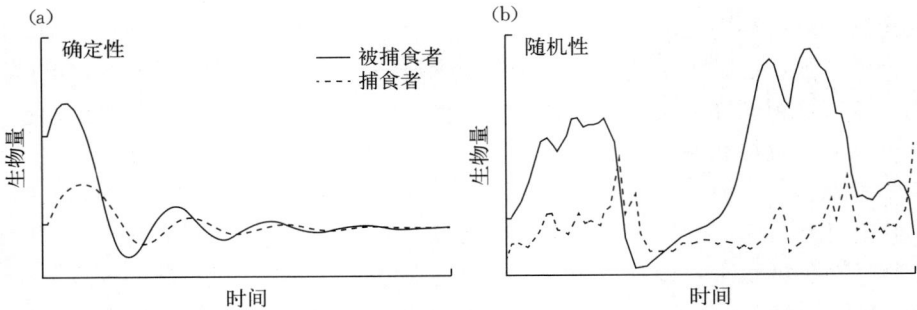

图 12.10  捕食者-被捕食者系统的种群数量变化轨迹。模型设置了Ⅲ型功能性摄食响应，模拟时间为 100 年。在确定性场景中（a），基线参数下模型达到稳定平衡，两个物种可以共存。在随机性场景中（b），捕食者死亡率中加入了自相关性随机项，导致在数十年际的时间尺度上，被捕食者种群在两个丰度水平之间变动

## 12.7　基于个体大小和年龄结构的多物种模型

在许多渔业生态系统中已有开发基于个体大小和年龄结构的多物种模型。与相应的单一物种模型相似，这些模型可以分为两大类。第一类模型是年龄或个体大小结构模型的一种变体，用以重建相互作用物种集群的历史种群数量和种群特征。这种估计模型一般将自然死亡率分为两个组成部分，即"其他"自然死亡率和捕食死亡率，通常分别以 $M1$ 和 $M2$ 来表示。在下文中，我们将这些模型称为评估模型（assessment model）。此外，我们还将考虑另一类模型，称为基于年龄或个体大小的过程模型（process model），在这些模型中，需描述特定群落中物种的整个生命周期及其相互作用的性质。

图 12.11 展示了两种类型的年龄或个体大小结构模型对数据的一些总体需求，并与多物种产量模型和多物种时滞差分模型的数据需求进行了比较。与相对简单的多物种模型相比，使用这些方法所需的信息包括许多额外的数据类型和数据来源。就其本身而言，多物种评估模型基于年龄的渔获量或个体大小分析，无法为多物种管理参考点提供直接信息，不能预测未来的种群数量和产量，也没有明确考虑群落内物种之间的竞争性相互作用。

第二类多物种模型则包括补充过程中的反馈，并往往包含由外部输入的模型参数。这些过程模型还提供了个体生长的模块，并且与多物种评估模型一样

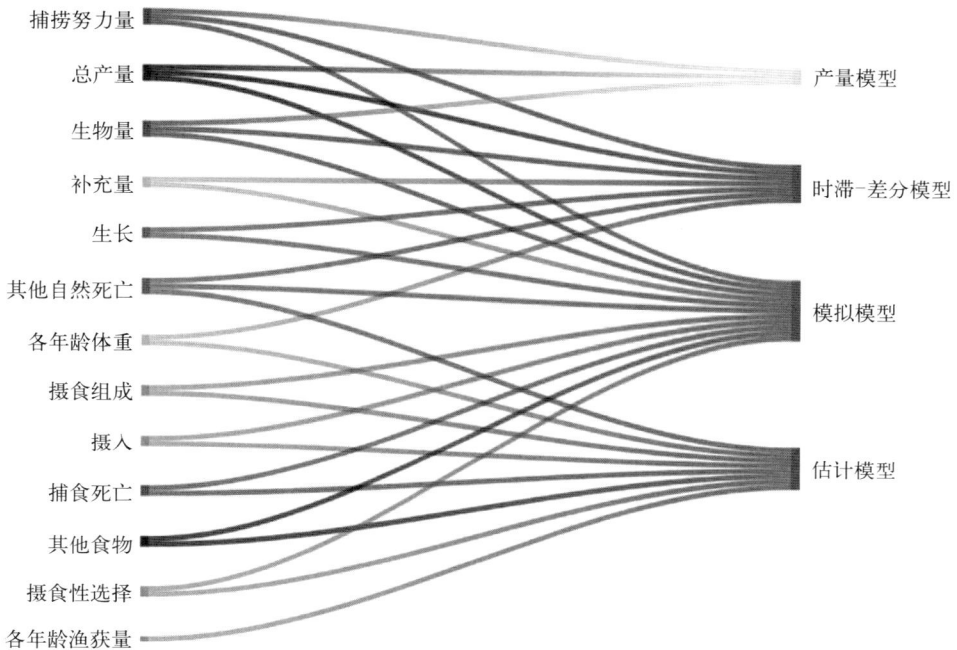

图 12.11 多物种产量模型、时滞差分模型、模拟和估计模型的主要数据输入

详细解析了捕食过程。它们通常用于模拟分析，可以创建虚拟场景，通过管理策略评估（Management Strategy Evaluation，见第 15 章）的方式系统地检验不同管理方案的有效性。

多物种估计模型和过程模型的起源均可以追溯到 Andersen 和 Ursin（1977）的卓越工作。最初的 Andersen - Ursin 模型是一个复杂的完整生态系统模拟模型，具有外部获取的模型参数。下文中描述的估计模型和过程模型中，捕食组分也是以 Andersen - Ursin 模型为核心。因此，我们首先对这一共有要素进行探讨。

## 12.7.1 捕食模块

我们首先将自然死亡率（$M$）分为两个部分：捕食死亡率（$M2$）和由于捕食以外的所有其他因素造成的自然死亡率（$M1$），也即 $M = M1 + M2$。其他死亡率部分包括饥饿、疾病、环境条件，以及模型中包含的物种以外的其他物种造成的捕食死亡率。为了进一步解析捕食死亡率，我们将捕食死亡分解为个体大小选择性、物种偏好和消耗率三个因素。在一定时间内，捕食者 $j$ 从被捕食者 $i$ 处可能获得的食物数量（重量）为：

$$\varphi_{ij} = \psi_{ij} \overline{N}_i w_i \tag{12.21}$$

式中，$\psi_{ij}$ 是饵料适宜性指数（范围从 0 到 1）；$\overline{N}_i$ 是被捕食者 $i$ 的平均个体数；$w_i$ 是其平均体重。对所有 $m$ 种饵料生物进行求和，可得捕食者 $j$ 的可获得饵料总量为：

$$\varphi._j = \sum_{i=1}^{m} \varphi_{ij} \tag{12.22}$$

其中点号表示该下标的总和。由此我们可以将捕食死亡率表示为：

$$M2_{ij} = \frac{N_j I_j}{N_i w_i} \times \frac{\varphi_{ij}}{\varphi._j} \tag{12.23}$$

其中 $I_j$ 是捕食者 $j$ 的食物摄入率。注意 $\varphi_{ij}/\varphi._j$ 为比率形式，因此 $\varphi_{ij}$ 可以乘以任意常数而不影响结果。对于给定的捕食者和个体大小/年龄，通常将 $\varphi_{ij}$ 标准化使其和为 1（Sparre，1991）。该表达式表明瞬时捕食死亡率取决于捕食者个体的食物摄入率、捕食者的数量、特定饵料种类占可获取食物总量的比例，以及被捕食者的生物量。可以看出，该定义的捕食死亡率符合 II 型功能性响应。上式也可以改写为：

$$M2_{ij} = \frac{N_j I_j \psi_{ij}}{\varphi._j} \tag{12.24}$$

注意，$\varphi._j$ 项可以包括其他组分，以反映在多物种组分析中未明确考虑的饵料（其他食物）。通过对所有 $n$ 种捕食者求和，可以得到被捕食者 $i$（包括物种和大小/年龄类别）受到的总捕食死亡率：

$$M2_{i.} = \sum_{j=1}^{n} M2_{ij} \tag{12.25}$$

其中下标 $j$ 表示捕食者类别（物种或个体大小/年龄组）。

我们还需要更细致地解析饵料适宜性指数 $\psi_{ij}$。大量的经验信息表明，个体大小的选择性在捕食过程中起着重要作用。通常用对数正态函数来描述捕食者和被捕食者之间个体大小的关系：

$$\vartheta_{ij} = \exp\left(\frac{-[\log_e (w_j/w_i) - \eta_j]^2}{2\sigma_j^2}\right) \tag{12.26}$$

式中，$\eta_j$ 是捕食者/被捕食者重量比偏好，以对数尺度表示；$\sigma_j^2$ 是捕食个体大小偏好的方差（Ursin 1982）。由此可将摄食偏好表示为 $\psi_{ij} = \rho_{ij} \vartheta_{ij}$，其中 $\rho_{ij}$ 表示对物种的偏好或物种的脆弱性，与个体大小无关。

## 12.8  多物种评估模型

基于年龄和个体大小结构的多物种评估模型，是在对应的单物种模型基础上直接扩展而来的。Helgason 和 Gislason（1979）和 Pope（1979）通过将

Andersen - Ursin 捕食模块与经典的单物种时序种群分析相结合，分别独立推导出了具有年龄结构的多物种实际种群分析模型。随后 Pope 和 Jiming（1987）开发了基于个体大小的多物种评估模型，为常规无法获取年龄结构信息的群落提供了应用这种一般方法的可能性。在下文中，我们将重点介绍年龄结构评估模型，说明该方法的主要特征。

## 12.8.1 多物种实际种群分析

我们首先概述一般化多物种评估模型的分析步骤，并在后续几节介绍统计性参数估计的更多细节。种群丰度随时间的连续变化可以描述为：

$$N_{i+1} = N_i e^{-(p_i F + M1_i + M2_i)} \qquad (12.27)$$

如果我们可以根据第 8 章中给出的方法估算捕食者的消耗率，并知道它们对饵料的偏好，就可以计算适宜性系数以及 $M2_i$。假设鱼类对饵料的消耗与饵料在环境中的可获得性成正比，可得：

$$\frac{d_{ij}}{d_{\cdot j}} = \frac{\varphi_{ij}}{\varphi_{\cdot j}} \qquad (12.28)$$

其中 $d_{ij}$ 是被捕食者 $i$ 在捕食者 $j$ 的饵料中所占的比例，该比例是估计 $M2$ 的统计基础。若有 $M1_i$（通常假设其他自然死亡率是恒定的，不随年龄变化）和最低年龄组 $N_i$ 的估计值，则可通过求解渔获量方程估算捕捞死亡率：

$$C_i = \frac{p_i F}{p_i F + M1_i + M2_i} (1 - e^{-z_i}) N_i \qquad (12.29)$$

其中 $C_i$ 是渔获量尾数，$Z_i$ 是饵料种类 $i$ 的捕捞死亡率、捕食死亡率和其他自然死亡率之和。利用公式 12.29 可以估计每个物种在各个年龄组的 $N_{i+1}$。由于可获取的食物是根据一年中的平均个体数量计算的（公式 12.21），在年初时不能立即获取，因此在计算下一年份和年龄组之前需要重复上述这些步骤。另外，由于 $M2$ 取决于捕食者中高年龄组的数量，因此也需要在年间进行迭代计算。在这一计算过程中，可以对一个世代的生命史进行逐年追踪，反映由捕食死亡和渔业捕捞造成的数量衰减。

该方法及相关方程组构成了多物种实际种群分析的基础［multispecies virtual population analysis，MSVPA，见 Sparre（1991）的综述］。与单物种 VPA 一样，该模型在时间上回溯求解，从最大年龄开始重建每个世代。MSVPA 已被应用于北海、波罗的海、东白令海、乔治浅滩和中大西洋湾等许多生态系统。MSVPA 可以估算捕食死亡率（$M2$）随时间的变化，并用作单物种种群时序分析的输入参数。

## 12.8.2 多物种统计性年龄-产量分析

在单物种资源评估中，统计性年龄-产量模型在很大程度上取代了世代分析；类似的，MSVPA 正被多物种统计性年龄-产量分析（multispecies statistical catch-at-age analysis，MSSCA）所取代。MSSCA 和 MSVPA 使用相同的方程来估算饵料适宜性和捕食率（第 12.7.1 节），并且输入数据也基本相同，包括各年龄的渔获量（$C_a$）、摄食组成、模型所包含物种以外的饵料丰度估计、各年龄体重、摄入率（$I$）和残余自然死亡率。不同于 MSVPA 对世代丰度的确定性重建，统计性模型允许输入数据中存在误差，使用最大似然法估计参数。需要估计的参数集合包括各年龄的年捕捞死亡率和捕捞选择性、初始年份各年龄的世代丰度、随后各年的一龄世代丰度（补充）、调查网具的可捕性以及年龄选择性和摄食选择参数。

Curti 等（2013）利用一个包含 3 个物种的模型检验了 MSSCA 的性能。在乔治浅滩鱼类群落的这一子模型中，大西洋鳕捕食银无须鳕和大西洋鲱，银无须鳕捕食大西洋鲱，大西洋鳕和银无须鳕都存在种内相食。与其他研究一样，该研究将多物种模型与没有加入捕食的相应单物种模型进行了比较。两种模型都与商业渔获量数据非常吻合，与调查数据的拟合度也较好，但不如渔获量的拟合，因为拖网调查本身存在采样的年际变动。

研究将该模型评估的总丰度和捕捞死亡率与各个物种的相应种群评估结果进行了比较（图 12.12）。多物种模型和单物种模型对鳕的评估结果几乎相同，因为鳕是顶级捕食者。对于饵料物种，多物种模型预测的丰度水平较高，对应于捕食造成的额外衰减；同时对捕捞死亡率的估计值较低，因为总死亡率中有更大比例归因于捕食死亡，而捕捞死亡占的比例相应减少。

银无须鳕和大西洋鲱承受的捕食死亡率很高，并且随时间而发生变化（图 12.12），且低龄组个体的捕食死亡率通常更高。鲱是一个例外，2 龄时的 $M2$ 等于或超过 1 龄 $M2$ 值，因为 2 龄鲱更接近大西洋鳕和银无须鳕的偏好大小。捕食死亡率随时间的变化模式可以通过捕食者和被捕食者丰度的相互作用来解释（图 12.12）。在 20 世纪 80 年代到 90 年代初，三个物种的捕食死亡率均有所下降，反映了捕食者特别是鳕丰度的下降。银无须鳕的捕食死亡率在 90 年代和 21 世纪头十年增加，对应其自身丰度趋于平稳并略有增加。鲱的丰度随着捕食死亡率的下降而增加，表明其种群摆脱了捕食者的控制。

通过大规模的蒙特卡罗模拟，Curti 等（2013）表明当数据误差与此处三个物种示例中的误差水平相似时，多物种模型的参数的估算能够达到可接受的精度水平。在这项试点研究之后，相关研究构建了包含 9 个物种的完整模型，拟合了乔治浅滩鱼类群落。多物种统计性年龄-产量模型在北海、波罗的海和东白令海也有相关开发应用。其空间显式的模型版本，称为 GADGET，已被应用于冰岛周围水域和巴伦支海的鱼类群落。

多物种统计性模型的目标函数有三个组成部分：一为商业渔获量，二为科

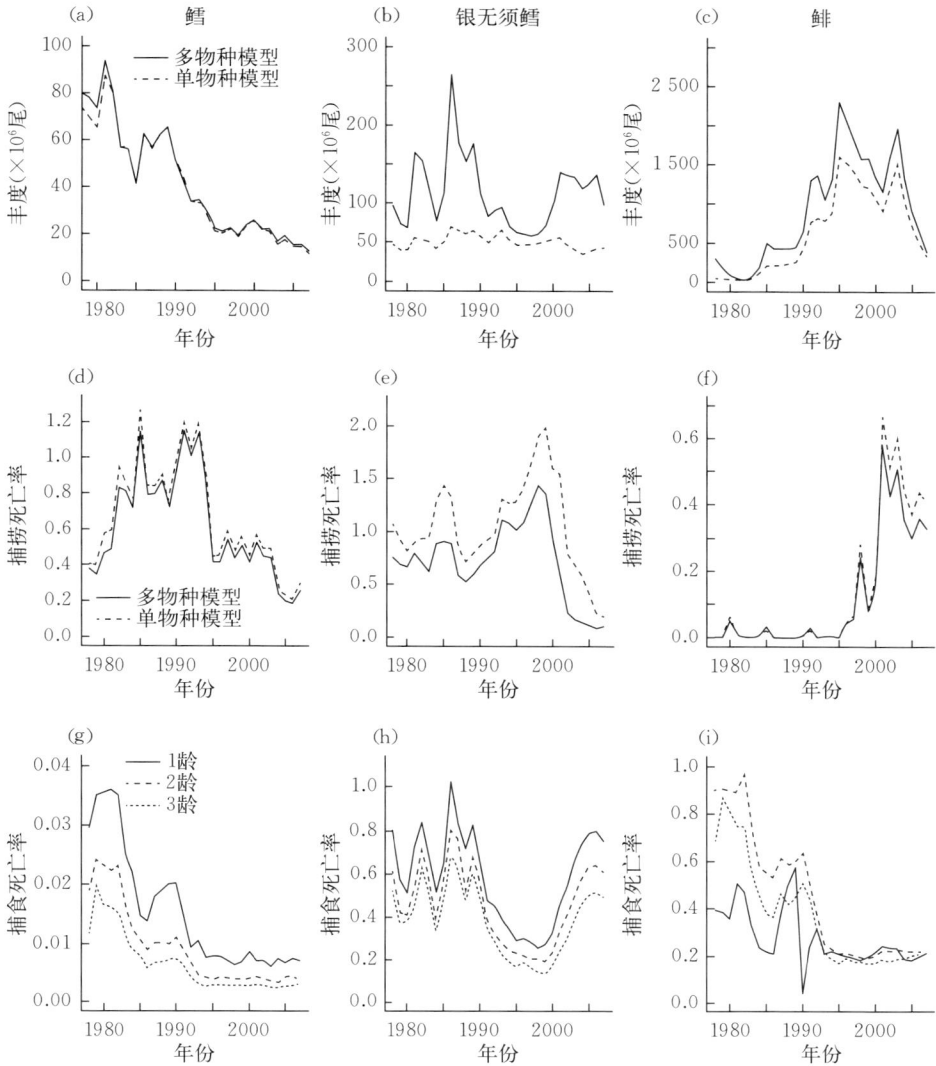

图 12.12　乔治浅滩大西洋鳕、银无须鳕和大西洋鲱的总丰度（a～c），完全补充群体的
　　　　　捕捞死亡率（d～f），和 1～3 龄的捕食死亡率（g～i）估计。丰度和捕捞死
　　　　　亡率由多物种模型（实线）和单物种模型（虚线）分别估算（数据由
　　　　　Kiersten Curti 提供）

研调查，三为摄食数据。假设前两项服从对数正态分布，而摄食数据服从多项
分布，因为后者为比例。在该似然函数中，"⌢"表示模型的估计量，在计算中
通常会加上一个很小的常数，以避免对数取零：

$$LL=\sum_{t,sp,a}(\log_e C-\log_e \hat{C})^2+\sum_{t,sp,a}(\log_e N-\log_e \hat{N})^2+\sum_{t,sp,a}50 \cdot d \cdot \log_e \hat{d} \quad (12.30)$$

参数估计中的不确定性可以量化，并在模型预测中传递。模型输出变量包括各个物种和各年龄的饵料适宜性系数（$\psi$）、捕食死亡率（$M2$）、捕捞死亡率（$F$）和种群数量（$N$）。年龄结构多物种模型的一个优点是可以输出各年龄和年份的 $N$ 和 $F$，这是种群评估科学家熟悉的形式。

# 12.9 多物种过程模型

多物种过程模型已被广泛应用于研究水生生态系统，这些模型基于年龄和个体大小结构，可以估算多物种参考点和作为模拟研究的工具。因为许多物种的年龄信息常规调查难以获取，因此在一定程度上个体大小结构模型在水生生物群落中的应用范围更为广泛。为了阐述此类模型的一般原则和输出结果，我们将聚焦一个基于体长的模型，LeMANS［length-based multispecies analysis by numerical simulation，参见 Hall 等（2006）的完整描述］的应用范例。Gaichas 等（2017）描述了一个类似结构模型的模拟研究。

在 LeMANS 模型中，每个物种体长的增长均由确定性 von Bertalanffy 方程（公式 8.18）决定。体长以等间隔划分为离散的长度区间，每个物种 $i$ 在体长区间 $j$ 中生长花费的时间与其生长速度有关，可以通过求解公式 8.18 得到：

$$t_{ij}=\frac{1}{k_i}\log_e\left[\frac{L_{\infty,i}-L_{\text{lower}}}{L_{\infty,i}-L_{\text{upper}}}\right] \quad (12.31)$$

其中 $k_i$ 是生长系数。由于生长过程在单位时间内离开体长区间的个体比例为 $1/t_{ij}$。LeMANS 中使用 Ricker 模型（公式 9.27）描述每个物种的补充量，假设产卵量与成熟群体生物量成正比。Ricker 模型中的非密度依赖参数 $a_i$ 与渐近体长成正比（$L_{\infty,i}$），而密度依赖参数 $b_i$ 与观测到的产卵群体最大生物量成正比。Hall 等（2006）开发了 Ricker 模型中参数的预测模型，使模型在没有直接种群和补充信息的情况下可以应用。后续研究继续拓展了 LeMANS，其中 Thorpe 等（2016，2017）采用了线性分段（曲棍形）的补充量函数。

LeMANS 模型中捕捞死亡率是体长的逻辑斯蒂函数，残余自然死亡率采用 $\beta$ 函数描述，该函数允许自然死亡率随体长变化呈现 U 形曲线，捕食死亡率采用第 12.7.1 节中阐述的步骤进行计算。在不同体长区间各个捕食者的摄食率可以根据跨区间的体重增量除以对应区间的生长效率得到。捕食死亡率由公式 12.24 计算，设捕食者-被捕食者的平均重量比 $\eta=3.5$，方差 $\sigma^2=1$。

在 LeMANS 模型的应用中，需要设置每个物种的 7 个生活史参数、一个表征捕食者与饵料生物摄食关系的矩阵以及一个表征被捕捞物种的向量。相关研究根据乔治浅滩和北海鱼类群落对 LeMANS 进行了参数化（Rochet 等，2011）。Worm 等（2009）使用 LeMANS 研究了乔治浅滩的多物种渔获策略，以评估最大化合并渔获产量对几个群落指标的影响（图 12.13）。结果表明，最大化多物种产量的渔业开发率水平将使群落总生物量相对于未捕捞水平减少约 60%，使群落中鱼类的加权平均个体大小减少约 30%，并导致 8 个物种崩溃。若将开发率降低到 0.2，将获得约 90% 的最大捕捞产量，同时总生物量减少约 40%，平均体长减少约 10%，仅导致一个物种的崩溃。

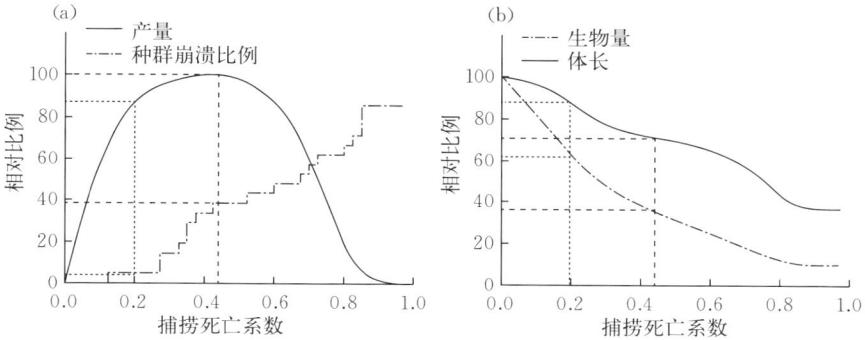

图 12.13　增大渔业开发率对乔治浅滩鱼类群落的影响，利用 LeMANS 模拟了（a）产量与崩溃种群的比例，（b）平衡生物量和平均体长随捕捞死亡系数的变化。其中种群崩溃是指种群生物量下降至其未捕捞生物量的 10% 以下。虚线表示多物种最大可持续产量，点线表示采用更保守的捕捞策略，$F=0.2$ 的结果（改自 Worm 等，2009）

## 12.10　多物种生物学参考点

构建生物学参考点以及基于参考点的渔获控制规则，是阻止过度捕捞和重建过度捕捞种群的有效方法（Worm 等，2009）。当前研究认识到，由于气候或多物种相互作用的影响，生物学参考点可能发生变化，这可能会对渔业管理部门的权威构成挑战。渔民可能质疑是否还有必要努力达到管理目标或者避免过度捕捞的阈值，因为它们本身就会发生改变。从多物种的视角来看，单物种的生物学参考点取决于相互作用中其他物种的丰度。在这一方面，被捕食者对此的依赖性更强，因为它们受捕食率变动的影响；而捕食者的依赖性相对较弱，因为它们可以获取不同饵料，缓冲了生长速度的变化（Collie 和 Gislason，2001）。因此，相关研究特别关注了饵料生物（定义为小型中上层物种）的开发水平，这些物种在肉食性鱼类、海鸟和海洋哺乳动物的摄食组成中非常重要（Smith 等，2011）。

有两种截然不同的方法可以将多物种因素纳入单一物种参考点和控制规则中。若对鱼类群落中物种相互作用的理解有限或数据有限，可以采用风险规避性参考点。南极海洋生物资源保护委员会（CCAMLR）采取了这一方法，因为尽管其对南大洋食物网有很好的定性认识，但对物种相互作用的定量估计仍存在很大的不确定性。风险规避性捕捞控制规则要求放弃部分潜在渔获产量，就小型中上层物种而言，这意味着重要的蛋白质来源。若能对鱼类群落中物种相互作用进行定量估计，则可以根据相互作用物种的丰度变化对单物种生物参考点进行调整。这种调整方法适用于基于 MSY 概念的参考点，因为通过调整可以补偿生产力的变化（Collie 和 Gislason，2001）。相反，指标性参考点，如基于"单位补充量"计算的参考点，就不适合根据捕食死亡率的变化进行公式化调整。

生物学参考点可用于评估相对于长期潜在产量的渔业现状，可以告诉我们管理的未来方向，但很少作为管理目标使用。在多物种场景中，我们需要考虑捕捞相互作用物种时的权衡，如第 12.9 节所示。虽然模型可以计算鱼类群落的多物种最大可持续产量（MMSY），但其中必须考虑捕捞策略对各个物种的不同影响。虽然我们可以根据总产量转换为总收益，但应考虑不同的作业渔船对捕食者和被捕食者物种的渔获成本和利润。就跨国境渔业而言，成本和收益还涉及不同国家和地区，它们在社会、经济和政治方面的优先事项可能有很大差别。

多鱼种渔业的管理中需要找到不同物种捕捞死亡率的组合，使每个鱼种维持在可持续水平上。不同于对每个物种设置一个参考点，我们可以将多物种可持续捕捞死亡率想象为多维空间中的一定范围。下面我们以波罗的海的大西洋鳕-大西洋鲱-黍鲱为例，来解释这种三维空间范围。根据捕捞死亡率的不同因子组合，可以分别计算出各个物种的平衡产量（图 12.14）。要在二维平面上查看三个物种的产量等值线，就需要固定第三个物种的丰度。我们将第三种物种的捕捞死亡率设置在最高和最低值，以体现最大的对比度。该例子中，$F$ 的所有组合都有可能产生可持续产量。鳕产量（未展示）对鲱和黍鲱 $F$ 的变化很不敏感，因为在模型中鳕的生长不受饵料的制约。相反，鲱和黍鲱的产量都随着鳕 $F$ 的增加而增加，因为鳕消耗的饵料越少，渔业中能捕获的饵料生物就越多。这种效应对于黍鲱更为明显，因为该种的捕食死亡率更高。鲱和黍鲱之间也存在间接相互作用，因为二者都出现在鳕的功能性摄食响应中（公式 12.24）。当黍鲱的 $F$ 较低时，鲱产量较高，因为当黍鲱较多时，鲱的捕食死亡率降低。在鳕 $F$ 较低时，鲱和黍鲱之间的这种间接相互作用更为明显，因为此时捕食死亡率较高。当捕食者鳕的 $F$ 较高、竞争者鲱的 $F$ 较低时，黍鲱产量将达到最大。选择捕捞死亡率的组合时，需要考虑相互作用物种的相对丰度，以及维持不同物种产量的优先性。实际所选择的组合很少对应最大化产量，甚至也不是最优权衡。与其沿用多物种 MSY 的模糊概念，不如放弃"最大化"，将 MSY 定义为多物种可持续产量（Multispecies Sustainable Yield；Collie 等，2014）。

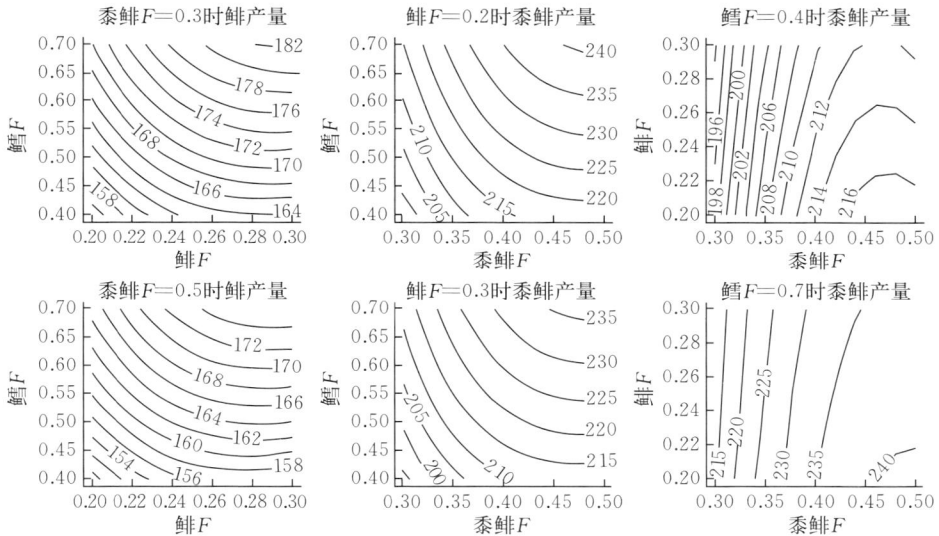

图 12.14　在大西洋鳕、大西洋鲱和黍鲱捕捞死亡系数（$F$）的不同组合下，波罗的海大西洋鲱和黍鲱的平衡渔获量（$\times 10^3$ t）。渔获产量由随机多物种（SMS）模型（Lewy 和 Vinther，2004）计算得到。模型结果由 DTU 的 Morten Vinther 提供

## 12.11　小结

群落层次的多物种渔获是渔业管理机构实施生态系统方法的一个重要方面。混合物种问题仍然是最紧迫的挑战之一。渔业技术的改进可以帮助避免兼捕某些物种而捕获其他物种，但综合解决方案需要建立适当的经济激励。在模型中考虑营养相互作用意味着生物参考点将取决于其他类群的丰度。大多数单物种参考点很难或不能应用于多物种背景中。多物种最大可持续产量不应作为管理目标，而应该识别捕捞死亡率组合以维持多物种的可持续产量。在处理不同利益相关者之间的权衡问题时，需要考虑社会经济和自然保护方面的因素。

多物种产量模型对于理解生物相互作用起到了关键作用。饵料物种的可持续渔获量取决于捕食者的丰度。连续时间模型可用于检验系统的平衡态与稳定

性特性；离散时间模型可以对渔获量和生物量的时间序列数据进行统计学拟合。将物种简并到功能群中有助于模型参数估计，捕食者和被捕食者要划分到不同功能群，而竞争物种可以合并在一起，前提是它们具有相似的生活史特征。在产量模型中引入简单的非线性项可以产生多重平衡态和稳态转换，这定性地反映了在一些鱼类种群中观察到的急剧变化。对于缺乏个体大小和年龄数据常规测量与收集的鱼类群落，产量模型可能是仅有的可选方法。

在有数据支持的情况下，基于个体大小和年龄结构的模型可以用于解释个体大小依赖性过程，特别是捕食和捕捞。许多鱼类的捕食死亡率很高且随时间而变化，其种群动态可以通过捕捞和捕食死亡率的相互作用来解释。目前，基于个体大小的模型大多被用作模拟工具，以检验捕捞策略对鱼类群落的影响。相比之下，多物种的年龄结构模型通常利用统计学方法拟合渔获量、丰度和摄食的时间序列数据，在越来越多的生态系统中得到应用。多物种模型需要进行统计学参数估计，以应用于措施性决策制定。这些模型的输出可以很方便地用于确定可持续性的群落多物种捕捞死亡率组合。

## 【扩展阅读】

Hilborn 和 Walters（1992，第 3 章和第 14 章）的经典论著介绍了多物种分析方法。尽管当时他们的评价有些悲观，但明确指出了在单物种方法之上继续发展的必要性。在 Mercer（1982）的研究成果中，有对渔业生态系统多物种建模的重要早期探讨。由多位作者共同撰写的研讨会文集 Daan 和 Sissenwine（1991）中，包含了一些群落层次模型用于支持渔业管理的实例。Jennings 等（2001，第 8 章）提供了多物种分析的简明概述，涵盖了本章中的许多主题。第 16 届 Lowell Wakefield 渔业研讨会论文集（阿拉斯加海洋基金学院计划，1999）中阐述了一些应用群落层次分析支持渔业管理的案例。

# 13 生态系统层次的渔获效应

## 13.1 引言

前面章节在逐渐上升的生态组织层次上探讨了一系列渔获策略和相关因素。在本章中，我们将关注渔业水生生态系统的更广维度，介绍在生态系统层面估计潜在产量的方法，以及针对渔业生态系统的分析工具。在评估渔业开发的生态系统效应时，解析渔业的直接和间接影响都非常重要。因此，我们不仅要考虑捕捞对渔业直接目标物种的影响，还要考虑对生态系统其他方面的影响，包括捕捞过程对栖息地和受保护资源的破坏。我们将特别关注应对生态复杂性的可行方案。分析中选用的模型必须符合管理者设定的目标，其中完整生态系统模型在辅助制定和评估宽泛的策略性目标方面具有不可估量的价值，而其他模型侧重于生态系统的特定组分或需要管理的重要物种，可能更适合解决措施性管理问题。

现在有非常多的模型可以分析被开发利用的水生生态系统，本章只能涵盖其中的一小部分。读者可以参考 Hollowed 等（2000）和 Whipple 等（2000）的早期综述，另外 Plaganyi（2007）对渔业背景下不同类型生态系统模型的特性、优势和劣势进行了很深入的论述。

第 8 章和第 10 章中提到，在考虑潜在渔获量和限制渔业的自然约束时，能量是一种合理的参考标准。在本章中我们继续这一议题，从能量的角度讨论渔获和生态系统的潜在产量。食物网底层的输入能量为整个食物网的生产力奠定了基础，尽管许多环境、生态和人为的驱动因素会影响具体生态系统的最终生产力水平。目前已有大量的文献基于 Ecopath with Ecosim(EwE) 的泛用性框架，应用质量平衡生态系统模型及其扩展的动态模型开展研究。此外也有许多补充性方法，但我们将重点关注 EwE，因为它应用广泛、易用性好（https://ecopath.org）、用户群体大。最近开发的 R 包（Rpath）现在也可实现 EwE 的调用（Lucey 等，2020）。我们也将从生物量谱理论的视角来探讨生态系统层面的渔获问题，其中的状态变量为个体大小，而不是分类学的物种。

对于渔获问题的更宽泛维度，我们需要更聚焦的模型来估计捕捞对栖息地和非目标物种的影响。在第 11 章中我们强调要回顾基础的捕捞过程，一定程度上正是出于这些考虑。渔业对栖息地和非目标生物的影响与捕捞努力量的水平和空间分布有关，并不直接反映在目标物种的捕捞死亡率等概念中。在前面的章节中，我们看到种群和群落可以表现出多重稳定态，在本章中我们将进一步扩展，探讨生态系统的多重稳态。

## 13.2　渔业生态系统的生产力

要估计渔业生态系统潜在的生产力，最简单，同时也可能应用最广泛的方法是利用叶绿素浓度或初级生产力与渔获量观测值之间的关系，这一方法已应用于许多淡水和海洋生态系统。大多数时候，该方法将各个水体在特定时间段内的叶绿素 a 浓度或初级生产力的平均水平与平均渔获量相匹配，这实际上是将观测值是作为空间重复，旨在识别叶绿素或初级生产力指标与渔业产量之间的相关性。Deines 等（2015）基于这类观测数据开展了一项全球淡水生态系统的汇总分析，证明了渔业产量与叶绿素 a 浓度之间存在线性关系。近年来，在海洋渔业生态系统也有大量的文献证明了叶绿素或初级生产力与渔业产量之间的关系〔见 Conti 和 Scardi（2010）、Chassot 等（2010）、Mcowen 等（2015）和 Friedland 等（2012）的汇总和综述〕。

上述方法基于一定假设条件，即渔业生产力在很大程度上受上行效应驱动，导致食物网底层输入能量与渔业产量之间存在直接关系（第 10.3 节）。Chassot 等（2010）得出的一项结论是，全球大海洋生态系统（LME）中渔业产量均受到初级生产力的制约。然而，Mcowen 等（2015）在比较了 47 个大海洋生态系统中上行和下行效应的相对强度后，发现其中 20 个以上行效应为主，16 个反映出重要的下行控制，而 11 个系统的控制方向并不确定。在生产力较高、捕捞压力较大的系统中，上行控制效应占主导地位；相反，在生产力和捕捞压力较低时，系统多出现下行控制。上行控制和下行控制的严格划分当然过于简单化（Mcowen 等，2015），因为在大多数系统中都混杂了两类控制。尽管如此，这种按渔业生产力的主要驱动因素划分系统类型的尝试为渔业产量预测提供了重要的见解，也可为渔业规划和管理提供初步估计。

在线性模型中可以将理化环境变量作为初级生产力指标，用于预测水生生态系统的渔业产量，其中一个早期的著名例子是基于淡水生态系统开发的形态指数（morphoedaphic index，MEI）（Ryder，1965，1982）。Ryder（1965）在其经典研究中检验了在北美洲 23 个高纬度湖泊中观测的鱼类产量与总共 16 个环境变量的关系。最终模型将产量作为总溶解固体浓度与水深（按总体积除以表面积计算）之比的函数。随后的分析使用了多元回归框架单独处理这些因子，并包含了温度、离子浓度等其他变量（参见 Pitcher，2016）。

## 13. 2. 1　简单食物链模型

在相关预测模型的发展过程中，将渔业食物网简并为线性食物链的方法有着悠久的历史。这种一般方法最著名的早期示例来自 Ryther（1969）[①]，其基本模型为：

$$Y = u(PP \cdot TE^{TL-1}) \tag{13.1}$$

式中，$Y$ 是预期的渔获重量；$u$ 是以比例表示的开发率；$PP$ 是以生物量表示的初级生产量；$TE$ 是相邻营养级之间能量流动的转换效率；$TL$ 是渔获物的平均营养级，通常将初级生产者的营养级设为 1。括号中的表达式为一定营养级鱼类的生产量。转换效率的取值范围为 0 到 1，但通常相对较低（许多早期研究中经常使用的典型值是 0.1，即 10% 的转换效率）。

Ryther（1969）估计全球渔业的潜在渔获量约为 1 亿 t，该研究首次将潜在渔业产量划分到不同的海洋区域，包括近海、外海、上升流和开放海洋系统。Ryther 进一步根据这些不同海域中估计的食物链长度差异，反映了生态系统结构和能量流动模式的根本差别。在 Ryther 预测中，全球海洋鱼类的产量约为 5 500 万 t。当前海洋捕捞渔业的年上岸量非常接近 Ryther 估计的潜在产量，尽管 Pauly（1996）认为 Ryther 的估计可能由错误的原因得到"正确的"结果，因为某些参数的误差相互抵消了。

由于食物网底层能流路径的差异，试图在全球范围内将初级生产力与鱼类产量联系起来非常困难（Carr 等，2006）。注意公式 13.1 假设了初级生产者仅包含单一功能组。Ware（2000）通过拓展 Ryther 模型，反映了微型、微微型和网采浮游植物（主要是硅藻）对年初级生产总量的贡献。微微型浮游生物是微生物循环的重要组成部分（第 10.3 节），来自该组分的能量须经过两步或更多步才能传递到中型浮游动物，而后者是许多水生食物网的关键连接点。Ware 的模型为：

$$Y = u(M_l PP \cdot TE^{TL-1}) \tag{13.2}$$

其中 $M_l$ 是可被中型浮游动物利用的年总初级生产量与异养微型浮游动物生产量的比例，后者来自微生物食物环（详见 Ware，2000）。Ware 进一步设置了初级生产量在给定生态系统中的留存率（$R_f$），$R_f M_l$ 的乘积即为中型浮游动物的生态营养效率（系统中中型浮游动物可获得的总初级生产量的比例）。Ware（2000）将该模型应用于北海，假设留存率为 95%，由此估计中型浮游

---

[①] 实际上，Ryther（1969）的分析只是众多类似方法中的一种（如 Graham 和 Edwards，1962；Schaefer，1965；Ricker，1969；Gulland，1970），其中一些方法同时使用食物链模型和不同的外推方法来估计全球鱼类潜力生产量和渔获量。

动物的生态营养效率约为 0.4。因此，微生物食物网途径导致了较高营养级最终可获得的总初级生产量大幅减少。

Stock（2017）从两个方面对 Ryther 方法做了重要修改：①对连接净初级生产量和渔业产量的基础模型进行了一系列修改，以包含额外的低营养级和环境输入；②在分析中明确包含渔获量的观测数据，并估算相对较不明确的参数。Stock 等收集了全球大海洋生态系统的初级生产量、中型浮游动物生产量、温度、向底栖生物的颗粒物输出、合计渔获物的平均营养级和渔获量的综合信息（图 13.1）。关于数据来源和处理的更多信息见 Stock 等（2017）。

Stock 等使用 Ryther 模型（公式 13.1）作为基础模型（模型 1），其中初级生产量、渔获量和渔获物的等效营养级（$TL_{eq}$）为给定信息，开发率（$u$）和转换效率（$TE$）是需要估计的自由参数。注意前述的 Ryther 和 Ware 模型并不直接使用产量的观测数据来估计预期产量，而是通过追踪能量在食物链中的顺序流动，确定渔获物所在平均营养级的生产量，然后据此设置开发率来获取预期渔业产量。

其后 Stock 等以底栖动物的碎屑通量（参见 Friedland 等，2012）和中型浮游动物的生产量替换了净初级生产力，得到了模型 2：

$$Y = u(f_{det} \cdot TE^{TL_{eq}-1} + P_{mz} \cdot TE^{TL_{eq}-2.1}) \tag{13.3}$$

其中 $f_{det}$ 是碎屑通量，$P_{mz}$ 是中型浮游动物生产量，其他项的定义如前所述。模型中的中型浮游动物营养级设为 2.1，并需要按照前述方法估算开发率和转换效率。Stock 等在模型 3 中针对暖水性生态系统，根据温度调整了模型 2 的传递效率：当 $T_{100} < T_{100,warm}$ 时，$TE_{warm} = f_T TE$，其中 $T_{100}$ 是各大海洋生态系统在 100m 水深的平均温度。该调整旨在反映较高温度下代谢需求的升高，以及由此导致的转换效率降低。其中无量纲因子 $f_T$ 和阈值温度 $T_{100,warm}$ 由模型估计得到，因此该模型有 4 个参数需要估计。Stock 等又在模型 3 的基础上构建了模型 4，分别估算了模型中底栖组分和中上层组分的传递效率。模型 4 的假设是，相对于二维的底栖环境，在三维的中上层水域中觅食能量成本更高。

Stock 等（2017）表明，相对于仅以 NPP 作为驱动因子的基础模型，通过加入低营养级的一般生命过程与生产途径，以及温度对转换效率的影响，模型中渔获量观测值与预测值的符合度可能会有显著改进。在模型 1～模型 4 中，渔获量的观察值和预测值之间的相关性分别为 0.47、0.64、0.75 和 0.79。这一系列模型 Akaike 信息准则（△AIC）的数值变化表明，模型拟合度的改进在校正估计参数的数量后具有显著统计学意义。图 13.2 展示了模型 4 中渔获量的观测值和预测值，其中渔获产量最高的是冷温性生态系统，其 $f_{det}/P_{mz}$ 的比率更高。许多历史上支持高产渔业的温带-北方浅滩生态系统都

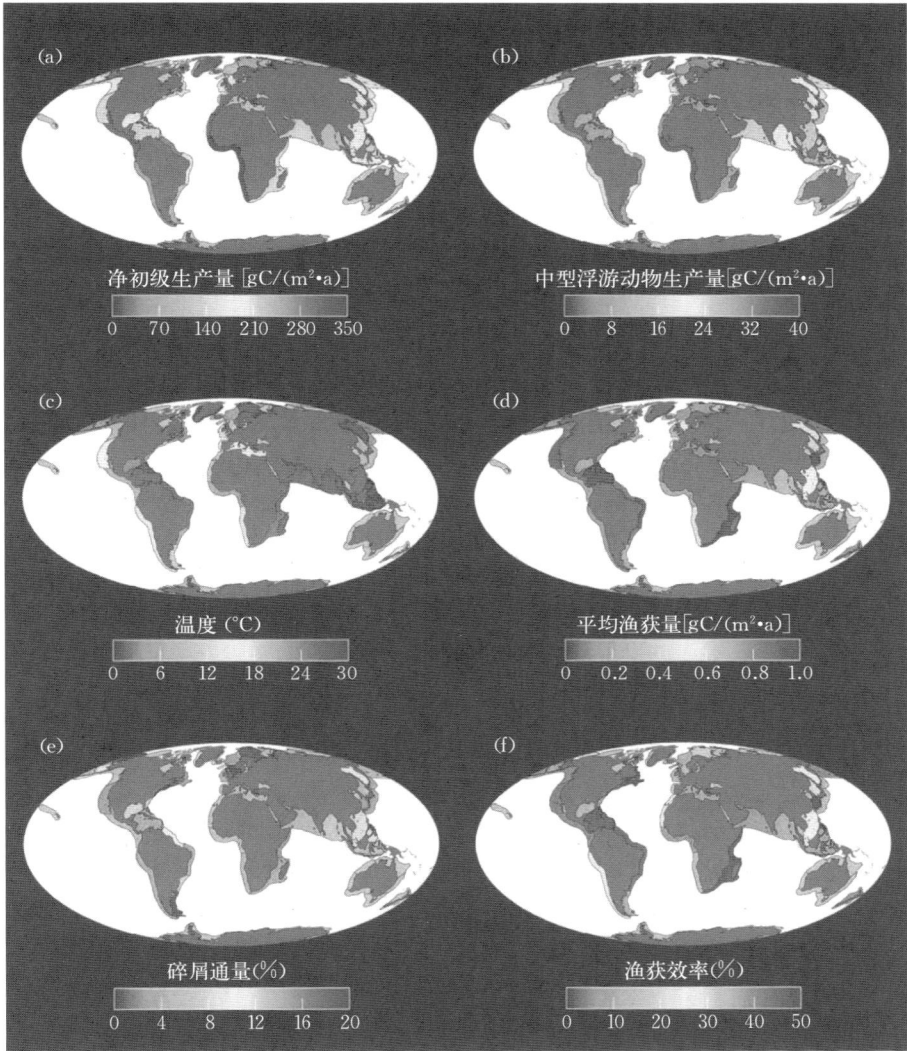

图 13.1 全球大海洋生态系统的 (a) 净初级生产量，(b) 中型浮游动物生产量，(c) 温度，(d) 平均渔获量（上岸量和抛弃量），(e) 碎屑通量（净初级生产量的百分比），(f) 渔获效率（渔获量与净初级生产量的百分比）（数据由 NOAA 的 Charles Stock 提供）

属于这一类。相比之下，温水性生态系统 $f_{det}/P_{mz}$ 比率较低，往往具有较低的渔业生产力（Stock 等，2017）。在图 13.2 中还可以看出，最优拟合模型④在一定程度上仍然低估了较低温度和较高的底栖-浮游比例对渔获量的积极影响。

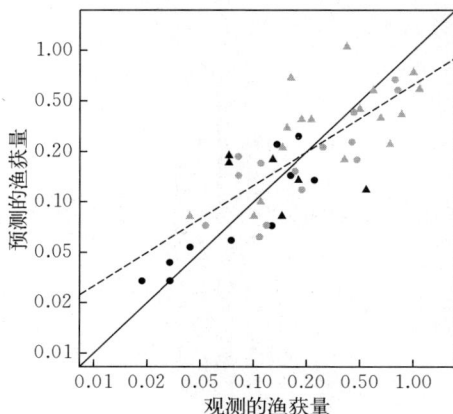

图 13.2　Stock 等（2017）的模型 4 中观测的渔获量［gC/(m² · a)］和预测渔获量（虚线）之间的关系。图中的点代表不同的大海洋生态系统，分为四种类型：①$T<20\ ℃$且 $f_{det}/P_{mz}>1$（蓝色三角）；②$T<20\ ℃$且 $f_{det}/P_{mz}<1$（蓝色圆圈）；③$T>20\ ℃$且 $f_{det}/P_{mz}>1$（红色三角）；④$T>20\ ℃$且 $f_{det}/P_{mz}<1$（红色圆圈）（数据由 Charles Stock 提供）

# 13.3　生态系统网络模型

我们在第 8 章介绍了个体层次的能量收支概念，并在第 10 章中将其扩展到生态系统层次，在本节中我们将进一步进行拓展。系统层次能量收支的许多基本要点在第 10.3 节中已做过介绍，本节将在此基础上构建已开发水生生态系统的质量平衡模型。

## 13.3.1　质量平衡模型

Polovina（1984）在一项开创性研究中描述了一种规范方法，分析西北夏威夷群岛 French Frigate 浅滩生态系统的能量收支平衡。该生态系统的网络示意图如图 13.3 所示。以往的研究主要针对特定情境平衡能量收支，而 Christensen 和 Pauly（1992）随后对该类方法进行了拓展，开发了一个泛用性的软件以促进该方法应用。该软件在静态质量平衡模型的基础上逐渐发展，现在包括了动态生态系统分析（Ecosim，参见第 13.3.2 节）、空间显式模型（Ecospace），以及其他的改进。EcoBase 数据库中现已包含 400 多个 Ecopath with Ecosim 模型（见 http：//ecobase.ecopath.org）。

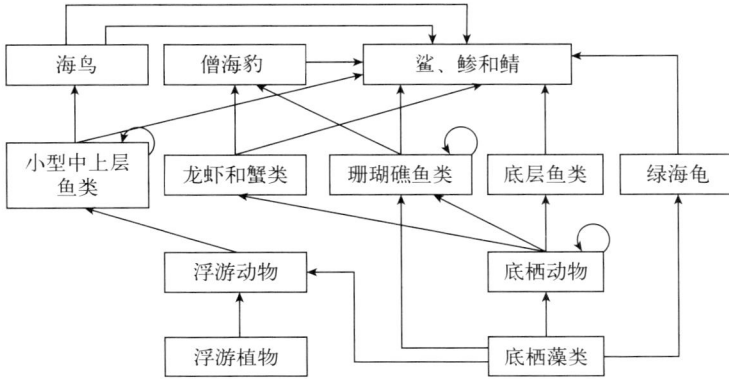

图 13.3　最初构建的 Ecopath 模型中 French Frigate 浅滩的食物网结构
（Polovina，1984）

在一个平衡的系统中，能量消耗必须满足系统层次的生产、呼吸和排泄要求。系统中各组分的能量平衡模型可表示为：

$$Q_i = P_i + R_i + U_i \tag{13.4}$$

式中，$Q_i$ 是第 $i$ 个营养组分的消耗量（能量摄取）[①]；$P_i$ 是生产量；$R_i$ 是呼吸量；$U_i$ 是排泄量（未同化的食物）。在大多数现有应用中，低营养级组分通常以功能群表示，而高营养级组分则尽可能地以单个物种表示，特别是经济上重要的物种或特别关注的物种。我们将不特别区分功能组或物种，在文中均以组分（compartment）来表示。在一个封闭的稳定系统中，第 $i$ 个组分的生产量由下式给出：

$$P_i = Y_i + M2_i B_i + (1 - EE_i) P_i \tag{13.5}$$

其中 $B_i$ 是生物量，$Y_i$ 是渔获产量（$Y_i = F_i B_i$），$M2_i$ 是单位时间（通常为一年）的捕食率，$EE_i$ 是生态营养效率（在系统中被消耗利用或被捕捞的生产量比例），而 $1 - EE_i$ 代表公式 13.5 中未包括的死亡比例，或称其他死亡率（$MO_i$）。$EE$ 值不能超过 1，在模型初始拟合中对该项的检查为初始解的非平衡性评估提供了重要的诊断依据。如果净迁移（迁出－迁入）不可忽略，则需在公式 13.5 的右侧添加一项来表示这一损失（通常以 $E_i$ 表示）。EwE 中还可

---

[①]　在第 8 章中，我们将摄入或消耗量作为 $I$。两种表示方法是一致的，但此处用了 Christensen 和 Pauly（1992）的原始符号，因为这为广泛的 EwE 用户群所熟悉。同样，在公式 13.8 中，我们根据 EwE 用法将"其他"死亡率写为 $MO$。

以加入生物量积累项（$BA_i = B_{i,t} - B_{i,t-1}$），以反映系统不处于稳定状态的情况。

物种 $i$ 的捕食死亡率可表示为：

$$M2_i = \frac{1}{B_i} \sum_j d_{ij} Q_j \qquad (13.6)$$

其中 $d_{ij}$ 是捕食者 $j$ 食物组成中饵料物种 $i$ 的比例。在许多情况下，生产量和消费量的直接观测可能很难获得，而生物量、生产量与生物量的比率（$P/B$）、摄食量与生物量比率（$Q/B$）则可以通过多种途径获得，如基于估计值汇总的荟萃分析（可在 EcoBase 和 FishBase 中获得）、异速增长关系（如 Peters，1986；Ware，2000）和其他预测模型（如 Palomares 和 Pauly，1998）。Ecopath 框架通过在质量平衡方程中设置生物量、$P/B$ 和 $Q/B$ 来应对这种缺少数据的情况。当净迁移率（迁出—迁入）可以忽略不计且生物量积累为零时，平衡方程可以表示为：

$$B_i \left( \frac{P_i}{B_i} \right) EE_i - Y_i = \sum_j \left( \frac{Q_j}{B_j} \right) d_{ij} B_j \qquad (13.7)$$

生物量与 $P/B$ 的乘积即为生产量（消耗量也是如此）。将生产量/生物量比率除以消耗量/生物量比率，得到 $P/Q$，即为生长效率。

## 13.3.2　Ecosim

Walters 等（1997）将 Ecopath 方程描绘的静态图景转换为了 Ecosim 模块中的动态模拟。Ecopath 质量平衡模型（公式 13.7）可以转化为微分方程组：

$$\frac{dB_i}{dt} = g_i \sum_j Q_{ji} - \sum_j Q_{ij} - MO_i B_i - Y_i \qquad (13.8)$$

式中，$g_i$ 是生长效率；$Q_{ji}$ 是组分 $i$ 对组分 $j$ 的消耗率；而 $Q_{ij}$ 是组分 $j$ 对组分 $i$ 的捕食造成的损失；$MO_i$ 是模型中除捕食以外的所有因素造成的瞬时自然死亡率；$Y_i$ 是组分 $i$ 的产量［参见 Walters 和 Martell（2004）的综述］。模型的组分可以进一步划分不同生活阶段，以表示摄食组成随个体发育的变化或对捕食和捕捞脆弱性的差异。Ecosim 中还可以设置不同作业类型对总产量的贡献率以及迁入迁出项。在模型求解中，通常根据相应 Ecopath 平衡模型的参数估计来设置初始条件，对上述方程组进行数值积分。

Ecosim 中采用了 Walters 和 Kitchell 的索饵场概念（2001；见第 4 章），以反映饵料物种受捕食者影响的程度（脆弱性，vulnerability）。以 $V_{ij}$ 表示一定时间内物种/组分 $i$ 的生物量中受捕食者/组分 $j$ 作用的部分，而 $B_i - V_{ij}$ 是相应时间内不受捕食作用的生物量。$V_{ij}$ 的变化率与组分 $i$ 生物量库中脆弱部分和安全部分的转化率以及捕食损失有关：

$$\frac{\mathrm{d}V_{ij}}{\mathrm{d}t} = v_{ij}(B_i - V_{ij}) - v'_{ij}V_{ij} - a_{ij}V_{ij}B_j \qquad (13.9)$$

其中 $v_{ij}$ 和 $v'_{ij}$ 是生物量的安全库和脆弱库之间的瞬时转化率。公式 13.9 右侧的第一项是进入脆弱库的通量率，第二项是从脆弱库到安全库的通量率。参数 $a_{ij}$ 的表示捕食者和被捕食者之间的相遇率。通过将公式 13.9 设置为零，可求解系统的平衡状态（在短时间内维持平衡）：

$$V_{ij} = \left( \frac{v_{ij}B_i}{v_{ij} + v_{ij} + a_{ij}B_j} \right) \qquad (13.10)$$

注意到 $Q_{ij} = a_{ij}V_{ij}B_j$（Walters 和 Martell，2004），因此由物种 $i$ 流向 $j$ 的消耗量为：

$$Q_{ij} = \left( \frac{a_{ij}v_{ij}B_iB_j}{v_{ij} + v_{ij} + a_{ij}B_j} \right) \qquad (13.11)$$

其中所有变量的定义如前所述。以上计算步骤适用于除第一营养级以外的其他所有营养级。对于初级生产者，生产量设为随生物量增加的饱和函数，反映了一定密度下的光照限制和营养限制等。注意公式 13.11 中分子所反映的质量作用动态为经典线性功能摄食响应，而分母则反映了依赖于捕食者的功能响应（见第 4.2.5 节），其中捕食者之间的相互干扰影响了捕食死亡率。捕食者间强烈的相互干扰将会限制捕食者对被捕食者的总体影响，相反若捕食者间的干扰很弱，则会对被捕食者构成较强的下行控制。

为了便于说明，图 13.4 以 French Frigate 浅滩为例，展示了 Ecosim 模型的输出结果，模型中使用 Polovina 的初始公式。在研究的模拟场景中，开始时 French Frigate 浅滩处于未开发状态，其后小型中上层鱼类的渔业逐渐发展，我们探讨了该渔业对生态系统其他组分的衍生影响。在许多水生生态系统中，小型浮游生物食性鱼类在能量从低营养级向高营养级的传递过程中发挥着核心作用。Polovina 能流图（图 13.3）分析为我们理解中上层渔业的影响会在何处呈现提供了宝贵见解。与未开发状态相比，在小型中上层鱼类（鸟类的重要食物）的开发率为 0.3 时，海鸟生物量显著下降，而僧海豹生物量未见明显影响（图 13.4a）；虎鲨和鲭的数量略有下降，而礁鲨未受影响（图 13.4b）；底层鱼类略有下降，而岩礁鱼类未受影响（图 13.4c）。图 13.4d 显示了渔业对目标中上层鱼类的影响；有趣的是，它们的主要饵料之一浮游动物受到的影响很小，尽管我们可能预期随着捕食者群体的捕食压力释放，其数量将会有较大的上升。在观测数据中绿海龟（图 13.4a）和鲹（图 13.4b）数量的增加似乎反映了系统中的间接效应。渔业对其他所有低营养级生物（未显示）的影响可以忽略不计。

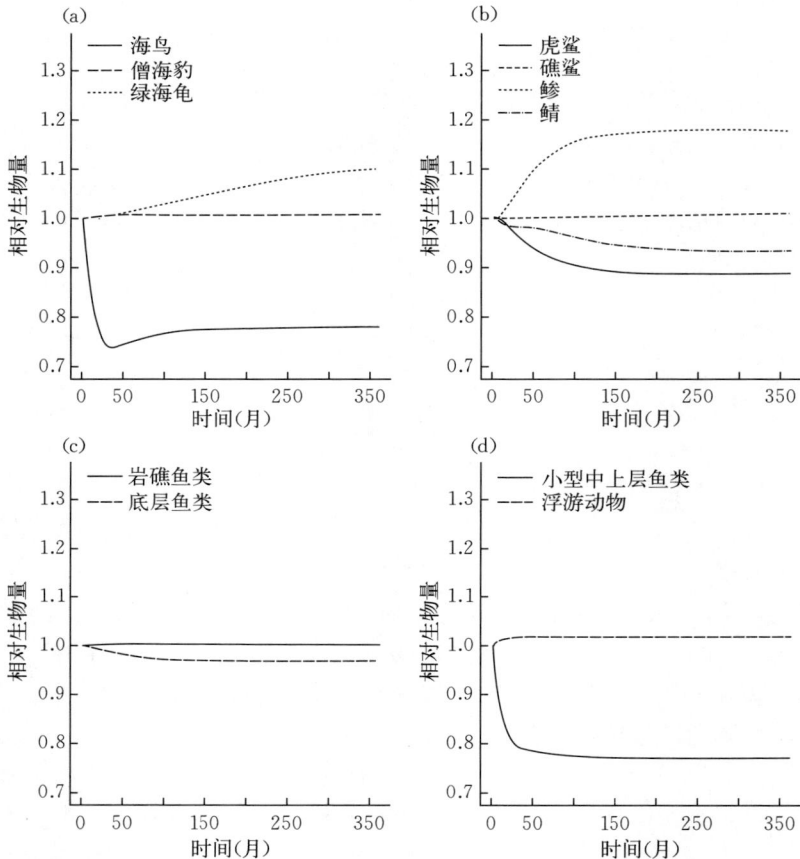

图 13.4　French Frigate 浅滩 Rpath 模型预测的种群数量轨迹，结果显示了不同类群对小型中上层鱼类渔业发展的响应（开发率设为 0.3）。图中分别表示了（a）"感兴趣的巨型动物"，（b）高营养级捕食者，（c）岩礁和底层鱼类，以及（d）浮游动物和小型中上层鱼类（Sean Lucey 提供分析）

## 13.4　粒径谱

Jennings 等（2008）结合了宏观生态学、生活史原理和食物网生态学的理论发展，估计了全球海洋鱼类的生物量。该研究根据 Longhurst 等（1995）的方法，由叶绿素 a 的卫星遥感观测计算初级生产力，并应用宏观生态学理论，将生产量转化为生物量。其中将生产量（$P$）作为体重（$W$）的幂函数：

$$P = e^{25.22 - \frac{E}{kT}} W^{0.76} \tag{13.12}$$

式中，E 是新陈代谢的活化能（0.63eV），k 是玻尔兹曼常数（8.62×

$10^{-5}$ eV/K)，$T$ 是开尔文温度（Brown 等，2004）。将公式 13.12 的两边除以 $W$，得到单位质量的生产量为：

$$\frac{P}{W} = e^{25.22 - \frac{E}{kT}} W^{-0.24} \qquad (13.13)$$

因此 $P/W$ 随 $W$ 的增大而减少，随 $T$ 的升高而增加。利用 $P/W$ 将生产量转化为生物量，由此得到浮游植物质量中值对应的总生物量（$B_{tot}$）估计值为：

$$B_{tot} = \frac{P_{tot}}{P/W} \qquad (13.14)$$

将全球海洋划分空间网格，并在每个单元中构建粒径谱。该粒径谱以浮游植物生物量及其个体大小中值为起点，斜率为：

$$\frac{\log \varepsilon}{\log \mu} + 0.25 \qquad (13.15)$$

式中，$\varepsilon$ 是营养传递效率，$\mu$ 是捕食者与被捕食者的质量比，log 是以 10 为底的对数。假设 $\varepsilon = 0.125$，$\log \mu = 3$，则生物量谱的斜率为 $-0.051$，接近预期值（见第 10.6 节以及 Edwards 等，2017）。

根据以上方法，可估计出体重大于 $10^{-5}$ g 海洋动物的全球生物量为 26 亿 t，相应的生产力为 100 亿 t/年。通过追踪鱼类从孵化到最大体重的种群数量变化，可以估算其对总生物量的贡献，其中关键假设是 1.1 g 体重组包含的所有个体中有 50% 是鱼类。鱼类总生物量和生产量的估计值分别为 8.99 亿 t/年和 7.91 亿 t/年。这一鱼类总生产量的估计值比 Ryther（1969）的估计高出三倍多，主要是因为从遥感数据获取的初级生产量的水平较高。该方法估计全球 90% 海域内的海洋动物生产量，但不包括极地地区，因为遥感在高纬度地区受到限制。

Jennings 和 Collingridge（2015）在以上粒径谱方法的基础上作了改进，从全球气候模型获取初级生产力估计，并按照不同细胞大小估算了浮游植物在高营养级中输出或消耗的比例。当浮游植物中小细胞类群（微型和微微型浮游生物）占据优势时，能量向中型浮游动物传递需要经过更多的环节，而水体生物向底栖动物的输出较少。根据模型预测，体重在 1 g 至 1 000 kg 之间个体的总生物量在温带和沿海上升流区最高，而在大洋中部环流和地中海最低（图 13.5a）。消费者的生产量在温带、上升流区最高，对应其较高的生物量；在赤道地区也较高，因为生产量与生物量的比率取决于温度（图 13.5c）。全球 80% 的消费者生物量集中在不到海洋总面积 1/3 的区域。

该研究得出了个体体重在 1 g 至 1 000 kg 之间消费者生物的全球生物量估计，中值为 49 亿 t，90% 的置信区间为 3 亿～261 亿 t。之前研究中，基于个体大小的方法（Jennings 等，2008）和基于箱式模型（Wilson 等，2009）的估计值分别为 9 亿 t 和 20 亿 t，低于该中值，但仍在不确定性区间内。同时该

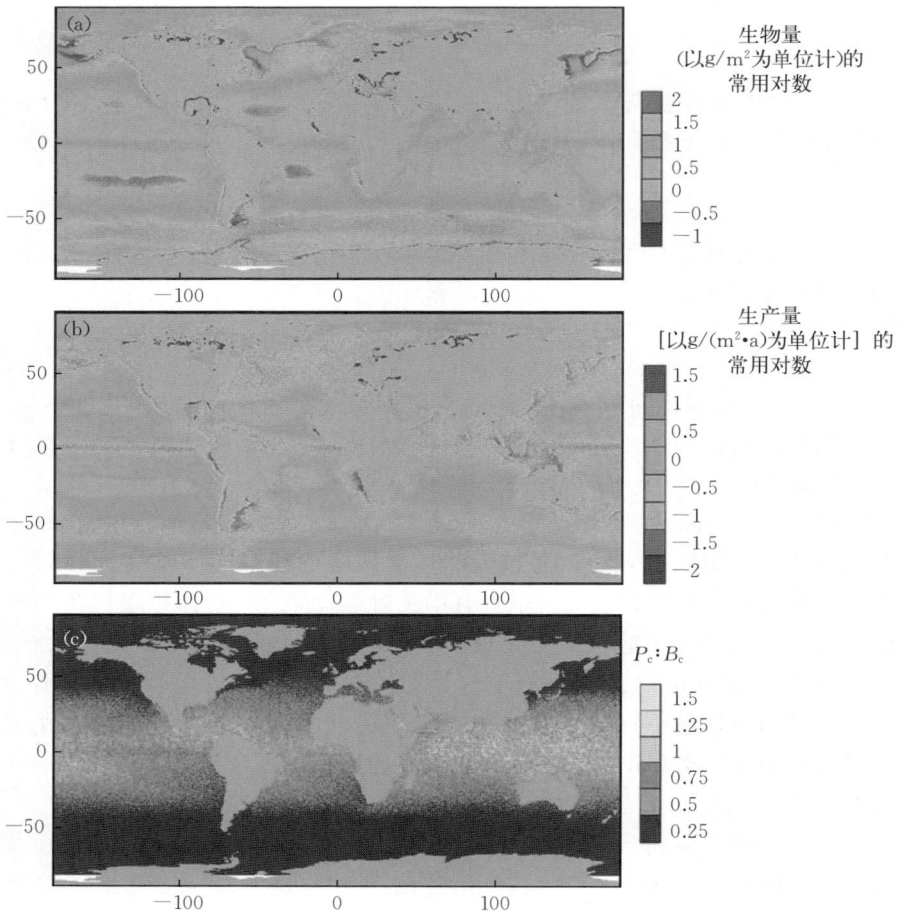

图 13.5　模型预测消费者生物的全球分布，包括（a）生物量、（b）生产量、（c）
　　　　生产量与生物量的比率（$P_c$∶$B_c$），预测结果涵盖体重为 1g 至 1000kg 的
　　　　个体。白色区域是全球气候模型域中未包括的海域，主要位于南极海域
　　　　（引自 Jennings 和 Collingridge，2015）

中值仍低于基于大洋中脊声学数据的估计，后者估计全球生物量为 110 亿～
150 亿 t（Irigien 等，2014）。

　　基于简单宏观生态模型可以预测未开发生态系统的基线状态，用于校准更
复杂的基于个体大小和生态特征的模型，以估计潜在的渔业产量。后者的校
准过程中将最小化粒径谱斜率的差异作为目标函数。基于大小和特征的模型
与 LeMANS（第 12.9 节）相似，可以反映多个物种的个体大小分布。相关

研究对该类方法作了改进，以包含初级生产力和温度的变化对生态速率的影响。

该研究在评估捕捞的影响时，设置了一系列总体捕捞死亡率以及 8 cm 或 20 cm 两个最小可捕体长，其中较小的体长模拟了上升流区饵料鱼类渔业。研究计算了包含所有大小消费者的最大多物种平衡产量（MMEY），基于选择性的不同，其全球总估计值在 1.3 亿～5.12 亿 t/年，其产量大部分来自最大体重 $W_\infty < 1$ kg 的小型物种。中型物种（$W_\infty$ 在 1～10 kg）的 MMEY 为 0.5 亿～0.65 亿 t/年，大型物种（$W_\infty > 10$ kg）为 0.19 亿～0.26 亿 t/年。中型和大型物种的总产量与 FAO 报告的 2015—2016 年上岸量与抛弃量之和——0.8 亿 t/年相符（FAO，2018）。该结果表明要提高全球渔业产量，需以小型个体和小型物种为目标，包括中上层鱼类和磷虾。

这种基于个体大小的方法已被进一步扩展，用于评估气候驱动下温度和初级生产力变化对高营养级消耗和生产的影响。如 Blanchard 等（2012）构建了一个物理-生物地球化学耦合模型，在 11 个大型地区性陆架海域进行了参数化，覆盖了 28 个大海洋生态系统。这一物理-生物地球化学模型由痕量气体驱动，其浓度分别设置为 1980 年水平和 IPCC "一切照旧" 情景中 2050 年的值，以模拟气候变化的影响。该模型的输出被用作一个基于个体大小的中上层捕食者和底栖碎屑食性者模型的输入，并做了一定修改以反映温度对生物摄食和内禀死亡率的影响。

伴随着气候变化，热带大陆架和上升流地区（特别是印度-太平洋、北洪堡洋流和加那利洋流）的潜在鱼类生产量预计将下降 30%～60%，而一些高纬度大陆架海域的潜在鱼类生产量将增加 28%～89%（图 13.6）。中上层捕食者生物量的预期变化更多地反映了浮游植物密度的变化，而非温度的变化。例如，北欧海（Nordic Sea）和几内亚洋流系统的鱼类生物量预计会增加，但加那利洋流系统的生物量会减少，尽管这三个地区预期的温度升高幅度大致相似。该结果证实，潜在的渔业产量主要取决于可利用的初级生产力。

该研究将个体大小为 1.25 g 至 100 kg 的中上层生物标记为鱼类，因为通常鱼类在这一体重范围占据优势地位。假设该大小范围内的所有个体都受到相同捕捞死亡率的作用（$F = 0.2$/年或 0.8/年），以评估捕捞和气候变化对鱼类生物量、生产量和潜在产量的综合影响。模型预测与粒径谱基线存在一定偏离，在低捕捞压力（$F = 0.2$）下，该偏离主要是由气候效应导致的，而在捕捞死亡率较高（$F = 0.8$）时，捕捞效应占主导地位。气候变化可能放大也可能补偿捕捞对群落粒径谱的影响，这取决于浮游植物密度是增加还是减少。

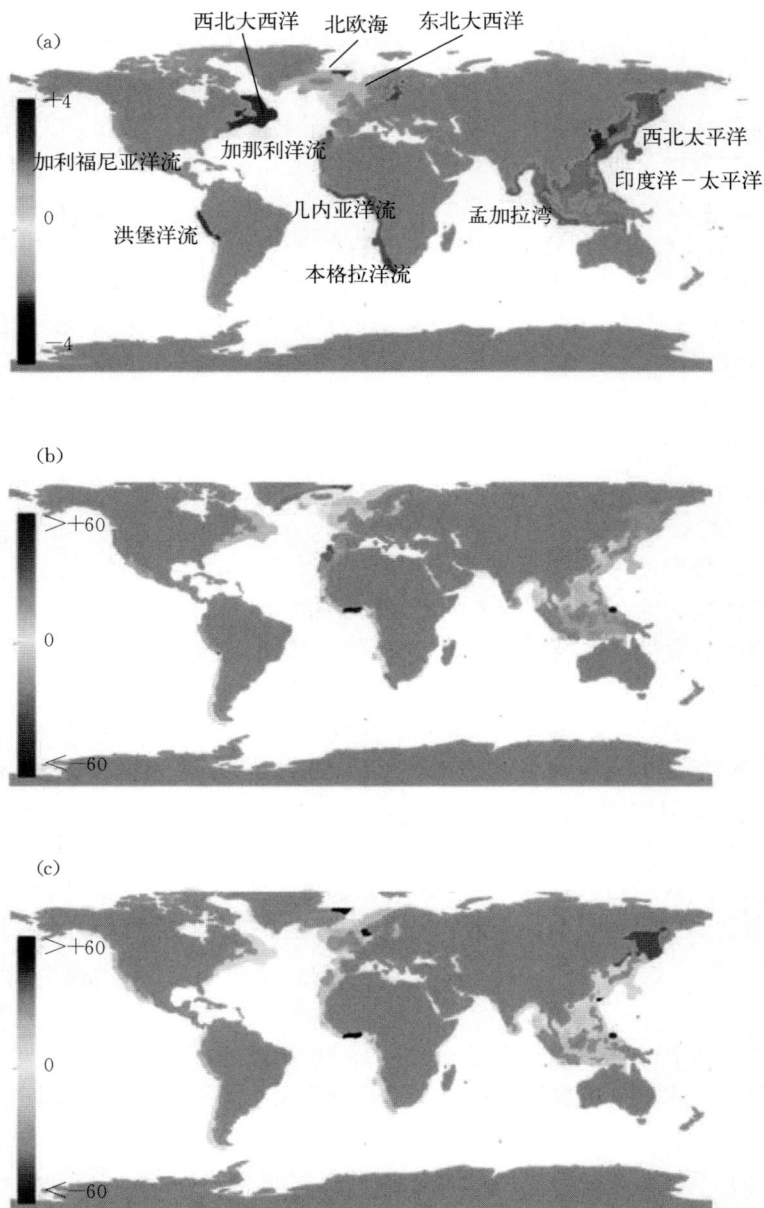

图 13.6 气候变化场景下预测的生态系统 2050 年的平均相对变化，其中
(a) 混合层温度（℃）变化、(b) 浮游植物密度和 (c) 中上层捕
食者生物量密度的百分比（％）变化（改自 Blanchard 等，2012）

# 13.5　对生境的影响与承载力

鱼类的生产力和承载力在很大程度上取决于其整个生命周期所依赖的一系列物理和生物环境条件。由于鱼卵、仔鱼和幼鱼所需条件各不相同，因此应根据每个生命阶段来定义鱼类的关键生境。除了捕捞造成的直接死亡外，渔具还会破坏鱼类的栖息地（Auster 和 Langton，1999），其中最受关注的是海底拖曳性渔具，也即底拖网和挖掘采捕。这些渔具广泛用于世界各地的大陆架海域，贡献了海洋鱼类产量的 1/4(FAO，2018)。

通过拖网实验以及拖网和未拖网区域的空间比较，相关研究深入探究了底层渔业对底栖生境的影响。从这些研究的荟萃分析中我们知道，在未受扰动栖息地的单次拖网作业会导致拖网路径上 20%～50% 的生物死亡（Collie 等，2000；Kaiser 等，2006)，该死亡百分比取决于渔具类型、作业深度、沉积物类型和不同类群的敏感性。底层作业渔具造成的死亡率取决于其与海底的接触面积以及在沉积物中的穿透深度（Hiddink 等，2017），在单位面积下挖掘采捕比拖网造成的扰动更强烈。拖网扰动对水深较深、淤泥或砾石底质的栖息地影响最大（Collie 等，2005），具有露出型底表动物的生境对底拖网捕捞的扰动特别敏感。

作为一种一般性的模式，在经历频繁的潮汐、海浪和风暴等自然扰动的生境中，底栖生物群落对底拖网捕捞的敏感性较低，而在大多数风暴波穿透深度（约 50 m）之下的更深生境中，底栖生物群落的敏感性更高。在这种模式的有效范围内，我们可以根据深度、潮流和沉积物类型等物理变量来预测和描绘海底生境对底拖网捕捞的敏感性（Kostylev 等，2005a）。尽管这种扰动效应模式很有吸引力，Hall（1999）指出只要拖网导致的死亡率是可加的，其影响就不能以自然扰动完全代表。

底栖动物对底层捕捞扰动的敏感性取决于它们的个体大小、种群增长率和身体硬度。在 Collie 等（2000）的荟萃分析中，海葵和甲壳类动物最为脆弱，而寡毛类动物和海星的脆弱性最低。因此，在拖网捕捞强度较高的地区，物种组成将转变为周转率较高的小型物种，如小型环节动物。然而，生产量与生物量比率的增大并不足以弥补生物量的减少（Jennings 等，2002）。虽然底拖网捕捞导致一些不敏感物种的相对丰度增加，但平均而言所有类群的绝对丰度都会减少。

扰动效应模式反过来也能用于种群恢复。在拖网实验研究和区域对比研究之后，相关学者还测量了其恢复率（Hiddink 等，2017）。受扰动地区生物的数量丰度比生物量恢复得更快，因为后者依赖于长生命周期种类的个体生长。

群落从未受影响时生物量的 50% 恢复到 95% 所需时间与底质类型有关，从淤泥到砾石型底质所需时间中值在 1.9～6.4 年 (Hiddink 等，2017)。对脆弱类群，如玻璃海绵和珊瑚生境的研究太少，无法纳入荟萃分析，但其恢复可能需要几十年或几个世纪 (NRC，2002)。

与捕捞死亡率一样，拖网导致的扰动死亡率通常以指数过程来表示。在未受扰动栖息地的第一次拖曳造成的损害最大，随后的拖曳造成了相同的相对死亡率，但剩余群体的绝对死亡率会下降。因此，空间管理规则禁止或减少空间足迹，以降低拖网造成的死亡率，而常见管理措施则将相同的努力量分配到更大范围 (Jennings 等，2012)。拖网捕捞的空间分布呈现斑块化，大陆架的一小部分海域被高强度捕捞 (每年 1～10 次)，而更多的区域被轻度捕捞 (每年<1 次) 或未捕捞 (Amoroso 等，2018)。高强度捕捞海域与脆弱栖息地的重合之处是最受关注的区域，这些区域也是设置禁渔区限制底拖网捕捞的最佳选择。

## 13.5.1　对生产力和渔获量的影响

底拖网捕捞除导致底栖动物群的直接死亡外，人们还关心它可能间接影响底层鱼类生产力，因为这些鱼类依赖底栖生境提供的食物和庇护所 (Auster 和 Langton，1999)。历史数据表明，在底拖网广泛应用之前，大陆架生态系统可能支持了较高的鱼类产量 (Bolster，2008)，但这种高产量可能只是反映了渔业发展过程中对现存种群的大量移除。因此，很难区分捕捞死亡率的直接影响和底拖网对鱼类生产力的潜在间接影响。

有研究在澳大利亚西北部大陆架进行了一次大规模的捕捞实验，检验了关于底层鱼类群落动态调控因素的几个假设 (Sainsbury 等，1991)。这项实验响应了 200 n miles 专属渔业区背景下重建枯竭鱼类种群的需求，也是采取积极适应性管理的罕见例子。Sainsbury 等开发了一个时滞差分模型来描述四个物种群的动态：裸颊鲷 (*Lethrinus*) 和笛鲷 (*Lutjanus*) (L&L)，以及蛇鲻 (*Saurida*) 和金线鱼 (*Nemipterus*) (S&N)。该研究根据四个不同假设分别构建模型：①各个物种组的动态由种内过程和捕捞压力独立调控，②存在种间调控机制，L&L 对 S&N 的种群增长率产生负影响，③存在种间调控机制，S&N 对 L&L 的增长率产生负影响，④L&L 受到大型底栖生物覆盖率的制约，而底拖网会破坏这些底栖生物。

该研究根据 1985 年之前的观测数据对多物种时滞差分模型进行了参数化，并预测了适应性管理的后果和可能收益。使用贝叶斯定理估计了各个假设的相对受支持度：

$$P_y(m_i) = \frac{P_0(m_i)L(O_y|m_i)}{\sum_j P_0(m_j)L(O_y|m_j)} \tag{13.16}$$

式中，$P_y(m_i)$ 是模型 $m_i$ 在第 $y$ 年正确的概率；$P_0$ 是初始概率（即先验）；$L(O_y|m_i)$ 是若 $m_i$ 为正确模型，在第 $y$ 年获得观测值 $O$ 的似然性。

在实验开始之前，假设 1 和假设 3 几乎没有得到支持，而假设 2 和假设 4 受支持的概率接近（表 13.1）。在实验中划分了 3 个大区域，依次在其中两个区域禁止底拖网捕捞，而在第三个开放捕捞。五年后，禁渔区内大型和小型底栖生物（海绵）的覆盖率增加（图 13.7），为栖息地假设提供了更多支持（表 13.1）。Sainsbury 等（1997）的结论是，多物种鱼类群落的物种组成在很大程度上取决于海底表层栖息地，并且如果可以使用陷阱等替代渔具来避免或大幅减少对栖息地的改变，则可能获得高价值的渔获产量。自 Sainsbury 的开创性实验以来，很少有实地研究探讨底层捕捞对底栖生物生产力的间接影响，但栖息地相关的渔业模型得到了较大发展。

表 13.1　西北大陆架实验之前（1985 年）和实验开展五年之后（1990 年）各个假设的正确概率。模型的物种组为裸颊鲷和笛鲷（$L\&L$），以及蛇鲻和金线鱼（$S\&N$）（改自 Sainsbury 等，1997）

| 假设 | 实验前 | 实验五年后 |
|---|---|---|
| 1. 种内控制 | 0.01 | 0.02 |
| 2. 种间控制（$L\&L < S\&N$） | 0.52 | 0.33 |
| 3. 种间控制（$S\&N < L\&L$） | 0.01 | 0.03 |
| 4. 生境依赖 | 0.46 | 0.62 |

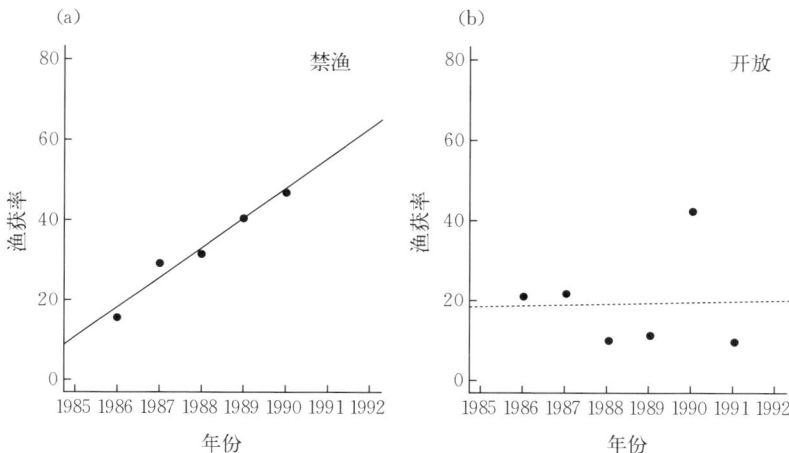

(a) 禁渔

(b) 开放

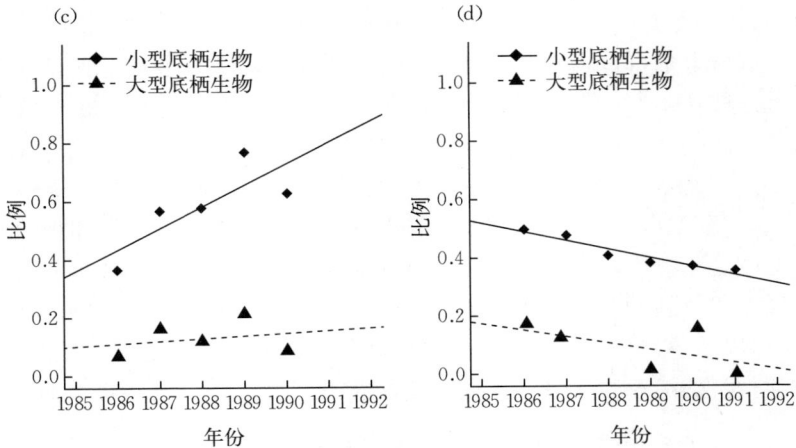

图 13.7　基于每年科研调查估算的裸颊鲷和笛鲷（a）在禁止拖网捕捞区域的总渔获率（kg，每 30 min 拖网），（b）在允许拖网捕捞区域的总渔获率，以及大型和小型底栖生物在（c）禁渔区和（d）开放区中覆盖海床的比例（改自 Sainsbury 等，1997）

为了反映栖息地状况的时间动态，Collie 等（2017）将此方法进行了扩展，构建了栖息地（$H$）、底栖饵料生物（$B$）和鱼类（$F$）的耦合模型[①]：

$$\frac{dH}{dt} = r_H(1-H) - q_H EH$$

$$\frac{dB}{dt} = r_B(B_{max} - B) - a_F BF - q_B EB \tag{13.17}$$

$$\frac{dF}{dt} = \gamma a_F BF - PF[a_{PH}H + a_P(1-H)] - \mu_F F - q_F EF$$

捕捞努力量（$E$）影响 $H$、$B$ 和 $F$，其相对可捕性（脆弱性）分别为 $q_H$、$q_B$ 和 $q_F$。底栖动物被鱼类摄食，捕食率为 $a_F$，而被摄食的 $B$ 转换为 $F$，其转化效率为 $\gamma$。假设栖息地为鱼类提供了回避其捕食者（$P$）的结构性庇护所，因此 $H$ 内的捕食率（$a_{PH}$）是 $H$ 外的 1/10（$a_P$）。最后，模型还包括了其他原因造成的鱼类自然死亡率 $\mu_F$。

该研究设计了多个场景，以分析相关过程对鱼类平衡产量的影响，特别是 $MSY$、$E_{MSY}$ 和 $E_{ext}$，其中最后一项为最大的可能捕捞努力量，超过该值将致使鱼类种群崩溃（图 13.8）。随着栖息地对捕捞的脆弱性逐渐增加，平衡产量将

---

① 　这里我们保留了作者的原始标注；在本书的前面的公式中，一些意义类似的系数使用了不同的符号来表示。

降低，但 $E_{MSY}$ 变化不大，后者主要取决于 $B$。随着 $q_H$ 的增加，产量在开始时下降很快，而后随着 $H$ 耗尽而逐渐稳定。如果捕捞导致捕食者种群枯竭，栖息地提供庇护将不再重要。这模拟了一种可能的真实情况，即 $H$ 和 $P$ 同时被捕捞耗尽，而目标物种 $F$ 会获得了更高产量。

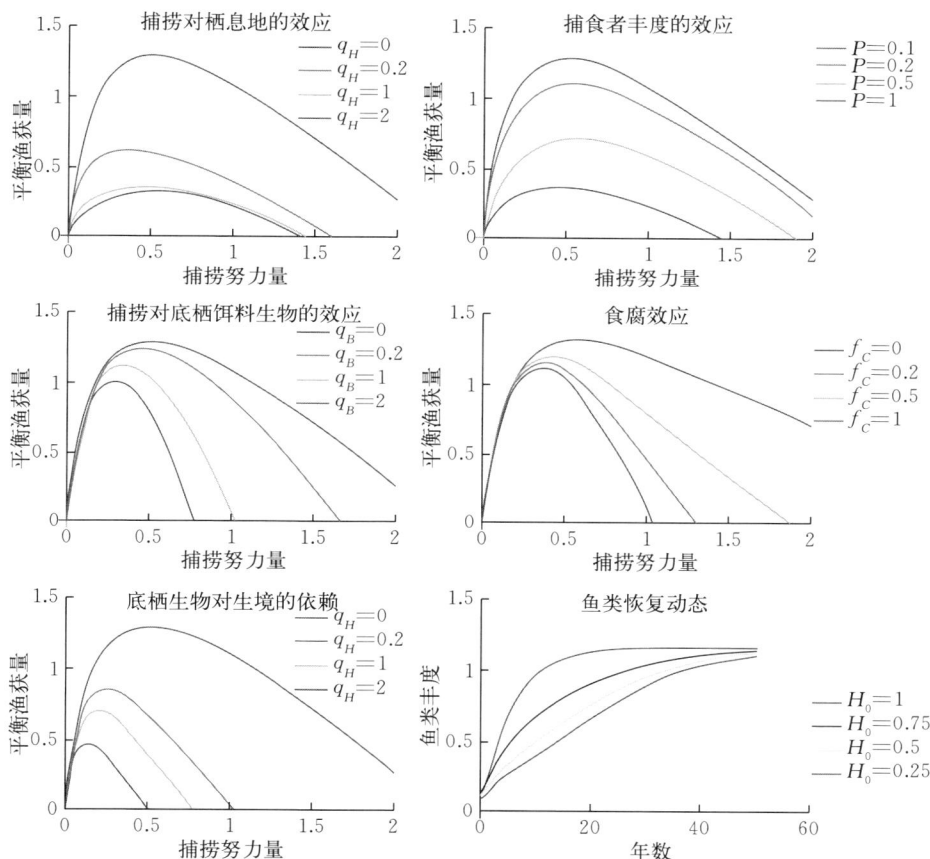

图 13.8  Collie 等（2016）的栖息地-底栖生物-鱼类耦合模型计算的鱼类平衡产量曲线。经许可转载（© J. Wiley and Sons Ltd.）

随着底栖饵料动物对捕捞的脆弱性（$q_B$）增大，$MSY$ 会略微降低，同时 $E_{MSY}$ 也会降低而 $E_{ext}$ 降低显著（图 13.8）。如果被捕捞杀死的底栖生物中有一部分可以作为腐食性鱼类的饵料，这种影响将会减轻。如果稍微调整模型，使得底栖动物的生产量与栖息地相关（而不是鱼类的捕食风险），则鱼类的平衡产量曲线将会下移；若 $H$ 对捕捞压力的脆弱性增加，产量曲线将左移。最后，当栖息地大小减少到未捕捞水平的 0.25 时，枯竭鱼类种群的恢复将会很缓慢。

这些启发式场景表明了底拖网对生境结构和底栖饵料物种的影响——可能间接影响到鱼类的生产力过程。针对这些过程的实证研究正逐渐增加，但只有少数能够同时测量底拖网对底栖动物、鱼类摄食、个体状况和生长的影响（Johnson 等，2015；Hiddink 等，2016）。对脆弱生境进行高强度拖网捕捞可能会降低鱼类生产力，从而改变生物学参考点。在砂质底生境中，底层渔业的间接影响相对于直接捕捞死亡率的效应而言可能很小。捕捞努力量的斑块化分布，加上底层鱼类的觅食行为，可能会减轻底层渔业造成的间接影响。

## 13.5.2  兼捕及其对保护物种的影响

大多数渔具能够捕获多个物种，而大多数物种也可被多种渔具所捕获，这称为技术相互作用（technical interaction）。渔获量可分为三个主要组成部分：①上岸量（landings）：因其具有经济价值而保留的部分（目标和非目标鱼种）；②副渔获物（by‑catch）：在海上抛弃并死亡的部分；③释放：被释放并存活的部分。副渔获物是渔获物中在海上被抛弃、已死亡或受伤将会死亡的部分（Hall，1996）。禁捕的物种（prohibited species）是指法律规定必须送归海洋的任何物种。渔获筛选（high grading）是丢弃一部分可售卖的物种，以保留个体更大、价格更高的相同的种或价值更高的其他物种。

Alverson 等（1994）估计全球抛弃渔获量为 0.27 亿 t（范围为 0.179 亿～0.395 亿 t），意味着当时的全球总渔获量（约 1 亿 t）中约有 1/4 被抛弃。抛弃量最高的海域为东北太平洋，抛弃率最高的渔业为虾拖网。被抛弃渔获物的估计价值以百万计，因此副渔获物被认为是对食物和潜在经济利益的浪费，这是渔业管理中的一个核心挑战。最近的评估表明，渔获抛弃现象有所减少，可能反映了管理者为减少这种行为而做出的巨大努力。目前学者对全球抛弃的估计略低于 1 000 万 t（如 Pérez Roda 等，2019）。

联合国粮农组织在《负责任渔业行为守则》（1995）中明确指出应制止渔获物抛弃。美国《国家标准 9》规定，"养护和管理措施应在切实可行的范围内①尽量减少兼捕，②在无法避免兼捕的情况下，尽量减少兼捕渔获物的死亡率"。《渔业对粮食安全的可持续贡献京都宣言和行动计划》（1995）第 15 号宣言指出，"他们将通过研发以及使用具选择性、环境安全和成本效益高的渔具和技术来促进渔业发展"。

副渔获物的监管被认为是一个"双杠杆"系统。基本的副渔获方程可以表示为：副渔获总量＝捕捞努力量×单位努力量的副渔获量。降低该方程第二项的一般方法是开发和实施更具选择性的渔具。许多渔具类型可以用来减少副渔获物，而同时不会严重降低目标物种的渔获量（Hall 和 Mainprize，2005）。如果这些实验性渔具研究可以推广应用到实际渔业规模，那么副渔获物总量可以大幅减少，而全球渔获量仅会有小幅度的下降。然而，这些措施的实施面临许多挑战，因为使用更具选择性的渔具往往会增加生产成本并降低效率。

### 13.5.2.1 保护物种

渔具对受保护物种的意外捕捞可能是许多海洋哺乳动物、海龟和海鸟种群死亡的主要原因。强制性渔具改进和时空管理策略在减少副渔获物和保护物种死亡率方面发挥着关键作用。模型通常用于评估管理方案，以及筛选成功概率最高的方案。例如，根据 1973 年《美国濒危物种保护法》，美国东海岸的红海龟（*Caretta caretta*）目前被列为濒危物种，该物种受到的主要威胁包括渔具的兼捕和对其筑巢海滩的扰动。相关保护计划针对这些问题展开，包括保护筑巢地点和在拖网渔业中使用逃逸装置。在类似情景下，建模工作常严格聚焦于目标物种和特定人类的影响，以评估措施性管理方案的潜在保护效益。

在一个早期的例子中，Crowder 等（1994）使用了一个阶段结构的矩阵模型模拟红海龟的种群动态，评估了渔具的海龟排除装置（turtle excluder device，TED）在减少偶然捕获方面的效果。Crowder 等在 Crouse 等（1987）的工作基础上开发了一个五阶段模型，包含了卵/幼苗、小型幼体、大型幼体、亚成年和成年个体期。Crowder 等采用弹性分析评估了模型参数的相对敏感性。前面介绍过，弹性的估计值可以直接用于比较每个参数对扰动（包括潜在管理方案）的相对敏感性。弹性分析表明，模型矩阵主对角线上的元素（在给定时间段内存活并停留在同一阶段的概率；见图 13.9）相对敏感度最高，而生育力的弹性低于幼体和成体阶段的"存活并停留"值。保护筑巢的海滩旨在提高卵和初孵化幼苗的存活率，TED 旨在提高幼体和成体阶段在渔具捕捞作用下个体的存活率。在没有任何额外保护措施的情况下，基于基线参数的分析表明红海龟种群预计将会衰退，且仅提高卵/孵化阶段的存活率也不足以实现种群的正增长。Crowder 等发现，当矩阵其他所有元素保持在基线水平时，大型幼体阶段的死亡率降低 50% 可以实现种群的正增长，而小型幼体、亚成体和成体的死亡率分别

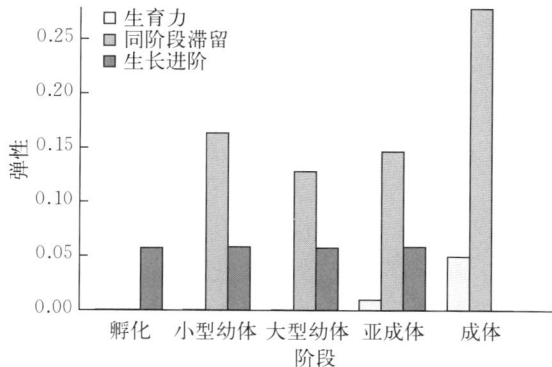

图 13.9 分生命阶段矩阵模型的弹性分析（相对敏感性）。模型参考 Crowder 等（1994），评估参数包括生育力、在一定时间内存活且滞留某生命阶段的概率以及存活且生长到下一个阶段的概率

降低 50% 则不足以实现种群正增长（尽管降低 90% 可实现正增长）。当然在实践中使用 TED 可能会为拖网捕捞作用中的所有生命阶段带来益处。在保护计划中，若能将拖网造成的大型幼体、亚成体和成体的死亡率同时降低 20% 或更多，则种群将实现正增长（Crowder 等，1994），且降低越多种群恢复得更快。然而，该物种寿命较长且性成熟较晚，意味着其种群恢复需要的时间将长达数十年。注意 Botsford 等（2019）提醒到，在条件允许的情况下不要使用阶段结构模型代替年龄或大小结构模型，因为在阶段结构模型中种群增长率经常被高估。在这里，我们的重点是从 Crowder 等（1994）的阶段结构分析中获得定性结论，以理解替代管理方案的潜在效用及其在应用中的优先事项。进一步研究这种用法的有效性将极具价值，特别是对于许多受威胁或濒危物种而言，年龄结构分析的信息要求可能无法满足。

# 13.6　生态系统的替代状态

我们已经看到，如果受到扰动，种群和群落可能会迅速转变到其他状态，生态系统结构和功能也可能发生根本性变化。与种群和群落层面的变化一样，生态系统的状态变化可能是不易逆转的。人类干预的影响可以在生态系统中传递，远远超出对目标物种的直接效应。Scheffer（2009）对这一问题进行了综合论述，总结了许多陆地和水生生态系统在扰动下向替代状态的转变（另见 Petritis，2013）。

这里以草食性鱼类捕捞和其他扰动作用下珊瑚礁生态系统的转变为例，来说明生态系统的转变。尽管生态系统向替代状态的转变取决于具体环境，但在许多珊瑚礁生态系统中都有相关报道。Hughes（1994）记录了牙买加一个以珊瑚占优势的生态系统，由于大型藻类牧食压力的降低，快速转变为藻类占优势的生态系统。珊瑚和大型藻类直接竞争礁上的空间，而草食性功能群（包括鱼和海胆）以大型藻类为食，因此可以控制藻类数量。海胆种群因疾病而大量减少，草食性鱼类因渔业开发而衰退，两方面的共同作用导致对大型藻类的摄食压力降低，并导致在生态系统性占据优势的珊瑚迅速被大型藻类所取代。通过回顾第 5 章中描述的一些核心原理，我们可以深入理解其潜在流程。图 13.10 展示了不同水平的草食性对珊瑚-藻类竞争结果的影响，在其中我们构建了三个草食性水平下大型藻类和珊瑚的等斜线，并根据 Hughes（1994）在其上叠加了珊瑚礁和大型藻类覆盖度在观测中的变化轨迹。注意当草食性水平较高时，藻类覆盖度由食草动物控制，珊瑚占优势地位。随着食草动物控制的减弱，珊瑚-藻类等斜线交叉，此时珊瑚和藻类可以共存。随着食草动物数量的进一步减少，等斜线不再相交，藻类将占优势地位（图 13.10）。

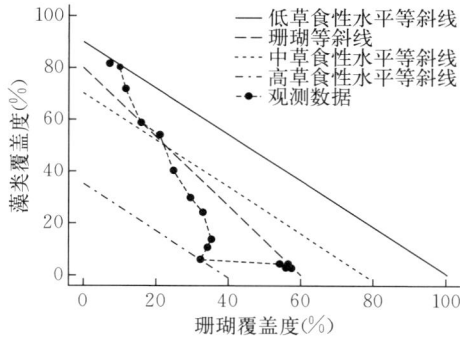

图 13.10 大型藻类覆盖度的竞争等斜线。图中的线分别表
示三种藻类被摄食水平，高（实线）、中（点线）
和高（虚线），以及珊瑚覆盖度（粗虚线）。根据
Hughes（1994）观测的藻类和珊瑚覆盖度绘制轨
迹线（圆点）；图示所有采样深度区域的平均值

　　许多模型反映了珊瑚礁生态系统的相变，其中包括专门考虑捕捞的动态模型〔最近的综述见 Blackwood 等（2012，2018）及其参考文献〕。这里我们展示一个珊瑚礁生态系统模型，其中关注了大型藻类（$M$）[①]、珊瑚（$C$）、藻床（$T$，小型藻类构成的海藻层）和鹦嘴鱼（$P$）（Blackwood 等，2012）。鹦嘴鱼以大型藻类为食，并被渔业捕捞。模型包含以下方程组：

$$\frac{dM}{dt}=aMC-\frac{g(P)M}{M+T}+\gamma MT$$

$$\frac{dC}{dt}=rTC-dC-aMC$$

$$\frac{dT}{dt}=\frac{g(P)M}{M+T}-\gamma MT-rTC+dC \tag{13.18}$$

$$\frac{dP}{dt}=sP\left[1-\frac{P}{\beta K(C)}\right]-FP$$

　　式中，$a$ 是大型藻类生长直接覆盖珊瑚的速率；$\gamma$ 是大型藻类生长覆盖藻床的速率；$r$ 是珊瑚生长覆盖藻床的速率；$d$ 是珊瑚的自然死亡率；$s$ 是鹦嘴鱼的内禀增长率；$\beta$ 是鹦嘴鱼的最大承载力；$K$（$C$）是一个限制承载力的项，为珊瑚覆盖率的函数；$F$ 是捕捞死亡率。草食强度 $g$（$P$）是鹦嘴鱼丰度的动态函数，假设与 $P/\beta$ 成比例。为了简化模型，我们假设底质被三种生物完整

---

　　① 这里我们再次保留了作者的原始符号（见 Blackwood 等，2012）；用于表示特定状态变量的字母不应与本书其他地方使用的系数混淆。

覆盖，并按比例表示为 $M+C+T=1$。因此，在进一步的分析中可以消去小型藻床。为了便于计算，我们采用了 Fattahpur 等（2019）提出的该模型的无量纲形式。

在没有捕捞鹦嘴鱼的情况下，大型藻类受到的草食强度很大，使得珊瑚占优势地位（图 13.11a）。若鹦嘴鱼的捕捞死亡率增加到 0.15，珊瑚和大型藻类可以稳定共存（图 13.11b）。随着捕捞死亡率进一步增加到 0.3，鹦嘴鱼的草食强度降到很低，使得大型藻类占优势（图 13.11c）。这些结果支持了图 13.10 所示等斜线分析的定性结论以及方程组稳定性分析的结果。

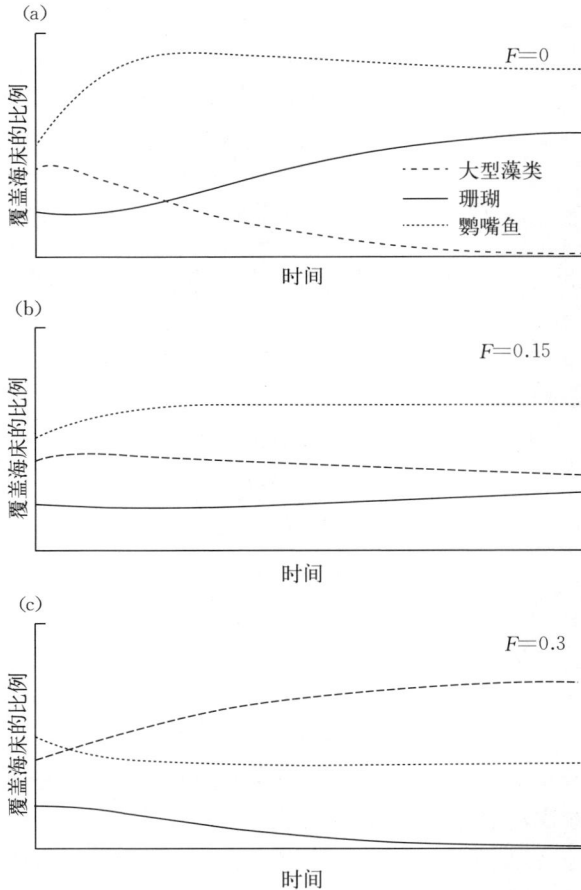

图 13.11 大型藻类、珊瑚覆盖的海床比例以及鹦嘴鱼的承载力比例。结果基于 Blackwood 等（2012）的模型，设置了三种捕捞死亡率水平：（a）未开发，（b）$F=0.15$ 和（c）$F=0.3$，由 Fattahpur 等（2019）修改

由人类扰动导致水生生态系统状态变化的另一个显著例子来自淡水湖泊，

即浅水湖泊中营养负荷增加和养殖富营养化导致的植被类型变化［见 Scheffer（2009）及其参考文献］。低营养负荷下，大型沉水植物占优势地位，此时水质清澈，肉食性鱼类是鱼类群落的重要组成部分。大型植物减少了沉积物的再悬浮，与藻类竞争营养物质，并为浮游生物提供了庇护所。随着营养负荷的增加，系统出现稳态转换，以藻类占据优势，同时水体透明度降低，鱼类群落以浮游食性鱼类占优势。

# 13.7 概念模型与定性模型

我们在第 6 章中介绍了定性模型，作为处理群落动态模型中复杂度不断增大问题的一种方法。当然，在考虑完整生态系统模型时，问题复杂性会进一步放大。

Levin 环路分析的相关方法在水生生态系统分析中有着广泛应用（如 Yodzis，1998；Dambacher 等，2003，2009）。环路分析方法可以扩展到更复杂的食物网，以评价一个物种对其他物种或物种组的直接和间接影响。如 Rochet 等（2013）考虑了包含浮游路径和底栖路径的温带食物网（图 13.12a）。在这种简化的案例中，中上层鱼食性者对浮游生物的影响为（一）（一）＝（＋），这是营养级联的一个简单示例。通过食物网的传递，中上层鱼食性者对底层鱼食性者的影响为（一）（一）（＋）（＋）（＋）＝（＋），因此我们认为该间接影响是积极的，因为中上层鱼食性者控制了鱼类对浮游生物的摄食，使更多的浮游生物生

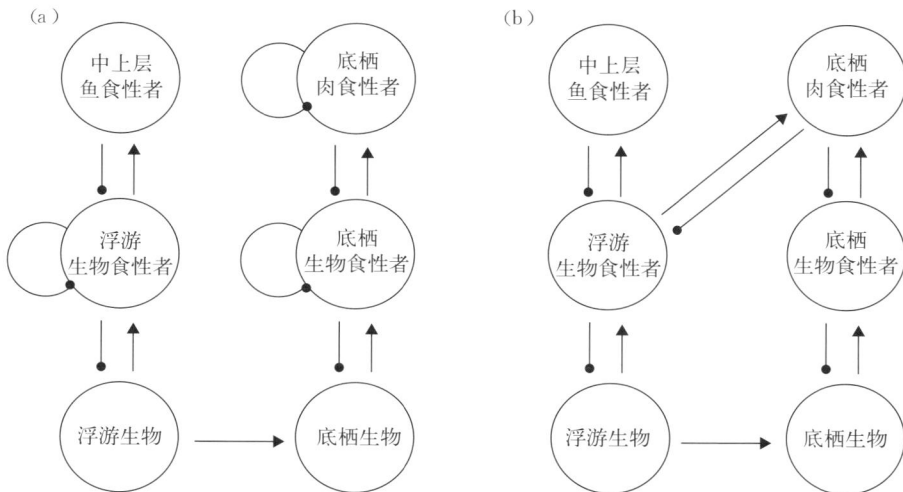

图 13.12 包含浮游路径和底栖路径的食物网，其中前者连接至中上层鱼食性者，后者连接至底层鱼食性者。根据 Rochet 等（2013）重绘

产量进入底栖路径。如果食物网中有更多的链接，给定的物种对可以通过几个不同的相互作用链相联系，我们可以对每个可能路径分别计算其间接影响的正负。例如，图 13.12b 所示大多数鱼类都有肉食食性，而底栖肉食性鱼类以浮游生物食性者和底栖动物食性者为食。此处浮游生物对底栖肉食性鱼类的影响就包括浮游路径（＋）（＋）＝（＋）和底栖路径（＋）（＋）（＋）＝（＋）。该例子中，这两种影响都是积极的，因为浮游生物是食物网的基础，对所有消费者都有正的影响。

在有的情景中，经由不同路径的相互作用可能有相反的效果。中上层鱼食性者通过浮游生物路径对底层鱼食性者产生积极影响，但通过浮游食性鱼类路径又对后者产生消极影响（－）（＋）＝（－），因为两个鱼食性群体存在食性竞争（13.12b）。除非有其他信息，否则总体相互作用是不确定的。在具有少量节点的系统中，可以充分解析各路径交互作用的相对强度，以预测整体交互作用；否则可以根据正负路径的数量，以概率表示相互作用的总体正负（参见 Dambacher 等，2009；在渔业语境中的明确阐述）。在我们的示例中（图 13.12b），如果来自食物竞争的反馈强于通过浮游生物和底栖生物的反馈，则中上层和底层鱼食性者之间的相互作用可能是负的。最后，如果可以测量所有相互作用的强度，则可以对群落进行定量的矩阵分析（Case，2000）。

# 13.8 小结

进入食物网底层的能量限制了生态系统的总渔获量。渔业产量与低营养级的生产力指标（或替代指标）之间可以建立起经验关系，这些关系可用于生态系统之间的比较，并在数据有限的情况下获得水生生态系统潜在产量的初步估计。然而，对于更高营养级，则需要更多机制性的理解来追踪沿食物链上行的生产量。水生生态系统的网络模型可能是渔业生态系统中应用最广泛的模型，这在很大程度上归因于在世界各地的淡水和海洋生态系统中应用的 EwE 框架。EwE 将质量平衡方法扩展到了动态环境，极大地拓展了可解决问题的范围。线性食物网模型按分类学对物种进行分组，但需要知道每个营养组分传递多少产量以及产量去向。基于个体大小的模型需要较少的输入数据，但没有明确地区分鱼类与其他消费者。这两种方法对潜在渔获产量的区域分布和量级做出了一致的预测，但这些预测具有较宽泛的不确定性区间。这些模型表明，在不开发偏远地区（如大洋中脊、极地）小型鱼类资源的条件下，当前的渔业产量已接近可达到的生态学最大值。这些模型可以用于理解气候变化的可能影响。除了对目标物种的直接影响外，渔业还可能影响生态系统的结构与功能。拖曳和挖掘性捕捞作业对海底造成的损害是渔业对鱼类栖息地最普遍的影响之一。对脆弱生境进行高强度拖网捕捞会降低鱼类的生产力及其可持续产量，因此了解捕捞活动的规模和有效空间足迹至关重要。捕捞活动还偶然捕获非目标生物，包括特别受关注的物种。认识到捕捞对目标物种的直接影响以及对生境和非目标物种的附带影响，对于制定生态系统层次的管理策略至关重要。最后我们指出，生态系统结构和功能的急剧变化可能是渔业和养殖富营养化等人为影响的结果，这些变化可能难以逆转。

## 【扩展阅读】

Jennings 等（2001）在人类对海洋生态系统的影响及其对管理的影响方面进行了广泛的探讨，很好地覆盖了相关议题（另见 Hall，1999）。Walters 和 Martell（2004）详细描述了 EwE 框架的核心要素，相比本书内容提供了更多的细节，并对基于生态系统的渔业管理中的关键问题提供了重要观点。Christensen 和 Maclean（2011）综述了采取生态系统方法进行渔业管理中涉及的广泛社会和生态因素。

# 14 经验动态模型

## 14.1 引言

水生生态系统的复杂性给研究者和管理者带来了巨大的挑战。围绕这一问题，我们关注了个体、群落和生态系统层次的生态过程和相应的机制模型。这些过程通过模型来描述，其中先验地设置了生态系统各组成部分之间明确的函数关系。这些模型旨在以某种简化的方式描述生态系统（或其部分），但仍能反映其本质动态。模型的结构基于物种内部和物种之间的某些控制过程，以及生态系统结构和功能的其他方面。

然而总的来说，我们还不能设计一组完备的已知方程描述水生生态系统的控制过程。应对这种不确定性的方法包括使用多模型推断，以及各种形式的定性和非参数方法。多模型推断需要设定一套备选模型，并应用不同的策略来综合不同模型的结果。这一过程可能涉及模型输出结果的加权或不加权平均。定性建模可以采取基于图论的环路分析等形式，如前几章所述。另一种（互补的）方法是"让数据说话"，根据观察到的模式和生态系统组成部分之间的关系，构建灵活的经验模型。在许多情况下，这种方法提供了比传统模型更强的预测能力（如 Perretti 等，2013）。Peters（1991）强力主张使用经验模型来支持预测生态学的发展，以满足环境管理和其他的需求。

在本章中，我们将重点关注一类经验预测模型，该模型可以处理我们在前几章中探讨微分方程和差分方程模型时发现的各种各样的动力学行为（图 14.1）。传统的生态和渔业模型包含了关于特定过程函数形式的假设，而模型的动力学特性源于对这些假设的选择。例如，我们已经看到了同种相食行为如何产生周期性和非周期性动态，以及非线性功能摄食响应如何在捕食者-被捕食者系统中产生多重稳态。然而，随着模型中细节层次逐渐增加，模型复杂性的增加可能会导致更高的不确定性水平，以及由于需要估计参数的增加而导致的模型预测能力降低（见图 1.6）。这些模型的数据需求也随之增加，这在数据有限的情况下更加受到限制。

本章介绍的非参数经验模型不涉及对潜在过程特定函数形式的先验指定，而是针对非线性动力学系统进行预测。在许多情况下，短期预测对于提出措施性管理建议（如设定年度配额分配）非常重要。如果这些经验模型能够提供比

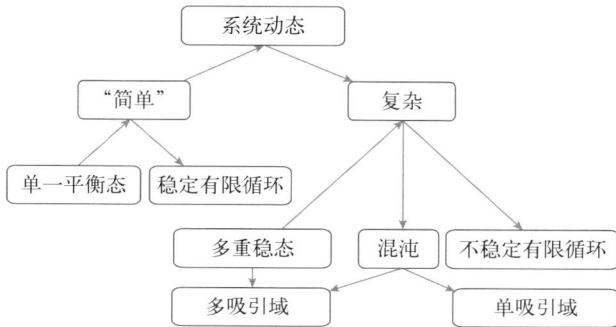

图 14.1 本书涉及的动态系统分类图（改自 Fogarty 等，2016a）。水生物
种的开发和管理中（但不限于）通常采用的模型往往限于处理
简单动态（图左上方），而经验动态建模专门用于处理呈现复杂
动态行为的模型和系统（图右侧）

传统模型更高的预测能力，那么它们将非常有价值。

该方法以时间序列分析为核心，能够针对性地处理系统属性随时间的变化，因此解决了渔业分析中的一个至关重要的问题。由于自然和人为的胁迫，种群、群落和生态系统层次发生的变化十分普遍，在制定和实施有效的管理策略时必须考虑到这些变化对生产力的影响。这一问题是渔业分析的一个核心焦点，本章所述的方法可以为这些持续开展的工作提供补充。

本章要解决的一个中心问题是，我们从一个或多个变量随时间变化的一系列观测中，可以在多大程度上提取出系统的动态特性信息[1]。为了说明一些关键原理，这里举一个非常简单的例子。在图 14.2a 中所示 30 个观测结果的时间序列中，我们可以看到种群规模似乎发生了随机波动。然而如果我们将观测值延迟一个时间步长，并绘制 $N(T+1)$ 与 $N(T)$ 的关系图，则可以看到在这个二维状态空间中出现了潜在的秩序（图 14.2b 中的圆点）。事实上，图 14.2a 中的时间序列是利用第 3 章中介绍的 Ricker‑logistic 模型模拟生成的。图 3.10c 中的蛛网图展示了图 3.10d 中不规则时间序列的生成机制。在图 14.2 中，我们实质上逆转了这一过程，以复原在连续时间点上种群大小之间的关系。

这里我们将重点关注经验动态建模（EDM），该模型专门用于处理非线性动力学问题，近年来有着快速的发展。EDM 在渔业分析中的应用也在稳步增

---

[1] 本章将描述的方法已应用于个体、种群、群落和生态系统。我们使用一般化术语"系统"来涵盖生态组织的各个层次。

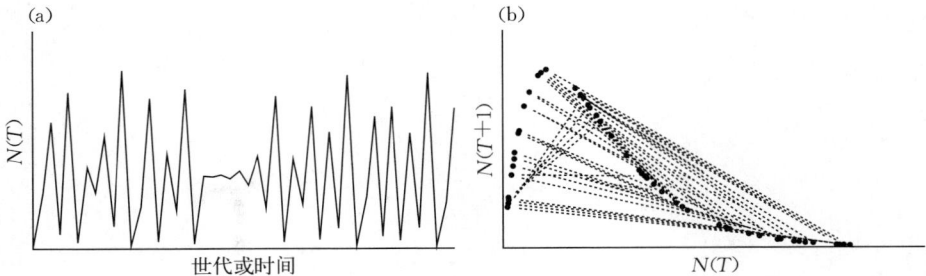

图 14.2　（a）Ricker - logistic 模型生成的时间序列显示复杂动态，（b）通过将模拟序列中的观测值延迟一个时间单位（此处为一代，$T$），将时间序列在二维状态空间中表示。圆点显示了状态空间中的对应点，揭示了过程中的潜在秩序，虚线将状态空间中的点依顺序连接

加，我们希望这种方法在学生和渔业科学家等受众中能够引起更广泛的注意。在前面的章节中，我们提供了常见生态和渔业模型中可能出现的复杂行为类型示例，为本章内容奠定了基础，现在我们的任务就是对该问题进行逆向解析。如果前提假设是我们不能确定地知道潜在模型，那么我们是否仍然可以从时间序列数据，如种群大小、捕获量或其他度量的观测中，提取有关非线性动力学的关键认识，并给出对系统未来状态的预测？EDM 就试图解决这个问题。

非线性动力学这一术语在这里是一个特定的用法。我们已经看到，具有非线性函数形式的模型在生态和渔业应用中很常见。此类的一些模型可以产生非常复杂的动态，其输入变量或参数的微小变化会导致响应变量的巨大变化，我们称之为非线性动力学系统。相反，对于线性动力学系统，我们往往看到输入变量的变化与响应变量的变化成比例。非线性动力学系统不能分解成简单的加性元素。这里的关键问题不完全是模型的函数形式，而是它的动力学性质。一些具有非线性函数形式的模型只能产生稳定的动态，而有的模型在参数空间的某些范围内可以产生非常复杂的动态，正如我们在本书中所见的。例如，回顾离散 logistic 和 Ricker - logistic 模型的分岔图（图 3.11），该图展示了当我们改变种群内禀增长率时，系统由稳定动态出现一系列倍周期分岔，最后转变为混沌状态[①]。

经验动态建模（EDM）建立在 Sugihara 和 May（1990）提出的非参数模

---

①　我们还发现了在涉及一个或两个物种的低维度模型中，连续时间形式和离散时间形式的动力学行为存在明显差异。尽管渔业中的离散时间模型通常被视为连续时间模型的近似（即对微分方程采用欧拉近似），但它们可能具有非常不同的动力学性质，正如我们在前面章节中反复看到的。

型的基础之上。该模型用于预测和分析非线性动态系统（另见 Sugihara，1994），其关键要素是识别和量化时间序列观测中的状态依赖性。状态依赖性是指生态系统组分之间的关系随着系统状态的变化而变化，这一本质特征将非线性动力学系统与线性可加系统区分开来。Chang 等（2017）和 Munch 等（2019）提供了关于 EDM 出色的最新综述。有关该方法关键之处的可视化展示，请参见 https：//deepeco. ucsd. edu/video‑annimations/。

## 14.2　EDM 方法的核心要点

　　EDM 方法首先需要确定由时间序列观测数据表示的系统维度，然后使用局部加权的非参数估计量来量化状态依赖性的程度。而这一状态依赖度被视为系统非线性的度量。EDM 通过与线性零模型的比较，根据样本外预测能力进行模型选择。假设有足够大的观测样本，时间序列可分成两部分，前半部分用于模型拟合，称为文库集（library），本质上是一个训练集；后半部分为预测集，被保留用于检验基于文库集的预测。对于较短的时间序列，也可以使用交叉验证方法（通常一次随机删除一个数据点，用剩余点生成的模型预测缺失点）。如果非参数 EDM 估算方法的预测能力显著高于零模型，则认为系统是状态依赖的。该方法现已进一步扩展，包括多元变量的观测，并提供了因果关系的实践检验（Sugihara 等，2012）。该一般性方法在生态学、流行病学、医学和经济学等领域有广泛应用。

　　系统的维度是指随时间演变的系统中产生确定性组分的交互过程数量。我们将系统的估计维度作为其复杂性的指标。通过量化系统的维度和非线性，我们可以区分自然界中出现的模式来自可检测的非线性确定性组分，还是来自线性随机过程，或是包含显著的观测误差（Sugihara 和 May，1990）。为了估计维度和非线性，我们将使用下述过程进行状态空间重构。

### 14.2.1　状态空间重构

　　状态空间中邻近点的时间演变是理解和区分非线性动力学行为的关键要素。尽管复杂的非线性系统可能看起来是随机的，但它们实际上具有重要的确定性特征，并在状态空间中表现出有界波动。由于非线性系统的状态空间区域内任意邻近点都可能会被再次访问，因此基于估计状态空间中观测重现性的方法也被用于检测非线性动态（如 Kaplan 和 Glass，1995，315～318 页；Kantz 和 Schrieiber，2003，44～45 页）。Royer 和 Fromentin（2006）将重现映射方法应用于地中海大西洋蓝鳍金枪鱼捕捞历史的丰富数据。下面将看到，我们可以利用这一特性，根据状态空间中邻近点的轨迹开展预测。

　　首先我们应认识到，对生态系统一个或多个元素的观测也隐含地体现了影响该观测变量的其他组分的信息，而这些额外变量可能无法直接观测到。如果观测到的时间序列也编码了系统的整体信息，我们是否可以基于该思路来提取系统结构信息？Takens（1981）证明，对于非线性动力学系统，原则上可以通过构建原始时间序列的滞后观测向量，将观测时间序列转换为高阶系统，从而解码一些信息。实际上，即使在只有一个变量的一组有限观测中，也可能记录着系统更广维度的信息。为此，我们使用滞后变量作为未观测变量的代理，构建了一个时滞坐标系。对于单变量序列，其形式如下：

$$X_t = g(X_{t-\tau}, X_{t-2\tau}, X_{t-3\tau}, \cdots, X_{t-(E-1)\tau}) \qquad (14.1)$$

　　式中，$X$ 是关注的变量；$g(\cdot)$ 是未指定的函数；$\tau$ 是设定的滞后周期；$E$ 是体现系统动态所需的滞后变量的数量（嵌入维度）。嵌入维度表示了从观测时间序列中复原系统的复杂性。对于非线性系统，在状态空间中观察时滞序列可以发现一定几何形状，该形状与真正的潜在吸引子直接相关，也称为"阴影"吸引子。如果加入了足够数量的滞后周期，该吸引子将保留原始吸引子的动力学特性。

　　当然，在实践中我们并不知道实际生态系统的真实维度。Whitney（1936）提出了一个定理，表明维度为 $D$ 的系统可以嵌入维度为 $E$ 的空间，其中 $D \leqslant E < 2D+1$，也就是说 $E$ 不一定等于系统的真实维度。在实践中 $E$ 的估计值可能相对较低，意味着有限数量的关键变量会强烈影响某些系统的动态，因此可以简化分析过程。从机制的角度来看，这也表明当维度较低时，可能使用相对简单的模型来体现系统的主要特征。

　　回顾第 6 章，在探讨三物种共位群内捕食模型时，我们介绍了多维吸引子的概念（Tanabe 和 Namba，2005）。在一定的参数空间范围内，这一确定性模型的预测结果中三个物种的数量轨迹高度可变。然而通过构建该群落的三维图示，我们可以发现控制该过程的潜在秩序，体现为吸引子流形（attractor manifold，见图 6.11d）。如果我们取其中任一物种的变动轨迹，构建延迟 0、1 和 2 个时间步长的时滞坐标图，就可以看到与真实流形相关的阴影吸引子（图 14.3）。使用不同物种信息构建的阴影吸引子在细节上有所不同，但根本属性保持一致（图 14.3a～c）。每个吸引子都与真实潜在吸引子有明确的关系（图 14.3d），并且可以看出它们保持了原始吸引子流形的基本数学属性。图 14.3 仅提供了一个简单示例，在构建阴影吸引子时并不限于使用一个变量来建立时滞坐标系。当有多个变量的观测数据时，我们可以让坐标轴分别表示多个变量的不同时间延迟。虽然我们只能在三维中实现状态空间的可视化，但分析过程并不受这种约束。我们寻求展开吸引子所需的最小嵌入维度，以使状态空间中的轨迹不相互交叉。

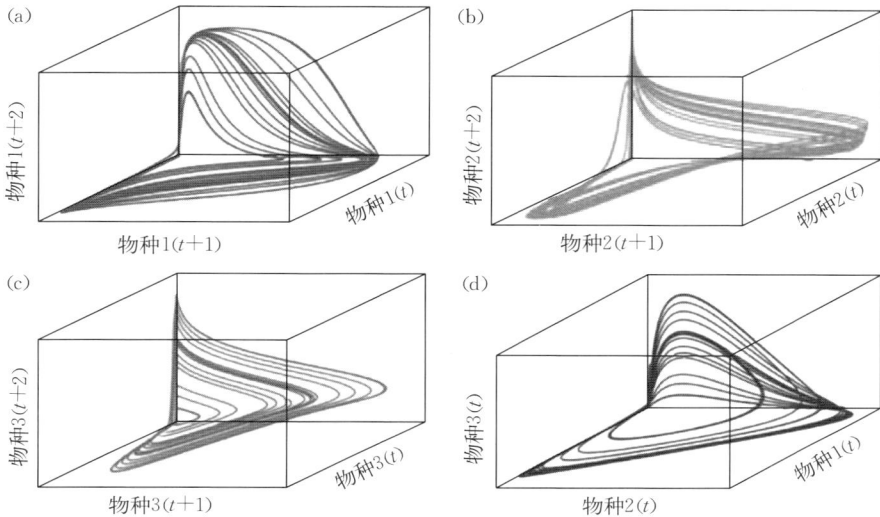

图 14.3　三物种共位群内捕食模型（图 6.1 所示）的阴影吸引子。图 a~c 分别展示了
使用物种 1~3 的时滞坐标系构建的阴影吸引子。图 d 展示了真实潜在吸引
子，其坐标轴分别代表了三种物种。引自 Fogarty 等（2016a）

在上述例子中，我们知道 IGP 系统的真实维度，而在真实场景数据的应
用中，则需要一种客观的方法来确定整个系统的最小维度。原则上，我们可以
通过更高维度的嵌入，完全解析其动力学问题，但由于临近点可能受到污染，
该方法具有更大的不确定性（Sugihara 和 May，1990），因此这里应采取简约
原则。为了确定"最佳"嵌入维度，我们将利用单纯形投影（simplex
projection），这是一种最近邻预测算法（Sugihara 和 May，1990）。我们依次
识别邻近点并系统搜索状态空间中的相似区域，并据此进行预测。这些邻近点
表示阴影吸引子上过去发生的类似事件。

为了说明该方法如何应用于实际数据，我们提供了一个来自不列颠哥伦比
亚中部近海太平洋鲱（*Clupea palasii*）的例子（Perretti 等，2015）。该种群的丰
度时间序列如图 14.4a 所示。对于二维嵌入，我们需要三个最近邻点来构成单纯
形。假设我们要对图 14.4b 的右下象限中红色三角标示的点向前投影一个时间步
长。首先要确定该点的三个最近邻点（蓝色三角形），而我们所做预测的点为左上
象限中的青色正方形，它的三个最近邻点用深蓝色方框表示。被预测点最近邻点
的加权平均值即为该点的预测值（红色菱形）。我们可以对时间序列中所有点和
不同的嵌入维度重复该过程。在实践中考虑到生态和渔业时间序列的典型长度，
所检验的嵌入维度通常限制在 10 以内。嵌入维度的最优估计即为使观测值和预
测值之间具有最高相关性和/或最小平均绝对误差的维度。在下文中，我们将概

述进行单变量分析时要遵循的步骤，而该过程很容易推广到多变量情境（Deyle 和 Sugihara，2011；Sugihara 等，2012）。这里的描述参照了 Deyle 等（2013）。

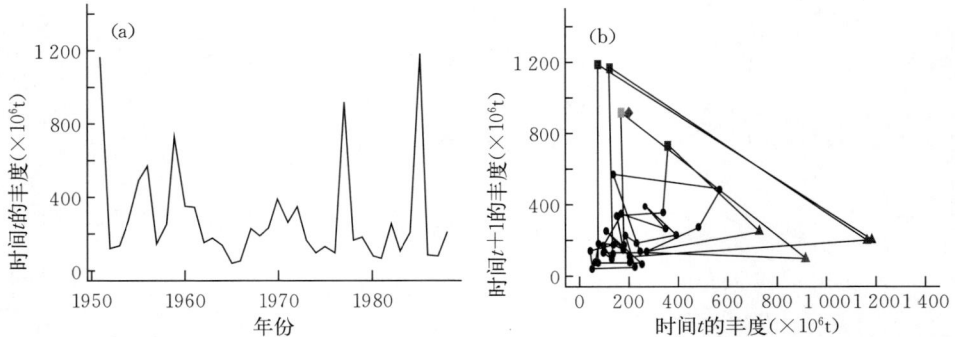

图 14.4　不列颠哥伦比亚中部近海太平洋鲱种群丰度的二维状态空间重建和单纯形投影预测（改自 Perretti 等，2015）。最接近红色三角形的三个蓝色三角形是用于预测红色点的 $E+1$ 最近邻点。蓝色正方形是距离观察值（青色正方形）最近的三个邻近点。红色菱形是基于其最近邻点的加权平均值，即对该点的预测

　　以上分析基于一个基本前提，即可以跟踪状态空间中的邻近点以给出未来状态的预测。对于混沌系统，这些点将随着时间呈指数性发散（这对能够做出可靠预测的时间窗口有重要影响）。然而，对于短期预测窗口，这些点会保持在最近的过去事件中的联系，因此可用于构建未来预测。我们的目标是预测从时间 $t^*$ 开始状态变量的未来值。为应用该方法，我们需要在等时间间隔上进行不间断的连续观测。重构吸引子的过程需要足够数量的观测值，以确定其潜在形式。在实践中，这通常需要至少 35～40 个点（Sugihara 等，2012），更多的观测值和相应更高的数据密度可以使吸引子有更高的分辨率。在分析中直接使用密切相关的观察数据（如空间重复）可以扩展时间序列长度，该策略已被证明是有效的（Hsieh 等，2008；Glaser 等，2011；Clark 等，2015）。在开展分析之前，我们进一步要求时间序列处于稳态。对于非稳态序列，则可以通过对时间序列进行差分来实现稳态，如从当前值中减去序列的前一个值即为一阶差分。如果需要，还可以通过减去更长滞后时间的数据点来实现高阶差分。在 EDM 中，分析之前将数据转换为标准正态偏差也是一种标准做法。

　　在下文中，我们将 $E$ 维空间中两个向量 $\boldsymbol{x}$ 和 $\boldsymbol{y}$ 的欧几里得距离定义为：

$$d(\boldsymbol{x}，\boldsymbol{y})=\parallel \boldsymbol{x}-\boldsymbol{y}\parallel=[(\boldsymbol{x}_1-\boldsymbol{y}_1)^2+(\boldsymbol{x}_2-\boldsymbol{y}_2)^2+\cdots+(\boldsymbol{x}_E-\boldsymbol{y}_E)^2]^{1/2} \quad (14.2)$$

　　其中 $\parallel \cdot \parallel$ 表示括号中项对应的向量范数。我们对最近邻点的识别主要取决于系统的嵌入维度。$E+1$ 个最近邻点集也就是在 $E$ 维空间中唯一确定 $\boldsymbol{x}_t$ 位置所需的最少点数，这些点定义了一个单纯形。对于二维系统，我们至少需要三个点来定义单纯形的顶点（三角形），而高维嵌入产生更复杂的单纯形结构。

对于三维系统我们需要四个点，其单纯形为四面体，以此类推。我们依次增加维度，并基于每个模型的预测能力确定"最优"嵌入维度。对于长度为 $n$ 的时间序列，我们将有 $n-E+1$ 个向量。

要生成变量 $X$ 的预测，我们需要确定目标向量 $\boldsymbol{x}_{t^*}$ 的 $E+1$ 个最近邻点，其第一个最近邻点的时间下标为 $t_1$。从时间 $t^*$ 向未来投射 $p$ 个时间步长，我们有：

$$X_{t^*+p} \mid \boldsymbol{M}_x = \frac{\sum_{i=1}^{E} w_i X_{t_i^{+}+p}}{\sum_{j=1}^{E} w_j} \qquad (14.3)$$

该公式中的条件项是重构中使用的流形（$\boldsymbol{M}_x$）。权重项（$w_t$）由指数核函数给出：

$$w_i = \exp\left(-\frac{\parallel x_{t^*} - x_{t_i^{+}} \parallel}{\parallel x_{t^*} - x_{t_1^{+}} \parallel}\right) \qquad (14.4)$$

其中 $t_i^+$ 是目标点（$t^*$）的第 $i$ 个最邻近点的时间下标。

我们依次改变嵌入维度，并根据构成单纯形的邻近点平均值，计算得到平均预测值。给出最高预测能力的嵌入维度，即为该单纯形投影的"最优"维度。我们将预测能力 $\rho$ 定义为时间序列中各点的观测值和模型预测值之间的相关系数。如前所述，我们还可以使用其他度量指标，如预测的平均绝对误差。

尽管上述方法的基本原理是比较容易理解的，但其计算流程中涉及的复杂操作似乎有些令人生畏。幸运的是，现在有 R 包（rEDM）可以将 EDM 的基本原则付诸实践（Ye 等，2015）。图 14.5 展示了 Ricker‑logistic 模型（见第 14.1 节）嵌入维度的分析结果。我们发现，预测能力最高的嵌入维度为 1，与已知的模型结构一致（图 14.5a）。如果嵌入的维度更高，模型预测能力会衰减。我们也可以通过增大 $p$ 值逐渐扩大预测窗口，进一步评估模型的预测能力。当嵌入维度为 1 时，预测能力与预测时间步长的函数关系如图 14.5b 所示。在本例中，模型在最多 4 个时间步长下保持了相对较高的预测能力，其后快速衰减（图 14.5b）。

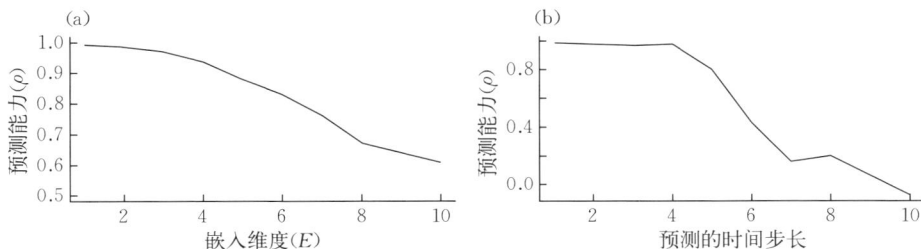

图 14.5 单纯形方法估计的（a）嵌入维度和（b）预测能力随预测时间窗口变化的函数，时间序列由 Ricke‑logistic 模型生成（图 14.1）

## 14.2.2 状态依赖

如上所述，状态依赖是指一个变量对另一个变量的影响取决于动力学系统的状态。在一个早期的启发性例子中，Skud（1982）发现在一些场景中，西北大西洋的大西洋鲱和大西洋鲭的上岸量（作为丰度指数）与温度之间的相关性在不同的时间段内存在差别，其正负取决于鲱或鲭哪个丰度更高。Skud（1982）报道了加利福尼亚的远东拟沙丁鱼和美洲鳀也有类似结果。在这些案例中，单独对任一物种的上岸量与温度进行简单相关分析是得不到确定性结果的。

在另一个早期的例子中，Brander（2005）结合了东北大西洋 6 个大西洋鳕种群的信息，并将每个种群的繁殖群体和补充量划分为高、中和低 3 个类别。类似的分类方案也用在了北大西洋涛动（NAO）指数值的划分。该指数是北大西洋两个典型地点海平面压力差的量度，这两个地点（通常分别为 Lisbon 和 Reykjavik）具有支配性的高压和低压属性。NAO 是该大洋盆地和邻近陆地的主要气候指标。Brander 发现，在负 NAO 条件下（表明低压单元占主导），低繁殖群体数量、低补充量的出现概率显著高于正 NAO 条件占优势时（高压单元占主导）的对应概率。

在渔业研究中有大量文献尝试辨析状态变量（如丰度或上岸量）与环境的相关性。Myers（1998）指出，这些相关性报道大多数都经不起时间的检验。当有更多时间积累更多的观测数据后，研究报道中状态变量（上岸量、丰度、环境指标等）之间的相关性经常会失效。尽管对这一结果有多种可能的解释，但一种重要的原因是，状态依赖性远比通常认识的更为普遍，如 Skud（1982）和 Brander（2005）记录的早期案例所示。

为了量化状态依赖性，Sugihara 和 May（1990）开发了"顺序加权全局线性图"（S‐map）的预测方法。在渔业时间序列分析中，局部加权回归或其他估计量的应用非常常见，如 LOWESS（LOcally WEighted Scatter‐plot Smoother）方法。在这些应用中，在时间上接近目标观测值的点被分配以更高的权重。EDM 与其他方法的区别在于，更高的权重被分配给状态空间中的邻近点。利用线性模型在滞后坐标系中进行状态重建，可得从目标时间点 $t^*$ 向前 $p$ 个时间步长的预测值：

$$\widehat{X}_{t^*+p} = C_0 + \sum_{j=0}^{E-1} \boldsymbol{C}_i x_{j,t^*} \tag{14.5}$$

与单纯形预测方法不同，S‐map 使用状态空间中的所有向量，而不仅是最邻近点。式中的模型 $\boldsymbol{C}$ 由以下方程组给出：

$$\boldsymbol{B} = \boldsymbol{DC} \tag{14.6}$$

其中 $\boldsymbol{B}$ 是一个长度为 $n$ 的向量，代表未来观测值 $X_{t_i^+ + p}$ 的加权：

$$B_i = w\left(\parallel \underline{x}_{t_i^+} - \underline{x}_{t_i^*} \parallel\right) X_{t_i^+ + p} \tag{14.7}$$

而 $\boldsymbol{D}$ 是 $n \times d$ 维的矩阵，其元素为：

$$D_{ij} = w\left(\parallel \underline{x}_{t_i^+} - \underline{x}_{t^*} \parallel\right) x_{j,t_i^+} \tag{14.8}$$

因为 $\boldsymbol{D}$ 是一个非正方矩阵，所以求解（需对 $\boldsymbol{D}$ 求逆）需要使用奇异值分解。权重函数 $w$ 定义为：

$$w(d) = \mathrm{e}^{-\theta d / \bar{d}} \tag{14.9}$$

其中参数 $\theta$ 决定非线性程度。该表达式中的 $d$ 根据状态空间中 $\underline{x}_{t^*}$ 和观测点 $x(t)$ 的距离进行正态化：

$$\bar{d} = \frac{1}{n} \sum_{j=1}^{n} \parallel \underline{x}_{t_j^+} - \underline{x}_{t^*} \parallel \tag{14.10}$$

当 $\theta = 0$ 时，认为系统是线性的；当 $\theta > 0$ 时，系统是非线性的。当 $\theta = 0$ 时，状态空间中的所有点都被赋予了相同的权重，即得到一个全局线性模型。由此得到的向量自回归模型常被作为零模型，在模型选择时考虑具有不同 $\theta$ 值的非线性模型，检验其预测能力是否显著大于零模型。如果没有模型符合此标准，则接受线性的零模型。

应注意到，原则上可以通过搜索嵌入维度 $E$ 和参数 $\theta$ 的所有组合，确定能给出最大样本外预测能力的最优选择。然而 Sugihara 和 May（1990）指出，更稳健的方法是首先使用单纯形法确定系统的维度，然后在给定嵌入维数之下估计系统的非线性水平（状态依赖性）。

为了展示 S‑map 方法的应用，我们再次采用 Ricker‑logistic 的例子并使用 rEDM 进行分析。我们使用上一节中估计的嵌入维度，并将 $\theta$ 值从 0 逐渐增加到 10，以搜索能够得到最高预测能力的参数值。在该案例中，我们发现预测能力最初随着 $\theta$ 的增大而迅速增加，而后趋于稳定（图 14.6）；在 $\theta = 8$ 后，预测能力不会继续增强。

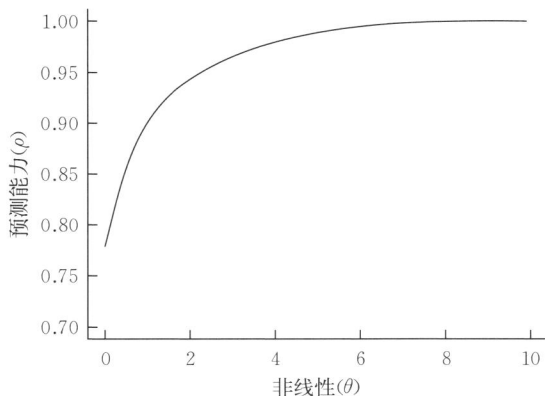

图 14.6　应用 S‑map 预测方法确定参数 $\theta$ 的最优估计值。$\theta$ 表征了系统的非线性程度，也即状态依赖性指数。在拟合模型时逐渐增加 $\theta$ 值，并根据观测值和预测值之间的相关性（$\rho$）评估预测能力，以选择 $\theta$ 的最优值

## 14.3 多变量分析

Taken 定理使我们认识到，原则上单变量的时间序列观测数据能够反映出系统整体的重要信息。在许多情况下，我们可以获取水生生态系统中许多关键要素（多个物种、环境因子、人类干预等）的观测数据。由于对真实生态系统的观测可能会受到观测误差、随机扰动和有限时间序列长度的影响，同时利用多个变量开展分析对理解系统动力学可能具有重要价值。事实上，即使对于所有作用过程均可控的模拟生态系统，在 EDM 中包含多个状态变量的信息仍可以增强我们的预测能力，并有助于进一步理解虚拟系统中元素之间的机制性联系。为了实现这一想法，Deyle 和 Sugihara（2011）开发了多元系统的嵌入定理，并将 Taken 定理作为其中的一个特例。在此基础上，Sugihara 等（2012）提出了一个 EDM 的通用结构，以利用包含一系列生态系统变量的观测数据。

为了说明这一方法，我们将从多物种模型中生成观测数据，并探讨增加模型中的物种数量如何提高其预测能力。此处我们假设观测误差和环境随机性可以忽略不计。Deyle 等（2016）描述了一个 5 物种构成的系统，包括一个基础资源物种、两个竞争共同饵料（基础资源）的中间消费者物种，以及两个捕食者物种，后者分别以其中一个中间消费者物种为食。有关模型结构的详细信息请参见 Deyle 等（2016）的补充材料部分（该模型是第 6 章中描述的 Powell - Hastings 模型的扩展与修改）。我们考虑了该系统的一个子集，包括基础资源物种和两个相互竞争的中间物种。图 14.7a 显示了这三个物种在 50 个时间步长[①]内模拟的种群变动轨迹。下面探讨是否可以利用消费者物种 1 的丰度信息来预测资源物种的轨迹。这里我们使用消费者的丰度作为文库集来预测资源物种的丰度，该方法得到资源物种的预测值与观测值之间的相关性为 $\rho = 0.77$（图 14.7b）。接下来我们将第二个消费者物种的丰度添加到文库集中，此时资源物种丰度的观测值与预测值的相关性变成了 $\rho = 0.99$（图 14.7b）。在本例中我们清楚地看到，在多变量系统的交叉预测[②]过程中，尽可能多地纳入系统的可用信息能产生重大价值（这取决于数据质量和其他因素）。在下面的 14.3.1 节中我们扩展了这些概念，提供了一种针对非线性系统中因果关系的评估方法（Sugihara 等，2012）。

---

① 注意在模拟研究中，我们可以生成任意长的时间序列。在此处以及在后续模拟之中，我们描述结果时选用的时间尺度与实际观测的序列分析中一般可用范围保持一致（30~50 年）。

② 在早期文献中，这被称为协同预测（co-prediction）。Liu 等（2012）利用多物种系统的经验观测对乔治浅滩进行了分析。

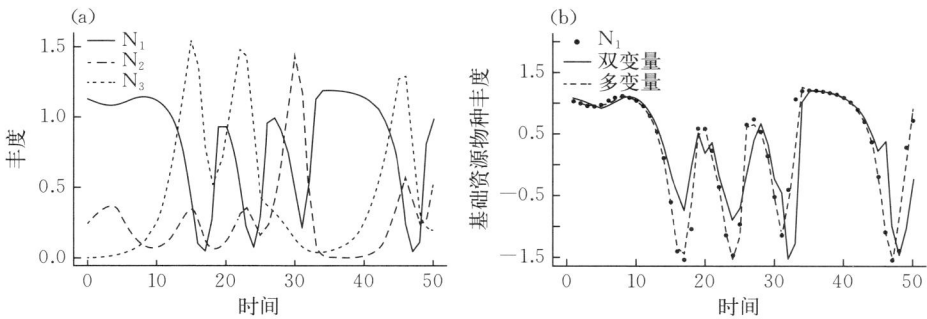

图 14.7 （a）基础资源物种（$N_1$）、资源消费物种（$N_2$）和与其竞争的资源消费物种（$N_3$）的丰度模拟数据。（b）预测的基础资源种类的丰度（$N_1$），在双变量分析（实线）中以消费资源物种（$N_2$）的丰度进行预测，在多变量分析中使用两种消费者物种的丰度进行预测（虚线）

## 14.3.1 因果关系和收敛交叉映射

诺贝尔经济学奖得主 David Granger 提出了一种线性随机系统中因果关系的检验方法（Granger，1969）。当模型的预测能力因去掉一个或多个解释（独立）变量而降低时，可以推断其中存在 Granger 因果关系（或 G‑causality）。当纳入一个或多个独立变量时（在模型自由度和其他因素适当调整后），模型预测能力增强，则被认为表征了 Granger 因果关系。尽管这种方法未能解决在全面考虑的因果推断时出现的全部相关哲学问题，但确实提供了一种广泛适用的实用性方法。这里我们关注的重点不是经典的假设检验，而是可预测性。

Sugihara 等（2012）提出了一种针对非线性确定系统中因果关系的实用评估方法。在上一节描述的交叉预测示例中，Deyle 等（2016a）在模型中设置了明确的因果关系。在应用于实测数据时，我们可以利用辅助信息来推断物种之间可能的因果关系（如摄食组成数据反映了捕食者‑被捕食者的相互作用）。然而这种辅助观测数据并非普遍存在，在可以获取时也不一定是可靠的。交叉预测得到的统计学关联也可能不存在因果关系（如反映共同驱动因素的影响而非直接交互作用）。

为了防范这种可能错误，Sugihara 等（2012）提出了一种称为收敛交叉映射（convergent cross‑mapping）的方法。该方法基于一个认识，即随着观测数据的增加，任何反映因果关系的潜在吸引子都将更清晰明确，且系统的可预测性也将增强。这可以在实践中进行测试，即给定一组系统的观测值，可以从中随机抽取样本并逐渐增加文库的大小。抽样文库的大小有一定范围，观测点数最小等于嵌入维度，最大等于整个时间序列的长度。收敛性测试包括两个要点：其一是检验预测能力随文库大小增加的变化趋势，其二是检验最大文库下的预测能力是否显著大于最小文库。若这两个条件都成立，则可以接受因果关系的假设。Sugihara 等（2012）提供了所做测试中统计学的详细信息［另参见 Chang 等（2017）的详述］。

对上述测试的合理预期是，如果因果关系存在，那么增加文库的大小会使可预测性明显增强，并收敛于最大的可预测性水平。通过在每个文库大小水平上随机抽取特定数量的样本，我们可以评价预测能力的提高是否具有统计学意义。这里使用文库集预测的并非目标变量的未来值，而是将预测的时间窗口设置为零，即得到目标的当前估计值。因此，我们使用术语"收敛交叉映射"来描述这个过程。

为了检验这一过程在实践中的表现，我们回顾第 5.2.4 节中提及的两个物种竞争的例子，在该示例中我们首次遇到了虚假相关性（mirage correlation）现象（图 5.10b）。在其中我们看到，尽管模型中设定了因果关系，但在模拟时间序列中两个物种没有一致性关系。但如果我们应用收敛交叉映射方法分析这些数据，则确实可以看到随着文库集的增大，模型对两个物种的预测能力明显提高（图 14.8）。为了说明图 14.8，我们以物种 1 **xmap** 物种 2 的形式表示物种 2 对物种 1 影响。如果二者间存在因果关

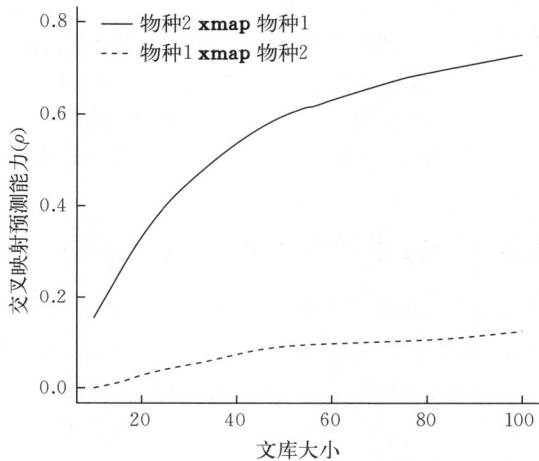

图 14.8　交叉映射的预测能力与文库大小的函数关系。数据来自图 5.16b 所示的 2 物种离散时间竞争模型，该数据显示出短暂的（虚假）相关模式。此处交叉映射的结果呈现了收敛性，并表明了双向因果关系（每个物种都会影响其他物种）

系，物种 2 的影响将被记录在物种 1 过去的历史中，因此物种 1 的过去值可以用来预测物种 2 的当前值。请注意，交叉映射与因果效应的方向是相反的（物种 2 对物种 1 有因果效应，而我们使用物种 1 的信息来预测物种 2）。在前面虚假相关性的示例中可检测到双向因果关系，与生成数据的潜在模型相一致。该结果也能反映出，在原始模拟中我们设置物种 1 对物种 2 的影响远大于物种 2 对物种 1 的影响。

在针对渔业数据的一项应用中，Sugihara 等（2012）使用收敛交叉映射检验了远东拟沙丁鱼、鳀和温度之间的关系。众所周知，沙丁鱼和鳀种群在大洋盆地表现出类似稳态转换的行为，体现了在大时空间尺度下环境驱动因子的重要作用（Chavez 等，2003）。这一模式反映在这两种物种在加利福尼亚的上岸量中（图 14.9a）。

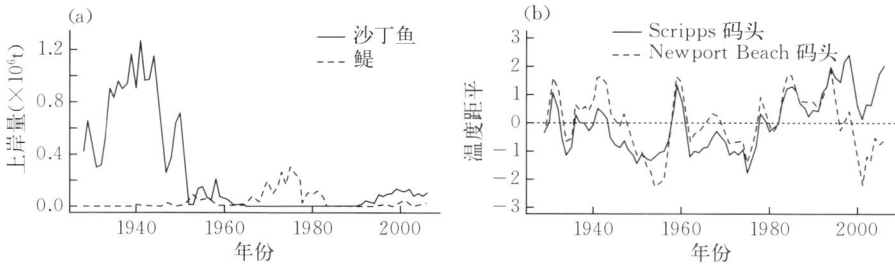

图 14.9　加利福尼亚 （a）远东拟沙丁鱼和美洲鳀上岸量的时间序列（参见 Sugihara 等，2012），（b）Scripps 码头和 Newport Beach 码头年均海面温度的标准化距平

有研究认为沙丁鱼和鳀之间存在直接的竞争作用 ［参见 Deyle 等 （2013）对相关备选假设的综述］。图 14.10 展示了变量间交叉映射的结果，分别为图 14.10a 沙丁鱼和鳀上岸量，图 14.10b 沙丁鱼上岸量和 Scripps 码头水温，以及图 14.10c 鳀上岸量和 Newport Beach 码头水温。沙丁鱼-鳀的交叉映射表明两个物种之间没有直接的因果关系（图 14.10a）。交叉映射的预测能力一致性很低，并且没有任何收敛的迹象。相反，鳀和沙丁鱼与温度的交叉映射分析显示，水温对两个物种都有显著的因果效应（图 14.10b，c），而沙丁鱼和鳀的上岸量对水温没有因果性影响。温度对沙丁鱼和鳀上岸量的交叉映射呈现中等水平的预测能力，显然其他因素也在起作用，其中当然包括渔业本身以及以往管理措施的影响。

渔业与温度的关联性对于加利福尼亚洋流沙丁鱼的管理有直接的意义。1999 年，一项开创性的温度依赖性渔获策略被应用于沙丁鱼管理，允许在较温暖的条件下实行较高的开发率。根据 Jacobson 和 McCall （1995）的分析，在温度较低的时期应降低开发率。该研究使用一般加性模型评估了海面温度（sea surface temperature，SST）对沙丁鱼补充成功指数的影响，发现沙丁鱼的成功补充与 Scripps 海洋研究所码头测量的 SST 三年移动平均值之间存在显著关系。基于这一发现，太平洋渔业管理委员会修改了沙丁鱼管理计划，以明确体现 SST 的影响，即根据温度变化将开发率设置在 5%～15%，在较高温度条件下允许更高的开发率。委员会还规定了生物量水平的上限和下限阈值，超过该水平将禁止捕捞作业。但后续使用不同统计方法对更长时间序列进行的分析表明，Scripps 码头 SST 与沙丁鱼成功补充之间的关系不再成立 （McClacchie 等，2010 年），因此太平洋渔业管理委员会随后取消了基于温度的控制规则。Sugihara 等 （2012）对沙丁鱼上岸量的分析，以及 Deyle 等 （2013）以 CalCOFI 仔鱼丰度指数作为状态变量的分析，均支持将温度纳入沙丁鱼管理的重要性。Sugihara 等 （2012）和 Deyle 等 （2013）的分析进一步指出，需要考虑系统对温度的状态依赖性响应，为如何将环境控制规则纳入渔业管理开启了更微妙和动

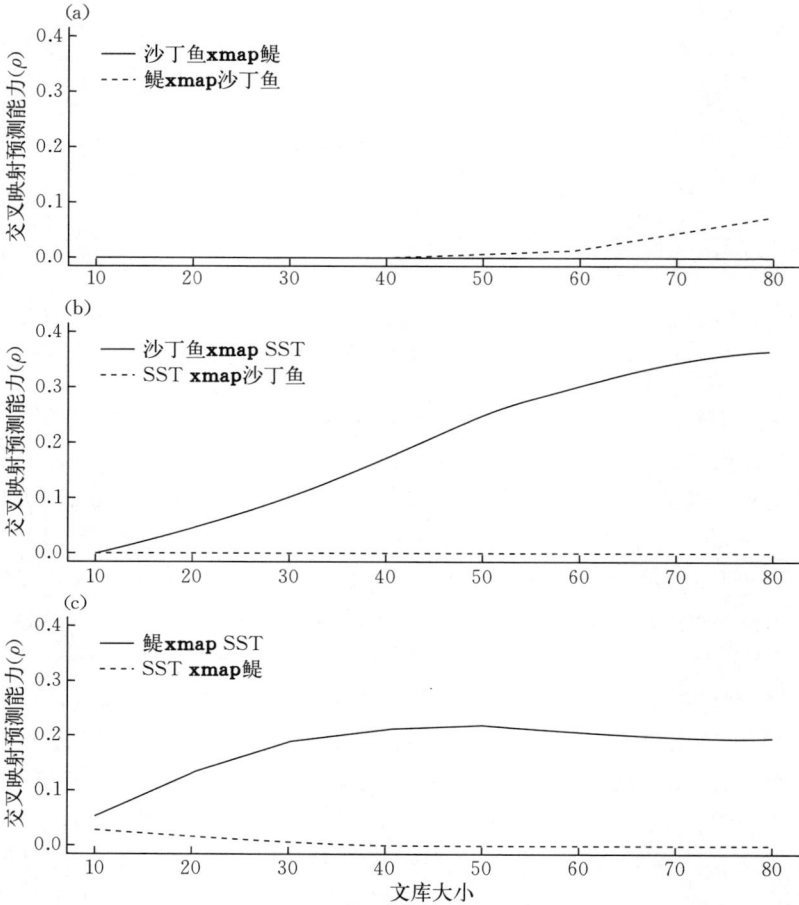

图 14.10　基于收敛交叉映射的因果关系检验，其中包括（a）远东拟沙丁鱼和美洲鳀之间的相互作用（反映在渔业上岸量中），（b）沙丁鱼上岸量与 Scripps 码头水温之间的关系，以及（c）鳀上岸量与 Newport Beach 码头水温之间的关系

态的视角。Deyle 等（2013）进一步评估了气候变化对沙丁鱼的潜在影响。基于对所采用方法的后续评估（Jacobson 和 McClacchie，2013）和对潜在温度变化序列的考虑，2013 年温度相关性控制规则被重新发布。

## 14.4　评估物种间相互作用强度

利用收敛交叉映射方法可以对物种相互作用的性质开展进一步的实证研究。在前几章中分析种间相互作用时，我们假设相互作用系数是恒定的。Deyle 等

（2016）提出了一种方法，可量化相互作用强度的状态依赖性变化。在第 6 章中，我们使用了群落的雅可比矩阵来评估简单群落动力学模型的稳定性（见注释框 6.2），该方法在平衡点周围对模型进行了线性化。如前所述，雅可比矩阵是群落中每个物种与其他所有物种两两物种对的偏作用系数矩阵，其矩阵元素即为种间相互作用系数。Deyle 等对这一基本方法作了重要修改，使其可在任意点依次计算雅可比矩阵，以估计整个流形中的相互作用强度。这种方法可以评估相互作用系数的状态依赖性，不像我们之前阐述的大多数机制性多物种模型一样，假设作用系数是恒定的。如前所述，S－map 过程需要在整个流形中顺序进行局部加权线性回归分析。不同于第 6 章的传统群落矩阵分析中仅围绕一个固定点进行的线性化，这里我们对状态空间中的相互作用强度有了更充分的表述。

在吸引子的任一点，雅可比矩阵的每一行表征了该点处的线性面。例如，在一个离散时间的 $n$ 物种系统中，对于物种 1 我们有：

$$\left[ \frac{\partial N_{1,t+1}}{\partial N_{1,t}}, \quad \frac{\partial N_{1,t+1}}{\partial N_{2,t}}, \quad \cdots, \quad \frac{\partial N_{1,t+1}}{\partial N_{n,t}} \right] \tag{14.11}$$

该行的每个元素表示各个物种对时间 $t+1$ 时物种 1 的净局部影响。实际上，使用多变量嵌入 S－map 方法时，估计的系数接近吸引子上各连续点处的雅可比矩阵元素（Deyle 等，2016）。

为了展示如何用该方法研究物种相互作用强度的状态依赖性问题，我们将回顾第 14.3 节中描述的 Deyle 等（2016）的多物种模型。这里我们以消费者物种 $N_2$ 作为关注目标物种，检验基础资源物种（$N_1$）、竞争消费者物种（$N_3$）和捕食者物种（$N_4$）对该目标物种的影响。模型的偏导数 $\partial N_2 / \partial N_1$，$\partial N_2 / \partial N_3$ 和 $\partial N_2 / \partial N_4$ 可以分别解释为上行驱动、竞争和捕食（下行控制）强度的衡量指标。这里需要注意的重要信息是，模拟中所探讨的种间相互作用强度并非恒定值，而是暂时和可变的（图 14.11）。基础资源物种（$N_1$）对物种 $N_2$ 的影响为正，而竞争和捕食对其效应为负，与预期相符。在这个

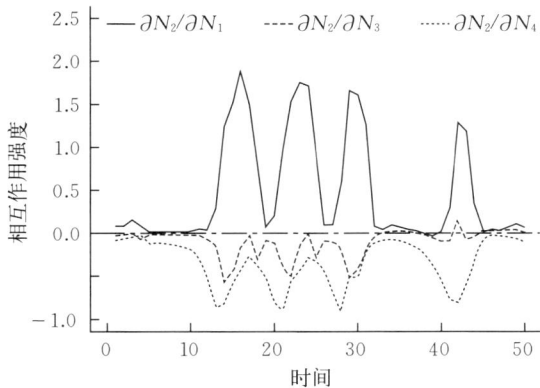

图 14.11 基于 Deyle 等（2016）多物种模型数据估计的种间相互作用强度随时间的变化。图中显示了基础资源物种（$N_1$）对消费者物种（$N_2$）的影响（实线），消费者物种（$N_3$）对物种 $N_2$ 的竞争效应（虚线），以及捕食者物种（$N_4$）对物种 $N_2$ 的影响（点线）

例子中，上行效应比竞争和捕食效应的强度大得多。

## 14.5　预测

实践中应用 EDM 的根本动因之一显然是需对未来进行预测，从而对管理相关的状态变量进行可靠估计。这种预测可以用来指导短期管理决策，在实践中有非常重要的价值。如前所述，对于非线性动力学系统，能做出有效预测的时间范围往往是有限的（见 Glaser 等，2014）；尽管如此，即使短期预测也有其应用价值。Perretti 等（2013）表明，当使用标准统计方法拟合模拟数据时，EDM 比已知的机制性模型给出了更好的短期预测。当应用于实验数据时，EDM 相对于使用同样数据的机制模型也得到了更好的预测。Munch 等（2018）通过对全球 185 个鱼类种群进行的荟萃分析，评估了鱼类补充的可预测性，结果表明 EDM 产生的预测误差显著低于传统的亲体-补充量模型。仅使用补充量信息构建的非线性-非参数模型也可以在很大程度上解释补充量的变动，解释率平均约为 40%，且可预测性随着观测数据中世代数的增加而提高。在约 60% 的测试种群中，收敛交叉映射方法检测到了成体群体数量对补充的显著影响，但对补充变异性的解释率相对较低，与第 9 章中的推断一致。Perretti 等（2015）在一项稍早的研究中对 500 多个种群进行了分析，提供了使用 EDM 可以预测补充量的证据。为了扩充可检验的物种/种群数量（成体群体数量估计和环境驱动因子并非总是可获取的），该研究采用了基于补充量的单变量分析。Deyle 等（2018）证明，两种油鲱（*Brevoortia* spp.）的补充量可根据成体群体大小和其他生态因子进行有效预测。收敛交叉映射显示，大西洋油鲱的补充量可以根据成体丰度的滞后指数进行预测。在该案例中，海面温度被认为与补充相关，但温度效应反映在成体的生物量指数中，因此单独使用后者也可以开展预测。相对的，若要对大鳞油鲱（*Brevoortia patronus*）进行合理预测，直接加入环境驱动因素（海平面压力）则是必要条件。

总之，以上关于补充量可预测性的研究成果为渔业管理提供了重要工具。在接近渔汛期时，补充量的预测对于管理措施（如配额）的制定至关重要。在许多情况下，当前的预测均假设种群补充基本上是一个随机过程，因此补充量水平的观测时间序列通常用于构建补充量的经验概率分布。从该分布中随机抽样可以得到补充量的预测值，结合一定开发率下的其他信息，能够获得预期渔获量的概率估计。如果使用 EDM 或其他方法能够对补充量进行直接预测，那么我们就可以在管理决策相应的时间尺度上对预期渔获量进行更精确的估计。

Ye 等（2015）应用多变量状态空间重建方法研究了 Fraser 河（不列颠哥伦比亚省）的红大麻哈鱼种群，以预测其短期丰度并指导管理。该种群表现出明显的周期性优势度变化，并且丰度具有大幅度波动（见第 3 章）。Fraser 河红大麻哈鱼种群具有重要的生态、经济和文化意义，因此其科学预测极为重要。在过去几十年中，该物种洄游率普遍下降，种群发生了急剧的、意料之外的变化，引发了人们对管理效率的极大担忧（Ye 等，2015）。2009年，使用传统群体-补充量模型得到的预测结果比实际洄游量高出一个数量级。为评估其替代方法，Ye 等使用收敛交叉映射分析了 Fraser 河的红大麻哈鱼种群，并利用海面温度作为协变量。图 14.12 展示了拟合的非参数模型，该模型将 Seymour 种群的鲑补充量作为成鱼群体大小（滞后 4

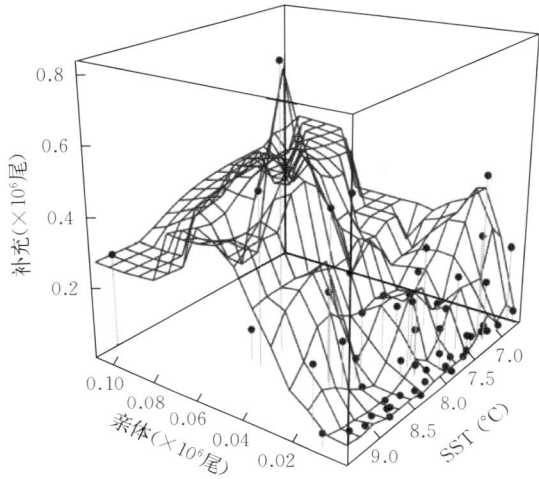

图 14.12　Fraser 河红大麻哈鱼复合种群中 Seymour 种群的补充量作为成鱼丰度和水温函数的非参数响应面。圆点表示观测点，网格面表示补充、成鱼和水温之间的非参数关系（由 Hao Ye 提供）

年）和水温的函数。当产卵群体大小和温度处于中等水平时，补充量达到最高。在对种群洄游的预测效果方面，该分析检测的 9 个红大麻哈鱼种群中，有7 个种群的 EDM 显著优于传统评估和管理中使用的亲体-补充量模型。

## 14.6　社会-生态数据中的复杂性

　　Glaser 等（2014）在北美的两个海洋生态系统中比较了两个观测尺度下调控渔业的动力学过程：自然资源子系统（以科研调查中被捕捞和未捕捞物种的丰度指数表示）和包含渔业的社会-生态子系统（以渔业上岸量表示）。上岸量反映了生态动态、经济和市场因素的相互作用，以及管理的干预。我们可以假设，由于社会-生态耦合系统多层次的复杂性，相对于未捕捞类群的丰度数据，被捕捞类群的丰度以及上岸量将表现出更高的维度，更可能展现出非线性动力学特征（Mullon 等，2005；Chapin 等，2006；Rouyer 等，2008；Anderson 等，2008）。

　　Glaser 等（2014）分析了 200 多个丰度和上岸量的时间序列数据，这些数据来自加利福尼亚洋流大海洋生态系统和新英格兰近海的乔治浅滩，两个区域在渔业开发历史、物种组成、群落结构以及物理驱动因子方面存在显著差异。

两个区域都能从标准化资源调查中获得丰度估计数据，其中在加利福尼亚洋流系统中，仔鱼数据来自长期的 CalCOFI 浮游生物调查；而在乔治浅滩，幼鱼和成鱼的采样通过底拖网调查获取。研究认为在约 70％ 的时间序列中一个时间步长是可预测的，但在五年的时间窗口中预测能力呈指数下降。因此，模型对渔业进行长期预测的能力是有限的，这与我们对非线性系统的预期一致。

人类对海洋种群的开发会同时影响系统的维度估计和呈现非线性动态的概率。渔获量的估计维度最高，但与预期相反，未捕捞种群的维度高于被捕捞种群（图 14.13）。与未捕捞种群的丰度估计数据相比，被捕捞种群的上岸量和丰度估计中更有可能出现非线性动态（图 14.13）。计入物种生活史特征的差异并不会改变这些一般性结论。该结果支持了一种假设，即人类干预确实从根本上改变了受开发海洋生态系统的动态特性，从而降低了生态系统的可预测性以及其他属性。

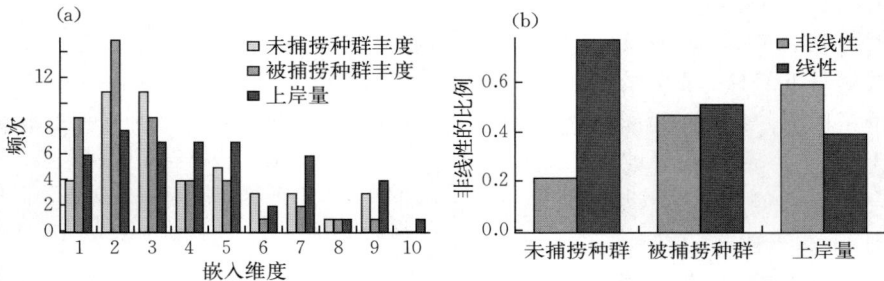

图 14.13 （a）未捕捞和被捕捞种群丰度和上岸量估计嵌入维度的出现频次，图示嵌入维度范围为 1~10。（b）未捕捞和被捕捞种群丰度与上岸量的时间序列中线性和非线性动态的出现率。分析基于加利福尼亚洋流和乔治浅滩地区的合并数据（$n=135$），改自 Glaser（2014）

## 14.7 小结

EDM 方法的核心要素是确定系统的有效维度和非线性程度。系统维度可通过状态空间重构过程确定，我们可以使用观测变量的滞后坐标来确定嵌入维度。任何给定生态系统（包括其所有物理和生物元素）的真实维度当然是未知的。在实践中我们经常发现，具有非线性动态的系统中估算的嵌入维度相对较低（＜10），表明少量的生态系统组分对系统动态起到了主导作用。为了确定系统是否为非线性，我们采用了一种在状态空间中局部加权回归（S-maps）的方法，并比较其预测能力及其他指标与没有局部加权的零（线性）模型的差异。若有显著证据支持局部加权，则表明状态依赖性动态的重要性，即系统元素之间的关系在状态空间的不同区域中可能发生变化。

　　尽管 EDM 可以应用于单个观测序列，以检测其他未观测变量的影响并做出预测，但通过纳入多个生态系统变量可以扩展该方法，以提高其预测性能并为深入理解系统组分间的相互作用性质提供支持。这种方法为理解系统中的关键作用机制开辟了途径，其中包括环境和气候影响、种间相互作用和其他因素。EDM 采用收敛交叉映射（CCM）过程来评估这些驱动因素的作用，以及是否可以从中推断出因果关系。我们再次将重点放在预测能力上——也即包含额外因素是否会提高可预测性的问题。我们从观测序列中随机抽取样本，并逐步增加样本量，以检验预测能力是否随着文库大小而显著提高（收敛）。

　　与所有其他分析技术一样，我们必须认识到该方法的局限性。EDM 的性能可能会受到较大观测误差、缺失数据、非平稳性和较短时间序列的不利影响（Chang 等，2017；Munch 等，2019）。EDM 与参数化时间序列分析等其他方法都受到这些因素的制约。通过数据差分可能解决非平稳性问题，而充分利用相关变量的观测数据可能有效地增加样本量。基于 CCM 的因果推断对强单向驱动作用很敏感，该作用会导致整个系统的同步性变化（见 Sugihara 等，2012）。Ye 等（2015）对 CCM 进行了扩展，仔细评估了系统对驱动因子响应的预期时滞，以应对这种情况。

　　原则上，EDM 可以作为传统方法的补充，解决我们在前几章中考虑的一系列问题。我们指出，前几章中核心的微分方程和差分方程模型可以当作可检验的假设，描述水生系统如何"运作"以及组分之间关系的结构形式。在多变量环境中，EDM 可以提供对系统重要机制的不同见解，并且不需要特定函数形式来描述不同生态系统组分间的联系。这里关注的重点是预测能力而不是经典的假设检验，这个衡量标准相当务实——如果该方法在可预测性方面相对于替代方法具备优势，就使用该方法，反之则不应采用。

## 【扩展阅读】

　　Kaplan 和 Glass（1995）提供了非线性动力学及相关分析方法的介绍，可读性好且内容丰富。Nicolis 和 Prigogine（1998）针对复杂性理论，提供了重要的总体阐述。

# 15 迈向基于生态系统的渔业管理

## 15.1 引言

在前面的章节中，我们总结了管理策略和模型开发中的关键概念和分析工具，以支持基于生态系统的渔业管理（EBFM）。为了满足具体的目标与要求，EBFM 也需要因地制宜，根据对水生生态系统的理解及其科学基础和数据/分析资源进行不同的调整。本书通篇分别在个体、种群、群落和生态系统层次上描述了一系列不同的生态过程以及相关模型。这些元素可以视为基础模块，能够根据可用的科学信息和资源以不同方式的组合构建模型，以应对特定的管理目标。

联合国粮农组织（FAO）提出了在生态系统背景下开展渔业管理的一般原则，指出应当：

……充分考虑生态系统中生物、非生物和人类组分及其相互作用的相关认识和不确定性，在具有生态意义的范围内采取综合性的渔业管理方法，以平衡多样化的社会目标（Garcia 等，2003）。

1992 年，《联合国生物多样性公约》（CBD）呼吁"生态系统和自然栖息地管理"，旨在：

……满足人类利用自然资源的需求，同时维护必需的生物丰富度和生态过程，以维持相关生境或生态系统的组成、结构和功能。

这些一般原则在越来越多的国家和地区性管理提案中得到体现，为EBFM 的实施提供了政策依据和具体路线。然而，尽管将生态系统原则纳入水生资源管理的必要性早已得到广泛认同（如 Botsford 等，1997；Pikitch 等，2004；Link，2010），但在实施过程中存在相当明显的惰性（如 Pitcher 等，2009；Skern-Mauritzen 等，2016）。这一滞后现象反映了目前尚缺乏有约束力的法律和监管措施来推动 EBFM 按计划实施。Patrick 和 Link（2015）认为，最佳产量（optimum yield）的概念提供了一个足够宽泛的框架，能够适配 EBFM 的基本原则。在美国，1996 年修订的《Magnuson-Stevens 渔业管理和保护法》将最佳产量定义为"……渔业的最大可持续产量，根据任何相关的经济、社会或生态因素而调低"，并呼吁保护海洋生态系统和重建过度捕捞的种群。其他国家采取了与最佳产量相似的概念，有的地区还探讨了 EBFM 概念可能的扩展（Patrick 和 Link，2015）。

当前研究制定了灵活性策略向 EBFM 过渡，并取得了重要进展。例如，有研究构建了海洋综合生态系统评估（IEA）的组织原则（Levin 等，2009a），为基于生态系统的管理提供了策略性和分析性框架。该框架概述了一个多阶段的迭代过程，包括：①范围界定，与利益相关者协商以确定方向和目标；②指标制定，确定评估生态系统状况的指标和参考点；③风险分析，根据以上指标以及在人为或自然压力下系统进入不良状态的可能性，评估系统所受胁迫；④管理策略评估，在虚拟场景中测试备择管理方案和决策规则的表现，以确定有潜力的管理策略、剔除成功率低的管理策略；⑤监测和评估，持续监测和评估各项指标，以确定管理措施的效果。如果管理策略没有达到预期效果，新的管理方案将被引入并进行模拟测试。在 IEA 框架的基础上，Levin 等（2018）为下一代渔业生态系统计划（FEP）的构建提供了一个通用模板，来指导 EBFM 的发展和实施，以响应不同地区管理机构的需求和目标。

另一方面，为满足 EBFM 需求而设计的建模方法也处于稳步发展和成熟的过程中（如 Hollowd 等，2000；Whipple 等，2000；Plagányi，2007；Christensen 等，2009；Plagányi 等，2014），多物种模型和生态系统模型在全世界许多水生生态系统中迅速发展。例如，EcoPath with EcoSim（EwE）模型框架现已在 400 多个海洋和淡水生态系统中得到应用（Colléter 等，2015）。端到端模型如 Atlantis（Fulton 等，2011），目前也已开发并应用于三十几个水生系统，其中主要是海洋生态系统，也包括维多利亚湖（Audzijonyte 等，2019）。

尽管在实施过程中存在惰性，但现有研究已经为 EBFM 的发展奠定了坚实的基础。世界许多地方的水生生态系统科学和建模水平已经非常先进，可以为将生态系统原则纳入渔业管理提供分析性支持。

在本章中，我们将围绕以下主题展开探讨：基于地域的管理策略制定；保护生物多样性和生态系统结构与功能，以开展系统恢复力管理；构建综合管理方法必要性，以充分反映对系统的物理、生态和人类组分之间相互关系的认识。

# 15.2 基于地域的管理

基于地域的方法是 EBFM 的一种方式，其中心目标是在一定的地理区域内推行整体性的管理方法。传统渔业管理包括目标资源物种的养护和产出、栖息地保护和非目标物种（包括受威胁物种和濒危物种）的保护。当前这些问题以近似独立的方式处理，而在 EBFM 框架下将被视为一个充分集成整体的一部分。

## 15.2.1 界定生态系统

为了实施 EBFM，我们需要明确界定管理相关的空间区域。由于鱼类是脊椎动物中种类最多的类群之一，并且是全球生物多样性的主要组成部分，因此分析它们在海洋和淡水生态系统中的构成在水生生态区的划分中发挥了重要作用。长期以来，生物地理学家一直致力于根据物种组成的一致性和相关物理特征，识别海洋和淡水生态系统中的特征区域。目前有相关研究对全球淡水（Abell 等，2008）和海洋生态系统（Spalding 等，2007；见图 15.1）进行了综合分析。这些生态区为 EBFM 中相关空间区域的规划提供了重要的起点；当然，对于淡水生态系统和海洋生态系统而言，考虑因素有着显著差异。对于淡水生态系统，具体的管理措施通常会根据河流边缘、湖泊边界或流域等水体特征进行调整，然而相对邻近或在相似管辖区内的不同水体通常具有共同的基本管理方法和规则。淡水生态系统中的扩散屏障会导致高度的地方特有分布，这也是保护性管理中的一个主要考虑因素。相比之下，海洋生态系统通过大尺度海洋学过程和海洋学特征相联系，其连通程度要高得多。这些因素最终将决定海洋和淡水生态系统中管理的空间尺度。

在一项对淡水生态系统的分析中，Abell 等（2008）定义了全世界共 426 个生态区，以划定生物多样性的保护单元（图 15.1a）。由于鱼类的区系组成信息是对水体最常见和最综合的描述指标之一，因此上述划分方案高度依赖于这方面的指标（见 www. feow. org）。Spalding 等（2007）采用嵌套分层方法，识别了近海和大陆架区域的海洋生态区。该研究在最高的组织层次上识别了 12 个海洋界（marine realm，定义为非常大的近海、底层或中上层区域）。在以上海洋界内嵌套有 62 个海洋域（marine province），它们是具有不同生物类群的大海洋区。最后，该研究界定了 232 个生态区，作为海洋域的子集，相邻生态区的物种组成有明显不同（图 15.1b）。

Sherman 和 Alexander（1986）提出了大海洋生态系统（large marine ecosystem，LME）的概念，为海洋系统管理中空间区域的界定提供了另一个出发点。在第 13 章中我们曾提到，LME 可以作为空间的分层（见图 13.1）。LME 是 "200 000 km² 量级的相对较大区域，具有独特的水深、水文、生产力和营养关联种群等特征"（www. lme. noaa. gov）。基于这些方面的考虑，该研究识别了 66 个 LME。不同于 Spalding 等（2007）的分析中对生物地理学的高度关注，LME 方法更多地包含了地形学、水文学和食物网方面的因素。在不列颠哥伦比亚大学的 Sea Around Us 项目中，全球海洋捕捞量、捕捞努力量和其他渔业指标均按照 LME 进行了划分（见 www. seaaroundus. org）。这些成果极大地促进了在 LME 尺度上 EBFM 的相关分析。EwE 模型在全部 66 个 LME 中均已有构建（Christensen 等，2009），为全球范围内将生态系统因素纳入渔业管理提供了重要工具。当前大海洋生态系统在许多分析中已被用作基本的空间单元，其中包括初级生产力和渔业产量之间的关系（Chassot 等，2010；

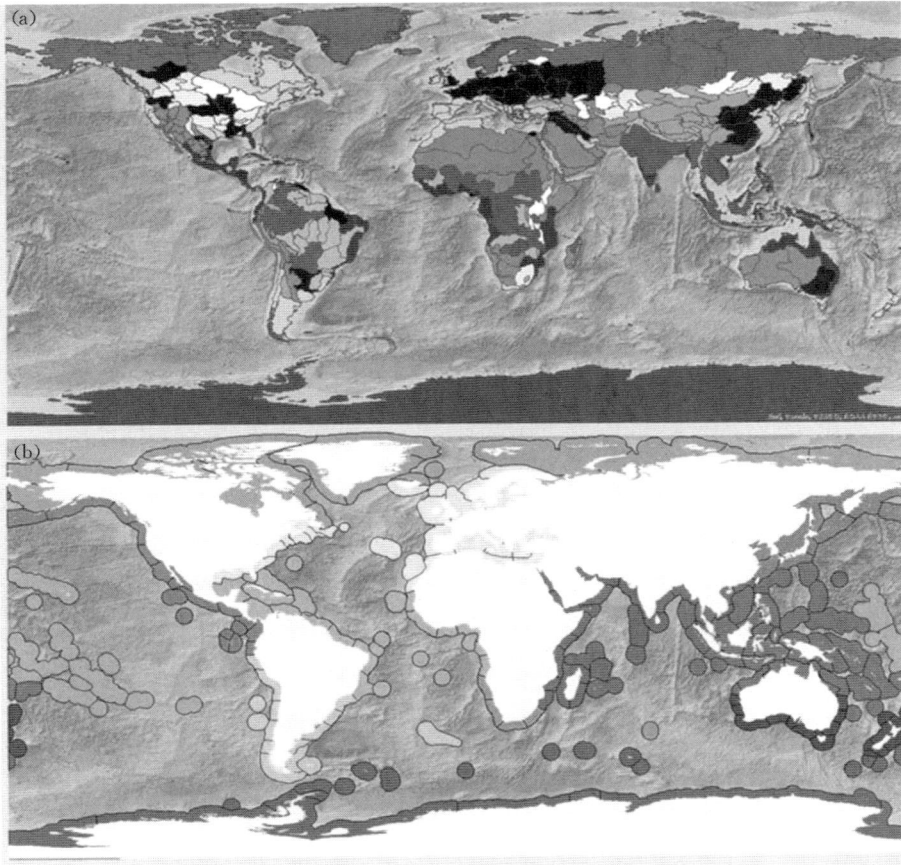

图 15.1 （a）世界淡水生态区（Abell 等，2008），（b）世界海洋生态区（Spalding 等，2007）。shape 文件由自然保护协会提供

Friedland 等，2012；Stock 等，2017），生态系统过度捕捞水平的量化（Coll 等，2008；Link 和 Watson，2019），以及渔业的生产潜力（Fogarty 等，2016b）。

## 15.2.2　空间管理策略

　　长期以来，多种形式的空间管理与其他管控措施（直接控制渔获量或捕捞努力量、尺寸限制等）一起，被用作渔业管理的重要工具。相关部门采取了多样化的管理策略，包括季节性禁渔区，以保护产卵场和育幼场；轮流捕捞的方案，在不同区域依次开放和禁止捕捞；以及长期休渔规定，对资源开发实行部分或完全限制。鉴于此处 EBFM 的空间导向，使用空间管理工具可以满足基于生态系统管理的一系列目标与重要需求。

在下文中，我们将重点关注长期休渔（即划定水生保护区，aquatic protected area，APA）。APA 可以作为总体管理策略的一部分，这种应用目前在海洋生态系统中更为普遍。迄今为止，全球已划定了近 12 000 个海洋保护区（http://www.mpatlas.org），但这只覆盖全球海洋表面积的 4.8%。淡水保护区的全球覆盖度更加难以确定，因为在目前的陆地保护区汇报机制下，淡水和陆地生物多样性的相对贡献并不总是作区分的（Juffe – Bignoli 等，2016）。对于淡水生态系统，人们特别关注保护区对整体生物多样性保护的贡献。据估计，淡水生态系统占淡水-陆地总生物多样性的 12%，约占脊椎动物生物多样性的 1/3（Juffe – Bignoli 等，2016）。有关淡水保护区现状和发展的近期综述，请参见 Finlayson 等（2018）。

针对海洋 APA 成效报告的荟萃分析一致表明，APA 对保护区内的平均生物量、密度、物种丰富度和个体大小均有积极影响（Micheli 等，2004；Lester 和 Halpern，2008）。然而在物种层次其影响存在明显差异，一些物种在保护区的实施过程中表现出中性或负面响应，表明在 APA 建设中必须识别和预见种间相互作用和其他因素的直接和间接影响。要使 APA 对渔获量产生积极影响，鱼类必须在一个或多个生命阶段发生适度扩散，从保护区散布到开放捕捞区。过短距离的扩散可能有利于保护目标的实现（如保护关键的生物栖息地），但对产量作用很小或几乎没有作用。相反，过长距离的扩散会使保护区的整体效益散失。少有研究能够直接估算水生生物在鱼卵和仔鱼阶段的实际扩散距离，而浮游性卵和仔鱼期的持续时间则更容易进行估计，可以用来推断可能的扩散范围。浮游阶段持续时间较长的物种可能会表现出更远的扩散距离，而这取决于水文输运机制的具体特性（Fogarty 等，2000；Fogarty 和 Botsford，2007）。通过标志研究可以估计水生生物幼体与成体的扩散距离，但这种方法的成本可能较高，因此在大多数情况下都是针对经济价值较高的物种开展的。扩散性仍然是评估 APA 潜在成效的主要不确定性来源。同时显而易见的是，各物种的扩散模式具有多样性，任何保护区设置都不可能对所有物种同时达到最佳效果。

在渔获产量方面，APA 的建设效果还取决于渔民的响应，即捕捞努力量从禁渔区到开放区的重新分配。渔民的适应性行为之一是聚集在 APA 的边界进行作业（"边缘捕捞"），这严重影响 APA 对于渔获产量的作用（如 Walters，2000；Walters 和 Martell，2004；Kellner 等，2007）。

Fulton 等（2019）和 Botsford 等（2019）基于在海洋生态系统中的研究经验，针对近期 APA 的策略性和措施性模型提供了重要综述。迄今为止，这些模型已用于指导水生保护区的设计或有效性评估，但大部分建模工作主要集中在产量与单一物种保护等方面，与其他管理工具的要求相关。基于本书的侧重点，我们将特别关注 APA 在实现 EBFM 一系列广泛目标方面的潜在效用，包括维护生物多样性和生态系统结构、保护栖息地、养护目标和非目标物种，以及维持渔获量（另见 Hilborn 等，2004；Browman 和 Stergiou，2004；Halpern 等，2010）。

由于 APA 将嵌套在 EBFM 的更大管理单元中，因此该主题也自然融入了本章内容。我们将关注非常简单的模型结构，这些结构可以在一个通用框架内表示并处理 EBFM 的核心问题。应注意到，当前研究已经对 APA 中的一些关键问题进行了相当复杂的探索，如扩散模式、种群结构效应以及 APA 网络的构建方案等（见 Fulton 等，2015；Botsford 等，2019 以及其中的参考文献）。最终，任何措施性的管理方案都必须基于更丰富的细节进行规划和评估，而实际的实施过程中还需要模型体现更多的现实性。这方面最前沿的进展是基于 Ecospace 模型框架实现的（Walters 等，1999；Walters，2000；Walter 和 Martell，2004）。

### 15.2.2.1 单物种模型

我们首先介绍简单的 APA 策略性模型作为后续内容的铺垫，其中仅包含单一物种，无种群结构，涉及隐性扩散机制。这些模型旨在为保护区的潜在效用提供启发性见解，并且特别关注禁捕性的 APA（通常称为 reserve）。我们的目标是展示如何通过扩展我们在前面章节中提到的一些简单种群模型，构建水生保护区的基本模型。然后我们将拓展关注点，探讨生物多样性、生境和种间相互作用等相关问题。

我们首先介绍一个包含开放区和禁渔区的单物种模型，该模型假设扩散过程广泛发生于整个空间域中。离散时间的 logistic 或 Ricker - logistic 模型被广泛应用于研究这种空间结构（如 Mangel，1998；Lauck 等，1998）。在下文中，我们将使用生物量[①]作为模型的关键变量，并进一步假设在每个时间步长中开发利用（$u$）先于繁殖过程（如 Mangel，1998）。如果总空间域的一定部分（$p_R$）被留作为保护区，则种群的总生物量可以表示为开放区和禁渔区内的生物量之和：

$$p_R B_t + (1-u)(1-p_R)B_t = (1-u+p_R u)B_t \tag{15.1}$$

在下文中，我们假设种群数量由离散逻辑斯蒂模型控制，即有：

$$B_{t+1} = \vartheta B_t + r\vartheta B_t\left(1 - \frac{\vartheta B_t}{K}\right) \tag{15.2}$$

其中 $\vartheta = (1-u+p_R u)$。平衡时有 $B_{t+1} = B_t = B^*$，对公式 15.2 求解 $B^*$，可得：

$$B^* = \frac{K}{1-u(1-p_R)}\left(1 - \frac{u(1-p_R)}{r[1-u(1-p_R)]}\right) \tag{15.3}$$

平衡渔获量由下式给出：

---

① 大多数水生保护区的策略模型中都使用了种群数量而非生物量。这里我们将数量简单地转换为生物量。注意，此处的补充、自然死亡率和个体生长都包含在生产函数中。

$$Y^* = u(1 - p_R)B^* \qquad (15.4)$$

图 15.2 展示了留作保护区的面积比例在几个不同水平下，平衡产量曲线形状随开发率的变化。在该模型的简化假设下，我们可以看到随着保护区面积比例的增加，产量函数曲线的峰值随开发率的变化而发生了移动。在这一结构下，保护区实际上可以提供一种安全保障，防止该区域中可开发部分被过度捕捞。

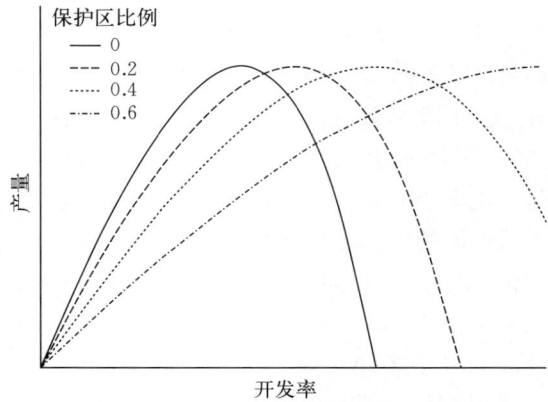

图 15.2　水生保护区离散 logistic 种群模型的平衡产量曲线。其中产量是开放捕捞区的开发率和保护区所占空间比例的函数

注意 $u(1 - p_R)$ 这一项在平衡生物量（公式 15.3）和平衡产量（公式 15.4）的表达式中都有出现。Mangel（1998）表明，$u(1 - p_R)$ 是一个守恒的不变量（$I$），对于固定的 $I$，$u$ 和 $p_R$ 的不同组合都将给出等效的结果。以该不变量可以将平衡生物量表示为：

$$B^* = \frac{K}{1-I}\left(1 - \frac{I}{r(1-I)}\right) \qquad (15.5)$$

如果管理目标旨在使生物量维持在承载力的一定比例或更高水平，我们可以探索最大允许开发率和保护区空间域比例的不同组合，以到达这一效果（参见 Mangel，1998，2000 对这一问题的全面探讨）。图 15.3 显示了种群内禀增长率取几个不同水平时的模型结果。我们看到，当种群增长率较低时，随着保护区外开发率的增加，保护区必须留存更大的面积以达到保护目标。相反，当种群生产

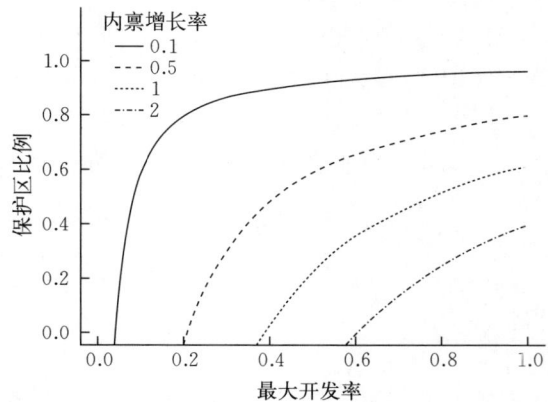

图 15.3　为实现维持种群生物量为承载力的 60% 的管理目标，研究区域中必需的保护区比例与最大开发率及种群内禀增长率的函数关系（仿自 Mangel，1998）

力较高时，就算保护区的空间比例较低，也可以承受更高的开发率。

Hastings 和 Botsford（1999）针对定栖性成鱼构建了广义时滞差分模型，表明禁捕性保护区和开发率管控对于管理目标的实现具有等效性［见 Botsford 等（2019）第 11 章的综述］。而这种等效性也带来了活跃的争论，即在实现单物种产量和保护目标时应实施 APA 还是直接控制开发率［参见 Hilborn（2014）对该问题的论述］。在这些简单的模型的单物种管理下，应用 APA 实现产量目标时，最明显受益的是那些已经过度开发，但由于某种原因未能成功控制开发率的种群。在这种情况下，空间禁渔可以通过受控区域的溢出效应，维持更高的渔获产量并提高对渔业开发的弹性。

总的来说，开发率可以在多大程度上受到严格控制仍是一个核心问题。Lauck 等（1998）指出，将开发率控制在目标水平的过程会受到实施误差（implementation error）的影响，相应的不确定性可能相当大。Lauck 指出保护区可以抵消实现目标开发率过程中的不确定性，并增大将种群维持在特定阈值水平之上的可能性。更一般地，Mangel（2000）阐明了应对不确定性时 APA 作为关键缓冲措施的重要性。

### 15.2.2.2 生境与生物多样性

水生生态系统中保护区边界的划定自然会影响到 APA 内的全部物种和相关栖息地。任何对 APA 潜在价值的全面评估都必须基于这一更为广泛的视角。捕捞活动除了对生境产生不利影响外，也会改变整个系统的承载力、生物多样性和水生生物资源的群落组成。

Levin 等（2009b）扩展了 APA 的离散逻辑斯蒂模型，研究了渔获作业对美国西海岸大陆架栖息地的破坏和对生物多样性预期水平的影响。对该区域的物种-面积关系解析（见第 7 章）为明确将生物多样性纳入分析提供了工具。Levin 等在其分析中进一步包括了实际存在的庇护所，这些区域不能进行底拖网。为了简单起见，在下文中我们假设整个研究区域原则上均可以进行捕捞作业。相对于 Levin 等的分析，这导致了估计产量和物种丰富度成比例的变化，但基本结论一致。这里总生物量也是保护区内外生物量的总和，我们采用公式 15.1～公式 15.4 的框架，然而这里开放捕捞区域的生物量由下式给出：

$$B_{O,t+1} = B_{O,t} + rB_{O,t}\left(1 - \frac{B_{O,t}}{d_h K}\right) \tag{15.6}$$

式中，$B_O$ 是开放区的生物量；系数 $d_h$ 是一个取值范围为 0～1 的倍率，表征拖网捕捞对栖息地承载力（$K$）的不利影响（$d_h$ 值越小，承载力降低越多）。承载生物多样性的区域有效面积也受到拖网活动的影响：

$$A_e = p_R A + d_h(1 - p_R)A \tag{15.7}$$

式中，$A$ 是所研究空间区域的总（名义）面积。在被捕捞的区域，名义面积减少，以反映拖网对栖息地的破坏。在大陆架一定有效面积上承载的物种数（S）可利用物种—面积关系函数 $S=cA_e^z$ 计算，其中 $c$ 和 $z$ 为系数。

在图 15.4 中，我们展示了在三个开发水平下（$u=$ 0.1, 0.15, 0.2）产量和生物多样性之间的权衡，其中后者以物种丰富度来表示。图中每条曲线表示当 $p_R$ 取值从 0 至 1 时，产量与物种丰富度之间的关系［$y$ 轴截距对应 $p_R=1$（无渔获）时物种丰富度值，而每条曲线的终点对应 $p_R=0$］。在所有场景中，均在 $p_R=0$ 时物种丰富度最低，此时所有防止拖网对栖息地造成损害的保护措施都被移除，有效栖息地面积相

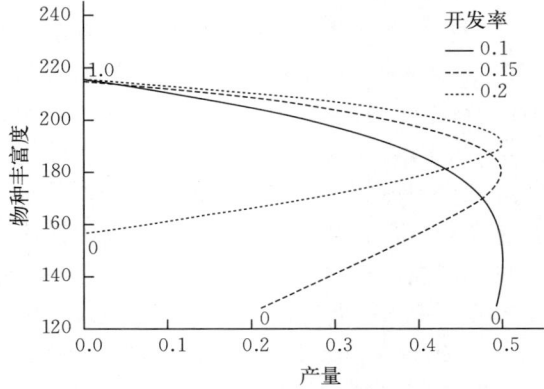

图 15.4　在三个渔业开发水平下，保护区面积比例从 0 增加到 1 时物种丰富度和产量之间的权衡。该结果基于 Levin 等（2009b）的模型，假设整个空间区域都可拖网捕捞

应减少。在各个开发率下，$p_R$ 从 0 增加到 1 的过程中，产量和物种丰富度的关系曲线最初显示为正相关（$u=0.1$ 时关系很弱），但随后达到拐点，之后二者的关系变为负相关。产量和丰富度之间最初的正相关关系是保护区的建立消除了过度捕捞的结果。然而，随着保护区面积比超过拐点，保护区对产量的负效应就显现出来。因此我们看到，随着保护区范围的增大，渔获产量和物种丰富度之间形成了权衡。

### 15.2.2.3　种间相互作用

与目前单物种 APA 模型的大量文献相比，开发和探讨多物种模型的例子较少。这里我们将仅对现有模型及其分析结果进行总结。前文中我们注意到，在实证性的评估中一些物种对 APA 的构建表现出负面响应，而其中一部分可能是由于物种间的相互作用造成的。多物种场景的相关扩展为模型结构带来了非常宽泛的可能性（见 Micheli 等，2004；Baskett，2006；Basket 等，2007；Kellner 等，2010；Takashina 等，2012）。

毫不意外，多物种情景下的扩展也揭示了一系列非常多样化的可能结果。其中最重要的一个发现是，在考虑 APA 对多物种系统的有效性时，相比大多数单物种模型其需要的保护区面积会更大，这与前文中生物多样性维护的一般结论相一致。此外，多物种 APA 模型也表明，当保护区以外的渔业开发率较高时 APA 最为有效，这基本与单物种模型的结果一致。

营养动态模型显示，捕食者和被捕食者之间可能存在相互的积极作用，也

可能产生对被捕食者的不利影响，这取决于捕食者是狭食性还是广食性种（Kellner 等，2010），以及被捕食者是否能够获得来自个体大小或空间上的庇护（Baskett，2006）。APA 对狭食性捕食者的保护可能产生营养级联，导致其关键饵料生物衰减（如 Micheli 等，2004；Takashina 等，2012）。Kellner 等（2010）表明，若存在替代性饵料，捕食者和被捕食者在保护区内可共存的状态空间范围将大大增加。捕食者功能性摄食响应的性质也至关重要。类似的，个体/年龄较大的捕食者通过摄食其幼鱼的竞争者可以形成培育-退偿机制（cultivation - depensation；Walters 和 Kitchell，2001），该机制下模型可以表现出多重稳态（Walters 等，1999；Walters，2000；Baskett 等，2007）。

### 15.2.2.4 APA 的优先区

在任何给定 APA 内，由于各个物种的生活史和扩散模式不同，种间相互作用的性质和强度不同，以及渔民对建立 APA 的行为反应存在差异，不同 APA 的产量和保护效果可能存在很大差别。在这种情形下，我们能否从系统整体的角度为保护优先区的规划提供选择标准？归根结底，这个问题只能依据管理者设定的具体目标来回答，但是显然没有哪一个 APA 可以对其范围内的所有物种实现最优效果。

对此，一种可能的解决方案是聚焦栖息地保护的系统整体效益。结构复杂度高的栖息地是优先级选划中的优势备选。生源结构和地貌特征都会形成结构复杂性，并往往支持多样性更高的生物集群，提供食物资源以及躲避捕食者的庇护所（Kovalenko 等，2012）。这些凸显的结构特征特别容易受到拖网和挖掘等在底层作业的移动性渔具的扰动。回顾 Sainsbury（1987）在澳大利亚西北部大陆架开展的适应性管理实验，该研究有力支持了栖息地对于构成物种集群的重要性（见第 13.5.1 节）。该节中 Collie 等（2014）的模型研究还表明，捕捞对生物栖息地的损伤也对产量和恢复时间产生了不利影响。

Cabral 等（2016）在对复合种群的模拟测试中发现，相对于其他备选的选址标准，基于栖息地质量和范围的海洋保护区选划方案提供了最大的收益。我们认为从更广泛的生态系统视角来看，这种方法也可以提供最大的投资回报，但需要进行更充分的评估。保护优先级的选划中也有其他因素需要考虑，如在有些区域受威胁或濒危物种被偶然捕获的概率较高，以及在有的区域难以对开发率进行有效控制。

# 15.3 维持生态系统的结构与功能

EBFM 的一个主要目标是尽量减少对生态系统结构和功能的破坏，以确保生态系统服务的可持续产出。虽然在渔获过程中无法避免生态系统结构某些方面的改变，但可以通过评估替代性的管理策略限制这类不利影响。APA 的构建提供了一种可能途径，能够在禁捕性保护区的范围内维持生态系统结构与功能的关键特征。Wing 和 Jack（2013）报道了新西兰 Fiordland 的保护区网络在保护生物多样性、稳定群落和维持食物网结构方面起到的重要作用。

在传统的渔业管理中占据不同营养级的物种被选择性移除，导致了生态系统结构的改变。捕捞高价值、高营养级目标物种导致了水生食物网的破坏，以及整个生态系统的级联效应（如 Frank 等，2005；Daskalov，2002）。捕捞不可避免地会截断群落的个体大小结构，因为较大个体被移除，大型物种变得稀少。由于大型鱼类大多为肉食性，其种群耗竭减少了对其他物种的捕食压力，从而改变了食物网中捕食者-被捕食者的相互作用（Hall，1999）。若特定物种发生了选择性的资源耗竭，群落中少数非目标物种将占据优势，从而导致生物多样性的丧失；多样性的降低进一步削弱了群落对人类和环境扰动的恢复力（Lotze 等，2006）。

这一现象引发了管理策略如何维持生态系统结构或"平衡"的思考。从最普遍的意义上讲，这将需要一种综合的管理策略，即以协调的方式实现对生态系统中各个物种的既定开发率，而不是孤立地对待每个物种。

## 15.3.1 渔业生态系统的平衡概念

一个长久以来的理念认为，如果没有人类的影响，自然将呈现平衡的状态。尽管现在科学家们对此大多持怀疑态度，但这种理念在社会其他领域仍然普遍存在（Kricher，2009）。在第 1 章中我们看到，相关研究基于鳞片沉积率重建了鱼类种群丰度在千年时间尺度上的变化，其结果显示在人类对水生生态系统的强烈干预和不利影响出现之前，自然种群已经呈现出剧烈的波动和变化模式（图 1.2）。当然人们也普遍认识到，捕捞等人类活动可以从根本上改变种群、群落和生态系统结构。随着全球气候变化、污染、资源开发和其他压力的综合作用，人们越来越多地关注了如何最大限度地减少人类活动的不利影响，以防止对生态过程的大规模破坏。这里我们综述了渔业生态系统中平衡概念的相关问题。在淡水渔业管理中，人们早就认识到了维持鱼类群落营养平衡的重要性。最近，有些管理策略尝试尽量减少对群落结构、性别比例、遗传变异性、营养动力学和空间模式的影响，这些研究引起了人们的极大兴趣，同时也带来一些令人担忧的问题。

### 15.3.1.1 营养动力学平衡

Swingle（1950）在其针对池塘管理的开创性工作中引入了鱼类种群营养动力学平衡的概念。在这些池塘中，单种养殖的中营养级物种表现出极度的密度依赖性生长模式（发育迟缓），个体无法长成可捕大小，自然繁殖受到了严重限制。通过引入捕食者动物，养殖物种被捕食移除，种内竞争相应减弱。Swingle

尝试确定一个被捕食者与捕食者的最佳比例，使整个系统能够维持较高产量。为此他定义并监测了几个指标，包括被捕食者总生物量与捕食者生物量的比率，被捕食者在可被捕食大小范围内的生物量与捕食者生物量之比，以及可捕尺寸的鱼类个体在种群中的百分比。捕食者对被捕食者的移除作用导致了多物种系统的生产力和总产量增加。这些研究清楚地体现了进行受控和可重复实验的价值。

尽管 Swingle 的工作本质上基于在实验池塘中的人工生态系统，但该研究可以扩展到自然系统中，帮助理解被捕食者与捕食者比率的重要性。选择性和区别性地移除某些营养功能群可以使群落营养结构大幅变形，从而对水生生态系统的恢复力产生长期影响。

Swingle 还对实验池塘的营养盐水平进行了控制实验，并放养了更多样化的被捕食者与捕食者物种组合。这些实验揭示了能量利用的总体模式对生产力和渔获产量的重要性（另见 Tang，1970）。更高的多样性为群落提供了更充分利用可获得能量的途径，以及在群落整体水平获得更高产量的可能性。该结果验证了在已开发生态系统中维护生物多样性的价值。

Pauly 等（2000）引入了平衡渔获（fishing‐in balance，FIB）指数，以量化选择性移除低营养级鱼类对高营养级的影响。由于低营养级鱼类的生产力较高，可以预期集中捕捞低营养级鱼类会产生更高的总渔获量。FIB 指数检验了产量的增加是否与渔获物平均营养级的下降相对应。如果渔获量没有以预期比率增加，则可推断渔业造成了生态系统的不平衡。最近，FIB 还被用于检测渔业向新渔场的地理扩展，这个过程中渔获物的组成模式也会改变。

### 15.3.1.2 平衡渔获

鉴于渔业在生态系统层面的影响，人们呼吁调整选择性控制规则，根据生态系统中物种的相对生产力和生物的个体大小，平衡一定区域内所有渔业的影响（如 Zhou 等，2010；Garcia 等，2012）。在最宽泛的形式下，平衡渔获（balanced harvest）要求按照物种生产力的高低，对水生生态系统中的所有物种进行开发利用。这一阐释引发了人们对该平衡渔获形式的可行性、经济性以及社会接受度的重大担忧（如 Froese 等，2016；Pauly 等，2016；Breen 等，2016；Burgess 等，2016）。Zhou 等（2019）指出，平衡渔获实际上可以以多种形式实施，包括关注点更为聚焦的形式。Zhou 等（2019）将平衡渔获定义为：

一种管理策略和总体的捕捞活动，按照生产力的相对比例对每个可利用的生态群施加适度的捕捞死亡率，以支持长期可持续产量，同时最大限度地减少捕捞对生态系统内物种、个体大小和性别的相对组成的影响。

许多管理策略均可以根据这一定义进行调整，如不完全平衡渔获策略，仅关注了生态系统的选定组分（Zhou 等，2019）。

水生群落的开发利用包括两个要素：总体的捕捞压力水平，以及对物种、大小和性别的选择性。通过对真实鱼类群落的观测很难分辨出这两个部分的影响，因此实证检验选择性捕捞的影响是十分困难的。由于实证检验的挑战性，几种基于个体大小的模型已被用于检验选择性和非选择性渔业对群落结构和可持续产量的影响（如 Rochet 等，2011；Rochet 和 Benoit，2012；Andersen 和 Pedersen，2010）。

Jacobsen 等（2014）使用 Andersen 和 Pedersen（2010）的质量谱模型（size‑spectrum model）对这一问题进行了系统评估。该分析针对鱼类群落的动态，未考虑对浮游动物或鱼类以外其他水生脊椎动物的渔获。在这项研究中，平衡渔获是指捕捞死亡率与不同物种及个体大小的生产力成比例，而"选择性"或"非选择性"指的是幼鱼是否包括在渔业中。在其模拟中，非选择性平衡渔获产出的总渔获量略高于非平衡捕捞和选择性捕捞（图 15.5）。平衡渔获对鱼类群落总体的个体大小结构影响也较小，但显

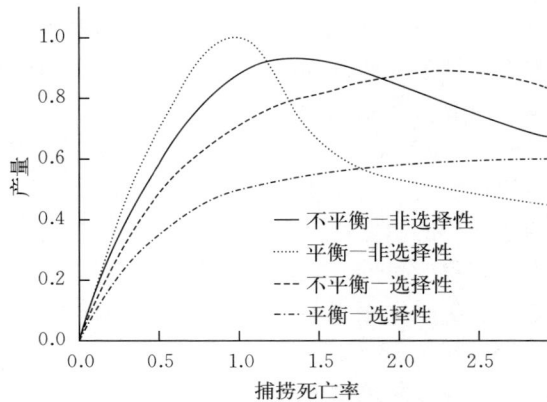

图 15.5 不同平衡渔获和选择性的四种开发模式下的渔获产量。四种模式为个体大小选择性［不捕捞幼鱼（选择性）、捕捞幼鱼（非选择性）］和平衡渔获［捕捞死亡率与生产力成比例（平衡）、所有个体大小的捕捞死亡率相等（不平衡）］的不同组合，改自 Jacobsen 等（2014）

著降低了渔获物中鱼类的平均大小。Jacobsen 等（2014）进一步指出，在这种所有个体大小均被捕捞的渔获方案中[1]，大部分渔获物不会直接用于人类消费，而是加工成鱼粉作为动物饲料（包括水产养殖中的利用）或其他产品。渔获物平均个体大小的急剧下降可能不会为消费者所接受，从而导致渔业的收益降低。人们普遍认识到需要进一步评估平衡渔获的全面社会和经济后果，以及在现实中实施方面的情况（如 Jacobsen 等，2014；Burgess 等，2016；Zhou 等，2019）。这一分析简洁地概括了开展平衡渔获时涉及的一些潜在收益和实际困难。

不完全平衡渔获的实施可以侧重于目前被捕捞的类群（主要是鱼类、甲壳类和软体类等）。渔业中所使用的渔具或多或少都具有选择性，平衡渔业需要通过调整各种渔具及其物种分配，在传统方式捕捞的群落中获得更平衡的渔获

---

[1] Jacobsen 等（2014）将个体大小的下限设为 10g。

量。同时，目前被过度捕捞的物种需要有选择地重建，才能实现可持续的平衡渔获。现行的渔业法规根据物种水平的生产力来设定捕捞死亡率，并考虑到了渔具的尺寸选择性，而平衡渔获则需要比当前更低的总捕捞压力，并将其分配到更广泛的物种和个体大小范围（如 Fogarty 和 Murawski，1998）。在这个意义上，平衡渔获更多的是一个指导性原则，而不是一个捕捞所有大小和所有物种的规范化方案（另见 Zhou 等，2019）。此外还需要开发市场，促进对需求不大、价值不高物种的利用。值得注意的是，事实上在混合物种渔业中捕获的物种数可能远远高于实际市场上出现的数量。在这种情况下，关键问题是如何更充分地利用已捕获的资源（现在被丢弃），而不是全力开发新的渔业。

# 15.4　在生态系统背景下定义过度捕捞

在单物种视角下，过度捕捞的经典定义主要关注渔获物种的产量、生物量和种群结构。单物种最大可持续产量的概念通常用于量化资源状况，而EBFM 的含义范围更广，必须考虑生态系统的其他组分，以评估捕捞对群落和生态系统状况的影响。基于生态系统的参考点可用于指导管理措施，但其设置规范仍处于早期发展阶段，部分原因是迄今为止只有很少的行政区域采用了定义明确且可操作的 EBFM 目标。

群落层次的状态评估可以理解为针对单物种或单种群方法的自然延伸。然而如第 12 章中指出的，多物种最大产量等概念是不能直接转化过来的，因为这里预期产量、种群生物量和种群结构是种间相互作用以及不同开发利用模式的函数。一般来说，我们不可能使得群落中所有物种的渔获产量同时达到最大。在混合物种渔业中，由于物种之间技术和生物相互作用的驱动，这个问题尤为严重。在整个生态系统层面，需要考虑的因素当然更为广泛。

我们已经注意到环境效应，特别是温度，对个体、种群、群落和生态系统层次生产力和渔获量的重要作用。越来越多的证据表明气候对水生生态系统的影响，突显了以动态视角看待基于生态系统的参考点的必要性。在未来的管理中，将需要根据生产力水平的变化及时调整参考点。

Barange 等（2018）最近全面汇总了气候对全球海洋和淡水生态系统中渔业和水产养殖的影响。相关研究预测了水文循环和水动力学过程的变化，水温升高、分层和酸化，溶解氧含量降低，以及物种分布模式的变化。在一切照旧的情景下，预计到 21 世纪中叶，全球海洋生态系统的最大潜在渔获量将下降7%～12%。在一个相对缓和的情景中，全球气温上升将维持在 2 ℃以内，而渔获量预计将下降 2.8%～5.3%，其中低纬度生态系统所受的负面影响最大（Barange 等，2018）。与海洋生态系统相比，淡水生态系统在承受气候变化效应时的缓冲能力较低，并且它们遭受到更多样化的人为胁迫（包括竞争性的用水需求、生境破坏和破碎化以及非本地物种的引进）。气候变化预计会导致一些地区承受低度至中度压力，这些区域贡献了目前淡水渔业产量的约 60%，而已经受到气候变化严重影响的其他地区，所受压力预计将继续增大。

## 15.4.1  群落层次的参考点

在第 12 章中我们提到，在制定群落和生态系统层次的管理目标时必须考虑生物和技术的相互作用。特别是任何尝试从相互作用紧密的物种群中获取最大总产量的操作，都会使群落中生产力较低的物种面临风险。这里我们考虑了两种方案：①采取预防性管理方案，将捕捞压力降低到对应群落总体最大产量的水平以下，以期降低生产力较低的物种所面临的风险；②确定各个组成物种的捕捞死亡率范围，以实现每个物种的可持续产量。为了说明第一种方案，我们以乔治浅滩鱼类群落为例，探讨基于个体大小结构的 LeMANS 模型的分析结果（Worm 等，2009；见图 12.13），并展示了总产量和生物多样性保护之间权衡的可视化结果。在这一示例中，当捕捞死亡率从最大群落产量对应的水平（$F=0.43$）降低到 $F=0.2$ 时，种群数量低于安全阈值的可能性将会大大降低，从近 40% 降至低于 5%。在该低水平的开发率下，渔获产量接近最大产量的 90%。当捕捞死亡率进一步降低到 $F=0.1$ 时，在确定性模拟中没有物种的数量低于安全阈值，但渔获产量低于最大产量的 60%。显而易见，我们需要在渔获产量和生物多样性之间进行权衡，而管理方案选择取决于哪些保护工具组合可以降低脆弱物种所受的风险。

第二种方案在第 12 章中有所涉及，需要探索混合渔获中各物种的捕捞死亡率范围，以确定实现所有物种可持续捕捞的多维空间。人们特别关注如何通过设置捕捞死亡率的范围，为混合渔业中的所有物种提供"相当好的产量"（pretty good yield）（如 Rindorf 等，2017）。在该情景下，相当好的多物种产量定义为能够提供种群在单物种分析中产量的一定百分比的捕捞死亡率组合。在当前的大多数研究中，这一百分比被定为高于单物种 MSY 水平的 95%，并假定每个种群的产量可以被精准监控。目前已经有相当复杂的分析方法来确定"最佳"方案，包括应用博弈论的方法尝试在混合物种组中确定纳什均衡（Nash equilibrium）。在这些研究中，纳什均衡需要考虑所有被捕捞种群的开发率，使得在其他种群的开发率固定时，目标种群开发率的任何变化都不能增加其长期产量。

Thorpe 等（2017）使用第 12 章介绍的 LeMANS 模型框架扩展了该方法，考虑了受到生物和技术相互作用的物种/种群。其研究表明，虽然以"相当好的产量"范围内捕捞死亡率的上限进行作业可以实现产量的适度增长，但相对于选择该开发率范围下限的情景，种群崩溃的风险大大增加。因此，该研究建议所有种群的捕捞死亡率都应保持在低于 $F_{MSY}$ 的水平。

Thorpe（2019）随后探讨了一种特定管理策略的效果，其中所有种群受到相同捕捞死亡率的影响，并以初始生物量的一定比例作为生物量水平的固定目标。研究将该渔获控制规则与替代方案进行了比较，后者包括基于多物种混合的纳什均衡方案，以及根据单物种评估结果确定的"相当好的产量"对应的捕捞死亡率范围。通过设置所有种群承受共同的捕捞死亡率并加上生物量目标的约束，该管理策略得到了与纳什均衡相当的结果，同时计算负担大大降低。Thorpe（2019）得出的结论是，总体管理效果不太依赖于对各个种群捕捞死亡率的具体设置，而是更依赖于对种群生物量状况的认识（尽管与各种群分别设置不同捕捞死亡率的场景相比，后者渔民收入的变异性更高）。

## 15.4.2　生态系统层次参考点

要建立渔业管理的有效参考基准，必须明确界定什么是生态系统层次的过度捕捞。当前研究已经提出了在生态系统层面上定义过度捕捞的一系列标准。Murawski（2000）建议，如果满足以下一个或多个条件，生态系统可被视为过度捕捞：

（1）一个或多个重要物种集群或组分的生物量低于最低生物学可接受限度，导致：

① 成功补充的机会受损。

② 重建种群使产量接近 MSY 水平的时间延长。

③ 物种相互作用导致种群恢复的可能性受到威胁。

④ 任何物种受到区域性或生物性灭绝的威胁。

（2）由于种群受到"沿营养级的下行捕捞"、生态系统组分的选择性捕捞以及与渔获率或物种选择性相关的其他因素影响，群落或种群的多样性显著下降。

（3）与相对较低的累积渔获率相比，当前的物种选择模式和渔获率导致种群或渔获量的年际变动较大。

（4）由于捕捞导致物种组成或种群结构的变化，生态系统对非生物因素扰动的恢复力或抵抗力显著降低。

（5）对于相互作用物种的渔获率模式导致累积净经济或社会效益较低，效果逊于总体强度较低的捕捞模式或其他物种选择性方案。

（6）饵料物种的渔获或捕捞作业造成直接死亡损害了具有重要生态意义的非资源物种（如海洋哺乳动物、海龟、海鸟）的长期生存能力。

Tudela 等（2005）将维持渔业所需初级生产力的基本概念与 Murawski 定

义生态系统过度捕捞的准则联系起来。支持观测中渔获量水平所需的初级生产量为（Pauly 和 Christensen，1995）：

$$PPR = \sum_i^n \frac{C_i}{c_r} \left(\frac{1}{TE}\right)^{TL_i-1} \tag{15.8}$$

式中，$c_r$ 是由湿重到碳的转化率（通常取值为 9）；$C_i$ 是物种 $i$ 的渔获量（上岸量加抛弃量）；$TE$ 是营养级间的传递效率（这里设其在所有营养级均为常数）；$TL_i$ 是物种 $i$ 的平均营养级。在许多现有研究中传递效率均设为 $10\%$，但若有系统相关的信息，也可以采用其他值。各营养级间传递效率的估计值可以从 Ecopath 模型结果的资源库（见 ecobase. ecopath. org）中获取。鱼类和无脊椎动物营养级的估计值可以分别从 FishBase（www. FishBase. org）和 SeaLifeBase（www. SeaLifeBase. org）提供的广泛汇编中找到。据此得出的 $PPR$ 估计值可表示为总初级生产量的比例，这是一个包含有用信息的指标（Pauly 和 Christensen，1995）。

Tudela 等（2005）检验了适用 Murawski 准则且可以计算 $PPR$ 的 49 个生态系统的观测结果。该研究使用多元分析方法，根据 $PPR$ 和渔获物平均营养级来确定过度捕捞系统和可持续捕捞系统之间的分界点。Libralato 等（2008）扩展了这一方法，估计了移除低营养级生产量造成的次级生产力损失，以及其对高营养级可获取能量的影响。研究计算了每个生态系统的损失指数，并根据 Murawski 准则将其与生态系统状况相对照，然后判定了在一定损失水平下生态系统被归类为可持续捕捞的可能性。有关推导和估计方法的详细信息，请参见 Libralato 等（2008）和 Coll 等（2008）。

Link（2005）提出了一系列不同类型指标的预警阈值和极限参考点，包括个体大小结构（所有物种的平均体长和粒径谱斜率），功能组的生物量（基于营养关系或分类学亲缘性），渔业指标（上岸量、捕捞移除的生物量、抛弃和兼捕），群落和食物网指数（物种丰富度、物种的平均相互关联数、循环数），以及与腐食性物种、胶状浮游动物和硬珊瑚相关的指标。Fulton 等（2019）将这些指标和相关参考点应用于澳大利亚"南部和东部有鳞鱼类和鲨渔业"（southern and eastern scalefish and shark fishery，SESSF），并报道该方法在其渔业管理策略评估中具有良好表现（见第 15.5 节）。

Link 和 Watson（2019）提出了一套基于生产量和生物量的指标和相关的极限参考点，包括：①渔获量与叶绿素浓度的比率；②渔获量与初级生产量的比率；③单位面积的渔获量。基于理论和经验分析，Link 和 Watson 设定了渔获量与叶绿素比率以及渔获量与初级生产量比率的暂行阈值，该值不超过千分之一。若比值高于该水平，则认为发生了生态系统水平的过度捕捞。根据经验观察，Link 和 Watson 提出单位面积渔获量的暂行阈值为 1 t/km²，高于该水平的值认定为过度捕捞。根据这些阈值指标和划分标准，Link 和 Watson 指出目前 40%～50% 的热带和温带大海洋生态系统受到生态系统层次的过度捕捞。

### 15.4.3 生态系统层次的产量

食物网底层的固碳量限制了各个营养级的生产量，并最终决定了在一定限制条件下可从水生生态系统中获取的渔获产量。确切的渔获量取决于不同系统中上行控制和下行控制之间相互作用。人们早已认识到，水生生态系统和水生群落中的鱼类总产量、个体大小结构和生物量水平往往反映了相当保守的特性（Kerr 和 Ryder，1998）。生态系统层次明显更高的稳定性反映了系统动力学中总体的能量约束。在传统的渔业管理中，我们关注单个物种的动态，而生态系统的视角下则需要在管理方案中建立系统范围的限制参考点，使系统各个组分的移除量之和不能超过规定的水平。Link（2018）从系统论的角度综述了该方法的概念框架，并指出了其在渔业产出（产量、价值和稳定性）和风险管理方面的潜在益处。

早在 200 n miles 协约实施之前，西北大西洋渔业国际委员会（ICNAF）就在美国东北部大陆架（ICNAF，1974）实施了此类系统。自 1984 年以来，白令海-阿留申群岛渔业也有类似的系统层次的限制（Witherell 等，2000；Link，2018）。Trenkel（2018）提出了一个可以设置多物种总可捕量（multispecies total allowable catch，MTAC）的管理规程，其中每个物种的 TAC 从单物种或多物种模型中得出，并使其总和不超过 MTAC。利用 Jennings 和 Collingridge（2015）的质量谱模型可得到多物种 MSY 的估计值，用于设置系统的总渔获量（见第 13 章）。Trenkel（2018）将初级生产的潜在变化考虑在内，作为倍率来调整系统层次的 MTAC。在拟定的管理系统中，初级生产力的相对降低或高变异性将触发对 MTAC 的成比例下调。该研究的一般理念也适用于研究其他形式的环境变化，研究还建议使用额外的预防性缓冲。因此，该管理规程可视为一个动态过程，在面对气候引起的生态系统变化时将显示出非常重要的价值。

## 15.5 管理策略评估

自 Walters（1986）从适应性管理的背景出发引入相关概念以来，在虚拟场景中测试候选渔业管理策略的重要意义已经得到了广泛认可。Hilborn 和 Walters（1992；第 237 页）利用操作模型开展了模型性能和估计程序的模拟测试，随后将这些概念传播给了广大的渔业科学家。大致在这个时候，风险评估的相关概念在渔业研究中逐渐得到了重视（如 Smith 等，1993）。Smith

（1994）提出了管理策略评估（MSE）一词，描述了这些基本概念及其在评估备选渔获政策的潜在实施成效方面的应用。

在 MSE 的过程中，测试估算程序和渔获控制规则性能的常规模拟工作是由渔业科学家完成的，同时许多环节中也需要利益相关者的参与，以便最终渔获政策的实施（Walters，1986；Smith，1994）。Punt 等（2016）确定了 MSE 的关键要素，这里我们将其改述为群落或生态系统层次的 MSE：

（1）确定概念上的管理目标，并以量化的效果统计量表示。

（2）识别各种不确定性（与生物、环境、渔业和管理系统相关），管理策略对不确定性应稳健。

（3）构建一套操作模型，以数学形式描述渔业系统。操作模型必须体现系统的生物/生态组分、渔业、数据收集方式以及数据与建模系统的关系（包括测量误差）。此外，还需要一个实施模型，反映管理法规在实践中如何应用。

（4）选择操作模型的参数，并量化参数的不确定性（理想情况下可利用实际研究中系统的观测数据，对操作模型进行拟合或"调节"）。

（5）确认在现实层面渔业系统中可实施的候选管理策略。

（6）利用各个操作模型模拟每个管理策略的应用。

（7）总结和阐释效果统计量（如使用决策表），以反映竞争性目标之间的可量化权衡（Punt 等，2016）。

图 15.6 展示了 MSE 迭代过程的流程图。尽管生态系统水平的 MSE 与单物种的管理策略评估相比还较为少见，但基于生态系统管理策略的相关模拟测试正在稳步增长。这方面的操作模型包括 LeMANS（Thorpe 等，2017；Thorpe，2019），EWE（Walters 等，2005；Mackinson 等，2018），以及Atlantis(Fulton 等，2019）等。

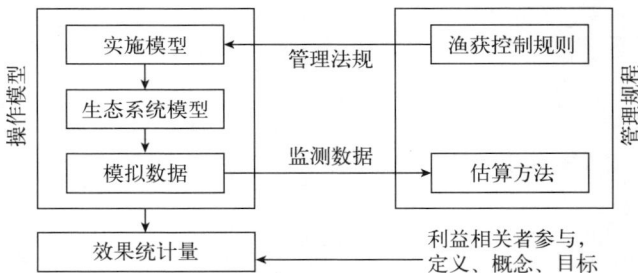

图 15.6　管理策略评估流程（改自 Punt 等，2016）

南极海洋生物资源保护委员会（CCAMLR）针对南大洋南极磷虾（*Euphausia superba*）开发的 MSE 是在渔业生态系统中最早开展的相关工作

之一（De la Mare，1996；Constable，2011）。CCAMLR 的首要目标是维持渔获中相互依赖、相互关联物种之间的生态关系，并恢复协定区域内枯竭的种群。磷虾占据了南大洋食物网的中心位置，许多鱼类、哺乳动物和鸟类都以磷虾作为主要饵料。磷虾管理规程选择的目标是将产卵群体生物量维持在未开发水平的 3/4，并在一定的概率之上确保捕食者有充足的食物供应。保护非目标生物的空间管理策略也是总体管理方法的一个重要组成部分。CCAMLR 的独特经验是从一开始就将生态系统原则纳入其管理策略之中。对 CCAMLR 方法的实施过程与效果的审查表明，相对简单的生态系统管理规程实际上可能非常有效（Constable，2011）。

Fulton 等（2019）对澳大利亚"南部和东部有鳞鱼类和鲨渔业"的候选渔获政策进行了详细评估，该研究可能是迄今为止对基于生态系统的多物种渔业管理与传统单物种管理相对优劣的最全面评估。该分析涉及广泛的利益相关者参与，并使用 Atlantis 模型框架进行模拟。研究根据有鳞鱼类-鲨类混合体的具体渔业和管理历史设计了 MSE，对被开发的物种、环境/海洋学背景、食物网结构、渔业结构以及生态系统的特点进行了详细设置。研究模拟了 27 种不同的管理场景，分别反映了管理中应用多物种 EBFM 政策还是单物种管理方法，以及这些候选方法应用在整个 SESSF 区域还是内部管辖边界所界定的部分区域。在这些模拟中，EBFM（或综合管理）场景采用了个人可转让配额、有限准入、渔具管控和空间管理等组合措施，而多物种策略定义为，在现有渔具组合（及其选择性）的限制范围内按照生产力的比例获取渔获量。因此，多物种管理方案是不完全平衡渔获策略的一种实施形式。关于各个子区域组成要素的详细描述，请参见 Fulton 等（2019）。研究最后还包括了无限制捕捞的模拟场景。

该研究选择了 14 个指标作为不同场景管理效果的衡量标准（见 Fulton 等，2019；表 4）。这些指标可以大致分为几类：生物量或丰度，栖息地完整性，底层鱼类与中上层鱼类总生物量之比，生物多样性，与渔获物特征和价值有关的指标，就业情况，以及个体渔民的社会福利。在整个地区实施的管理方案效果好于在该地区部分区域实施的情况。在其中两个主要子区域中，EBFM政策的总体表现最高，其次是多物种管理政策，最后是单物种政策。通过比较不同的模拟情景，可以发现各个效果指标的相对高低存在差异。不出意料，无限制捕捞场景的总体效果最差。

Fulton 等（2019）得出结论，与单物种方法相比，EBFM 中的综合方法可以产生明显的渔业与保护效益。Fulton 等（2019）进一步指出，重要的生态系统效益不必以减少渔获量为代价。实施生态系统方法能够为系统提供恢复力，以缓冲气候变化的影响以及其他人为胁迫压力的增大。虽然这个例子研究的是特定的现实渔业，但其一般性结论表现得相当稳健，可适用于许多其他渔业生态系统。

# 15.6　小结

EBFM 的策略性和措施性要点将必然取决于管理机构选择的目标（最好是与利益相关者直接协商确定）以及实施过程中的科学、财政和行政资源，因此 EBFM 的实施也需要因地制宜。

在一组给定的目标下，我们可以明确实施的关键要素：

（1）客观地定义管理单位（人类-渔业耦合生态系统的空间区域和组成部分）。

（2）确定系统的生产力特征和潜在产量。

（3）为实现指定目标，设置相应的管理控制方案类型。

（4）定义与现行管理方法直接相关的参考点，并根据气候变化进行调整。

（5）评估其中必然出现的权衡（如渔获产量与保护非目标物种和栖息地之间的权衡）。

维持社会-生态韧性（resilience）是 EBFM 成功实施的核心和首要原则。如果恢复力得到保障，生态系统服务（包括水生系统的食物供给）的输出就可以维持。如果我们要选出对维持韧性最为关键的一个要素，那么重点必然是在社会-生态系统各个层次上保护多样性。多样性是可以量化的，因此可以用于制定明确的基准来设定管理目标和追踪管理效果。

## 【扩展阅读】

关于生态系统背景下渔业管理的概述，参见 Garcia 等（2003）。Link（2010）为基于生态系统的渔业管理提供了简明指南，并探讨了在多目标管理中不可避免但至关重要的权衡问题。基于生态系统的管理中采用的相关模型，请参见 Fulton 和 Link（2014）的概述。Finlayson 等（2018）和 Botsford 等（2019；第 11 章）分别对淡水生态系统和海洋生态系统中的水生保护区作了最新综述，另可参见 Jennings 等（2001；第 17 章）的相关论述。*ICES Journal of Marine Science* 第 73 卷第 6 期有一个关于平衡渔获的专题。关于管理策略评估核心概念的早期探讨，请参见 Walters（1986）。

# 参考文献

**图书在版编目（CIP）数据**

渔业生态系统动力学 /（美）迈克尔·J. 福加迪，
（美）杰瑞米·S. 康利著；张崇良，关丽莎，张魁译.
北京：中国农业出版社，2024. 7. -- ISBN 978 - 7 - 109
- 32243 - 1

Ⅰ. S931.3

中国国家版本馆 CIP 数据核字第 20242JB681 号

*Fishery Ecosystem Dynamics*（1$^{st}$ edition）was originally published in English in 2020.
This translation is published by arrangement with Oxford University Press. China Agriculture
Press is solely responsible for this translation from the original work and Oxford University
Press shall have no liability for any errors, omissions or inaccuracies or ambiguities in such
translation or for any losses caused by reliance thereon.

　　本书简体中文版由中国农业出版社有限公司独家出版发行。本书内容的任何部分，事
先未经出版者书面许可，不得以任何方式或手段复制或刊载。

**渔业生态系统动力学**
**YUYE SHENGTAI XITONG DONGLIXUE**

中国农业出版社出版
地址：北京市朝阳区麦子店街 18 号楼
邮编：100125
责任编辑：肖　邦　王金环
版式设计：王　晨　责任校对：张雯婷
印刷：北京通州皇家印刷厂
版次：2024 年 7 月第 1 版
印次：2024 年 7 月北京第 1 次印刷
发行：新华书店北京发行所
开本：700mm×1000mm　1/16
印张：23.5　彩插：4
字数：456 千字
定价：198.00 元

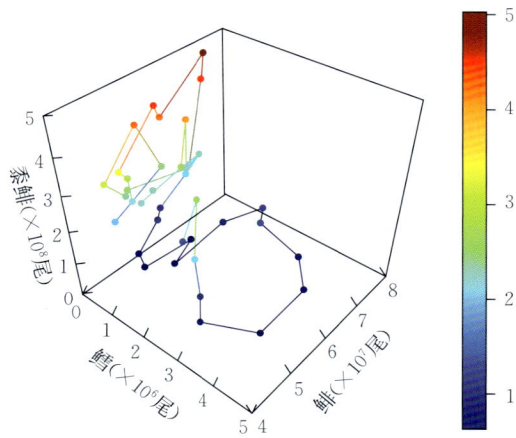

图 6.1    1974—2011 年期间波罗的海黍鲱、大西洋
        鳕和大西洋鲱丰度的三维图。数据由 Ste-
        fan Neuenfeldt 提供。色条表示黍鲱鱼丰度
        水平（0~5×$10^8$ 尾）

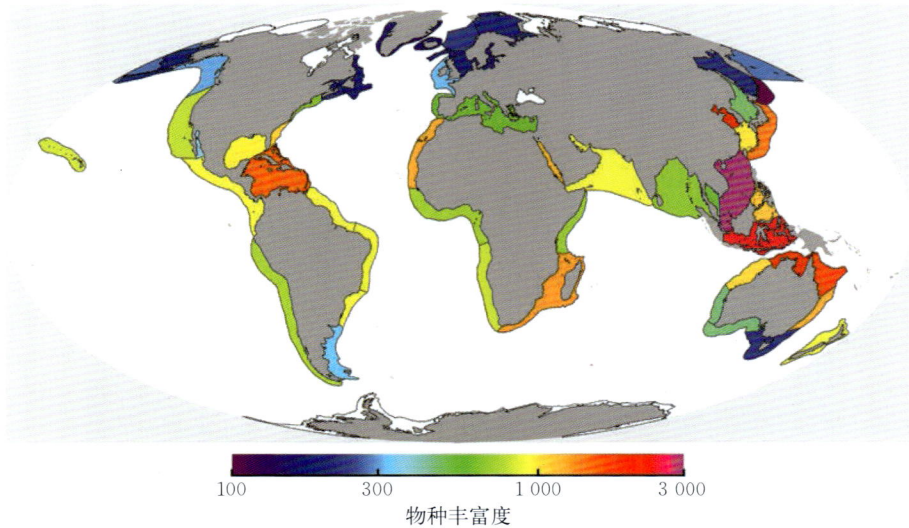

图 6.3    全球大海洋生态系统的物种丰富度（数据来源：不列颠哥伦比亚大学 Sea
        Around Us 项目）

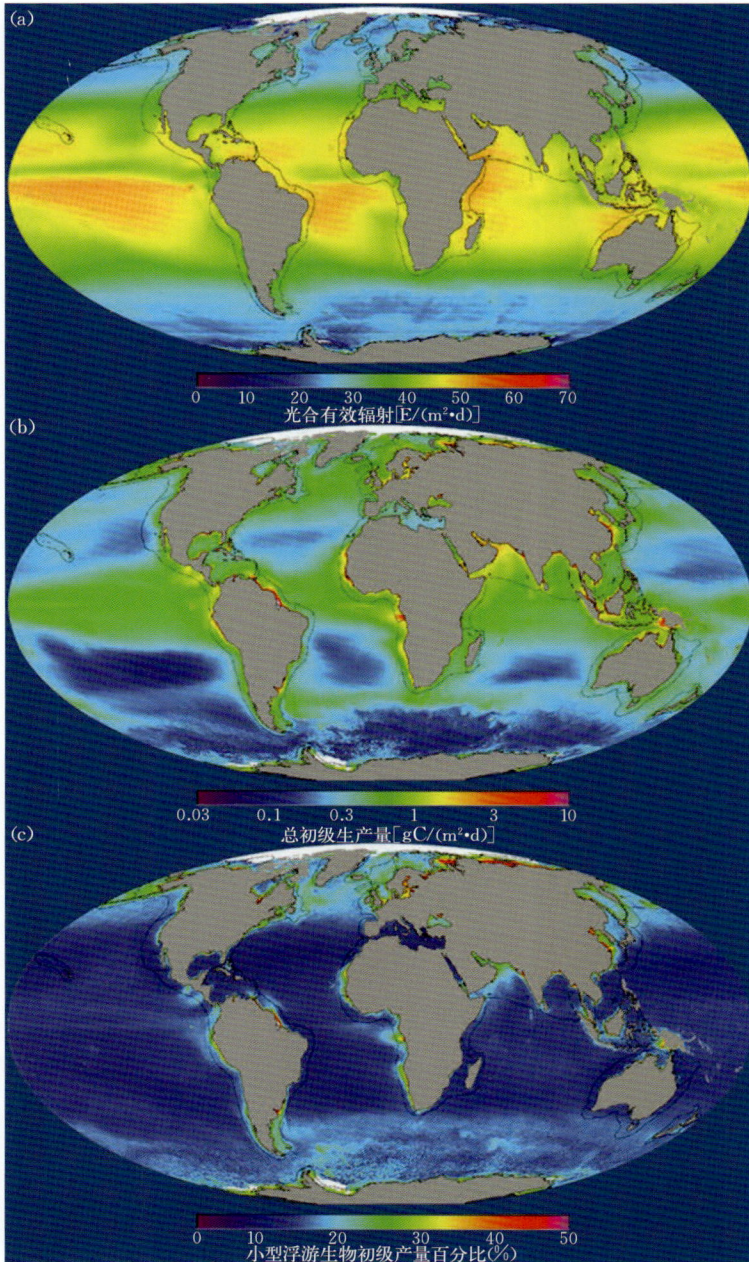

图 10.4　全球光合有效辐射估算［E 为爱因斯坦（Einstein），表示光子所含能量的单位。1 mol 光子的能量称为 1E］（a），总初级生产量（b），海洋生态系统中小型浮游生物初级产量的百分比（c）。数据由 Kim Hyde 提供

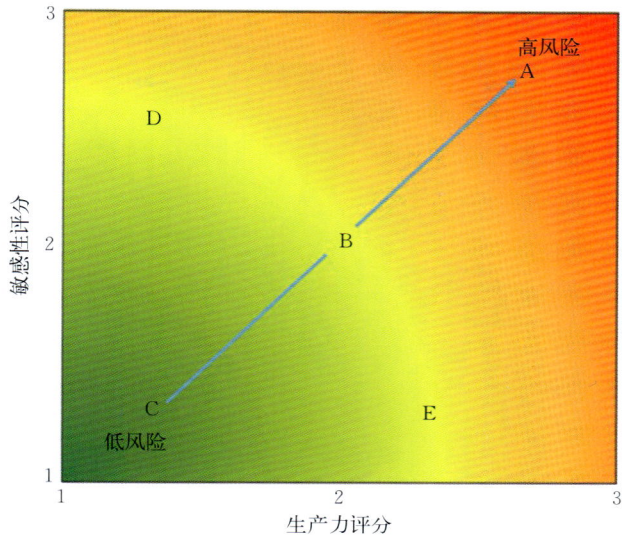

图 12.3　渔获物种的生产力-敏感性二维图。两坐标轴表示生产力从高（1）到低（3），敏感性从低（1）到高（3），评分基于对一系列物种生产力和敏感性指标的分类性评估（见正文）。改自 Hobday 等（2007）和 Levin 等（2008）

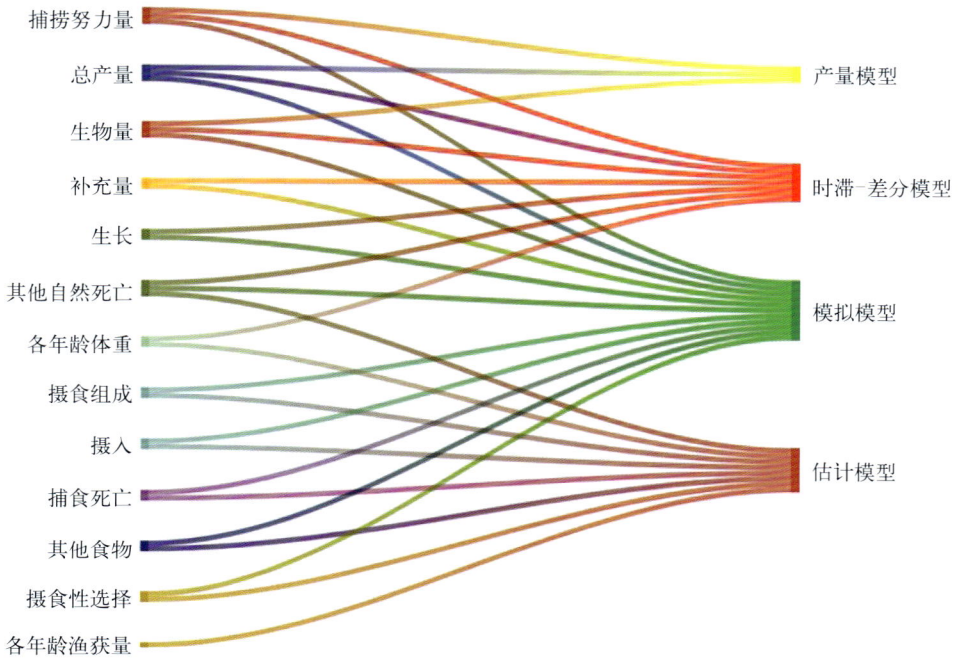

图 12.11　多物种产量模型、时滞差分模型、模拟和估计模型的主要数据输入

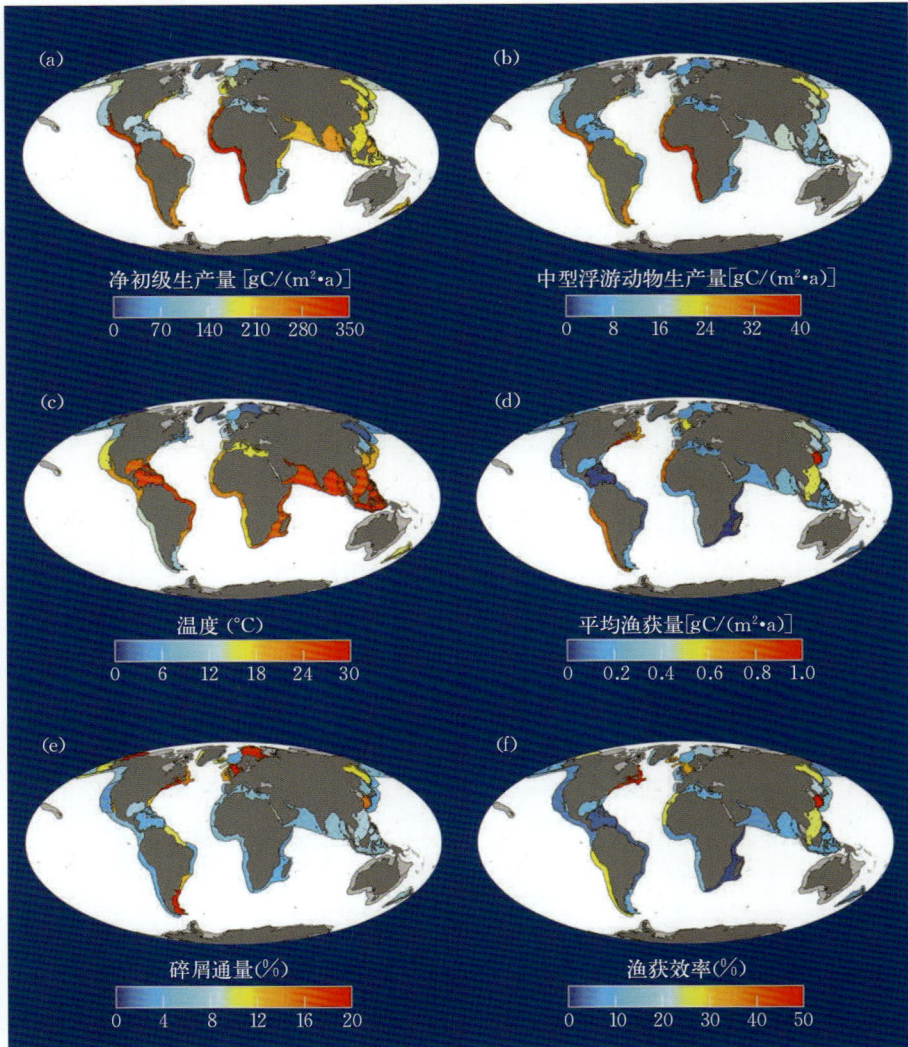

图 13.1 全球大海洋生态系统的 (a) 净初级生产量，(b) 中型浮游动物生产量，(c) 温度，(d) 平均渔获量（上岸量和抛弃量），(e) 碎屑通量（净初级生产量的百分比），(f) 渔获效率（渔获量与净初级生产量的百分比）（数据由 NOAA 的 Charles Stock 提供）

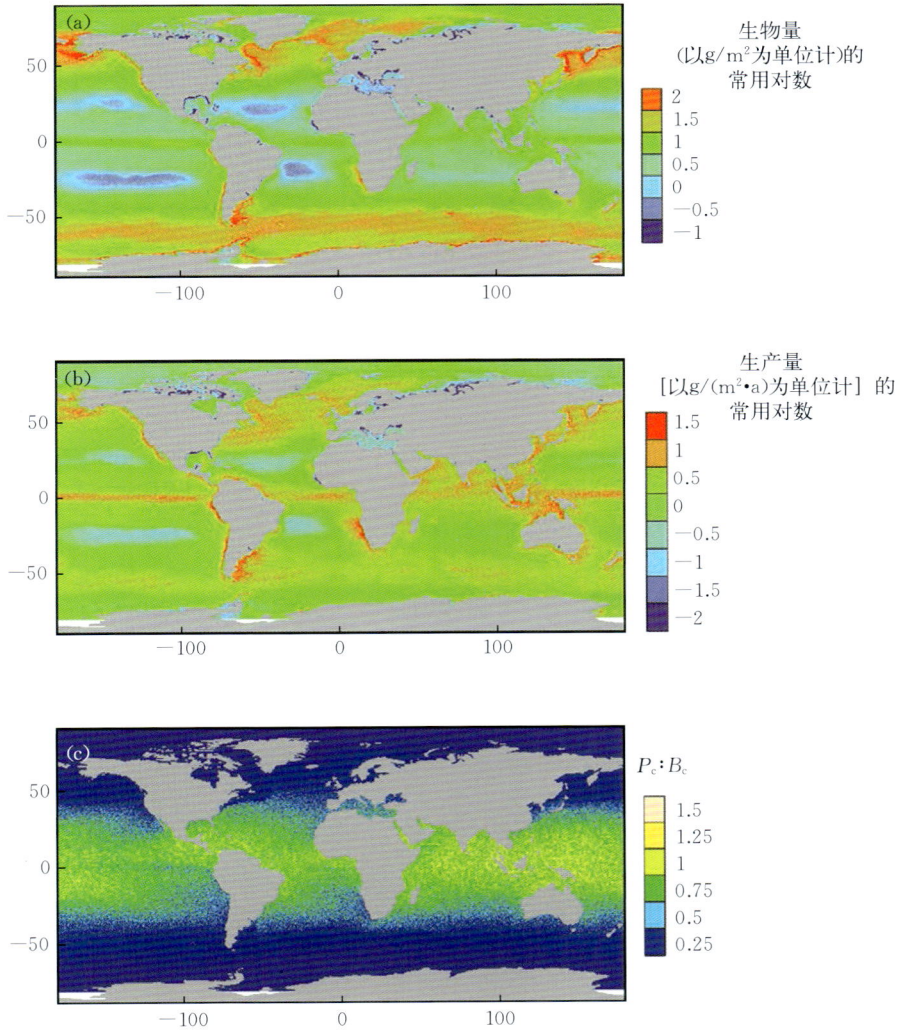

图 13.5　模型预测消费者生物的全球分布，包括（a）生物量、（b）生产量、（c）
生产量与生物量的比率（$P_c：B_c$），预测结果涵盖体重为 1 g 至 1 000 kg 的
个体。白色区域是全球气候模型域中未包括的海域，主要位于南极海域
（引自 Jennings 和 Collingridge，2015）

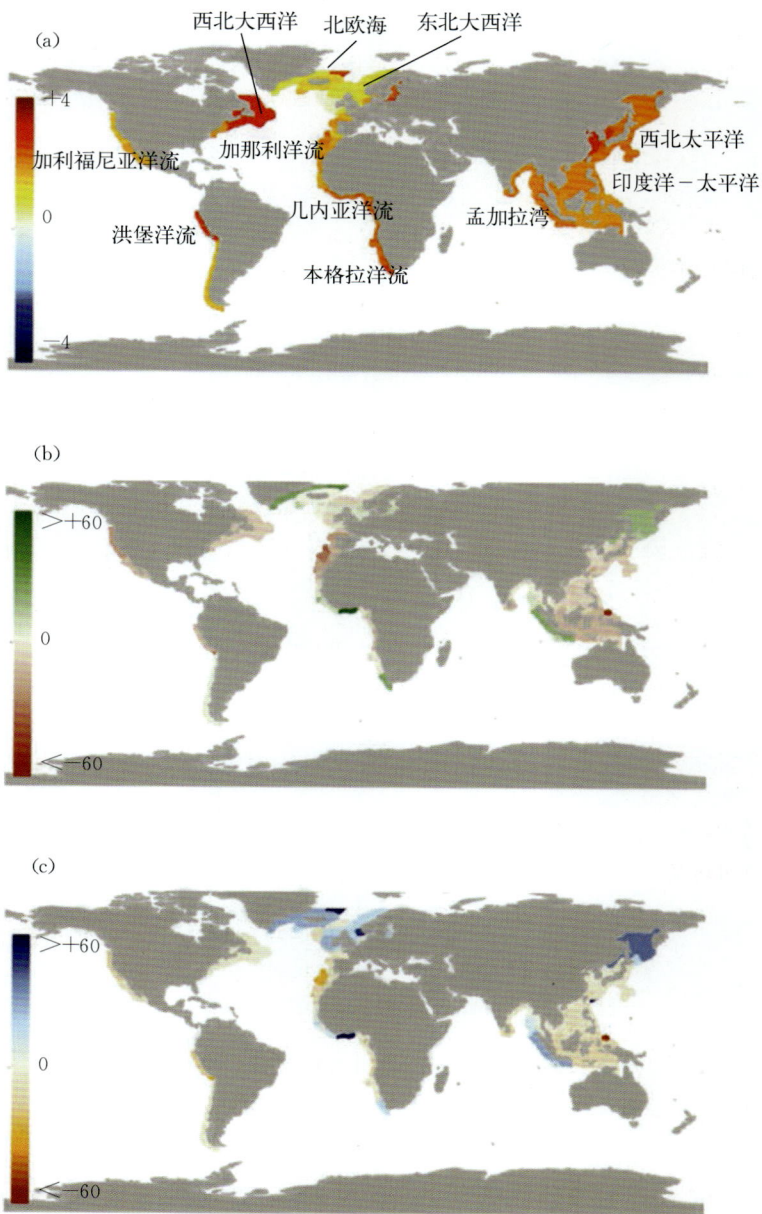

图 13.6 气候变化场景下预测的生态系统 2050 年的平均相对变化，其中
(a) 混合层温度（℃）变化、(b) 浮游植物密度和 (c) 中上层捕
食者生物量密度的百分比（％）变化（改自 Blanchard 等 2012）

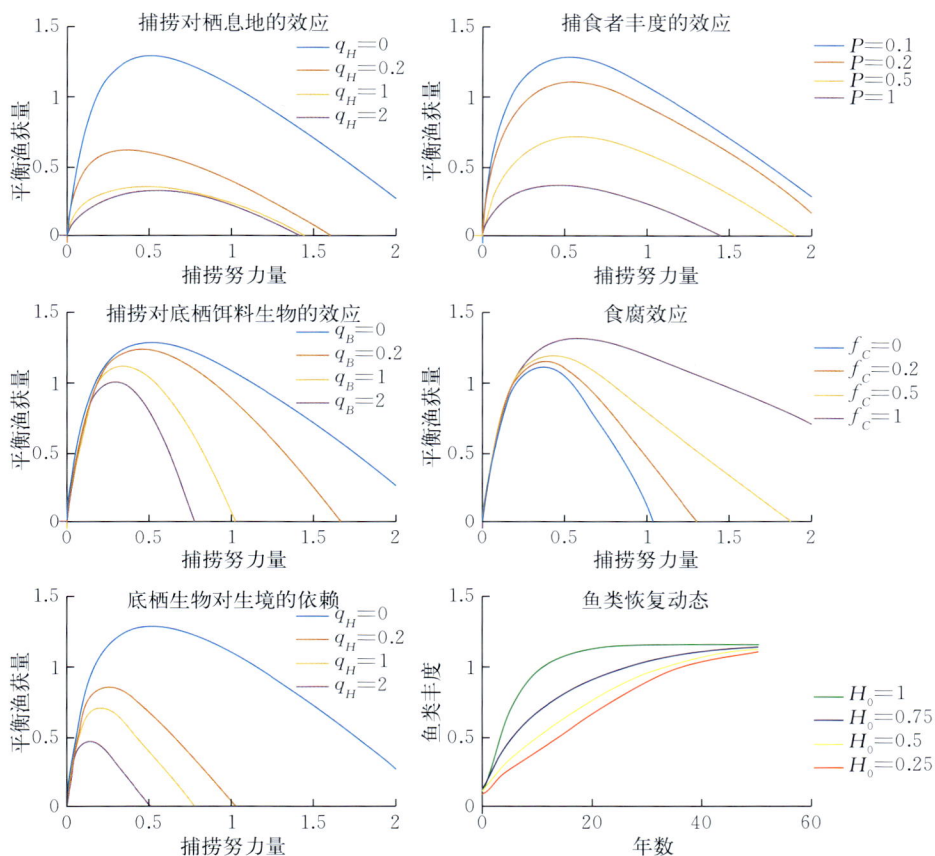

图 13.8 Collie 等 (2016) 的栖息地-底栖生物-鱼类耦合模型计算的鱼类平衡产量曲线。经许可转载 (© J. Wiley and Sons Ltd.)

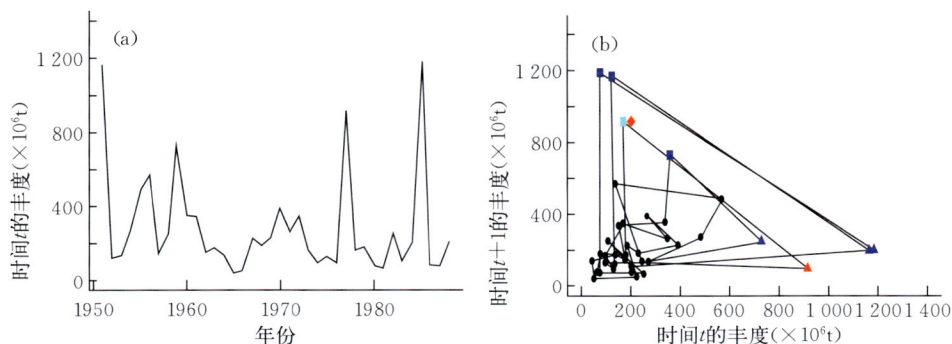

图 14.4 不列颠哥伦比亚中部近海太平洋鲱种群丰度的二维状态空间重建和单纯形投影预测（改自 Perretti 等，2015）。最接近红色三角形的三个蓝色三角形是用于预测红色点的 $E+1$ 最近邻点。蓝色正方形是距离观察值（青色正方形）最近的三个邻近点。红色菱形是基于其最近邻点的加权平均值，即对该点的预测

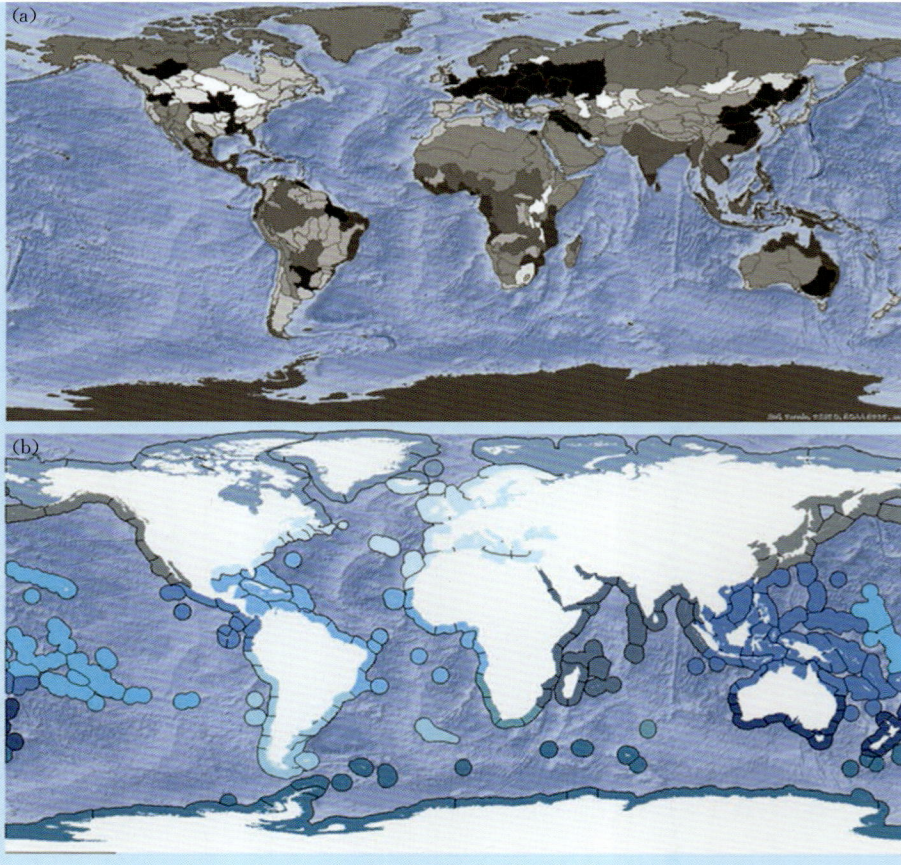

图 15.1 （a）世界淡水生态区（Abell 等，2008），（b）世界海洋生态区（Spalding 等，2007）。shape 文件由自然保护协会提供